“十三五”国家重点出版物出版规划项目

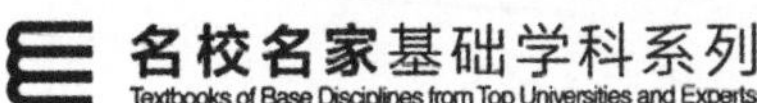

大学物理

下册

主　编　王晓鸥　张伶莉　田　浩
参　编　王先杰　黄喜强　曹永印　李　均
袁承勋　刘志国　王　伟　王　旸
杨庆鑫　应　涛　裴延波　周可雅
宋　杰　朱星宝

机械工业出版社

本书参照教育部现行的《理工科类大学物理课程教学基本要求》，根据当前各高校大学物理课程的教学需求编写而成，涵盖了该教学基本要求的A类内容，并择要介绍了一些B类扩展性内容．本书的主要特点是：在体系结构上，设有“章前问题”“学习要点”“思维拓展”“思考题”“章前问题解答”以及突出“课程思政”特点的“章后感悟 ”“科学家轶事”“应用拓展”等模块；在内容安排上，将物理知识与生产、生活和科技发展紧密联系；在内容结构上，突出了新形态教材的特点，即传统教材与网络教育的有机结合；在叙述上，力求开门见山、直击主题、深入浅出，并努力做到简明易懂，通顺流畅．本书主要内容为振动波动、光学、热学和量子力学，共9章．

本书为全日制普通高等学校理工科类大学物理教材（120～150学时），也可作为成人教育、网络教育、高等教育自学考试的教材或参考书．

图书在版编目（CIP）数据

大学物理．下册/王晓鸥，张伶莉，田浩主编．—北京：机械工业出版社，2021.9

（名校名家基础学科系列）

“十三五”国家重点出版物出版规划项目

ISBN 978-7-111-69291-1

Ⅰ.①大…　Ⅱ.①王…　②张…　③田…　Ⅲ.①物理学－高等学校－教材　Ⅳ.①O4

中国版本图书馆CIP数据核字（2021）第203533号

机械工业出版社（北京市百万庄大街22号　邮政编码100037）

策划编辑：李永联　　　　责任编辑：李永联

责任校对：樊钟英　王　延　封面设计：马精明

责任印制：郜　敏

三河市国英印务有限公司印刷

2022年2月第1版第1次印刷

184mm×260mm・18印张・445千字

标准书号：ISBN 978-7-111-69291-1

定价：55.00元

电话服务	网络服务
客服电话：010-88361066	机　工　官　网：www.cmpbook.com
010-88379833	机　工　官　博：weibo.com/cmp1952
010-68326294	金　　书　　网：www.golden-book.com
封底无防伪标均为盗版	机工教育服务网：www.cmpedu.com

前 言

哈尔滨工业大学是教育部"物理学拔尖学生培养基地". 本书作为教材，是基地建设的重要内容之一. 我们对大学物理教学的理念是大学物理课程不仅是理工科学生进一步学习专业知识的坚实基础，还是树立学生科学的世界观、增强学生分析和解决问题的能力、培养学生探索精神和创新意识的一门素质教育课程. 大学物理课堂可以潜移默化地促进学生正确的价值观和人生观的养成，实现思想政治教育与知识体系教育的有机统一.

本书是哈尔滨工业大学物理学院大学物理教研室全体教师经过多年教学实践和教学改革，并考虑到大学和中学物理课程的衔接，结合当前"新工科"建设和"课程思政"改革编写而成. 全书涵盖教育部现行《理工科类大学物理课程教学基本要求》A 类内容，并择要介绍了一些 B 类扩展性内容. 在编写过程中，编者秉承哈尔滨工业大学"规格严格，功夫到家"的校训，始终贯彻大学物理是一门非物理学专业的公共基础课程的基本指导思想，在结构编排上力求物理知识体系的完整性，强调物理思想、物理方法以及物理图像的获取比知识本身更重要，凡能用物理图像说明清楚的，尽量不用较复杂的数学推证. 因此，本书不仅便于教师讲授，更有助于学生自学和阅读.

本书每章开篇由"章前问题"引入，以期激发学生的学习兴趣. 在章节中设置了"思维拓展"，力求引导学生主动思考，提升学生的创新思维、创造性科研和工程实践的能力，在"新工科"建设中培养高素质的复合型拔尖人才.

为了突出"课程思政"特点，在各章后还设置了"章后感悟""科学家轶事""应用拓展"等模块，期望开拓学生的科学视野、树立正确的人生观，其中，"章后感悟"旨在用物理规律启发学生树立正确的人生观和价值观；"科学家轶事"旨在通过介绍科学家胸怀祖国、服务人民的爱国精神，勇攀高峰、敢为人先的创新精神，追求真理、严谨治学的求实精神，以及淡泊名利、潜心研究的奉献精神等，激励学生争做重大科研成果的创造者、建设科技强国的奉献者，不断向科学技术的广度和深度进军；"应用拓展"旨在引导学生初步学会从物理学视角去洞察现实世界中形形色色的生活和工程实践现象，并用相应的物理知识去辨析，甚至有所创新. 常言道："授人以鱼，仅供一饭之需"，"惟有授人以渔，则终身受用无穷"，后者正是编者所企求的.

本书还突出了新形态教材的特点，即传统教材与现代网络教育的有机结合. 书中配有与之对应的视频资源，学生通过扫描二维码可观看相应部分的演示实验，进而加深对物理概念、定理、定律的理解.

本书在叙述上力求开门见山，直击主题，深入浅出，尽可能避免繁文缛节，与此同时，行文力求简明易懂，通顺流畅. 定理的推证在不违背严谨性的前提下做了一些简化，例如，理想气体压强公式的推导、氢原子定态薛定谔方程的求解等就是这样做的，但为了教师易教、学生易学，对重点内容做了重墨缕述，力求要言不烦；对非重点内容估计到学生阅读时会有困惑之处，仍不轻易回避，而是尽可能加以缕析，以期能对学生有所裨益.

本书由王晓鸥、张伶莉、田浩担任主编，王先杰、黄喜强、曹永印、李均、袁承勋、刘志国、王伟、王旸、杨庆鑫、应涛、裴延波、周可雅、宋杰、朱星宝参加了编写. 本书演示实验的视频录制得到了大学物理教研室王庆东工程师的帮助，在此深表感谢！

本书的编写参考了国内外许多同类教材的有关资料，编者深受启迪，获益良多，在此谨向这些著作的作者深表感谢！

对书中错漏和不当之处，祈望读者们不吝赐正，是所至盼.

编　者

目录

前言

第 9 章

机械振动

章前问题

据报道，2020 年 5 月 5 日下午，广东虎门大桥悬索桥发生明显竖向弯曲振动现象，大桥管理方迅速启动应急预案，及时采取抑振措施．抑振效果良好．虎门大桥于 5 月 15 日 9 时恢复交通．

是什么原因导致大桥弯曲振动？又采取了什么样的措施抑制振动的呢？

学习要点

1. 简谐振动的运动学方程；
2. 简谐振动的动力学方程；
3. 简谐振动的特征量；
4. 简谐振动曲线；
5. 旋转矢量法；
6. 简谐振动的能量；
7. 同方向谐振动的合成；
8. 垂直方向谐振动的合成；
9. 阻尼振动；
10. 受迫振动、共振．

物体在一定位置附近做来回往复的运动，称为机械振动．机械振动在生产和生活实际中屡见不鲜．例如，微风中树枝的摇曳，地震、钟摆的来回摆动，内燃机气缸内活塞的往复运动，一切发声物体（声源）内部的运动以及人的心脏跳动等，都是机械振动．通过仪器检测还可发现，耸立的高层建筑如电视塔等也都在振动着．

除了机械振动以外，自然界中还存在着各种各样的振动．广义地说，**凡是描述物质运动状态的物理量在某一量值附近往复变动，都可叫作振动**．例如，在交流电路中，电流和电压的量值随时间做周期性的变化；在电磁波通过的空间内，任意一点的电场强度与磁场强度的周期性变化；固体中晶格上原子的振动……这些振动在本质上虽然和机械振动不同，但是在数学描述方法上却有很多相似之处.

9.1　简谐运动

实际碰到的振动都是比较复杂的. 但是，任何复杂的振动都可以看作几个或多个不同频率的简谐运动的合成. 因此，**简谐运动是一种最简单、最基本的振动**.

在忽略空气阻力和摩擦力等的情况下，弹簧振子的振动、单摆的微小摆动等都是简谐运动.

9.1.1　简谐运动的基本特征

如图 9-1 所示，将水平轻弹簧的一端固定，在另一端系一个质量为 m 的物体，放置在水平面上，不计一切摩擦. 这样，作用在物体上的重力和水平面的支承力相互平衡，它们对物体运动的影响可不考虑. 设物体在位置 O 时，弹簧为原长（即自然长度），弹簧作用于物体上的力等于零，位置 O 称为**平衡位置**. 假如将物体向右移动一微小距离到达 B 点，于是弹簧被伸长，便出现方向向左（指向平衡位置）的弹性力 $\boldsymbol{F}$，这个力作用在物体上，驱使物体做返回平衡位置 O 的运动. 当物体回到平衡位置 O 时，弹簧的作用力虽变为零，但因为物体在返回 O 点的过程中是被加速的，它在到达平衡位置时已具有一定的速度，由于惯性，物体并不停止运动，而是继续向左移动. 在物体通过平衡位置向左运动时，弹簧逐渐被压缩，出现作用于物体上的方向向右的弹性力 $\boldsymbol{F}$，即 $\boldsymbol{F}$ 仍指向平衡位置，这时力 $\boldsymbol{F}$ 的作用是力图阻止物体向左运动，因此，物体的运动是减速的，其速度越来越小，在抵达位置 C 时，速度减小到零，但此时弹簧作用在物体上的力，其大小达到最大值. 于是，物体在弹性力的作用下回头向右运动，移向平衡位置 O；在向右运动的过程中，可仿照上述向左运动的过程进行讨论，情况是相类似的. 这样，在弹簧的弹性力（它是恒指向平衡位置的回复力）和物体的惯性支配下，物体就在平衡位置左右重复地运动，从而形成振动.

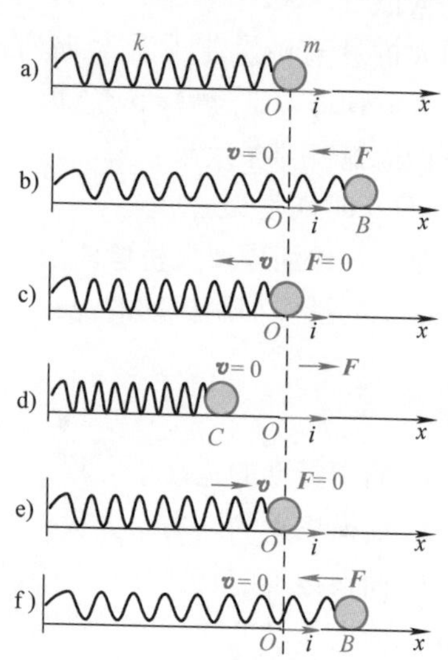

图 9-1　弹簧振子的运动

我们把上述**由轻弹簧与物体（视为质点）组成的振动系统**，称为**弹簧振子**.

现在，我们来研究弹簧振子在忽略摩擦力的理想情况下的运动规律. 取平衡位置 O 为 Ox 轴的原点，Ox 轴正方向向右，用单位矢量 $\boldsymbol{i}$ 标示，如图 9-1 所示. 在弹簧的弹性限度内，物体沿 Ox 轴所受的弹簧弹性力 $\boldsymbol{F}$ 与弹簧的伸长量（或压缩量）——物体相对于平衡位置的位移 x，满足如下的关系，即

$$\boldsymbol{F} = -kx\boldsymbol{i} \tag{9-1}$$

式中，k 是弹簧的劲度系数；负号表示力与物体位移的方向相反. 根据牛顿第二定律，物体

运动方程沿 Ox 轴的分量式为 $F_x = ma_x$，这里，$F_x = F = -kx$，$a_x = \frac{d^2x}{dt^2}$，代入上式后，得物体的加速度为

$$\frac{d^2x}{dt^2} = -\frac{k}{m}x \tag{9-2}$$

式中，k 和 m 都是正的恒量，其比值 k/m 也是一个正的恒量，可表示为另一恒量 ω 的二次方，即 $\omega^2 = k/m$，则上式可写作$\frac{d^2x}{dt^2} = -\omega^2 x$. 可见，弹簧振子的加速度$\frac{d^2x}{dt^2}$与位置坐标 x 成正比，但正负号相反. 于是，进一步又可将式（9-2）写成

$$\frac{d^2x}{dt^2} + \omega^2 x = 0 \tag{9-3}$$

式（9-3）是一个二阶常系数线性微分方程. 它的求解方法可参考高等数学教材.

总之，**凡是运动规律满足微分方程式（9-3）的振动**，都称为**简谐运动**. **做简谐运动的振动系统**，有时亦称为**简谐振子.**

值得指出，实际的振动系统通常是很复杂的. 像弹簧振子等这种简谐振子只是研究振动问题的一个理想模型. 在机械振动中，如果我们对一个实际的振动系统，从动力学角度抓住形成振动的本质因素——惯性和弹性，便可将实际的振动系统抽象、简化成弹簧振子.

9.1.2 简谐运动表达式

求简谐运动的微分方程式（9-3）的解，可得简谐运动的运动函数（即振动表达式）为

$$x = A\cos(\omega t + \varphi) \tag{9-4}$$

式中，A 和 φ 是积分常量.

式（9-4）表明，物体做简谐运动时，位移是时间 t 的余弦函数. 因为余弦函数的绝对值不能大于1，所以，式（9-4）中的位移 x 的绝对值不能大于 A. 这说明，**A 是物体离开平衡位置的最大位移值**，称为**振幅**. 显然，A 恒为正值. 式（9-4）中的 ω 称为**角频率**（或**圆频率**）；φ 称为初相. 它们的物理意义将在9.2节中再做详述.

9.1.3 简谐运动曲线

将式（9-4）对时间求导，即得简谐运动的速度和加速度分别为

$$v = \frac{dx}{dt} = -\omega A\sin(\omega t + \varphi) \tag{9-5}$$

$$a = \frac{dv}{dt} = -\omega^2 A\cos(\omega t + \varphi) \tag{9-6}$$

其中，速度的最大值 $v_{max} = \omega A$ 称为**速度振幅**；加速度的最大值 $a_{max} = \omega^2 A$ 称为**加速度振幅.** 从上两式可见，速度 v 和加速度 a 都随时间而改变，即简谐运动是一种非匀变速运动.

综上所述，当物体做简谐运动时，它的位移、速度和加速度都是时间 t 的余弦或正弦函数. 由于正弦或余弦函数都是有界的周期函数，因此，三者都在相应的数值范围内随时间做

周期性的变化.

以时间 t 为横坐标，位移 x、速度 v 及加速度 a 为纵坐标，可以分别绘出 $x-t$ 曲线、$v-t$ 曲线和 $a-t$ 曲线. 这里，为便于比较，我们把它们画在一起，如图 9-2 所示（曲线是假定 $\varphi=0$ 而绘出的，并且为了方便起见，把 ωt 作为横坐标）.

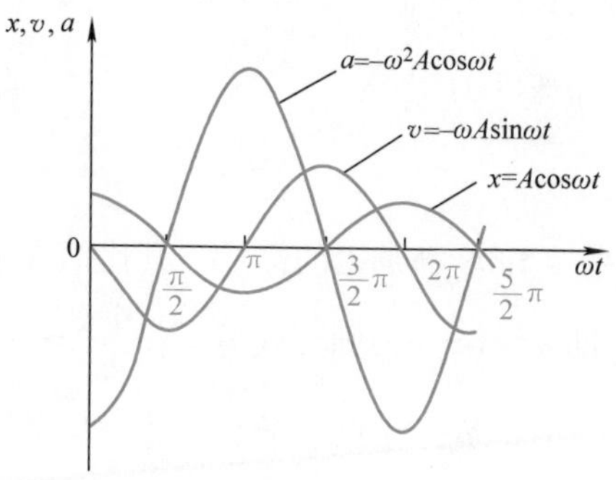

图 9-2 简谐运动的 x、v、a 与 t 的关系曲线

从这三条曲线上可以看出，位移、速度和加速度都是在每隔一定的时间后，各自重复一次原来的数值，从而完成一次完全振动. 既然如此，我们在研究简谐振动时，只需弄清楚一次完全振动（简称“全振动”）中的运动情况，也就掌握了简谐运动的全过程.

思考题

9-1 （1）一个质点在使它返回平衡位置的力的作用下，是否一定做简谐振动？拍皮球时，皮球的运动是不是简谐运动（设皮球与地面的碰撞是完全弹性的）？（2）振幅 A 能否是负值？当我们说 $x=-A$ 时，指的是什么意思？

9.2 描述简谐运动的基本物理量

9.2.1 周期 频率

前面说过，由于余弦函数 $x=A\cos(\omega t+\varphi)$ 是周期性的，因此，做简谐运动的物体在平衡位置附近的 $x=-A$ 到 $x=+A$ 范围内，它的运动是周期性的，围绕平衡位置每来回一次，物体就完成一次完全的振动.

振动物体完成一次全振动所需的时间称为周期，用 T 表示. 说明物体在任意时刻 t 的运动状态（位置和速度）应与物体在时刻（$t+T$）的运动状态（位置和速度）完全相同. 由式（9-4）有

$$x=A\cos(\omega t+\varphi)=A\cos[\omega(t+T)+\varphi]=A\cos(\omega t+\varphi+\omega T)$$

由于余弦函数的周期都是 2π，则物体做一次完全振动后应有 $\omega T=2\pi$，于是可得振动周期

$$T=\frac{2\pi}{\omega} \tag{9-7}$$

周期的倒数叫作**频率**，用 ν 表示，它表示单位时间内物体所做的完全振动的次数，我们以**每秒钟振动一次作为频率的单位**，称为**赫兹**，简称**赫**，符号是 Hz，即 $1\text{Hz}=1\text{s}^{-1}$. 例如，在电动机运转时，其底座基础的振动频率为 50Hz，就是说，在 1s 内它振动 50 次. 频率与周期的关系为

$$\nu = \frac{1}{T} = \frac{\omega}{2\pi} \tag{9-8}$$

由此还可知

$$\omega = 2\pi\nu = \frac{2\pi}{T} \tag{9-9}$$

即 ω 表示 2πs 内完成振动的次数，称为**角频率**（或**圆频率**），其单位也是 s^{-1}.

周期、频率和角频率这三个物理量之间有确定的相互关系. 这组物理量都是用来描述振动快慢的. 对弹簧振子而言，$\omega^2 = k/m$，而 k 和 m 是表述弹簧振子自身性质的物理量，故而周期、频率和角频率皆取决于简谐振动系统的固有性质，因而我们把它们分别称为**固有周期**和**固有频率**，并可分别求出如下：

$$T = \frac{2\pi}{\omega} = 2\pi\sqrt{\frac{m}{k}} \tag{9-10}$$

$$\nu = \frac{1}{T} = \frac{1}{2\pi}\sqrt{\frac{k}{m}} \tag{9-11}$$

简谐振子皆是以其本身的固有频率或固有周期做简谐运动的.

9.2.2 相位 初相

物体做简谐运动时，它的运动状态可用位置和速度来描述. 在任意时刻，位移和速度分别为

$$x = A\cos(\omega t + \varphi)$$

$$v = -\omega A\sin(\omega t + \varphi)$$

因此，对于给定的振动系统，当振幅 A 和角频率 ω 一定时，振动物体在任意时刻的运动状态（即振动物体的位移 x 和速度 v）取决于（$\omega t + \varphi$），（$\omega t + \varphi$）称为振动在时刻 t 的相位. 在一次全振动的过程中，即在一个周期内，振动系统的运动状态是完全不同的，这就反映在相位的不同上，因而**相位是表征简谐振动系统振动状态的物理量**. 如图 9-1 所示的弹簧振子，当相位 $\omega t_1 + \varphi = \frac{\pi}{2}$ 时，$x = 0$，$v = -\omega A$，即在 t_1 时刻物体在平衡位置，并以速度的最大值 ωA 向 Ox 轴的负向运动；但当相位 $\omega t_2 + \varphi = \frac{3\pi}{2}$ 时，$x = 0$，$v = \omega A$，即在 t_2 时刻物体仍在平衡位置，但以速度的最大值 ωA 向 Ox 轴的正向运动. 可见，在 t_1 和 t_2 时刻，由于振动相位的不同，物体的运动状态也不相同.

用相位描述运动状态的好处在于它突出了**周期性**，相位每改变 2π，系统就回复到原来的运动状态，而在 $0 \sim 2\pi$ 之间，不同的相位对应不同的运动状态. 相位可以描述时间上的周期性（即时间每增加一个周期，相位改变 2π），在下一章（机械波）中我们将看到，相位还可以描述空间上的周期性，当平面波在介质中传播时，波线上每相隔一个波长的两质元振动的相位相同，这就是空间周期性. 所以在一切周期现象中，相位这个概念扮演了重要的角色.

令 $t=0$，$\omega t+\varphi=\varphi$，称 φ 为**初相位**，简称**初相**. 因此，初相就是开始计时时刻的相位，它表征振动系统在计时零点时的运动状态. 根据问题的需要，我们可以任意选取计时零点，显然，计时零点选得不同，初相也就不同. 例如，图 9-1 所示的弹簧振子，选物体到达正向最大位移的时刻为计时零点，此时 $t=0$，则式（9-4）中的 $\varphi=0$；若选物体到达负向最大位移的时刻为计时零点，则式（9-4）中的 $\varphi=\pi$.

9.2.3 相位差

相位还可以用来描述频率相同的两个振动系统的振动步调. 设有两个质点沿同一直线以相同的频率、不同的振幅和初相做简谐运动，其振动表达式分别为

$$x_1=A_1\cos(\omega t+\varphi_1)$$

$$x_2=A_2\cos(\omega t+\varphi_2)$$

则这两个振动的相位差为

$$\varphi_{12}=(\omega t+\varphi_1)-(\omega t+\varphi_2)=\varphi_1-\varphi_2 \tag{9-12}$$

相位差是不随时间 t 改变的恒量. 即它们在任意时刻的相位差都等于其初相差. 由这个相位差的值就可以知道它们振动的步调是否相同. 如图 9-3 所示，当 $\varphi_{12}=0$（或者 2π 的整数倍）时，我们说这两个振动的相位相同，即同相（见图 9-3a）. 它们振动的步调完全一致，因而同时通过平衡点，同时到达最大位置处. 当 $\varphi_{12}=\pi$（或者 π 的奇数倍）时，两个振动的相位相反，即反相（见图 9-3b）. 它们的振动步调完全不一致，例如，一个到达负向最大位移时，另一个到达正向最大位移处. 当 φ_{12} 为其他值时，两个振动的步调不相一致，一个超前，另一个落后（见图 9-3c）. 当 $\varphi_{12}=\varphi_2-\varphi_1$ 时，第一个振动将先于第二个振动到达各自的同方向极大值，我们说第一个振动比第二个振动超前 φ_{12}，或者说第二个振动比第一个振动落后 φ_{12}. 当 $\varphi_{12}<0$ 时，我们说第二个振动比第一个振动超前 $|\varphi_{12}|$. 由于相位差的周期是 2π，所以我们把 $|\varphi_{12}|$ 的变动限制在 π 以内. 例如，当 $\varphi_{12}=3\pi/2$ 时，我们通常不说第一个振动比第二个振动超前 $3\pi/2$，而改写成 $\varphi_{12}=3\pi/2-2\pi=-\pi/2$，也就是说第二个振动比第一个振动落后 $\pi/2$.

> 振动步调不相一致，总是一个比另一个落后（或超前），这种现象被称为异步.

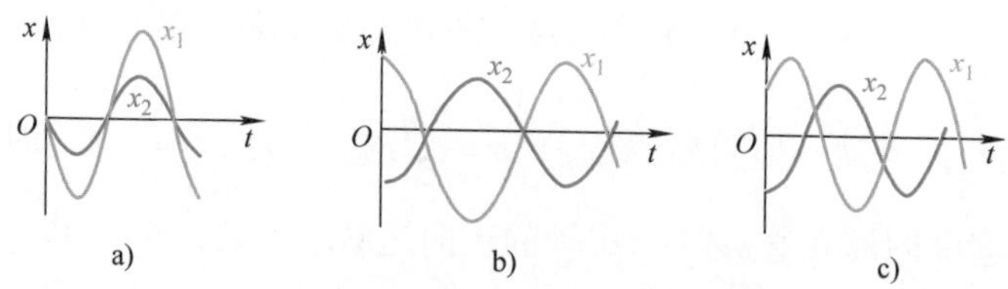

图 9-3 两个振动的相位差

a）$\varphi_{12}=0$，同相 b）$\varphi_{12}=\pi$，反相 c）φ_{12} 为其他值（例如，x_1 超前，x_2 落后）

相位差不但可用来表示两个简谐运动的物理量的步调，还可以用来表示不同的物理量变动的步调. 例如在图 9-2 中，加速度 a 和位移 x 反相，速度 v 超前位移 $\pi/2$，而落后于加速度 $\pi/2$.

振动步调问题在研究振动和波动时是极为重要的，读者务必领会和掌握. 例如，在一个

系统同时参加两个同方向、同频率的振动的情况下，很明显，当两个振动的步调一致时，振动得到加强，当步调完全不一致时（位相差等于 π）振动将被削弱. 又如，对于两个同方向、频率不同的振动，纵然步调不一致，但若频率相差很小，则还能表现出周期性的短暂一致性，这就是“拍”的现象（见9.5节）.

9.2.4 振幅、初相与初始条件的关系

设振动系统在计时零点（$t=0$）时的位置和速度分别为 x_0 和 v_0，即 $x|_{t=0}=x_0$，$v|_{t=0}=v_0$，称为振动系统的初始条件. 根据初始条件，可以确定振动系统的振幅和初相. 由式(9-4)和式（9-5）可知，在 $t=0$ 时，有

$$\begin{cases} x_0 = A\cos\varphi \\ v_0 = -\omega A\sin\varphi \end{cases}$$

联立上两式求解，可得

$$A=\sqrt{x_0^2+\frac{v_0^2}{\omega^2}} \tag{9-13}$$

$$\varphi=\arctan\left(-\frac{v_0}{\omega x_0}\right) \tag{9-14}$$

即振幅和初相皆可由初始条件 x_0、v_0 决定.

由简谐振动系统本身性质确定 ω，由初始条件给出 A 和 φ，这样，简谐振动的运动规律 $x=A\cos(\omega t+\varphi)$ 也就完全确定了.

通常，为了简便和明确起见，我们也可以不利用式（9-14）求初相，而是直接根据初始条件来确定初相. 例如，设图9-1所示的弹簧振子，其振幅 $A=2\text{cm}$，角频率 $\omega=10\text{s}^{-1}$，当振子在平衡位置右方1cm处向正方向运动时作为起始时刻，设向右作为 Ox 轴的正向，则当 $t=0$ 时，$x_0=+1\text{cm}$，$v_0>0$. 于是，由式（9-4），有

$$x_0=A\cos\varphi$$

代入已知数据，即

$$1\text{cm}=(2\text{cm})\cos\varphi$$

由此解得 $\varphi=\pi/3$ 或 $5\pi/3$. 至于这两个答案究竟选取哪一个呢？我们可从 $v_0=-\omega A\sin\varphi$ 来判断. 由于 $t=0$ 时，运动方向（即速度方向）与 Ox 轴的正向一致，于是，我们再考虑速度 $v_0>0$ 的条件，即同时应满足

$$v_0=-(10\text{s}^{-1})(2\text{cm})\sin\varphi>0$$

故 $\sin\varphi$ 必为负值，因此应取 $\varphi=5\pi/3$，从而，所求的振动表达式为

$$x=(2\text{cm})\cos\left(10t+\frac{5\pi}{3}\right) \tag{a}$$

值得指出，对给定振幅和频率的同一个简谐振动，它的初相将因起始时刻的选择不同而异. 例如，上述的弹簧振子，如果选择在平衡位置右方极端时开始计时，即当 $t=0$ 时，$x_0=+2\text{cm}$，同样有 $x_0=A\cos\varphi$，并代入已知数据，成为

$$2\text{cm} = (2\text{cm})\cos\varphi$$

由此得 $\varphi=0$ 或 2π，于是振动表达式为

$$x = (2\text{cm})\cos(10t) \tag{ⓑ}$$

式ⓐ和式ⓑ代表同一个弹簧振子的简谐振动表达式，所不同的只是它们的初相. 我们知道，初相是 $t=0$ 时的相位，对给定振幅和频率的同一个振子来说，初相不同，意味着它们开始计时的时刻（或计时零点）的选择不同. 为此，对给定振幅和频率的一个简谐运动而言，在初始条件未给定的情况下，我们也可以任意选择振动过程中处于某一运动状态（位置和速度）时，作为开始计时的时刻 $t=0$. 并且，从上例可见，如果选择适当的起始时刻，并尽可能选择这样的计时零点：使得初相 $\varphi=0$，从而就可将简谐运动表达式简化成如式ⓑ所示的简单形式.

思考题

9-2 在简谐运动表达式 $x=A\cos(\omega t+\varphi)$ 中，$t=0$ 是质点开始运动的时刻，还是开始观察的时刻？初相 $\varphi=0$、$\pi/2$ 各表示从什么位置开始振动？

例题 9-1 一水平轻弹簧，一端固定，另一端连接一定质量的物体. 整个系统位于同一水平面内，系统的角频率为 6.0s^{-1}. 今将物体沿水平面向右拉长到 $x_0=0.04\text{m}$ 处释放，不计一切摩擦. 试求：(1) 简谐运动表达式；(2) 物体从初始位置运动到第一次经过 $A/2$ 处时的速度.

解 (1) 按题意 $x_0=0.04\text{m}$，$v_0=0$，$\omega=6.0\text{s}^{-1}$，有

$$A=\sqrt{x_0^2+\frac{v_0^2}{\omega^2}}=x_0=0.04\text{m}$$

$$\varphi=\arctan\left(-\frac{v_0}{\omega x_0}\right)=\arctan 0=0$$

于是，得简谐振动表达式为

$$x=(0.04\text{m})\cos 6.0t$$

(2) 如上所述，由

$$x=A\cos\omega t$$

按题意，可得

$$\omega t=\arccos\frac{A/2}{A}=\arccos\frac{1}{2}=\frac{\pi}{3}\left(\text{或}\frac{5\pi}{3}\right)$$

且因从初始位置，第一次经过 $A/2$，故 $\omega t<\pi/2$，应取 $\omega t=\pi/3$. 便得这时的速度为

$$v=-A\omega\sin\omega t=-0.04\times6.0\times\left(\sin\frac{\pi}{3}\right)\text{m}\cdot\text{s}^{-1}=-0.208\text{m}\cdot\text{s}^{-1}$$

例题 9-2 一个质点的振动曲线如例题 9-2 图所示，试求质点的振动表达式.

解 由例题 9-2 图可知

$$A=0.5\text{cm},\ T=2\text{s},\ \omega=\frac{2\pi}{T}=\frac{2\pi}{2}\text{s}^{-1}=\pi\text{s}^{-1}\text{；取 }t=0$$

便得到如下的初始条件，由 $x_0=A\cos\varphi$，有

$$(0.5\text{cm})\cos\varphi = 0.25\text{cm}$$

得

$$\cos\varphi = 0.5$$

则

$$\varphi = \pm\frac{\pi}{3}$$

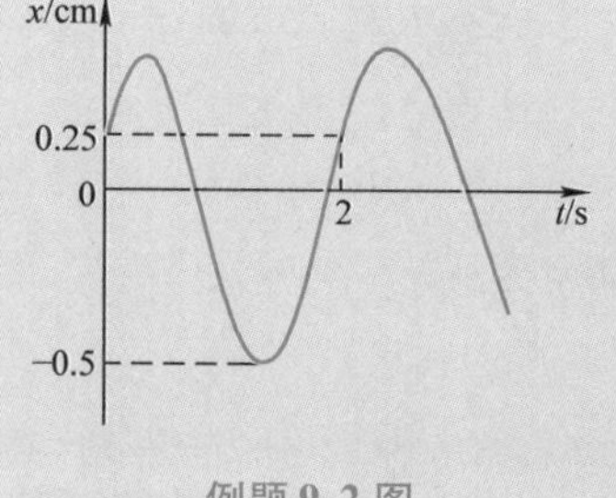

例题 9-2 图

又从振动曲线，不难看出，初始条件 $v_0 > 0$，因而有

$$-\omega A\sin\varphi > 0$$

即

$$\sin\varphi < 0$$

所以，取 $\varphi = -\frac{\pi}{3}$，则质点的振动表达式为

$$x = (0.5\text{cm})\cos\left(\pi t - \frac{\pi}{3}\right)$$

例题 9-3　如例题 9-3 图所示，长为 l 的细线的一端固定在点 A，另一端悬挂一个体积很小、质量为 m 的重物，细线的质量和伸长以及空气阻力等皆忽略不计. 细线静止地处于竖直位置时，重物在位置 O. 此时，作用在重物上的合外力为零，位置 O 即为平衡位置. 若把重物从平衡位置略微移开后，放手，重物就在平衡位置附近沿弧形路径做往复运动. 这一振动系统叫作**单摆**. 通常把重物叫作**摆锤**，细线叫作**摆线**. 求证：单摆做简谐振动，并求其振动表达式.

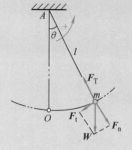

例题 9-3 图

解　设在某一时刻，摆锤偏离平衡位置 O 的角位移为 θ，并规定摆锤在平衡位置的右方时，θ 为正；在左方时，θ 为负.

摆锤受重力 $\boldsymbol{W} = m\boldsymbol{g}$ 和细线的拉力 $\boldsymbol{F}_T$ 作用. 其中，细线的拉力 $\boldsymbol{F}_T$ 和重力的法向分力 $F_n = mg\cos\theta$ 之合力，乃是使摆锤沿圆弧形路径运动的向心力；而重力的切向分力 $F_t = mg\sin\theta$ 则是作用于摆锤相对于平衡位置的回复力，它类同于弹簧振子中的弹性力.

按牛顿第二定律的切向分量式 $F_t = ma_t = m\frac{dv}{dt}$，并考虑到 $\frac{dv}{dt} = \frac{d(l\omega)}{dt} = l\frac{d^2\theta}{dt^2}$，经简化便可给出摆锤运动方程

$$\frac{d^2\theta}{dt^2} + \frac{g}{l}\sin\theta = 0 \qquad ⓐ$$

当摆角 $\theta < 5°$ 时，$\sin\theta \approx \theta$，则由上式可得摆锤的运动方程为

$$\frac{d^2\theta}{dt^2} + \frac{g}{l}\theta = 0 \qquad (9\text{-}15)$$

可见，式 (9-15) 满足简谐运动方程式 (9-2). 所以，单摆在摆角很小时做简谐运动. 这里 $\omega^2 = g/l$，由此可得熟知的单摆周期公式为

$$T = \frac{2\pi}{\omega} = 2\pi\sqrt{\frac{l}{g}} \qquad (9\text{-}16)$$

我们看到，单摆周期 T 与 m 无关，只决定于摆长 l 和摆锤所在处的重力加速度 g. 利用上式，我们便可通过测量单摆的周期来确定该处的重力加速度.

至于微分方程式（9-15）的解，显然与弹簧振子的简谐运动表达式（9-4）相类似，故单摆的简谐运动表达式可写为

$$\theta = A\cos(\omega t + \varphi) \quad ⓑ$$

其角速度

$$\frac{\mathrm{d}\theta}{\mathrm{d}t} = -\omega A\sin(\omega t + \varphi) \quad ⓒ$$

设 $t=0$ 时，$\theta=\theta_0$，$\mathrm{d}\theta/\mathrm{d}t=0$，分别代入式ⓑ和式ⓒ，得

$$A\cos\varphi = \theta_0,\ \omega A\sin\varphi = 0 \quad ⓓ$$

由式ⓒ和式ⓓ可解出单摆的角振幅 A 和初相 φ，即

$$A = \sqrt{\theta_0^2 + 0} = \theta_0,\ \varphi = \arctan\left(-\frac{0}{\omega\theta_0}\right) = 0$$

于是，单摆的简谐运动表达式为

$$\theta = \theta_0\cos\left(\sqrt{\frac{g}{l}}t\right) \quad (9\text{-}17)$$

说明

（1）如前所述，在弹簧振子的情况中，振动物体所受的力是弹性力，即力的大小与位移的大小成正比，而方向相反；而在单摆做小角度摆动的情况中，由于 $\sin\theta\approx\theta$，则摆锤所受到的切向分力 $F_t=-mg\theta$ 的大小与角位移的大小成正比，而方向与角位移的方向相反．即 F_t 与 θ 的关系，恰似弹性力 F 与位移 x 的关系．我们将这种**本质上是非弹性的，但就其对振动所起的作用来说，又与弹性力特征相类同的力**，称为**准弹性力**．物体在准弹性力的作用下也做简谐运动．

（2）在工程上所遇到的振动大多是小振幅的，其受力特征均可近似地用弹性力或准弹性力（或力矩）描述，因而系统的振动总是符合常系数线性微分方程的，这种振动称为线性振动；但在工程实际中，有些振动系统不能模拟为简谐振子，例如在本例中，若 $\theta\geqslant5°$，式（9-15）就不成立，这时单摆的运动规律由式ⓐ描述，是一个非线性方程．

非线性方程很难求得精确的解析解．但研究表明，可以应用迭代法求得其一次迭代的近似解．但若 $\theta>20°$，这种迭代近似解也会显著地偏离实测结果．实际上，大多数非线性系统都会显示出所谓的“混沌”现象．这是在确定性动力学系统中存在的一种随机性运动，它会因初始条件的微小差异而导致很不相同的结果．真可说是“差之毫厘，失之千里”．对于多数显示出混沌的非线性系统，不可能由初始条件给出精确解，因而这种系统的运动就具有显著的随机性．例如，地球表面附近的大气层就是个相当复杂的非线性系统，由于大气环流、海洋潮汐、太阳活动等因素的某些偶然变化，若仅仅乞助于求解方程来精确预报天气，显然是不可能的．

思考题

9-3 (1) 将思考题9-3图所示的单摆拉到与竖直方向成一很小的偏角 φ 后，放手任其摆动，角 φ 是否就是初相？单摆角速度是振动的角频率吗？(2) 摆长和摆锤都相同的两个单摆，在同一地点以不同的摆角（都小于5°）摆动时，它们的周期是否相同？(3) 一根细线挂在很深的煤矿竖井中，我们在井底看不到细线的上端而只能看见其下端，问如何计算此线的长度？

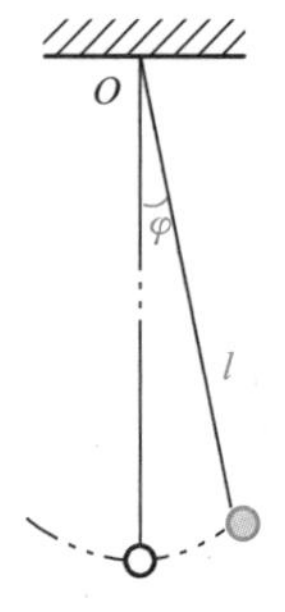

思考题9-3图

9.3 简谐运动的旋转矢量图

为了直观地领会简谐运动表达式中 A、ω 和 φ 三个物理量的意义，并为后面讨论振动叠加提供简明而直观的方法，我们介绍简谐运动的旋转矢量图示法.

演示实验——旋转矢量

对于一个给定的简谐运动 $x=A\cos(\omega t+\varphi)$，根据几何知识，可以将它看作一矢量 $\boldsymbol{A}$ 在 Ox 轴上的投影. 如图9-4所示，在取定的 Ox 轴上以原点 O 作为简谐运动的平衡位置，自 O 点起作一个矢量 $\boldsymbol{A}$，使其长度等于振动的振幅 A，并使矢量 $\boldsymbol{A}$ 绕 O 点沿逆时针方向做匀角速转动，其角速度与振动的角频率 ω 相等，矢量 $\boldsymbol{A}$ 称为**旋转矢量**. 当 $t=0$ 时，旋转矢量 $\boldsymbol{A}$ 与 Ox 轴的夹角 φ 为简谐运动的初相，这时 $\boldsymbol{A}$ 在 Ox 轴上的投影为 $x_0=A\cos\varphi$；在 t 时刻，旋转矢量 $\boldsymbol{A}$ 与 Ox 轴的夹角 $(\omega t+\varphi)$ 等于该时刻简谐运动的相位，此时，$\boldsymbol{A}$ 在 Ox 轴上的投影为 $A\cos(\omega t+\varphi)$，此投影代表给定的简谐运动. 也可以说，**旋转矢量 $\boldsymbol{A}$ 的末端 $\boldsymbol{M}$ 在 $\boldsymbol{Ox}$ 轴上的投影 $\boldsymbol{P}$ 沿 $\boldsymbol{Ox}$ 轴做简谐运动**. 这种几何表示法称为**简谐运动的旋转矢量图示法**.

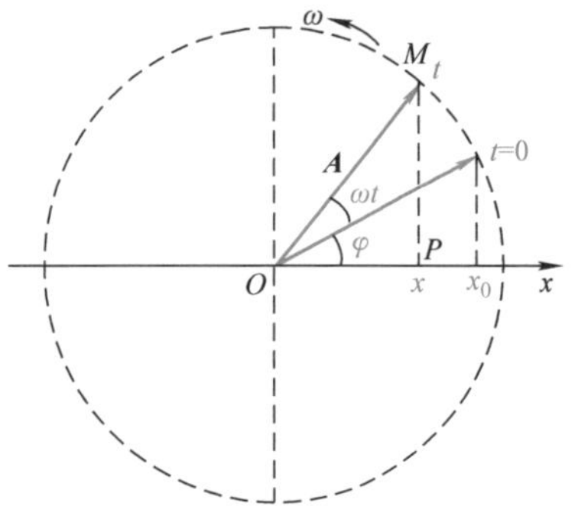

图9-4 旋转矢量图

在这种表示法中，相位（$\omega t+\varphi$）随时间 t 按匀角速 ω 而均匀增大，经过一个周期 T，振幅矢量 $\boldsymbol{A}$ 转过一圈，（$\omega t+\varphi$）增大 2π，相应地，$\boldsymbol{A}$ 的端点在 Ox 轴上的投影做简谐运动，完成一次全振动.

总而言之，由简谐运动的旋转矢量图示法可以看出，旋转矢量 $\boldsymbol{A}$ 以角速度 ω 转动一周，相当于简谐振子在 Ox 轴上做一次完全振动. 在相位（$\omega t+\varphi$）从0到 2π 的变动过程中，显示出一个周期中简谐振子的各个不同位置.

通常我们只画 $\boldsymbol{A}$ 在 $t=0$ 时的位置，给出初相 φ 和振幅 A，并注明 ω，想象 $\boldsymbol{A}$ 在旋转，这样，也就把简谐运动形象地表示清楚了.

思考题

9-4　什么是旋转矢量？为什么可以用它来表述简谐运动？

例题 9-4　（1）一个弹簧振子，沿 Ox 轴做振幅为 A 的简谐振动，其表达式用余弦函数表示．若 $t=0$ 时，振子的运动状态分别为：a）$x_0=-A$；b）过平衡位置向 Ox 轴正方向运动；c）过 $x_0=-A/2$ 处向 Ox 轴负方向运动；d）过 $x_0=A/\sqrt{2}$ 处向 Ox 轴正方向运动．试用旋转矢量图示法确定相应的初相．（2）设两个同频率简谐运动分别为 $x_1=A_1\cos(\omega t+\varphi_1)$，$x_2=A_2\cos(\omega t+\varphi_2)$，相应的旋转矢量分别为 $\boldsymbol{A}_1$ 和 $\boldsymbol{A}_2$．试用旋转矢量图示法比较这两个简谐运动的振动步调：a′）步调相同；b′）步调相反；c′）$\boldsymbol{A}_2$ 比 $\boldsymbol{A}_1$ 超前，即 $\varphi_2>\varphi_1$；d′）$\boldsymbol{A}_2$ 比 $\boldsymbol{A}_1$ 落后 $\pi/2$ 相位.

解　（1）根据起始时刻的位置 x_0 和初速 v_0 的方向．确定旋转矢量 $\boldsymbol{A}$ 在 $t=0$ 时的方位，则旋转矢量 $\boldsymbol{A}$ 与 Ox 轴正方向所成的角即为初相 φ．按题设，作出相应的旋转矢量图，如例题 9-4（1）图 a ~ d 所示，其初相分别为 $\varphi=\pi$、$\varphi=3\pi/2$ 或 $-\pi/2$、$\varphi=\pi/3$ 和 $\varphi=7\pi/4$（也可表示为 $-\pi/4$）.

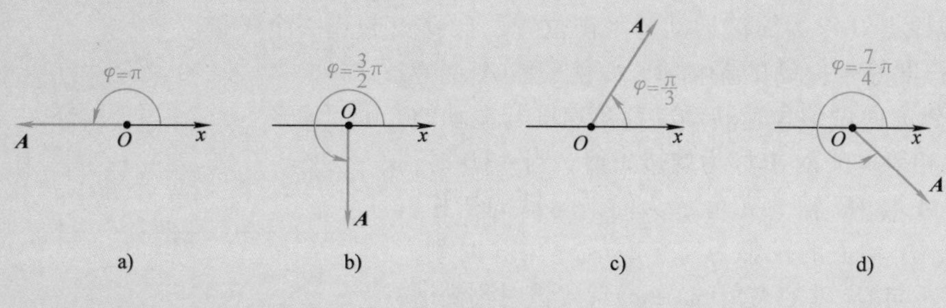

例题 9-4（1）图

（2）利用旋转矢量可以方便地比较两个同频率简谐运动的步调．由题设，下列两个简谐运动为

$$x_1=A_1\cos(\omega t+\varphi_1)$$

$$x_2=A_2\cos(\omega t+\varphi_2)$$

由式（9-12）可知，两个同频率的简谐运动在任意时刻的相位差都等于其初相差．那么旋转矢量 $\boldsymbol{A}_1$、$\boldsymbol{A}_2$ 的步调如例题 9-4（2）图所示．图 a 表示 $\boldsymbol{A}_1$、$\boldsymbol{A}_2$ 同步调，即 $\varphi_{12}=0$（$\varphi_2=\varphi_1$）；图 b 表示 $\boldsymbol{A}_1$、$\boldsymbol{A}_2$ 的步调相反，即 $\varphi_{21}=\varphi_2-\varphi_1=\pi$；图 c 表示 $\boldsymbol{A}_2$ 超前 $\boldsymbol{A}_1$，$\varphi_{12}<0$；至于图 d，我们常说成 $\boldsymbol{A}_2$ 比 $\boldsymbol{A}_1$ 落后 $\pi/2$ 相位.

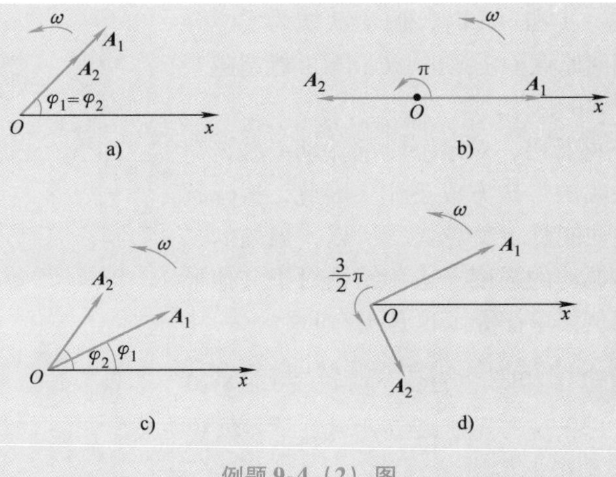

例题9-4（2）图

9.4　简谐运动的能量

现在我们以弹簧振子为例来讨论简谐振动的能量. 设振动物体的质量为 m，在某一时刻的速度为 v，则根据式（9-5），此物体的动能为

$$E_k = \frac{1}{2}mv^2 = \frac{1}{2}m\omega^2 A^2 \sin^2(\omega t + \varphi) \tag{9-18}$$

又设在此时刻物体相对于平衡位置的位移为 x，x 也就是弹簧相对于平衡位置的伸长（或缩短）量. 若弹簧的劲度系数是 k，那么弹簧还拥有弹性势能. 通常取弹簧为原长时物体所在位置处的弹性势能为零，则弹簧的弹性势能为 $E_p = \frac{1}{2}kx^2$，且按式（9-4），则可得

$$E_p = \frac{1}{2}kx^2 = \frac{1}{2}kA^2\cos^2(\omega t + \varphi) \tag{9-19}$$

可见，在简谐振动的过程中，由于 v 和 x 都随时间做周期性变化，因此**简谐振动系统的动能和势能也都随时间做周期性的变化**. 而弹簧振子的总能量为

$$E = E_k + E_p = \frac{1}{2}m\omega^2 A^2\sin^2(\omega t + \varphi) + \frac{1}{2}kA^2\cos^2(\omega t + \varphi)$$

因 $\omega^2 = k/m$，或 $k = m\omega^2$，代入上式并化简后，得

$$E = \frac{1}{2}kA^2 \tag{9-20}$$

当给定的弹簧振子做简谐振动时，m、k 和 A 都是恒量. 因此上式说明，**简谐振动的总能量在振动过程中是一个恒量**. 这就是说，尽管动能和势能都随时间而变化，但它们的总和 E 却不随时间 t 而改变，即 $\mathrm{d}E/\mathrm{d}t = 0$. 这一结论是与机械能守恒定律完全符合的. 这种能量或振幅保持不变的振动亦称为**无阻尼振动**.

图9-5表示简谐振子的势能 E_p 与坐标 x 的关系曲线. 由图可知，简谐振子的势能曲线为抛物线. 在一次振动中总能量 E 保持不变. 在位移为 x 时，总能量 E 等于势能 E_p 与动能

E_k之和. 当位移到达 $+A$ 和 $-A$ 时，振子动能为零，分别开始从右端和左端向原点 O 运动. 振子不可能超越其势能曲线到达势能更大的区域.

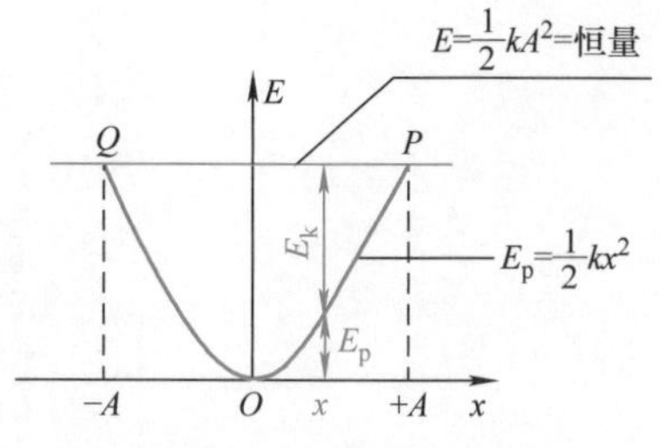

图 9-5　简谐振子的势能曲线

从式（9-20）还可看出，对于一定的振动系统，简谐振动的总能量与振幅的二次方成正比. 因此，振幅越大，振动越强烈，振动能量也就越大. 所以，振幅的二次方可用来表征简谐振动的强度. 这一结论对于其他形式的简谐振动系统（例如单摆等）也是正确的.

例题 9-5　质量为 0.10kg 的物体，以振幅 1.0×10^{-2}m 做简谐运动，其最大加速度为 $4.0\mathrm{m\cdot s^{-2}}$，求：(1) 振动的周期；(2) 通过平衡位置的动能；(3) 总能量；(4) 物体在何处时，其动能和势能相等？

解　(1) 根据最大加速度 $a_{\max}=A\omega^2$，得角频率 $\omega=\sqrt{\frac{a_{\max}}{A}}=\sqrt{\frac{4.0\mathrm{m\cdot s^{-1}}}{1.0\times10^{-2}\mathrm{m}}}=20\mathrm{s^{-1}}$

故振动的周期为

$$T=\frac{2\pi}{\omega}=\frac{2\times3.14}{20\mathrm{s^{-1}}}=0.314\mathrm{s}$$

(2) 通过平衡位置的动能

$$E_{\mathrm{kmax}}=\frac{1}{2}mv_{\max}^2=\frac{1}{2}m\omega^2A^2=\frac{1}{2}\times0.10\times(20)^2\times(1.0\times10^{-2})^2\mathrm{J}=2.0\times10^{-3}\mathrm{J}$$

(3) 总能量

$$E=E_{\mathrm{kmax}}=2.0\times10^{-3}\mathrm{J}$$

(4) 按题意

$$E_k=E_p=\frac{1}{2}E=\frac{1}{2}\times2.0\times10^{-3}\mathrm{J}=1.0\times10^{-3}\mathrm{J}$$

又由于

$$E_p=\frac{1}{2}kx^2=\frac{1}{2}m\omega^2x^2$$

则得

$$x^2=\frac{2E_p}{m\omega^2}=\frac{2\times1.0\times10^{-3}}{0.10\times20^2}\mathrm{m^2}=0.5\times10^{-4}\mathrm{m^2}$$

从而解得

$$x=\pm0.707\mathrm{cm}$$

思考题

9-5　在一个周期 T 内，简谐运动的动能和势能对时间的平均值 E_k 和 E_p 有什么关系？

9.5　同方向简谐运动的合成　拍

在实际问题中，所遇到的振动往往是由几个振动合成的. 例如，在剧烈振动的机房内，为了防止精密仪器振坏，可以将仪器用软弹簧悬挂起来，如图 9-6 所示. 这相当于一个弹簧振子悬挂在机房顶上，一方面这个振子相对于机房有一振动，同时机房相对于地面也在振动. 这样，

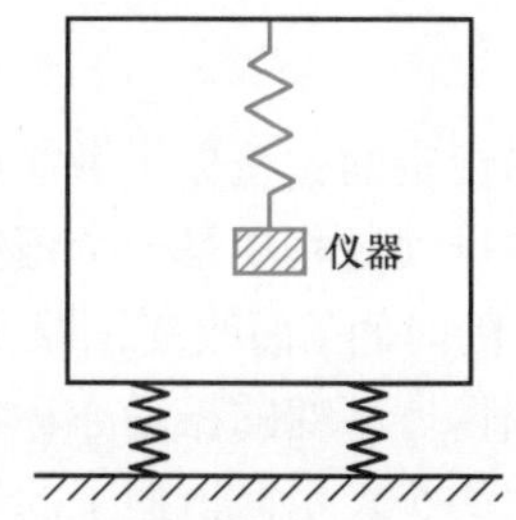

图 9-6　可用软弹簧将仪器悬挂起来

弹簧振子相对于地面的振动就是上述两个振动的合成．又如，当两个声波同时传播到空间某一点时，该点处的空气质元就被迫同时参与两个振动，这时质元的运动就是这两个振动的合成．下面我们只讨论几种简单情形下的简谐运动的合成．

9.5.1 两个同方向、同频率简谐运动的合成

设一个质点在同一直线上（沿 Ox 轴）同时参与两个独立的同频率（角频率都是 ω）的简谐运动，这两个简谐运动在任意时刻 t 的位移分别为

$$x_1 = A_1\cos(\omega t + \varphi_1)$$
$$x_2 = A_2\cos(\omega t + \varphi_2)$$

式中，A_1、A_2 和 φ_1、φ_2 分别为两个简谐运动的振幅和初相．由于 x_1 和 x_2 为沿同一直线、相对于同一平衡位置的位移，则任意时刻合振动的位移 x 仍在该直线上，且等于上述两个位移之代数和，即

$$x = x_1 + x_2 = A_1\cos(\omega t + \varphi_1) + A_2\cos(\omega t + \varphi_2) \tag{9-21}$$

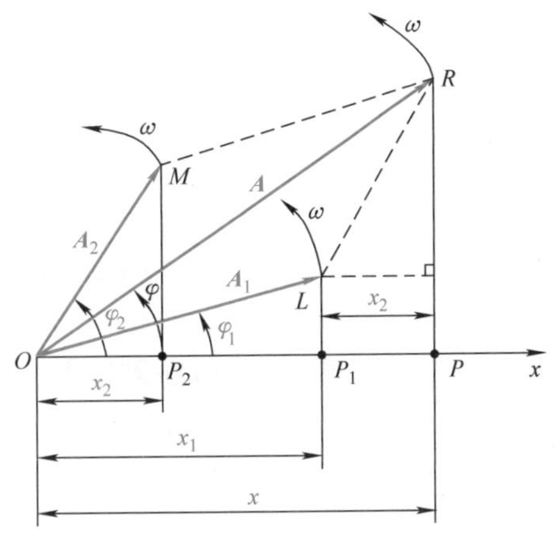

图 9-7 两个同方向、同频率简谐运动合成的矢量图

对这种情况，可以利用三角公式求得合成结果，但是用旋转矢量法可以更简捷、更直观地得出有关结论．

如图 9-7 所示，Ox 轴代表振动方向，原点 O 代表平衡位置．从 O 点作两个长度分别为 A_1、A_2 的旋转矢量 $\boldsymbol{A}_1$、$\boldsymbol{A}_2$，用来表示这两个振动．设在开始时，旋转矢量 $\boldsymbol{A}_1$、$\boldsymbol{A}_2$ 与 Ox 轴的夹角分别为 φ_1 和 φ_2．当两个旋转矢量以相同的匀角速度 ω 绕 O 点做逆时针旋转时，它们的端点 L、M 在 Ox 轴上的投影 P_1、P_2 的运动就分别代表上述两个简谐运动；而两矢量在 Ox 轴上的投影则分别代表两个振动的位移 x_1 和 x_2．

因为长度不变的振幅矢量 $\boldsymbol{A}_1$ 和 $\boldsymbol{A}_2$ 以同一匀角速度 ω 绕 O 点旋转，所以它们之间的夹角（即两个分振动的相位差）$\varphi_{21} = \varphi_2 - \varphi_1$ 保持不变，因而，由 $\boldsymbol{A}_1$ 和 $\boldsymbol{A}_2$ 构成的平行四边形的形状始终保持不变，并以角速度 ω 整体地做逆时针旋转．这样，它们的合矢量 $\boldsymbol{A}$ 的长度（即平行四边形的对角线）也不变，并且也以匀角速度 ω 绕 O 点做逆时针旋转．说明合矢量 $\boldsymbol{A}$ 的端点 R 在 Ox 轴上的投影 P 也在做简谐运动，而且其频率与原来两个振动的频率一样．从图上还可以看出，合矢量 $\boldsymbol{A}$ 在 Ox 轴上的投影 x 等于 x_1 和 x_2 的代数和，所以合矢量 $\boldsymbol{A}$ 在 Ox 轴上的投影可以代表这两个简谐运动的合成，即合矢量 $\boldsymbol{A}$ 代表了合成振动的旋转矢量．

由此可以断定，**两个同频率、同方向简谐运动合成后仍为简谐运动**．其合振动的振动表达式为

$$x = A\cos(\omega t + \varphi) \tag{9-22}$$

式中，振幅 A 即为合矢量 $\boldsymbol{A}$ 的长度；初相 φ 是合矢量 $\boldsymbol{A}$ 与 Ox 轴所成的夹角．在图 9-7 中，对 $\triangle OLR$ 运用余弦定理，有

$$A^2 = A_1^2 + A_2^2 - 2A_1A_2\cos[\pi - (\varphi_2 - \varphi_1)]$$

得

$$A=\sqrt{A_1^2+A_2^2+2A_1A_2\cos(\varphi_2-\varphi_1)} \tag{9-23}$$

且在直角三角形 OPR 中，有

$$\tan\varphi=\frac{A_1\sin\varphi_1+A_2\sin\varphi_2}{A_1\cos\varphi_1+A_2\cos\varphi_2} \tag{9-24}$$

即合振动的振幅和初相分别由式（9-23）和式（9-24）确定；它们的值均取决于原来两个振动的振幅和初相.

式（9-23）表明合振动的振幅不仅与两个分振动的振幅有关，还与它们的相位差（$\varphi_2-\varphi_1$）有关. 下面讨论振动合成的两个重要特例. 这两个特例将来在讨论声波（机械波）、光波的干涉和衍射现象时常要用到.

（1）两分振动同相或相位差 $\varphi_2-\varphi_1=\pm 2k\pi$，（$k=0, 1, 2, \cdots$）. 这时，$\cos(\varphi_2-\varphi_1)=1$，按式（9-23），得

$$A=\sqrt{A_1^2+A_2^2+2A_1A_2}=A_1+A_2 \tag{9-25}$$

即当两分振动的相位相同或相位差为 π 的偶数倍时，合振幅等于两分振动的振幅之和，合成结果为相互加强，合振幅达到最大值.

（2）两分振动反相或相位差 $\varphi_2-\varphi_1=\pm(2k+1)\pi$，（$k=0, 1, 2, \cdots$）. 这时，$\cos(\varphi_2-\varphi_1)=-1$，按式（9-23），得

$$A=\sqrt{A_1^2+A_2^2-2A_1A_2}=|A_1-A_2| \tag{9-26}$$

即当两分振动的相位相反或相位差为 π 的奇数倍时，合振幅等于两分振动的振幅之差的绝对值，合成结果为相互减弱，合振幅达到最小值. 如果在这种情形下，$A_1=A_2$，则 $A=0$，就是说，振动合成的结果，使质点处于静止状态. 例如，在图 9-6 所示的情况中，只要弹簧振子和机房两者的振动相位相反、振幅相近，仪器的合成振动的振幅就很小，即振动很微弱，从而可以防止仪器振坏.

对式（9-25）、式（9-26）所给出的结果，读者不难理解：前者，两个分振动由于位移方向始终相同，始终互相加强，因此合振动的振幅最大；而后者，两个分振动由于位移方向始终相反，始终互相削弱，因此合振动的振幅最小.

上面所讲的是两种极端情况，在一般情形下，相位差（$\varphi_2-\varphi_1$）可以取任意值，而合振幅在 A_1+A_2 和 $|A_1-A_2|$ 之间，即 $A_1+A_2\geqslant A\geqslant|A_1-A_2|$.

例题 9-6　两个同方向、同频率简谐振动的表达式分别为 $x_1=(0.05\text{cm})\cos(10t+3\pi/4)$ 及 $x_2=(0.06\text{cm})\cos(10t+\pi/4)$，求合振动的表达式.

解　由题给条件知：$A_1=0.05\text{cm}$，$A_2=0.06\text{cm}$，$\varphi_1=3\pi/4$，$\varphi_2=\pi/4$，根据式（9-23）和式（9-24），可得合振动的振幅

$$A=\sqrt{A_1^2+A_2^2+2A_1A_2\cos(\varphi_2-\varphi_1)}$$

$$\sqrt{(0.05\text{cm})^2+(0.06\text{cm})^2+2\times(0.05\text{cm})\times(0.06\text{cm})\cos\left(\frac{\pi}{4}-\frac{3\pi}{4}\right)}$$

$$=7.81\times10^{-2}\text{cm}$$

合振动的初相

$$\varphi = \arctan\frac{A_1\sin\varphi_1 + A_2\sin\varphi_2}{A_1\cos\varphi_1 + A_2\cos\varphi_2} = \arctan\frac{(0.05\text{cm})\sin\frac{3\pi}{4} + (0.06\text{cm})\sin\frac{\pi}{4}}{(0.05\text{cm})\cos\frac{3\pi}{4} + (0.06\text{cm})\cos\frac{\pi}{4}} = 1.48\text{rad}$$

则由式（9-22），得合振动的表达式为

$$x = (7.81\times10^{-2}\text{cm})\cos(10t + 1.48)$$

例题 9-7 一个质点同时参与三个简谐运动，它们的运动函数分别为 $x_1 = A\cos(\omega t + \pi/3)$，$x_2 = A\cos(\omega t + 5\pi/3)$，$x_3 = A\cos(\omega t + \pi)$，求其合振动的表达式.

解 由题给条件可知，各分振动的振幅相同，各分振动的初相分别为 $\pi/3$、$5\pi/3$ 和 π. 将各分振动分别标示于旋转矢量图中（见例题 9-7 图），由此图的几何关系不难看出，合振动的表达式为

$$x = x_1 + x_2 + x_3 = 0$$

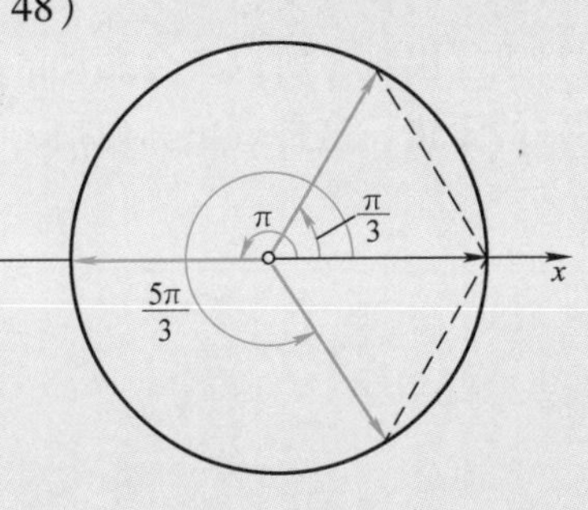

例题 9-7 图

思考题

9-6 设两个简谐运动分别为：$x_1 = 1.6\cos(6\pi t + 0.25\pi)$，$x_2 = 1.9\cos(6\pi t + \beta)$(SI)，问 β 为何值时，合振动的振幅最小？

9.5.2 两个同方向、不同频率简谐运动的合成 拍

两个同方向、不同频率的简谐运动合成时，情况比较复杂. 从旋转矢量图可见，由于这时 $\boldsymbol{A}_1$ 和 $\boldsymbol{A}_2$ 的角频率不同，因而它们的相位差 φ_{21} 将随时间而改变，它们的合矢量也将随时间而改变. 这个合矢量在 Ox 轴上的投影所表示的合运动将不再是简谐运动.

设两个分振动的角频率分别为 ω_1 和 ω_2（并设 $\omega_2 > \omega_1$），由于二者频率不同，因此需要经历一段时间才能使二者达到相同的相位（表现在旋转矢量图上是两个振幅矢量在某一时刻重合，见图 9-8a）. 我们就从此时刻开始计时，则二者的初相相同. 这样，两个振动表达式分别为

$$x_1 = A_1\cos(\omega_1 t + \varphi)$$
$$x_2 = A_2\cos(\omega_2 t + \varphi)$$

则合振动的振动表达式为

$$x = x_1 + x_2 = A_1\cos(\omega_1 t + \varphi) + A_2\cos(\omega_2 t + \varphi) \tag{9-27}$$

虽然合振动仍与原来振动的方向相同，但由于上述两个简谐运动的角频率 ω_1 和 ω_2 不同，故合成后不再是简谐运动，而是比较复杂的周期运动了. 为此，我们可利用旋转矢量图示法来说明上述两个振动的合成.

如图 9-8 所示，设在某时刻（作为 $t=0$ 的起始时刻），$\boldsymbol{A}_1$ 与 $\boldsymbol{A}_2$ 的相位差为零，即 $\boldsymbol{A}_1$ 与 $\boldsymbol{A}_2$ 之间的夹角 $\varphi_{21} = (\omega_2 - \omega_1)t = 0$，因而合振动的振幅最大，$A = A_1 + A_2$，合振动最强

(见图9-8a). 此后，由于$\omega_2>\omega_1$，$\boldsymbol{A}_2$将领先于$\boldsymbol{A}_1$，使二者间的夹角φ_{21}随时间增长而逐渐增大. 设经过时间t_1，φ_{21}从0增加到π，则由$(\omega_2-\omega_1)t_1=\pi$可知，经历时间$t_1=\dfrac{\pi}{\omega_2-\omega_1}$后，$\boldsymbol{A}_2$与$\boldsymbol{A}_1$指向相反，此时合振动的振幅最小，$A=|A_1-A_2|$，合振动最弱（见图9-8b). 接着，又经过时间$t_2=\dfrac{\pi}{\omega_2-\omega_1}$，$\varphi_{21}$从π增大到2π，$\boldsymbol{A}_2$与$\boldsymbol{A}_1$再度重叠而指向相同，此时，合成振动的振幅又达到了最大，即$A=A_1+A_2$，合振动又最强（见图9-8c). 往后，上述过程将重复出现，所以，**合振动的振幅时大时小（或者说合振动的强度时强时弱）地在做周期性的变化**，这种现象称为**拍**.

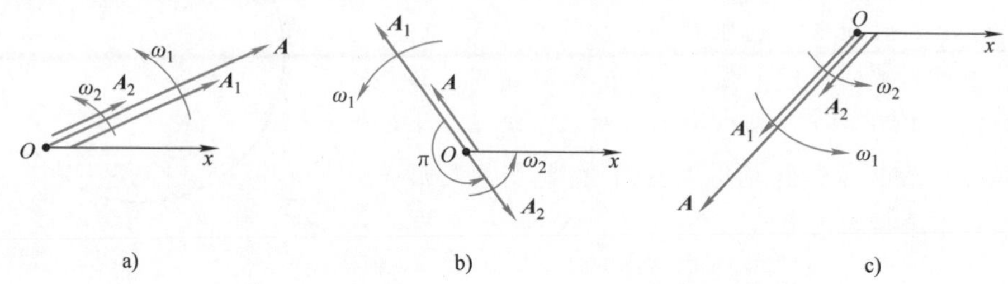

图9-8 两个同方向、不同频率的简谐振动的合成

若合振动强弱变化一次所需的时间是$t_1+t_2=\dfrac{2\pi}{\omega_2-\omega_1}$，**则合振动在单位时间内强弱变化的次数为**

$$\nu=\frac{1}{t_1+t_2}=\frac{\omega_2-\omega_1}{2\pi}=\frac{\omega_2}{2\pi}-\frac{\omega_1}{2\pi}=\nu_2-\nu_1 \tag{9-28}$$

叫作拍频. 即拍频等于两个简谐振动的频率$\boldsymbol{\nu_2}$与$\boldsymbol{\nu_1}$之差.

如上所说，两个同方向的简谐振动由于频率不同，其合振动会产生周期性的加强和减弱，出现拍的现象. 但是，在一般情况下，我们察觉不到合振动的这种周期性变化. 但当两个分振动的频率都较大而其差值很小（即$\omega_2-\omega_1\ll\omega_2+\omega_1$）时，我们才能觉察出明显的周期性. 在这种情形下，由于ω_1和ω_2相差甚微，两个振动的旋转矢量的夹角$\varphi_{21}=(\omega_2-\omega_1)t$的变化很缓慢，拍频较小，合振动经历一次强弱变化所需的时间就很长，因而能明显地觉察到合振动时强时弱的周期性变化. 例如，同时敲击两个并列的、频率相差很小的音叉，我们就会听到时强时弱、周期性变化的“嗡、嗡”的声音，而察觉到拍的现象.

我们还可利用三角学中的和差化积公式求解合振动表达式，为便于计算，设$A_1=A_2$，则式（9-27）可写为

$$x=A\cos(\omega_1t+\varphi)+A\cos(\omega_2t+\varphi)=2A\cos\left(\frac{\omega_2-\omega_1}{2}t\right)\cos\left(\frac{\omega_2+\omega_1}{2}t+\varphi\right) \tag{9-29}$$

从式（9-29）也可以看出，两个同方向不同频率简谐振动的合成将不再是简谐振动，而是周期运动. 这个周期运动取决于两个周期性变化的量$\cos\left(\dfrac{\omega_2-\omega_1}{2}t\right)$和$\cos$

$\left(\frac{\omega_2+\omega_1}{2}t+\varphi\right)$. 显然，第一个量的频率小于第二个量的频率，因而，第一个量的周期大于第二个量的周期. 在两个分振动的频率都较大而其差值很小（即 $\omega_2-\omega_1 \ll \omega_2+\omega_1$）的情况下，第一个量的周期比第二个量的周期大得多，也就是说，第一个量的变化比第二个量的变化慢得多，以致在某一段较短时间内第二个量反复变化多次时，第一个量几乎没有变化. 因此，由这两个因子的乘积决定的运动可近似地看成振幅为 $\left|2A\cos\left(\frac{\omega_2-\omega_1}{2}t\right)\right|$（因为振幅总是正的，所以取绝对值）、角频率为 $\frac{\omega_2+\omega_1}{2}$ 的“准简谐振动”. 由于振幅是周期性变化的，所以就出现振动时强时弱的拍这一现象，可用位移－时间曲线来说明. 如图 9-9 所示，其中，图 9-9a 和图 9-9b 分别代表分振动（图中设其振幅 $A_1=A_2$），图 9-9c 代表合振动. 在任意时刻，合振动的位移在图上直接由分振动的位移相加而得到. 从图中可以清楚地看出，合振动的振幅是随时间而变化的，并且这种变化时强时弱地显示出一定的周期性. 因此，拍是一种周期性的准简谐振动.

式（9-28）常用来测量频率. 如果已知一个高频振动的频率，使它和另一频率相近但未知其频率的振动相叠加，测量出合成振动的拍频，就可以求出后者的频率.

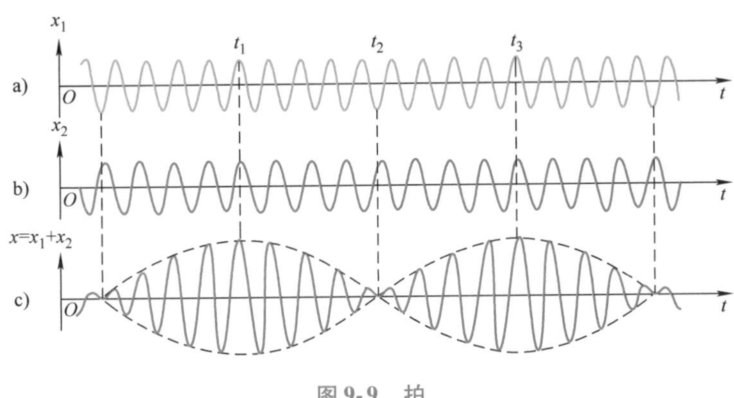

图 9-9　拍

9.6　两个相互垂直的简谐运动的合成　李萨如图形

9.6.1　两个相互垂直、同频率简谐运动的合成

在有些实际问题中，常会遇到一个质点同时参与两个不同方向的振动. 这时质点的合位移是两个分振动位移的矢量和. 在一般情况下，这时质点将在平面上做曲线运动，它的轨道形状取决于两个分振动的周期、振幅和相位差.

为简单起见，我们只讨论两个相互垂直的同频率简谐振动的合成. 设两个振动分别在 Ox 轴和 Oy 轴上进行，其振动表达式分别为

$$\left.\begin{aligned} x &= A_1\cos(\omega t+\varphi_1) \\ y &= A_2\cos(\omega t+\varphi_2) \end{aligned}\right\} \tag{9-30}$$

在任意时刻 t，质点在 xOy 平面上的位置坐标是（x，y），当时刻 t 改变时，其位置坐标（x，y）也随之改变. 所以，在上两式中，我们消去参数 t，就可得到合成振动的轨道方程（推导从略）为

$$\frac{x^2}{A_1^2}+\frac{y^2}{A_2^2}-\frac{2xy}{A_1A_2}\cos(\varphi_2-\varphi_1)=\sin^2(\varphi_2-\varphi_1) \tag{9-31}$$

这是椭圆方程. 它的形状可由两个分振动的振幅和相位差 $\varphi_2-\varphi_1$ 决定. 下面讨论几种特殊情形.

（1）$\varphi_2-\varphi_1=0$，即两个振动同相，这时，由式（9-31），得

$$\frac{x}{A_1}=\frac{y}{A_2}$$

此时合振动的轨道是通过坐标原点的一条直线，斜率为两个振幅之比 A_2/A_1（见图 9-10a）. 若令 $\varphi_2=\varphi_1=\varphi$，则在任意时刻质点离开原点的位移为

$$r=\sqrt{x^2+y^2}=\sqrt{A_1^2+A_2^2}\cos(\omega t+\varphi)$$

所以，合振动也是简谐振动，频率等于原来的频率，振幅等于 $\sqrt{A_1^2+A_2^2}$，沿直线 $y=\frac{A_2}{A_1}x$ 振动.

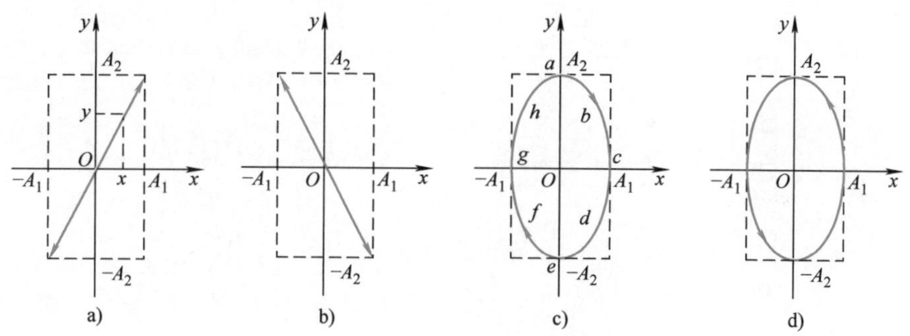

图 9-10 相互垂直振动的合成

a）$\varphi_2-\varphi_1=0$ b）$\varphi_2-\varphi_1=\pi$ c）$\varphi_2-\varphi_1=\pi/2$ d）$\varphi_2-\varphi_1=-\pi/2$

若两个振动反相，即 $\varphi_2-\varphi_1=\pi$ 时，合振动则沿直线 $y=-\frac{A_2}{A_1}x$ 做简谐振动（见图 9-10b）. 其振幅和频率与上述结果相同.

（2）$\varphi_2-\varphi_1=\pi/2$，即 x 落后于 y 为 $\pi/2$. 由式（9-31）得

$$\frac{x^2}{A_1^2}+\frac{y^2}{A_2^2}=1$$

即质点运动的轨道是以坐标轴为主轴的正椭圆（见图 9-10c）. 由于 y 超前，例如在 $x=0$ 时开始计时，此时 y 为极大值，质点位于椭圆上的 a 点，当时间增加时，x 值渐增而 y 值渐减，当 $t=T/4$ 时，$y=0$ 而 x 达到极大值. 在这一段时间内质点从 a 点经 b 而到达 c 点. 此后，y 值在负方向增大，而 x 值减小，质点由 c 经 d 而到达 e，继而依次经过 f、g、h 再回到 a. 质点就这样按顺时针方向（即右旋）做椭圆运动，这个运动的周期就等于分振动的周期.

若 $\varphi_2-\varphi_1=-\pi/2$，即 y 落后于 x 为 $\pi/2$. 这时，质点运动的轨道与 $\varphi_2-\varphi_1=\pi/2$ 时相同，同样是正椭圆（见图 9-10d）. 但由于 y 的相位落后于 x 的相位，质点按逆时针方向（即左旋）做椭圆运动.

在上述两种情形中，如果两个分振动的振幅相等，即 $A_1=A_2$，则椭圆将变为圆.

（3）$\varphi_2-\varphi_1$ 等于其他值时，合成振动的轨道是一些方位不同的斜椭圆，这些椭圆被局限在平行于 Ox、Oy 轴的边长分别为 $2A_1$、$2A_2$ 的矩形范围内，它们的长、短轴与原来两个振动方向不重合，其方位及质点的运动方向完全取决于相位差的数值，如图 9-11 所示.

从上述各种合成的例子，反过来，可以断定：**任何一种直线简谐振动、匀速圆周运动或椭圆运动都可分解成两个互相垂直的简谐振动.**

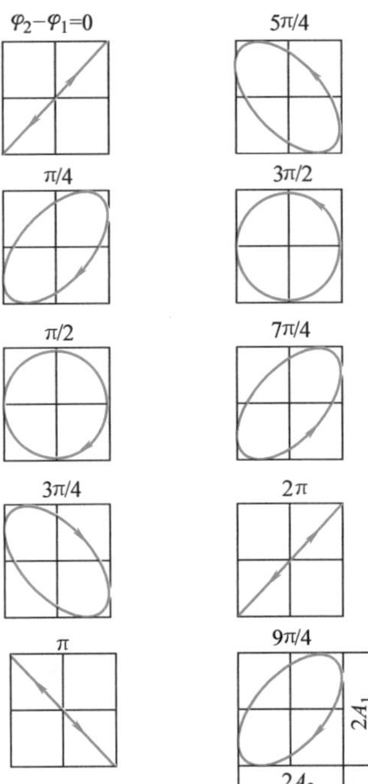

图 9-11　在各种相位差时，两个频率相同的、相互垂直振动的合成

思考题

9-7　试按式（9-31）分析相位差分别为 $\varphi_2-\varphi_1=0$、$\frac{\pi}{4}$、$\frac{\pi}{2}$、$\frac{3\pi}{4}$、π 时，两个同频率相互垂直振动的合成，并大致勾画出其轨道曲线.

9.6.2　两个相互垂直、不同频率的简谐振动的合成　李萨如图形

两个相互垂直的简谐振动，若具有不同频率，则其相位差将随时间而改变，因而其合成振动的轨道一般不能形成稳定的图形. 但在两个振动的角频率成简单的整数比时，合成振动的轨道就呈现稳定的封闭曲线，曲线的样式与分振动的频率以及相位差有关，这种曲线叫作李萨如（J. A. Lissajous，1822—1880，法国科学家）图形. 图 9-12 表示两个分振动的频率比分别为 1∶2、1∶3、2∶3 时几种不同相位差的李萨如图形. 利用电子示波器，调整输入信号

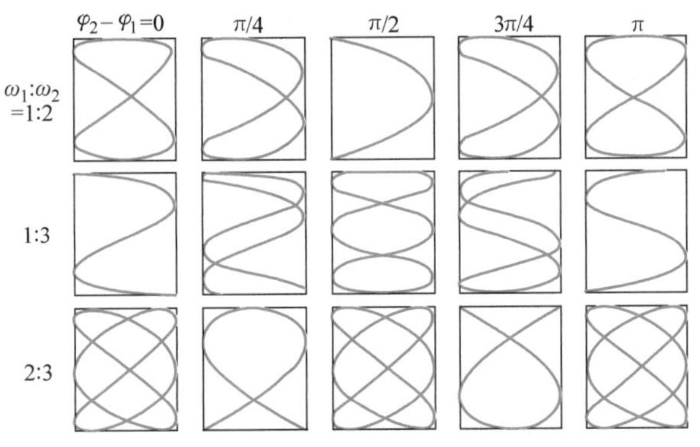

图 9-12　李萨如图形

的频率比，可以在荧光屏上观察到不同样式的李萨如图形. 因此，可由一个振动的已知频率，测求另一个振动的未知频率. 工程上常用这种方法来测定未知频率.

9.7 阻尼振动

前面所讨论的简谐振动，只是理想的情况. 在实际振动中，由于存在摩擦力和周围介质（如空气、液体等）的阻力，所以振动系统开始时所获得的能量，在振动过程中会因不断克服这些阻力做功而逐渐减少. 随着能量的不断减少，振幅也就逐渐趋小，最后振动停止. **这种振幅（或能量）随时间而不断减小的振动**称为**阻尼振动**，或称为**减幅振动**.

通常的振动系统都处在空气或液体等周围介质中，它们受到的阻力来自它们周围的这些介质. 实验指出，在物体运动速度不太大的情况下，运动物体受到的阻力 $\boldsymbol{F}_r$ 与其运动的速度大小 v 成正比，阻力方向与速度方向相反，即

$$F_r = -\gamma v \tag{9-32}$$

式中，γ 称为阻力系数，它由振动物体的形状和介质的性质决定；负号表示阻力与速度的方向相反.

质量为 m 的振动物体（如弹簧振子），在弹性力（或准弹性力）和上述阻力作用下沿 Ox 轴方向运动时，运动方程应为

$$-kx - \gamma\frac{\mathrm{d}x}{\mathrm{d}t} = m\frac{\mathrm{d}^2x}{\mathrm{d}t^2}$$

式中，$\frac{\mathrm{d}x}{\mathrm{d}t}=v$；$k$、$\gamma$ 都是恒量. 因此，为了便于数学处理，令 $\omega_0^2=\frac{k}{m}$，$2\beta=\frac{\gamma}{m}$， 则上式可写成

$$\frac{\mathrm{d}^2x}{\mathrm{d}t^2}+2\beta\frac{\mathrm{d}x}{\mathrm{d}t}+\omega_0^2x=0 \tag{9-33}$$

式中，β 表征阻尼的强弱，称为**阻尼恒量**，它与系统本身的质量和介质的阻力系数有关；ω_0 是振动系统不受阻尼作用时的固有角频率，对应于此固有角频率，系统本身存在一个**固有周期**，由系统本身的性质决定. 阻尼振动不是简谐振动，而且严格地讲，它也不是周期运动. 但在阻尼不大时，阻尼振动可以近似看作周期性振动.

（1）当阻尼较小，即 $\beta^2<\omega_0^2$ 时，微分方程式（9-33）的解为

$$x(t)=A\mathrm{e}^{-\beta t}\cos(\omega t+\varphi) \tag{9-34}$$

这就是阻尼振动的表达式. 式中，A、φ 为积分常量，由初始条件决定；而角频率为

$$\omega=\sqrt{\omega_0^2-\beta^2} \tag{9-35}$$

这时，阻尼振动的周期为

$$T_{阻}=\frac{2\pi}{\omega}=\frac{2\pi}{\sqrt{\omega_0^2-\beta^2}} \tag{9-36}$$

这个周期由系统本身的性质和阻尼的强弱共同决定. 实验和理论都可以证明，对于一定的振动系统，有阻尼时的周期要比无阻尼时的周期大些，即 $T_{阻}>2\pi/\omega_0$，这意味着完成一次振动的时间要长些. 这种阻尼振动也常称为**欠阻尼**，如图 9-13 中的曲线 a 所示. 欠阻尼

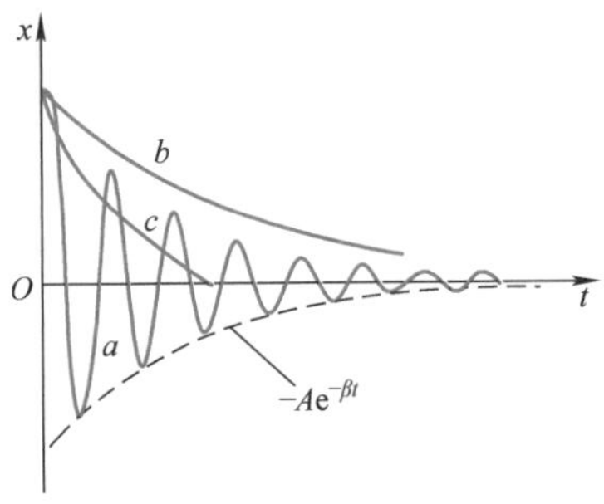

图 9-13　三种阻尼振动曲线及其比较

振动的振幅 $Ae^{-\beta t}$ 随时间按指数规律衰减. β 越大，说明阻尼越大，振幅衰减越快. 在 $t=0$ 时，振幅为 A；在 $t=\infty$ 时，振幅为零，即振动停止. 阻尼振动的振幅按指数规律衰减的快慢，完全由阻尼强弱所决定.

(2) 当阻尼很大，以致 $\beta^2>\omega_0^2$，则式 (9-33) 的解为

$$x(t)=c_1 e^{-(\beta-\sqrt{\beta^2-\omega_0^2})t}+c_2 e^{-(\beta+\sqrt{\beta^2-\omega_0^2})t}$$

此时，振动系统甚至在未完成第一次振动以前，能量就消耗殆尽，物体以非周期性运动的方式慢慢回到平衡位置，如图 9-13 中的曲线 b 所示. 这种情况称为**过阻尼**.

(3) 当 $\beta=\omega_0$ 时，物体刚刚能做非周期运动，最后也回到平衡位置. 这种情况称为**临界阻尼**，如图 9-13 中的曲线 c 所示. 和过阻尼相比，这种非周期运动回到平衡位置所用时间最短，因此当物体偏离平衡位置时，如果要求它在不发生振动的情况下最快地回到平衡位置，常采用施加临界阻尼的措施. 例如，在灵敏电流计内，表头中的指针是和通电线圈相连的，当它在磁场中运动时，会受到电磁阻尼的作用；若电磁阻尼过小或过大，会使指针摆动不停或到达平衡点的时间过长，而不便于测量读数，所以必须调整电路电阻，使电表在 $\beta=\omega_0$ 的临界阻尼状态下工作.

思考题

9-8　(1) 试按式 (9-34) 计算阻尼振动的机械能 $E=mv^2/2+kx^2/2$. (2) 证明此机械能的时间变化率 $\mathrm{d}E/\mathrm{d}t<0$. 问 $\mathrm{d}E/\mathrm{d}t<0$ 的意义是什么？并问 $\mathrm{d}E/\mathrm{d}t=0$ 时，是什么振动？

9.8　受迫振动　共振

对前面所研究的振动系统来说，一旦受外界扰动而离开平衡位置，就能自行振动，在振动过程中，除所受的弹性力和阻尼力以外，并没有再施加用来维持振动的其他外力，即所谓**驱动力**. 这种**不受驱动力作用的振动**称为**自由振动**.

演示实验——共振

振动系统在周期性驱动力的持续作用下发生的振动称为**受迫振动**. 日常所见的受迫振动大多受到一种周期性变化的外力的作用. 例如，在发动机工作时，它的基座就受到发动机旋转时所产生的周期性驱动力的作用，使其做受迫振动.

设质量为 m 的弹簧振子在弹性力 $F=-kx$、黏滞阻力 $R=-\gamma\mathrm{d}x/\mathrm{d}t$ 和周期性外力（驱动力）$F_{\mathrm{p}}=H\cos\omega_{\mathrm{p}}t$ 的作用下沿 Ox 轴方向做受迫振动. F_{p} 的最大值是 H，称为驱动力的力幅，ω_{p} 是驱动力的角频率. 按牛顿第二定律，振子的运动方程为

$$-kx-\gamma\frac{\mathrm{d}x}{\mathrm{d}t}+H\cos\omega_{\mathrm{p}}t=m\frac{\mathrm{d}^2x}{\mathrm{d}t^2}$$

令 $\omega_0^2=\dfrac{k}{m}$，$2\beta=\dfrac{\gamma}{m}$ 及 $h=\dfrac{H}{m}$，则上式可写成

$$\frac{\mathrm{d}^2x}{\mathrm{d}t^2}+2\beta\frac{\mathrm{d}x}{\mathrm{d}t}+\omega_0^2x=h\cos\omega_\mathrm{p}t \tag{9-37}$$

在$\beta^2<\omega_0^2$的情况下，上述二阶非齐次线性微分方程的解为

$$x=A\mathrm{e}^{-\beta t}\cos(\omega t+\varphi)+B\cos(\omega_\mathrm{p}t+\varphi_\mathrm{p}) \tag{9-38}$$

式中，A、φ都是积分常量，由式（9-38）知，受迫振动是由含有阻尼恒量的衰减振动$A\mathrm{e}^{-\beta t}\cos(\omega t+\varphi)$和等幅的余弦振动$B\cos(\omega_\mathrm{p}t+\varphi_\mathrm{p})$所合成的；在特定的初始条件下，其位移$x$与时间$t$的关系曲线如图9-14的实线所示.

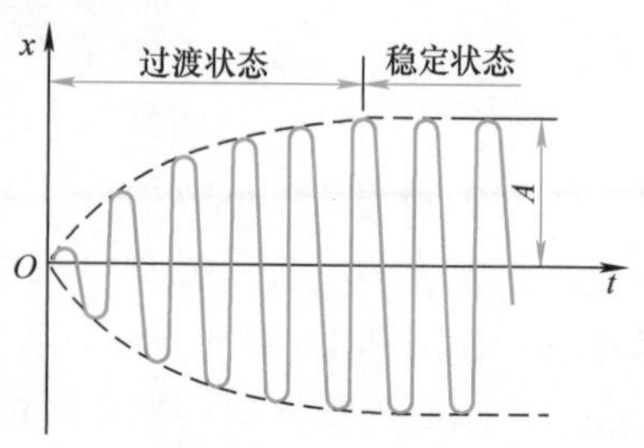

图9-14　受迫振动曲线

受迫振动开始时的情况很复杂，但经过较短时间后，式（9-38）右端第一项的阻尼振动实际上已衰减到可以忽略不计的程度，此后振动便过渡到一种稳定的状态（见图9-14）.

在稳定状态下，受迫振动将做周期性的等幅余弦振动，其振动表达式为

$$x=B\cos(\omega_\mathrm{p}t+\varphi_\mathrm{p}) \tag{9-39}$$

式中，振动的角频率就是驱动力的角频率ω_p，而振幅B和初相φ_p不仅取决于周期性驱动力的最大值及驱动力的角频率ω_p，还取决于振动系统的固有角频率ω_0和阻尼恒量. 它们和开始时的运动状态无关（这和简谐振动的情形不同，在简谐振动中，振幅和初相取决于初始条件）. B和φ_p则由如下两式决定，即

$$B=\frac{h}{\sqrt{(\omega_0^2-\omega_\mathrm{p}^2)^2+4\beta^2\omega_\mathrm{p}^2}} \tag{9-40}$$

$$\varphi_\mathrm{p}=\arctan\frac{-2\beta\omega_\mathrm{p}}{\omega_0^2-\omega_\mathrm{p}^2} \tag{9-41}$$

从能量的角度看，当受迫振动达到稳定后，周期性外力在一个周期内对振动系统做功所提供的能量，恰好用来补偿系统在一个周期内克服阻力做功所消耗的能量，因而使受迫振动的振幅保持稳定不变.

由式（9-40）可知，稳定状态下受迫振动的振幅B与驱动力的角频率ω_p有很大关系，图9-15给出了在不同阻尼β情况下受迫振动的振幅B与驱动力的角频率ω_p的关系. 图中ω_0为振动系统的固有频率. 从图中可以看出，当驱动力的角频率$\omega_\mathrm{p}\gg\omega_0$或$\omega_\mathrm{p}\ll\omega_0$时，受迫振动的振幅减小；而当驱动力的角频率$\omega_\mathrm{p}$与振动系统的固有角频率$\omega_0$接近时，受迫振动的振幅$B$急剧增大. 在$\omega_\mathrm{p}$为某一定值时，振幅$B$将达到极大值. 将式（9-40）对$\omega_\mathrm{p}$求导，并令$\mathrm{d}B/\mathrm{d}t=0$，可求得$\omega_\mathrm{p}=\sqrt{\omega_0^2-2\beta^2}$时，受迫振动的振幅$B$将有极大值. 我们把**受迫振动的振幅出现极大值的现象**叫作**共振**. 共振时驱动力的角频率

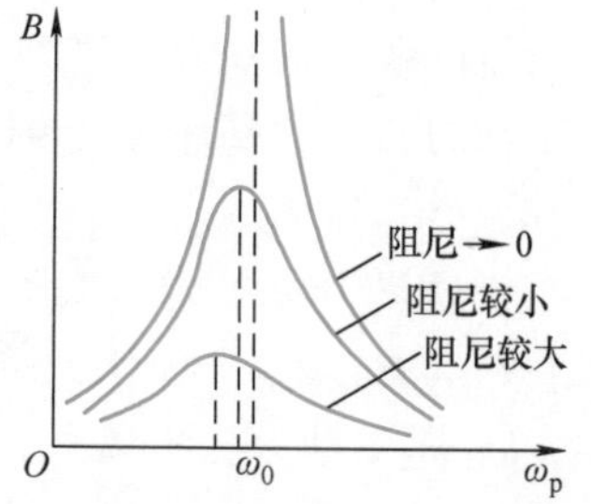

图9-15　在不同阻尼β情况下，受迫振动的振幅B与驱动力角频率ω_p的关系

叫作共振角频率，以 ω_r 表示，即

$$\omega_r = \sqrt{\omega_0^2 - 2\beta^2} \tag{9-42}$$

可见，共振角频率 ω_r 由固有角频率 ω_0 和阻尼恒量 β 决定. 将式（9-42）代入式（9-40）可得共振时受迫振动的振幅

$$B_r = \frac{h}{2\beta\sqrt{\omega_0^2 - \beta^2}} \tag{9-43}$$

由式（9-42）、式（9-43）可知，阻尼恒量 β 越小，共振角频率 ω_r 越接近系统的固有角频率 ω_0，同时共振的振幅 B_r 也越大. 若阻尼恒量 β 趋近于零，则 ω_r 趋近于 ω_0，振幅将趋近于无限大（见图 9-15）. 但在实际的振动系统中，β 不可能为零，所以总是存在能量的损耗，而且振动越强烈，损耗也越大. 因此，振幅增大到一定程度时，外界输给系统的能量全部都损耗掉，这时振幅就不再增大. 也就是说，β 越小，共振时所达到的振幅极大值也越大，但不会变为无限大.

受迫振动和共振现象在科学和技术领域内有广泛的应用. 由式（9-40）可知，受迫振动的振幅 B 取决于振动系统的固有角频率 ω_0、阻尼常量 β，以及驱动力的力幅 h 和角频率 ω_p. 因此，我们可以通过调整这些物理量的大小去控制驱动力对振动系统的作用.

为了加强驱动力的作用而使受迫振动有较大的振幅，应该使驱动力的频率接近于共振频率. 例如，混凝土振捣器、选矿用的共振筛和收音机的调频等，就是根据这一原理设计制造的. 如果要削弱驱动力的作用而使受迫振动的振幅较小时，就得改变驱动力的频率，使它与共振频率相差很大. 例如，火车过桥要开慢些，部队过桥时不能齐步走，就是这个道理.

章前问题解答

经过理论分析、风洞试验等一系列的研究发现，虎门大桥晃动是由共振引起的，确切地说，是由涡激振动引起的，它主要还是跟所产生的风况，特别是风速和风向这两个因素有关。广州地区在春季和夏季相交的时候，主导风向是东南风向，刚好与我们已经建成的大桥接近于垂直，这样的风向是比较容易诱发起涡激振动的。涡激振动是大跨度桥梁在低风速下出现的一种风致振动现象。从流体的角度来分析，任何非流线型物体，在一定的恒定流速下，都会在物体两侧交替地产生脱离结构物表面的旋涡，如章前问题解答图 a 所示。这种旋涡的脱落频率与大桥的固有频率接近时大桥就会产生共振。

专家研究分析虎门大桥晃动不仅跟风况有关，还与大桥施工时候采取的临时护栏（又称水马）有关，如章前问题解答图 b 所示。沿桥梁边护栏连续设置的水马改变了桥梁气动外形，可能改变大桥的固有频率，导致大桥产生了共振。

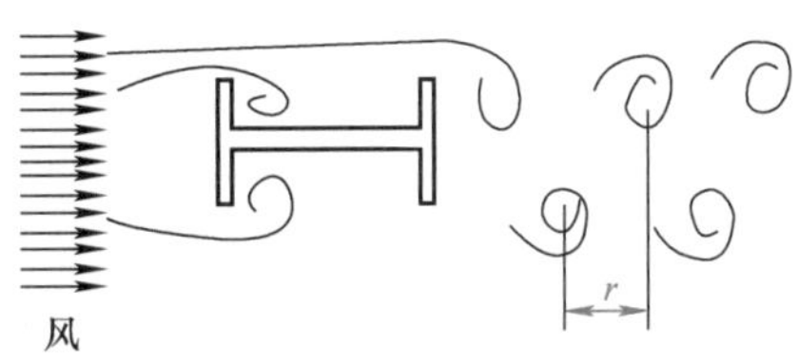

章前问题解答图 a　涡激振动

章前问题解答图 b　大桥上的水马

采取的紧急措施是，把水马放倒再从桥面上撤出，撤出以后差不多晚上7点钟振动就完全停止了，但抗风能力减弱的桥梁依然受到东南风影响，加上上次涡激共振残留的惯性，于是桥梁晚上大概9点左右又出现涡振。这次涡振，除了上次涡激共振残留的惯性外，还与大涡激振动使得桥梁结构本身抵抗振动的能力（即阻尼比），随着振动被耗损掉了，即阻尼比就下降了。这个事实符合9.8节介绍的共振理论。

思考题

9-9　稳定状态受迫振动的频率由什么决定？这个频率与振动系统本身的性质有何关系？

9-10　弹簧振子的无阻尼自由振动是简谐运动，同一弹簧在周期性驱动力作用下的稳态受迫振动也是简谐运动吗？产生共振的条件是什么？举例说明共振现象在工程和生活实际中的利与弊.

章后感悟

通过对机械振动的学习我们知道：当一个系统所受环境激励的频率与系统固有频率接近时，系统振动的振幅会显著增大。依此类比当代大学生的生活学习，每个大学生都有各自的“固有频率”，如将日常生活学习的实际行动视为“环境激励”，是否只有当二者接近时，才能够最大限度的挖掘自己的潜力，实现自己的价值呢？请进行自我审视，您自己的“固有频率”是怎样的？你能否对这个“固有频率”实现自我调节？现在的你有没有达到“共振”呢？

习 题 9

9-1　质点沿 Ox 轴做简谐振动，其表达式为 $x=6\cos(\pi t-\pi/3)$(cm). 求 $t=0.5$s 时它的位移、速度和加速度，并求振幅、速度振幅、加速度振幅.　［答：5.2cm，$-9.43\text{cm}\cdot\text{s}^{-1}$，$-51.3\text{cm}\cdot\text{s}^{-2}$，6cm，$18.9\text{cm}\cdot\text{s}^{-1}$，$59.2\text{cm}\cdot\text{s}^{-2}$］

9-2　一轻弹簧上端固定，下端竖直地悬挂一质量为 m 的物体，设该物体以周期 $T=2.0$s 振动；今在该物体上再附加2.0kg的一个小铁块，这时周期变为3.0s. 求物体的质量 m.　［答：1.6kg］

9-3　为了测得一物体的质量 m，将其悬挂在一弹簧上，并让其自由振动，测得振动频率 $\nu_1=1.0$Hz；而将另一质量 $m'=0.5$kg 的物体单独挂在该弹簧上时，测得振动频率 $\nu_2=2.0$Hz. 设振动均在弹簧的弹性限度内进行，求被测物体的质量.　［答：2.0kg］

9-4　质量为50g的物体做简谐振动，振幅为2cm，周期为0.4s，开始振动时物体在 Ox 轴正方向位移最大处，求0.05s和0.1s时物体的动能和振动系统的弹性势能.　［答：$E_k=1.25\times10^{-4}$J，$E_p=1.23\times10^{-3}$J；$E_k=2.46\times10^{-3}$J，$E_p=0$］

9-5　由质量为0.25kg的物体和劲度系数 $k=25\text{N}\cdot\text{m}^{-1}$ 的轻弹簧构成一个弹簧振子，在沿水平的 Ox 轴振动过程中，设某一时刻具有弹性势能0.6J和动能0.2J. 求：(1) 振幅；(2) 在什么位置时，动能恰等于弹性势能？(3) 经过平衡位置时，速度为多大？　［答：(1) $A=0.253$m；(2) $x=\pm0.179$m；(3) $v=\pm2.53\text{m}\cdot\text{s}^{-1}$］

9-6　一放置在水平桌面上的弹簧振子沿 Ox 轴运动，振幅 $A=2.0\times10^{-2}$m，周期 $T=0.50$s. $t=0$ 时，

(1) 物体在正方向端点；(2) 物体在平衡位置，向负方向运动；(3) 物体在 $x=1.0\times10^{-2}$m 处，向负方向运动；(4) 物体在 $x=-1.0\times10^{-2}$m 处，向正方向运动. 求以上各种情况的运动函数. ［答：(1) $x=2.0\times10^{-2}\cos(4\pi t)$ (SI)；(2) $x=2.0\times10^{-2}\cos(4\pi t+\pi/2)$ (SI)；(3) $x=2.0\times10^{-2}\cos(4\pi t+\pi/3)$ (SI)；(4) $x=2.0\times10^{-2}\cos(4\pi t+4\pi/3)$ (SI)］

9-7 处于原长状态、劲度系数分别为 k_1 和 k_2 的两条水平放置的轻弹簧与质量为 m 的物体相连，如习题 9-7 图 a 所示，不计一切摩擦力，(1) 试证此振动系统沿水平面振动的周期为 $T=2\pi\sqrt{\dfrac{m}{k_1+k_2}}$；(2) 若这两个弹簧串联后，再与质量为 m 的物体相连，如习题 9-7 图 b 所示，不计一切摩擦力，试证此振动系统沿水平面振动的频率为 $\nu=\dfrac{1}{2\pi}\sqrt{\dfrac{k_1k_2}{m(k_1+k_2)}}$.

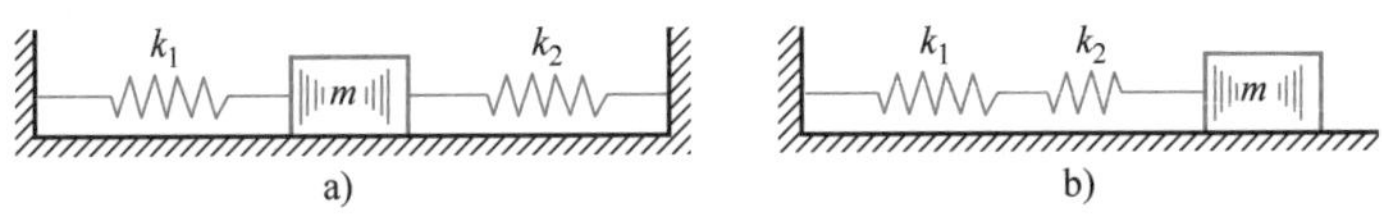

习题 9-7 图

9-8 某振动质点的 $x-t$ 曲线如习题 9-8 图所示，是一条正弦曲线. 试求：(1) 运动函数；(2) 点 P 对应的相位；(3) 与点 P 相应位置所需时间. ［答：(1) $x=0.1\cos\left(\dfrac{5\pi}{24}t-\dfrac{\pi}{3}\right)$ (SI)；(2) 0；(3) 1.6s］

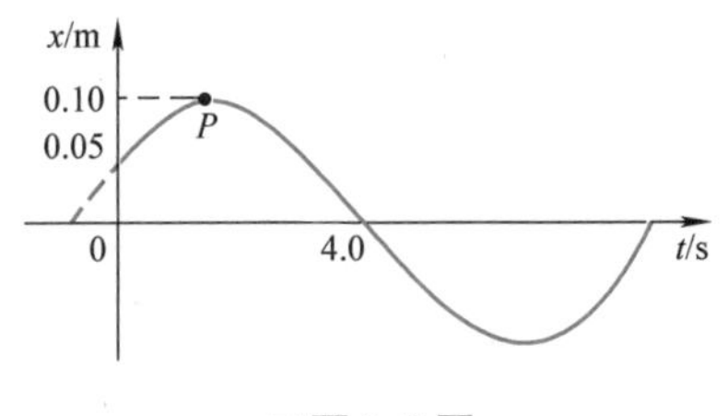

习题 9-8 图

9-9 一平台的台面上放有质量为 m 的物件 B，平台以频率为 3Hz 沿竖直方向做简谐振动. 试求平台振动的振幅为多大时，物体 B 将跳离平台？(提示：物体跳离平台时，它对平台的压力为零). ［答：0.03m］

9-10 做简谐振动的物体，由平衡位置向 Ox 轴正方向运动，试问经过下列路程所需的最短时间各为周期的几分之几？(1) 由平衡位置到正方向最大位移处；(2) 由平衡位置到 $x=A/2$ 处；(3) 由 $x=A/2$ 处到正方向最大位移处. ［答：$T/4$；$T/12$；$T/6$］

9-11 设简谐振动函数为 $x=A\cos(3t+\varphi)$，已知初始位置为 $x_0=0.04$m、初速度为 $v_0=0.24\text{m}\cdot\text{s}^{-1}$. 求振幅 A 和初相 φ. ［答：8.94×10^{-2}m；$-63.43°$］

9-12 在一块平板下装有弹簧，平板上放一质量为 0.3kg 的重物. 现使平板沿竖直方向做上下简谐振动，周期为 0.6s，振幅为 3.0×10^{-2}m，不计平板质量. 求：(1) 平板到最低点时，重物对平板的作用力；(2) 若频率不变，则平板以多大的振幅振动时，重物会跳离平板？(3) 若振幅不变，则平板以多大的频率振动时，重物会跳离平板？ ［答：(1) 3.93N；(2) 8.9×10^{-2}m；(3) 2.75Hz］

9-13 一质量为 10g 的物体沿 Ox 轴做简谐振动，其振幅为 2.0×10^{-2}m，周期为 4.0s，当 $t=0$ 时，位移为 $+2.0\times10^{-2}$m. 求：(1) 振动表达式；(2) $t=0.5$s 时，物体所在的位置及所受的力. ［答：(1) $x=0.02\cos\left(\dfrac{\pi t}{2}\right)$ (m)；(2) 0.014m，-0.349×10^{-3}N］

9-14 有一单摆，长为 1.0m，最大摆角为 5°，如习题 9-14 图所示. (1) 求单摆的角频率和周期；(2) 设开始时摆角最大，试写出此单摆的运动函数；(3) 当摆角为 3°时的角速度和摆球的线速度各为多少？ ［答：(1) 3.13s^{-1}，2.01s；(2) $\theta=\dfrac{\pi}{36}\cos3.13t$；(3) $-0.218\text{rad}\cdot\text{s}^{-1}$，$0.218\text{m}\cdot\text{s}^{-1}$］

9-15 为了测量月球表面的重力加速度，宇航员将地球上的“秒摆”(周期为 2.00s) 拿到月球上去，如测得周期为 4.90s，地球表面的重力加速度为 $g_E=9.80\text{m}\cdot\text{s}^{-2}$，则月球表面的重力加速度是多少？［答：$1.63\text{m}\cdot\text{s}^{-2}$］

9-16 在如习题 9-16 图所示的旋转矢量图中，旋转矢量 A 的长度为 5cm. 试写出相应振动的初相、相位和简谐振动函数. [答：$\frac{5\pi}{4}$；$\frac{\pi t+5\pi}{4}$；$x=5\cos\left(\pi t+\frac{5\pi}{4}\right)$ (cm)]

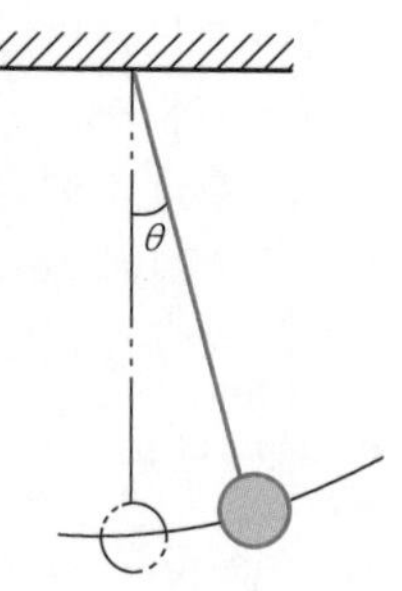

习题 9-14 图

9-17 如习题 9-17 图所示，一劲度系数 $k=312\text{N}\cdot\text{m}^{-1}$ 的轻弹簧，一端固定，另一端连接质量 $m'=0.3\text{kg}$ 的物体，放在水平面上（不计物体与水平面之间的摩擦），上面放一质量 $m=0.2\text{kg}$ 的物体，两物体间的最大静摩擦系数 $\mu=0.5$，当两物体间无相对滑动时，求系统振动的最大能量. [答：9.62×10^{-3}J]

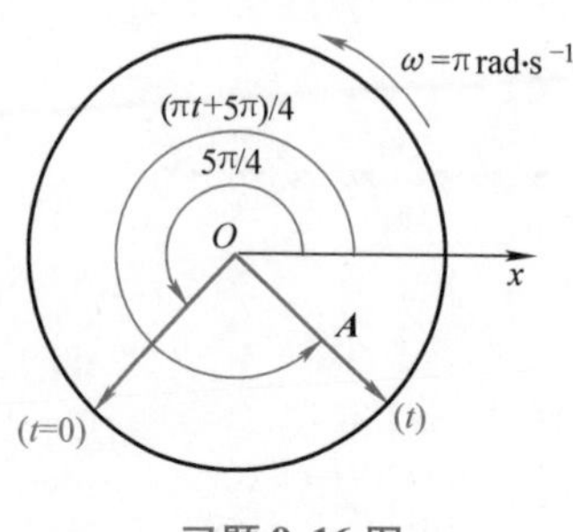

习题 9-16 图

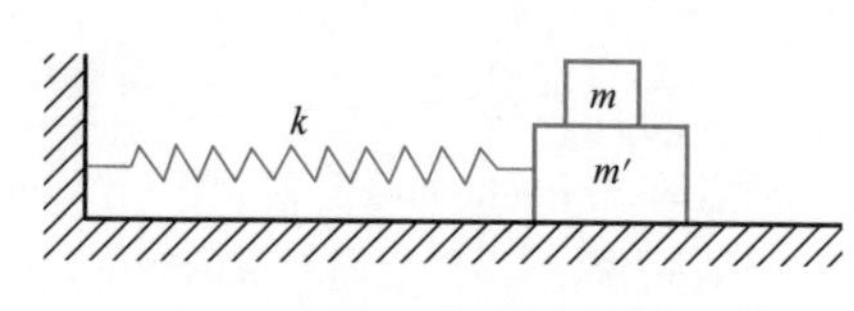

习题 9-17 图

9-18 有两个振动方向相同的简谐振动，其振动表达式分别为 $x_1=4\cos(2\pi t+\pi)$ (cm) 和 $x_2=3\cos\left(2\pi t+\frac{\pi}{2}\right)$ (cm).（1）求它们的合振动表达式；（2）另有一同方向的简谐振动 $x_3=2\cos(2\pi t+\varphi_3)$ (cm)，问当 φ_3 为何值时 x_1+x_3 的振幅为最大值？当 φ_3 为何值时 x_1+x_3 的振幅为最小值？ [答：(1) $x=5\cos\left(2\pi t+\frac{4\pi}{5}\right)$ (cm)；(2) $\varphi_3=\pm(2k+1)\pi\ (k=0,1,2,\cdots)$ 时 x_1+x_3 的振幅为最大值；$\varphi_3=\pm(2k+1.5)\pi\ (k=0,1,2,\cdots)$ 时 x_1+x_3 的振幅为最小值]

9-19 有两个同方向、同频率的简谐振动，其合振动的振幅为 0.20m，合振动与第一个振动的相位差为 $\pi/6$，若第一个振动的振幅为 0.173m. 求第二个振动的振幅及两振动的相位差. [答：0.10m；$\pi/2$]

9-20 同时敲击两支音叉，在 10s 内听到声音强弱变化的次数为 20 次. 已知其中一支音叉的频率为 256Hz，求另一支音叉的频率. [答：254Hz 或 258Hz]

9-21 质量为 0.4kg 的质点同时参与相互垂直的两个振动：$x=0.08\cos\left(\frac{\pi}{3}t+\frac{\pi}{6}\right)$ (SI) 和 $y=0.06\cos\left(\frac{\pi}{3}t-\frac{\pi}{3}\right)$ (SI).（1）求质点在 Oxy 坐标系内的轨道方程；（2）求质点在任一位置所受的力. [答：(1) $\frac{x^2}{(0.08)^2}+\frac{y^2}{(0.06)^2}=1$；(2) $(-0.44r\text{N})$，r 为质点相对于坐标系原点 O 的位矢]

科学家轶事

茅以升——敢为人先，勇往直前

茅以升（1896 年 1 月 9 日—1989 年 11 月 12 日），我国著名的土木工程学家、桥梁专家。他主持修建了中国人自己设计并建造的第一座现代化大型桥梁——钱塘江大桥，成为中国桥梁史上的一个里程碑.

茅以升10岁那年的端午节，家乡举行龙舟比赛，看比赛的人都站在文德桥上，由于人太多把桥压塌了，砸死、淹死不少人。这一不幸事件沉重地压在茅以升心里。他暗下决心：长大了一定要造出最结实的桥。茅以升先生少年便立志于桥梁事业。从此，茅以升只要看到桥，他总是从桥面到桥柱看个够.

1933年至1937年，他主持修建我国第一座公路铁路兼用的现代化大桥——钱塘江大桥。钱塘江乃著名的险恶之江，水文地质条件极为复杂，民间有“钱塘江上架桥——办不到”的谚语. 他看到祖国江河上的钢铁大桥均为外国人所建，颇为痛心，决心为中国人争气，架设中国人自己的大桥. 他采用“射水法”“沉箱法”“浮远法”等，还要考虑风阻、共振等问题，解决了建桥中的一个个技术难题. 经过5年的努力，茅以升终于将现代化的钱塘江大桥建成.

钱塘江大桥向全世界展示了中国科技工作者的聪明才智，展示了中华民族有自立于世界民族之林的能力. 以茅以升先生为首的我国桥梁工程界的先驱在钱塘江大桥建设中所显示出的伟大的爱国主义精神，敢为人先的科技创新精神，排除一切艰难险阻、勇往直前的奋斗精神，永远是鼓舞我们为祖国的繁荣富强不懈奋斗的宝贵精神财富.

应用拓展

中国桥梁

任何弹性系统，如桥梁、厂房、缆车都有自己的固有频率，如果周期性外力的频率接近固有频率，就会发生共振现象. 因此，在设计厂房、缆车时要避免机器产生共振，在设计桥梁时，要充分考虑各种外力因素和桥梁的共振问题. 例如，美国塔科姆海峡大桥，它经过了精心设计和优质施工，是一个优质大桥. 但是，1940年该大桥却在风的吹拂下倒塌，原因是产生了气体弹性震颤，使大桥发生了共振，结果使建成了不到半年的桥梁被摧毁.

中国既保留着像赵州桥那样历史悠久的古代桥梁，也在不断地建造着刷新世界纪录的公路、铁路新桥，高速公路和高速铁路桥梁建设尤其引人注目. 中国已成为世界第一桥梁大国，依然在一次次刷新桥梁建造的历史纪录. 如今，在世界桥梁界有着这样一句话：世界桥梁建设20世纪70年代以前看欧美，90年代看日本，21世纪看中国.

跨度是衡量一个国家桥梁技术水平的重要指标. 如今，在世界十大拱桥、十大梁桥、十大斜拉桥、十大悬索桥中，中国分别占据了半壁江山或一半以上.

北盘江大桥是一座连接云南与贵州的特大桥，为杭瑞高速公路的重要组成部分，于2016年9月10日正式合拢. 大桥桥面距谷底达565m，相当于200层楼高，因刷新世界第一高桥纪录而闻名世界.

丹昆特大桥是京沪高速铁路丹阳至昆山段特大铁路桥，2011年6月30日随全线正式开通运营. 总长164.851km，是目前世界最长的大桥.

连接香港、广东珠海和澳门的港珠澳大桥总长55km，于2018年2月6日完成主体工程验收；同年10月24日上午9时开通运营. 它是世界上最长的跨海大桥，是国家工程、国之重器，其建设创下多项世界之最，非常了不起，体现了一个国家逢山开路、遇水架桥的奋斗精神，体现了我国综合国力、自主创新能力，体现了勇创世界一流的民族志气. 这是一座圆梦桥、同心桥、自信桥、复兴桥. 大桥建成通车，进一步坚定了我们对中国特色社会主义的道路自信、理论自信、制度自信、文化自信，充分说明社会主义是干出来的，新时代也是干出来的！

此外，钢拱桥中的重庆朝天门大桥（跨径 552m）、梁桥中的石板坡长江复线大桥（跨度 330m）、斜拉桥中的苏通长江大桥（跨度 1088m）、悬索桥中的西堠门大桥（跨径 1650m）等，均是同类桥梁中跨度超群的大桥.

这些桥梁的建设环境都很复杂，需要考虑各种外界条件，桥梁的共振问题是其中一个非常重要的问题，稍有不慎，就会造成巨大的损失. 这些桥梁的建成，充分体现了中国智慧和中国速度.

第 10 章

机 械 波

章前问题

鱼洗，古代中国盥洗用具．是由青铜浇铸而成的薄壁器皿，形似洗脸盆，盆底有四条“汉鱼”浮雕，鱼嘴处的喷水装饰线从盆底沿盆壁辐射而上，盆壁自然倾斜外翻，盆沿上有一对铜耳．在盆注入半盆水，用手快速有节奏地摩擦盆边两耳，盆内水波荡漾．摩擦得法，可喷出水柱，水柱可高达几十厘米．

如何从物理学原理解释这一现象？

学习要点

1. 波的几何描述；
2. 平面简谐波的波函数；
3. 平面波的波动方程；
4. 波的能量、能流密度；
5. 惠更斯原理；
6. 波的衍射；
7. 波的叠加原理；
8. 波的干涉；
9. 驻波；
10. 半波损失．

振动的传播过程称为波动．机械振动在弹性介质（气体、液体、固体）中的传播过程，称为机械波．例如，水波、声波、超声波、地震波等，都是机械振动在弹性介质中的传播过程．波动并不限于机械波，无线电波、光波等也是一种波动，这类波是电磁振荡在空间的传播过程，称为电磁波．近代物理学的研究表明，电子、质子等微观粒子也具有波动性，这种波称为物质波．以上各种波在本质上是不同的，但它们都具有波动的共同特点和规律．本章以机械波为具体内容，讨论波动过程的基本概念和基本理论.

10.1 机械波的产生 横波与纵波

10.1.1 机械波的产生

当机械振动在弹性介质中发生时，由于介质中各质元之间有弹性力相联系，一个质元的振动将带动邻近质元的振动，而邻近质元的振动又会相继地带动较远质元的振动. 这样，振动就由近及远地向各个方向传播出去，形成了波动. 例如，将小石子投入静水中，石子击水处被扰动，而把这种扰动向周围水面传播出去，形成水面波；水平地将一根绳子拉紧，使一端沿垂直于绳子的方向振动，这振动就沿着绳子向另一端传播，形成绳子上的波（见图 10-1）. 铃铛振动时，引起周围空气分子的振动，这个振动在空气中传播出去，就形成声波. 由此可知，机械波的产生需具备两个条件：首先是要有做机械振动的物体，称为机械波的波源；其次是要有能够传播这种机械振动的弹性介质. 例如，铃铛振动产生声波时，铃铛就是波源，而空气就是传播声波的弹性介质. 所谓弹性介质，就是在组成这种介质的质元之间彼此有弹性力相互联系着，因而每个质元都可以产生形变. 一般固体、液体和气体都可视为由无数个质元连续组成的弹性介质.

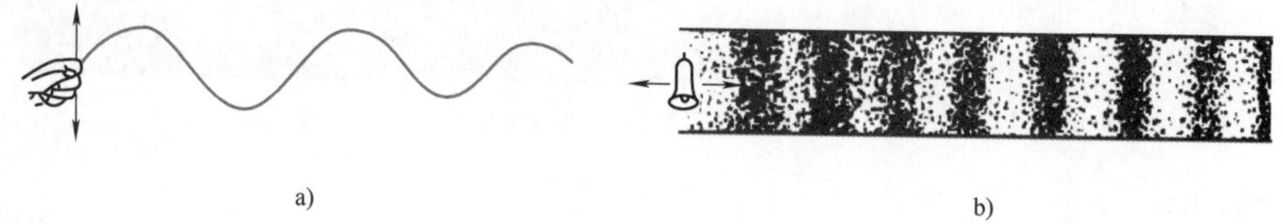

a)　　　b)

图 10-1 机械波的产生

a）绳子上的波 b）声波

> 我们只讨论波在各向同性均匀的连续弹性介质中的传播.
>
> 所谓各向同性的均匀介质是指介质中各个方向上的物理性质（如速度、弹性等）都相同.

需要指出，在波动过程中所传播的只是振动状态. 由于我们用相位来描述质元的振动状态，所以，波的传播也是相位的传播. 在波动过程中，介质中各质元仅在它们各自的平衡位置附近振动，并不随波迁移. 例如，把一颗石子投入平静的水池中，就会激起一圈一圈的水面波，以投入点为中心向外扩展. 但漂浮在水面上的一些小树叶却不会向前运动，始终在原来的平衡位置附近振动. 这就表明在波动过程中，质元本身并不迁移，只是振动状态在传播，也就是振动相位依次向前传递. 亦即，波动过程就是振动相位的传播过程.

如上所述，介质中的每一质元总是在前一质元的弹性力的策动下做受迫振动，其振动能量来自前一质元振动的能量，所以，波动的传播也就是质元振动能量的传播. 要使波动过程维持下去，必须有周期性外力不断向波源提供能量，使波源做持续的受迫振动.

思考题

10-1 什么是波动，振动与波动有什么区别和联系？

10-2 试述机械波产生的条件和在连续弹性介质中机械波形成的过程．如果连续介质的质元相互间没有弹性力的联系，能否形成机械波？为什么？

10.1.2 横波与纵波

按质元振动方向和波传播方向关系的不同，机械波可分为横波和纵波两大类．质元振动方向与传播方向相垂直的波称为横波．横波传播时，介质要发生切向形变，而液体和气体不能承受切变，因此，只有固体才能传播横波．在图10-2中，以绳波为例，显示出横波的传播过程．质元振动方向与波的传播方向相一致的波，称为纵波．在图10-3中，以铃铛的振动为例，铃铛的振动使周围的空气形成周期性的疏密相间的分布状态，随着疏密相间的状态在空气中向四周传播，就形成了空气中的声波．这时，各质元的振动方向与波的传播方向平行，因而这种波称为纵波．图10-3显示出纵波在传播过程中，介质内要发生压缩或拉伸的形变，并且纵波在弹性体中传播时由于介质的伸缩而导致其发生体变．固体、液体、气体都能发生体变，因此它们都能传播纵波．

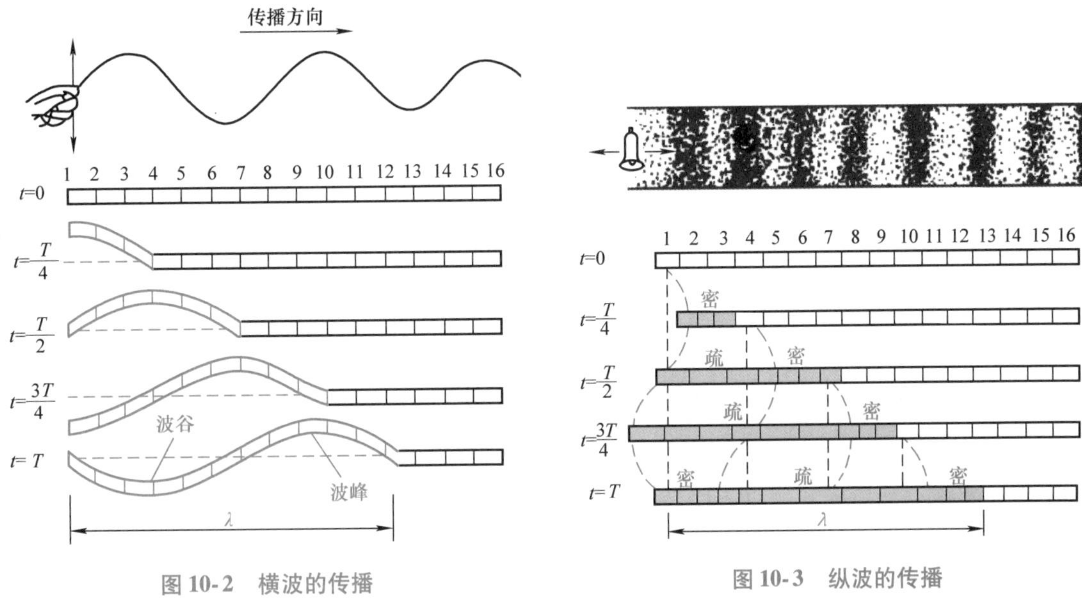

图10-2 横波的传播

图10-3 纵波的传播

尽管横波与纵波这两种波具有不同的特点，但它们波动过程的本质是一致的．自然界中存在各种形式的机械波，如水面波、地震波等，它们都比较复杂，既含有横波的成分，又含有纵波的成分．

设想把绳子看成由无数个质元所组成，图10-2中画有1～16个质元．设在$t=0$时，质元都在各自的平衡位置上，但质元1在手的作用下，正要离开平衡位置向上运动．此后，当质元 1 离开平衡位置时，由于质元间有弹性力的作用，质元 1 就带动质元 2 向上运动. 继而，质元 2 又带动质元 3. 这样，每个质元的运动都将带动它右面的质元，于是，随着时间的推移，2，3，4，…各质元相继上下振动起来，振动就沿着绳子向右传播出去. 在图中，我们画出了绳端质元 1 经历一个周期而完成一次全振动的过程，在 $t=0$，$T/4$，$T/2$，$3T/4$，T 各时刻，质元 1 到质元 13 的振动位移. 在 $t=T$ 时刻，质元 1 经历了一次完全振动后回到平衡位置，并将开始做第二次振动，这时振动传到第 13 个质元. 质元 13 与质元 1 的振动状态完全相同，只是在时间上落后一个周期，在相位上落后了 2π. 在质元 13 与质元 1 之间的其他质元，由于相位各不相同，它们形成了由一个波峰和一个波谷组成的完整波形.

以后，通过介质质元间弹性力的相互作用，将继续连绵不断地使更远的质元投入振动，波继续向右传播；而且，质元 1 每振动一次都要向右传播出一个完整的波形. 以上就是绳子中横波的传播过程.

对纵波也可做类似的分析. 设波源（例如铃铛）的振动周期为 T，如图 10-3 所示，在 $t=0$ 时，每个质元都在各自的平衡位置上，但质元 1 正要离开平衡位置向右运动，在 $t=T/4$ 时，振动已传到了质元 4，此时，质元 4 正要离开平衡位置向右运动，如同质元 1 在 $t=0$ 时的运动状态一样；此时，质元 1 已向右运动到最大位移并将要向左运动. 因此，在质元 1 与质元 4 之间形成稠密区域. 在 $t=T/2$ 时，振动传到了质元 7，此时，质元 1 与质元 4 之间形成了稀疏区域，质元 4 与质元 7 之间形成稠密区域. 依次类推，经过一个周期 T，质元 1 完成了一次全振动后，回到平衡位置，并将向右运动；此时，质元 13 也将向右运动，质元 1 到质元 13 之间形成了一个具有稠密和稀疏区域的纵波波形. 此后，这种疏、密相间的纵波波形将继续连绵不断地向前传播.

我们还看到，当纵波在介质中传播时，介质中的质元沿波的传播方向振动，导致了质元分布时而密集，时而稀疏，使介质产生压缩和膨胀（或伸长）的形变. 对固体、液体和气体这三种介质来说，都能依靠质元之间相互作用的弹性力，承受一定的压缩和膨胀（或伸长）的形变，并借这种弹性力的联系，使振动传播出去，因此，纵波能够在固体、液体和气体中传播.

至于横波，则只能在固体中传播. 这是因为横波的特点是振动方向与传播方向垂直，使介质产生切向的形变（即切变），而固体能够承受一定的切变，故在固体中引起切变的切力（弹性力）带动邻近质元运动. 如图 10-2 所示，当横波沿绳传播时，在绳上取出一个质元，其两端横截面相互平行地错开，发生切变，与此同时，引起切变的相互作用的剪切力，带动绳子中相邻部分的质元相继投入振动. 由于液体和气体不能承受剪切力，所以在液体和气体中不存在这种剪切弹性力的联系，故不能传播横波.

思考题

10-3　（1）横波与纵波有何区别？为什么说，波的传播过程就是振动状态（或者说相位）的传播？（2）为什么在空气中只能传播纵波而不能传播横波？（3）水波是横波还是纵波？

思维拓展

10-1 水波是横波还是纵波?

10.2 波动过程的几何描述和基本物理量

10.2.1 波线和波面

为了形象地描述波在介质中的传播情况，我们引入波线和波面的概念. 弹性介质的作用是将波源振动沿各个方向传播出去，如图 10-4 所示，我们把波的传播方向用**波射线**表示，简称**波线**. 某一时刻，介质中振动相位相同的各点所组成的曲面称为**波面**，而把沿传播方向最前面的波面称为**波阵面**，简称**波前**. 在任意时刻，只能有一个确定的波前，而波面的数目则有无穷多个.

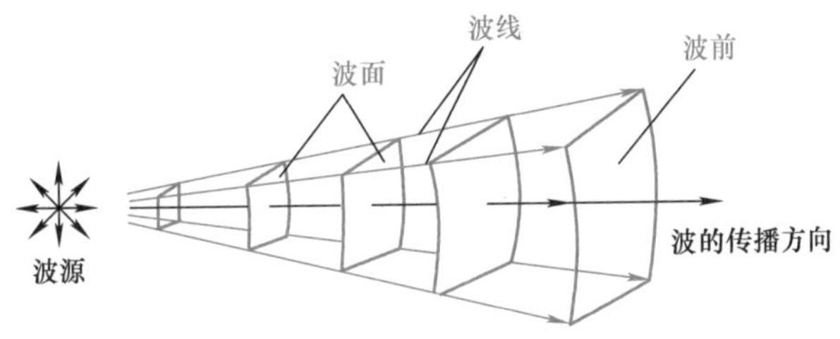

图 10-4 各向同性介质中的波

按波前的形状，波可分成球面波、平面波等，如图 10-5 所示. 波前形状为平面的波称为**平面波**，波前形状为球面的波称为**球面波**. 在各向同性均匀介质中，波线与波面相垂直.

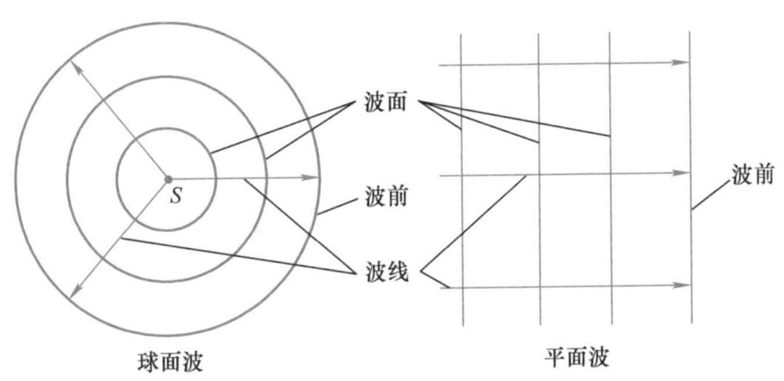

图 10-5 球面波和平面波

思考题

10-4 试绘图说明波面和波前有何区别. 你如何理解平面波的波源在无穷远处?

10.2.2 波形曲线

设想沿一条波线作为 Ox 轴，与波线相垂直的方向作为 Oy 轴，以 x 表示各质元的平衡位置，y 表示各质元振动的位移，则当波在介质中以一定速度 $\boldsymbol{u}$ 传播时，某一时刻波线上各质元的位移和坐标的关系便可用 $y-x$ 曲线来表示，称为该时刻的波形曲线. 波形曲线反映了该时刻波线上各质元位移的分布情况. 图 10-6 是横波的波形曲线，它直观地给出了该时刻波峰和波谷的位置. 波形曲线中波峰和波谷的位置将伴随波形沿波的传播方向移动.

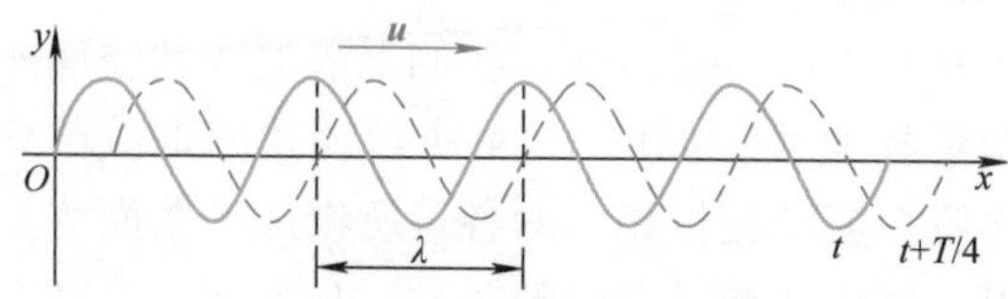

图 10-6 横波的波形曲线

思考题

10-5 波形曲线与振动曲线有什么不同？试说明之.

10.2.3 波的特征量

在机械波的传播过程中，波源和介质中各质元都在做周期性的机械振动，每隔一定时间各质元的振动状态都将复原. **介质质元每完成一次完全振动的时间称为波的周期**，用 T 表示，单位为 s.

周期的倒数称为波的频率或波频，用 ν 表示，即

$$\nu=\frac{1}{T}$$

它表示**单位时间内，波源做完全振动的次数或单位时间内通过传播方向上某质元所在处的完整波形的数目**，单位为 s^{-1}或 Hz（赫兹）.

振动状态在一个周期中传播的距离称为**波长**，用 λ 表示，单位为 m（米）. 因为相隔一周期后振动状态复原，相位差为 2π，所以相隔一个波长的两点之间的振动状态是相同的，即振动的相位是相同的. 所以，**波长也就是两个相邻的振动相位相同或相位差为 2π 的质元之间的距离**（见图 10-6）.

单位时间内振动状态传播的距离称为波速，用 u 表示. 由于波传播的只是振动状态，故波速是一定的振动状态的传播速度. 波速与质点的振动速度完全不同，它是一定的振动相位的传播速度（又称相速），并不是质点真实运动的速度.

波长、波的频率及波速是描述波动的重要物理量. 由于波长 λ 是波在一个周期 T 中传播的距离，故波速为 $u=\dfrac{\lambda}{T}$，而波频为 $\nu=\dfrac{1}{T}$. 于是得波长、波频和波速三者在量值上的基

本关系式为

$$u = \nu\lambda \tag{10-1}$$

波速 u 取决于介质的性质；波频则由波源的振动情况来决定，与介质无关. 由这两个量，便可决定在给定介质中，从给定波源所发出的波的波长.

理论证明（从略），横波和纵波在固态介质中的波速 u 可分别用下列两式计算：

$$u = \sqrt{\frac{G}{\rho}} \quad （横波） \tag{10-2}$$

$$u = \sqrt{\frac{E}{\rho}} \quad （纵波） \tag{10-3}$$

式中，G 和 E 分别为介质的切变模量和弹性模量；ρ 是介质的密度. 纵波在无限大的固态介质中传播时，式（10-3）是近似的，但在固态细棒中沿着棒的长度传播时是准确的.

由上述讨论可知，在同一固态介质中，横波和纵波的传播速度是不相同的，当波源同时发出这两种波动时，如果在某处的观察者测定纵、横两种波动到达该处相隔的时间，就可求出波源与观察者之间的距离，这一方法在研究地震、地层构造等方面有广泛的应用.

此外，在拉紧的细绳（如弦线）中，横波的波速为

$$u = \sqrt{\frac{T}{\mu}} \tag{10-4}$$

式中，T 为细绳中张力；μ 为质量线密度（即绳子单位长度的质量）.

如前所述，在液体和气体中只能传播纵波，纵波的波速为

$$u = \sqrt{\frac{B}{\rho}} \tag{10-5}$$

式中，B 是体积模量；ρ 是密度.

思考题

10-6 （1）波速与介质的哪些性质有关，在同一固态介质中，横波和纵波的波速是否相同？（2）思考题 10-6 图所示的曲线表示一列向右传播的横波在某一时刻的波形. 试分别用箭头标出质元 A、B、C、D、E、F、G、H、I、J 在该时刻的运动方向；并指出质元 A 与 E、C 与 G、A 与 I 之间的相位差.

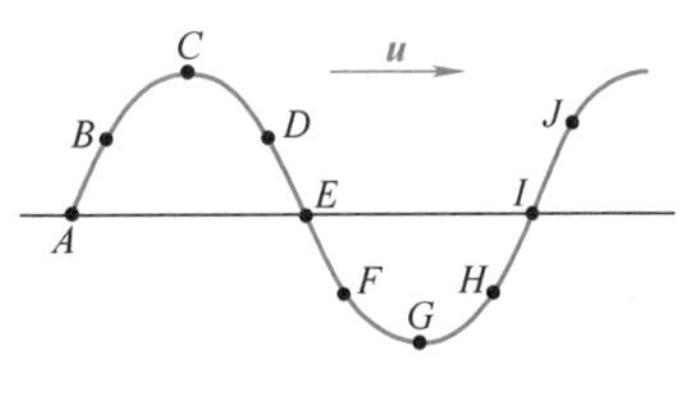

思考题 10-6 图

10-7 机械波的波长、频率、周期和速度这四个量中，（1）在同一介质中，哪些量是不变的？（2）当波从一种介质进入另一种介质中时，哪些量是不变的？

10.3 平面简谐波

10.3.1 平面简谐波的波函数

当波源在均匀、无吸收的介质中做简谐运动时，介质中的各质元也在做简谐运动，振动的频率和波源的频率相同，振幅也和波源有关. 这种**由简谐运动的传播所构成的波**，称为**简谐波**，若简谐波的波面是平面，就称为**平面简谐波**，它是最简单、最基本的一种波. 事实上，其他复杂的波都可看作由若干个不同频率的平面简谐波所合成. 因此，在这里只限于讨论平面简谐波的规律.

下面我们讨论平面简谐横波在均匀、无吸收介质中传播时的波动表达式，所得结论也同样适用于纵波.

设来自无穷远处的一列平面简谐横波，取 O 点作为波源，在均匀介质中沿 Ox 轴的正向传播（Ox 轴为该波的一条波线），波速为 $\boldsymbol{u}$. 若用 Oy 轴上的坐标 y 表示该波线上各质元振动的位移，Ox 轴上的坐标表示波线上各质元的平衡位置，如图 10-7 所示. 设坐标原点 O 处的质元做简谐运动的表达式为

$$y_0 = A\cos(\omega t + \varphi) \tag{10-6}$$

式中，A、ω、φ 分别为点 O 处质元振动的振幅、角频率和初相；y_0则表示点 O 处质元的振动在时刻 t 相对于平衡位置的位移. 设 P 为波线上任一点，与坐标原点 O 相距为 x. 当振动从 O 点传播到点 P 时，P 点处的质元将重复 O 点处质元的振动，

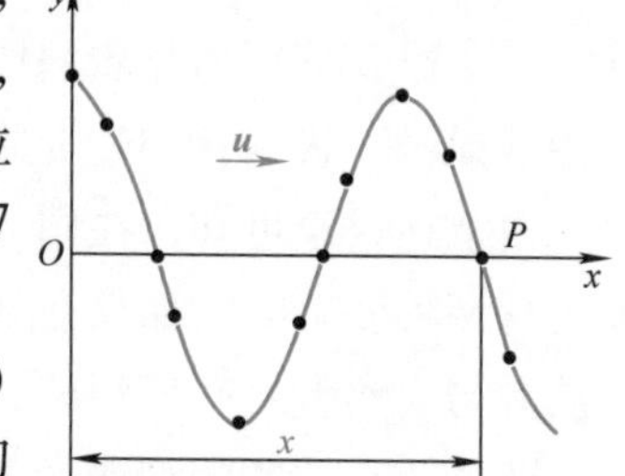

图 10-7 平面简谐波的波函数推导用图

即 P 点处的质元也随之做简谐运动，其振幅、频率取决于 O 点处质元振动的振幅和频率，只是振动的相位落后于 O 点处质元振动的相位. 由于波从 O 点处质元传播到 P 点需要的时间为 x/u，所以 P 点处质元在 t 时刻的相位等于 O 点处质元在（$t-x/u$）时刻的相位；也就是说，P 点处质元在 t 时刻的位移就等于 O 点处质元在时刻（$t-x/u$）的位移. 由式(10-6)可得 O 点处质元在（$t-x/u$）时刻的位移为

$$y = A\cos\left[\omega\left(t-\frac{x}{u}\right)+\varphi\right] \tag{10-7}$$

这就是 P 点处质元在 t 时刻的位移. 由于 P 点是波线上的任意一点，因此式（10-7）给出了波线上任一点处质元在任一时刻的位移，换言之，它表达了波线上所有各点上质元的振动情况. 所以，式（10-7）称为**平面简谐波的波函数**，亦称**波动表达式**.

因为 $\omega=\dfrac{2\pi}{T}=2\pi\nu$，$uT=\lambda$，所以波动表达式（10-7）还可写成下列两种常用的形式：

$$y = A\cos\left[2\pi\left(\frac{t}{T}-\frac{x}{\lambda}\right)+\varphi\right] \tag{10-8}$$

或

$$y = A\cos\left[2\pi\left(\nu t - \frac{x}{\lambda}\right) + \varphi\right] \tag{10-9}$$

10.3.2 波函数的物理意义

在波动表达式中含有 x 和 t 两个自变量，即各质元振动时的位移 y 是相应质元在介质中处于平衡位置时的坐标 x 和振动时间 t 的二元函数. 为了进一步了解波动表达式（10-7）的意义，下面分三种情况来讨论.

（1）若给定坐标 $x = x_0$，则式（10-7）便可写成

$$y = A\cos\left[\omega\left(t - \frac{x_0}{u}\right) + \varphi\right] = A\cos\left[\omega t + \left(-\frac{x_0}{u}\omega + \varphi\right)\right] = A\cos(\omega t + \varphi_1)$$

式中，$\varphi_1 = -\frac{x_0}{u}\omega + \varphi$ 为恒量. 这时，位移 y 只是时间 t 的函数，它表示平衡位置在 $x = x_0$ 处质元的位移随时间 t 变化的规律，即该质元的振动表达式. 由此也可以描绘出 $x = x_0$ 处质元的振动曲线（见图 10-8）. 由于 $\omega = 2\pi/T$，上式还可写为

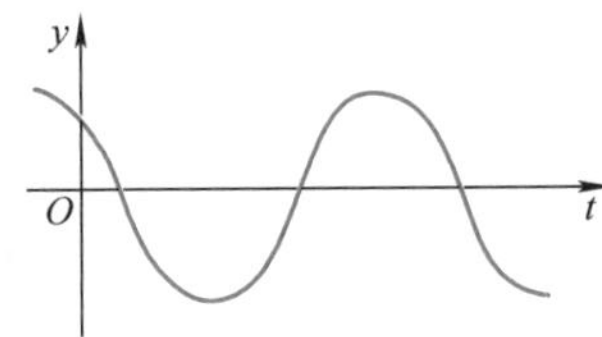

图 10-8 在 x_0 处质元的振动曲线

$$y = A\cos\left(\frac{2\pi}{T}t + \varphi_1\right)$$

由此可见，时间 t 每增加 T，但 y 不变，即 $y(x,t) = y(x,t+T)$，反映了波具有时间的周期性.

（2）若给定时刻 $t = t_0$，则式（10-7）便可写成

$$y = A\cos\left[\omega\left(t_0 - \frac{x}{u}\right) + \varphi\right] = A\cos\left[-\frac{\omega}{u}x + (\omega t_0 + \varphi)\right] = A\cos\left(-\frac{\omega}{u}x + \varphi_1\right)$$

式中，$\omega_1 = \omega t_0 + \varphi$ 为恒量. 这时，位移 y 只是坐标 x 的函数，它表示该时刻波线上各质元的位移随 x 变化的规律，乃是该时刻波形曲线的表达式. 由此也可以描绘出 $t = t_0$ 时刻的波形曲线（见图 10-9）. 由于 $\omega = \frac{2\pi}{T}$，$uT = \lambda$，上式可写为

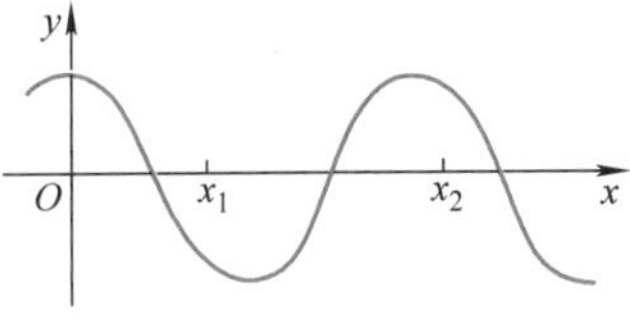

图 10-9 在 $t = t_0$ 时刻的波形曲线

$$y = A\cos\left(\varphi_1 - \frac{2\pi}{\lambda}x\right)$$

由此可见，x 每增加 λ，但 y 不变，即 $y(x,t) = y(x+\lambda,t)$，反映了波具有空间的周期性.

由上式可以求得，在同一时刻波线上坐标分别为 x_1 和 x_2 的两质元间振动的相位差，即

$$\varphi_{12} = \left(\varphi_1 - \frac{2\pi}{\lambda}x_1\right) - \left(\varphi_1 - \frac{2\pi}{\lambda}x_2\right) = -\frac{2\pi}{\lambda}(x_1 - x_2)$$

其中，$x_1 - x_2$ 称为**波程差**. 上式中的“ - ”号说明 x_2 点的相位落后 x_1 点的相位，所以 x_1 和 x_2 的两质元间振动的相位差可写为

$$\varphi_{12} = \frac{2\pi}{\lambda}(x_1 - x_2) \tag{10-10}$$

（3）如果 x 和 t 都在变化，则 y 是 x 和 t 的二元函数，波函数表示不同时刻波线上各质

元的位移. 设某一时刻 t 的波形曲线如图 10-10 中的实线所示，波线上某点质元 P（坐标为 x）的位移为

$$y_P = A\cos\left[\omega\left(t - \frac{x}{u}\right) + \varphi\right]$$

则经过一段时间 Δt 后，波传播的距离为 $\Delta x = u\Delta t$，此时波线上位于 $x + \Delta x = x + u\Delta t$ 处的质元 Q 的位移为

$$y_Q = A\cos\left[\omega\left(t + \Delta t - \frac{x + u\Delta t}{u}\right) + \varphi\right] = A\cos\left[\omega\left(t - \frac{x}{u}\right) + \varphi\right] = y_P$$

这说明 t 时刻的波形曲线，在 Δt 时间内整体往前推进了一段距离 $\Delta x = u\Delta t$，到达图中虚线所示的位置. 因此我们看到波形在前进，这种波称为**行波**. 也就是说，平面简谐波的波函数定量地表达了行波的传播情况.

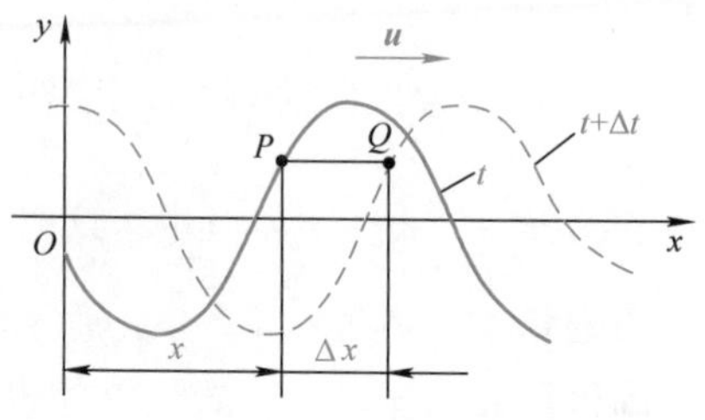

图 10-10　波的传播

以上我们讨论的行波，是沿波线（即 Ox 轴方向）传播的. 如果波沿 Ox 轴负方向传播，则在图 10-10 中，点 P 处质元振动的相位将超前于点 O 处质元振动的相位. 由于波从点 P 传播到点 O 所需的时间为 $\Delta t = x/u$，故点 P 处质元在时刻 t 的位移就等于点 O 处质元在（$t + x/u$）时刻的位移. 因此，由式（10-6）可得 t 时刻点 P 处质元的位移为

$$y = A\cos\left[\omega\left(t + \frac{x}{u}\right) + \varphi\right] \tag{10-11}$$

这就是沿 Ox 轴负方向传播的平面简谐波的波函数. 上式也可写作

$$y = A\cos\left[2\pi\left(\frac{t}{T} + \frac{x}{\lambda}\right) + \varphi\right] \tag{10-12}$$

上述平面简谐波的波函数也适用于纵波，只不过质元的位移 y 是沿着波线的方向.

思维拓展

10-2　弹簧的一端固定，（沿着弹簧伸长或压缩的方向）摇晃另一端在弹簧上产生波. 波长是否由上下摇晃的距离决定?

思考题

10-8　横波的波形及传播方向如思考题 10-8 图所示，试画出点 A、B、C、D 的运动方向，并画出经过 1/4 周期后的波形曲线.

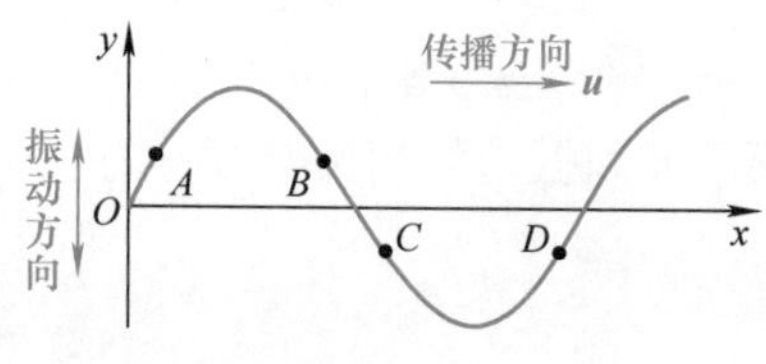

思考题 10-8 图

思考题

10-9 (1) 质元振动的速度与波传播的速度有何区别? (2) 已知平面简谐波的波函数，能否由此求出质元振动的频率? 能否求出波长?

例题 10-1 平面简谐波的波函数为 $y=0.2\cos\left(100\pi t+\frac{x}{4}\right)$ (SI)，求：(1) 波的振幅、波长、周期和波速. (2) 分别位于 $x_1=2.0\text{m}$ 和 $x_2=3.0\text{m}$ 处的两个质元振动的相位差.

解 (1) 本题要求从波函数求波动特征量. 我们可以将已知波函数与标准形式的波函数进行比较，便可给出结果，即

$$y=0.2\cos(100\pi t+\frac{x}{4})=0.2\cos\left[2\pi\left(\frac{t}{0.02}+\frac{x}{8\pi}\right)\right] \tag{a}$$

与式 (10-12) $$y=A\cos\left[2\pi\left(\frac{t}{T}+\frac{x}{\lambda}\right)+\varphi\right]$$

比较，得

$$振幅\ A=0.2\text{m}$$

$$波长\ \lambda=8\pi\approx25.1\text{m}$$

$$周期\ T=0.02\text{s}$$

$$波速\ u=\lambda/T=400\pi\text{m}\cdot\text{s}^{-1}=1256.6\text{m}\cdot\text{s}^{-1}\ (沿\ Ox\ 轴负方向)$$

(2) 这是沿 Ox 轴负向传播的平面简谐波. 在同一时刻 t，与原点 O 分别相距为 $x_1=2.0\text{m}$ 和 $x_2=3.0\text{m}$ 处的两个质元振动的相位差 φ_{21}，可按式ⓐ确定，即

$$\varphi_{21}=\left[2\pi\left(\frac{t}{0.02}+\frac{x_2}{8\pi}\right)-2\pi\left(\frac{t}{0.02}+\frac{x_1}{8\pi}\right)\right]=\frac{1}{4}(x_2-x_1) \tag{b}$$

代入题设数据，得所求相位差为

$$\varphi_{21}=\frac{1}{4}(3-2)\text{rad}=0.25\text{rad}$$

例题 10-2 有一沿 Ox 轴正向传播的平面简谐波，波速为 $2\text{m}\cdot\text{s}^{-1}$，原点 O 处的简谐运动表达式为 $y_0=6\times10^{-2}\cos\pi t$ (SI). 求：(1) 波函数. (2) 波长 λ 和周期 T. (3) $x=2\text{m}$ 处质元的简谐运动表达式. (4) $t=3\text{s}$ 时的波形表达式.

解 (1) 按平面简谐波的波函数在初相 $\varphi=0$ 时的标准形式 $y=A\cos\left[\omega\left(t-\frac{x}{u}\right)\right]$，所求的波函数为

$$y=(6\times10^{-2})\cos\pi\left(t-\frac{x}{2}\right)=(6\times10^{-2})\cos\left[2\pi\left(\frac{t}{2}-\frac{x}{4}\right)\right]\quad(\text{SI})$$

(2) 与平面简谐波的波函数标准式 $y=A\cos2\pi\left(\frac{t}{T}-\frac{x}{\lambda}\right)$ 比较，得

$$\lambda=4\text{m},\ T=2\text{s}$$

(3) 在波函数中，令 $x=2\text{m}$，则得该处质元的简谐运动表达式为

$$y=(6\times10^{-2})\cos\left(\pi t-\pi\frac{2}{2}\right)=(6\times10^{-2})\cos[\pi t-\pi]\quad(\text{SI})$$

(4) 在波函数中，令 $t=3\text{s}$ 时，则得该时刻的波形表达式为

$$y=(6\times10^{-2})\cos(3\pi-\frac{\pi x}{2})\quad(\text{SI})$$

例题 10-3 一波源做简谐振动，周期为 0.01s，振幅为 0.03m，今以经平衡位置 O 向 Ox 轴正方向运动作为计时起点，并设此振动以速度 $400\text{m}\cdot\text{s}^{-1}$ 沿 Ox 轴传播，求：(1) 此波动表达式；(2) 距波源 16m 处的质元的振动初相及速度最大值；(3) 这一相位表示的运动状态相当于波源在哪一时刻的运动状态?

解 (1) 由题给条件，可知

$$A=0.03\text{m},\ \omega=\frac{2\pi}{T}=200\pi\text{rad}\cdot\text{s}^{-1},\ u=400\text{m}\cdot\text{s}^{-1}$$

将这些数据代入平面简谐波的波函数标准式 $y=A\cos\left[\omega\left(t-\frac{x}{u}\right)+\varphi\right]$ 中，得

$$y=0.03\cos\left[200\pi\left(t-\frac{x}{400}\right)+\varphi\right]\ (\text{SI})\qquad ⓐ$$

式中的初相 φ 应由题给初始条件确定：设波源位于坐标原点 O，即 $x=0$，并且由题给条件知 $t=0$ 时，$y=0$，$v>0$，可得初相 $\varphi=-\frac{\pi}{2}$，代入式ⓐ中，得平面简谐波的波函数为

$$y=0.03\cos\left[200\pi\left(t-\frac{x}{400}\right)-\frac{\pi}{2}\right]\ (\text{SI})\qquad ⓑ$$

(2) 将 $x_1=16\text{m}$ 代入式ⓑ中，得

$$\begin{aligned}y&=0.03\cos\left(200\pi t-17\frac{\pi}{2}\right)=0.03\cos\left(200\pi t-4\times2\pi-\frac{\pi}{2}\right)\\&=0.03\cos\left(200\pi t-\frac{\pi}{2}\right)\quad(\text{SI})\end{aligned}\qquad ⓒ$$

由此可得 $x_1=16\text{m}$ 处，质元的振动初相为 $\varphi_1=-\frac{\pi}{2}$，质元做简谐运动的速度最大值为

$$v_{\max}=A\omega=0.03\times200\pi\text{m}\cdot\text{s}^{-1}=18.84\text{m}\cdot\text{s}^{-1}$$

(3) 由式ⓒ知，波源（坐标原点）的振动状态经过 4 个周期传到 $x_1=16\text{m}$ 处，这相当于波源在 $t=4T=4\times0.01\text{s}=0.04\text{s}$ 时刻的运动状态.

例题 10-4 一平面简谐波在介质中以速度 $u=2\text{m}\cdot\text{s}^{-1}$ 沿 Ox 轴水平向右传播，已知波线上某点 A 的振动表达式 $y_A=0.03\cos[4\pi t-\pi]$(SI)，D 点在 A 点右方 9m 处. (1) 以 A 为坐标原点，取 Ox 轴方向向左，写出波函数和 D 点振动表达式；(2) 以 A 的左方 5m 处 O 点为坐标原点，取 Ox 轴方向向右，写出波函数和 D 点的振动表达式.

解 (1) 按题意作图，如例题 10-4 图 a 所示，A 既是参考点，又是坐标原点. 此时波线上任意点 P 的振动时间比 A 超前 $\Delta t=x/u=x/2$，所以波函数为

$$y=0.03\cos\left[4\pi\left(t+\frac{x}{2}\right)-\pi\right]\ (\text{SI})$$

将 $x_D=-9\text{m}$ 代入波函数，得到 D 点的振动表达式为

$$y=0.03\cos\left[4\pi\left(t+\frac{-9}{2}\right)-\pi\right]=0.03\cos[4\pi t-19\pi]\text{(SI)}$$

（2）按题意作图，如例题10-4图b所示，A为参考点，而O点为坐标原点. 任意点P离参考点A的距离为（$x-5$）m，P点的振动比A点在时间上落后$t_{AP}=\frac{x-5}{u}=\frac{x-5}{2}$s，所以波函数为

$$y=0.03\cos\left[4\pi\left(t-\frac{x-5}{2}\right)-\pi\right]=0.03\cos[4\pi t-2\pi x+9\pi]\text{(SI)}$$

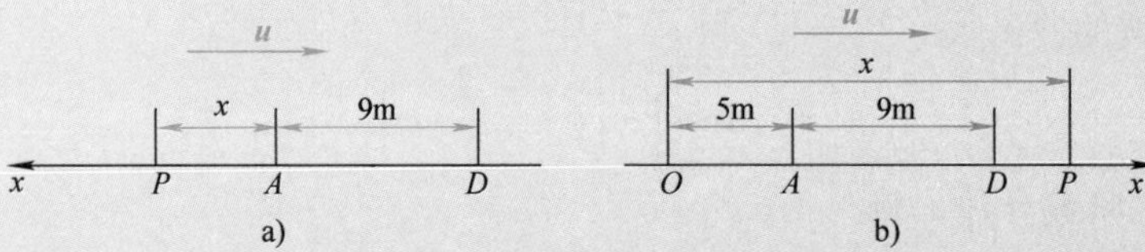

例题10-4图

D点坐标为$x_D=(5+9)\text{m}=14\text{m}$，将$x_D$代入波函数，得$D$点的振动表达式为

$$y=0.03\cos\left[4\pi\left(t-\frac{14-5}{2}\right)-\pi\right]=0.03\cos[4\pi t-19\pi]\text{(SI)}$$

本题告诉我们，在参考点不是坐标原点时，应该如何建立波动表达式. 上述结果还说明，在所选择的坐标系的原点或坐标轴的方向不同时，尽管所得波动表达式不同，但D点的振动表达式不变.

例题10-5　例题10-5图a表示一平面简谐波在$t=0$时刻的波形图，波线上$x=1$m处P点的振动曲线如例题10-5图b所示. 求该简谐波的波函数.

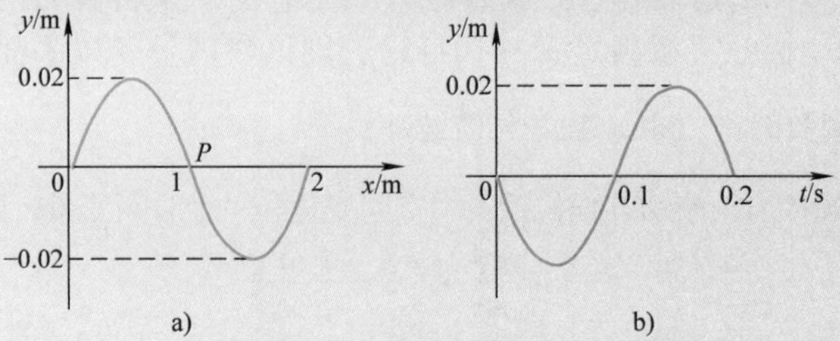

例题10-5图

a）$t=0$时刻的波形曲线　b）P点振动曲线

解　由$t=0$时的波形曲线可得振幅$A=0.02$m，波长$\lambda=2$m，

由P点的振动曲线可得　　　$T=0.2$s

于是

$$\omega=\frac{2\pi}{T}=\frac{2\pi}{0.2}\text{rad}\cdot\text{s}^{-1}=10\pi\text{rad}\cdot\text{s}^{-1}$$

$$u=\frac{\lambda}{T}=\frac{2\text{m}}{0.2\text{s}}=10\text{m}\cdot\text{s}^{-1}$$

由P点的振动曲线可知P点处的质元在$t=0$时刻向下运动，从而由$t=0$时的波形曲线可得波向Ox轴的负方向传播. 所以，坐标原点O处的质元在$t=0$时刻过平衡位置，且向Oy

轴的正方向运动，其初相 $\varphi=\frac{3}{2}\pi$. 于是得出波动表达式为

$$y=0.02\cos\left[10\pi\left(t+\frac{x}{10}\right)+\frac{3}{2}\pi\right]\ (\mathrm{SI})$$

读者可以通过本题比较波形曲线与质点振动曲线在物理意义上的区别.

10.3.3 平面波的波动方程

将平面简谐波的波函数

$$y=A\cos\left[\omega\left(t-\frac{x}{u}\right)+\varphi\right]$$

对 t 和 x 分别求二阶偏导数，得

$$\frac{\partial^2 y}{\partial t^2}=-\omega^2 A\cos\left[\omega\left(t-\frac{x}{u}\right)+\varphi\right]$$

$$\frac{\partial^2 y}{\partial x^2}=-\frac{\omega^2}{u^2}A\cos\left[\omega\left(t-\frac{x}{u}\right)+\varphi\right]$$

比较以上两式可得

$$\frac{\partial^2 y}{\partial x^2}=\frac{1}{u^2}\frac{\partial^2 y}{\partial t^2} \tag{10-13}$$

式（10-13）是一个二阶线性偏微分方程，称为**平面波波动方程**. 即平面简谐波的微分方程. 这个方程具有普遍意义. 它表达了一切以速度 $\boldsymbol{u}$ 沿 Ox 轴正向或负向传播的平面波的共同特征. 严格地说，平面简谐波表达式（10-7）只是它的一个特解而已. 同时，任何物理量，只要它与时间和坐标的关系满足式（10-13），则该物理量就以平面波的形式传播，而偏导数 $\frac{\partial^2 y}{\partial t^2}$ 前系数的倒数的平方根，就是其波速.

如果波在三维空间传播，波动方程包括三个空间变量和一个时间变量，则一般表达式成为

$$\frac{\partial^2 \xi}{\partial x^2}+\frac{\partial^2 \xi}{\partial y^2}+\frac{\partial^2 \xi}{\partial z^2}=\frac{1}{u^2}\frac{\partial^2 \zeta}{\partial t^2}$$

也可写成

$$\nabla^2\xi-\frac{1}{u^2}\frac{\partial^2 \zeta}{\partial t^2}=0 \tag{10-14}$$

式中，$\xi=\xi(x,y,z,t)$ 为波函数，$\nabla^2=\frac{\partial^2 \xi}{\partial x^2}+\frac{\partial^2 \xi}{\partial y^2}+\frac{\partial^2 \xi}{\partial z^2}$.

10.4 波的能量　能流密度

10.4.1 波的能量

如前所述，机械波是振动状态的传播. 当介质中形成机械波时，介质中各质元受到邻近

质元弹性力的作用都在各自的平衡位置附近振动，因而具有动能. 同时介质产生了形变，所以还具有弹性势能. 波的能量就是介质中这些动能和势能之和.

设有一平面简谐波在密度为ρ的均匀介质中沿Ox轴正向传播，其波函数为

$$y = A\cos\left[\omega\left(t - \frac{x}{u}\right)\right]$$

我们认为，介质是由无数质元所组成的. 今在密度为ρ的均匀介质中取任一质元来研究，其体积为$\mathrm{d}V$，质量为$\mathrm{d}m = \rho\mathrm{d}V$，质元的平衡位置为$x$. 该质元在$t$时刻的振动速度为

$$v = \frac{\partial y}{\partial t} = -A\omega\sin\left[\omega\left(t - \frac{x}{u}\right)\right]$$

它在此刻所具有的动能为

$$\mathrm{d}E_{\mathrm{k}} = \frac{1}{2}(\mathrm{d}m)v^2 = \frac{1}{2}(\rho\mathrm{d}V)A^2\omega^2\sin^2\left[\omega\left(t - \frac{x}{u}\right)\right] \tag{10-15}$$

对于孤立的振动质元，其弹性势能取决于质元偏离平衡位置的位移. 但对于介质中的各质元，若其偏离各自平衡位置的位移相同，则各质元做整体平移，不发生形变，没有弹性势能. 介质中质元的形变是由于在同一时刻，各质元偏离平衡位置的位移不同所引起的. 因此，质元的弹性势能并不取决于质元偏离平衡位置的位移，而是取决于相邻质元间的相对位移. 可以证明（从略），质元的弹性势能亦为

$$\mathrm{d}E_{\mathrm{p}} = \frac{1}{2}(\rho\mathrm{d}V)A^2\omega^2\sin^2\left[\omega\left(t - \frac{x}{u}\right)\right] \tag{10-16}$$

于是质元的机械能为

$$\mathrm{d}E = \mathrm{d}E_{\mathrm{k}} + \mathrm{d}E_{\mathrm{p}} = (\rho\mathrm{d}V)A^2\omega^2\sin^2\left[\omega\left(t - \frac{x}{u}\right)\right] \tag{10-17}$$

由式（10-15）～式（10-17）可以看出，在任意时刻，质元的动能、势能和机械能都随时间和空间做周期性变化，每一时刻动能和势能都相等. 今以绳中的横波为例，图10-11给出了绳（见图10-11a）和绳中横波（见图10-11b）的对比，质元经过平衡位置（图中位置A）时，其速度最大，质元的形变也最大，所以质元的动能、势能和总机械能都有最大值；在最大位移处（图中位置B），质元的速度为零，形变也为零，所以动能和势能都有最小值（为零），总机械能也为零. 在从最大位移处向平衡位置运动时，质元从相位比它超前的邻近质元处获得能量，机械能增加；在从平衡位置向最大位移处运动时，它将能量传给相位比它落后的邻近质元，机械能减少. 所以在波动过程中，由于质元的振动，依靠剪切弹性力的作用带动后面的质元振动，即对后面的质元做功，而把能量传递给后者，所以在波动过程中永远存在着能量的不断“流动”，就好像“流水”一样，往往形象地称之为**能流**. 波的能量从波源出发，源源不断地流向远方. 因此，**波是能量传播的一种形式**. 这是波的重要特征之一.

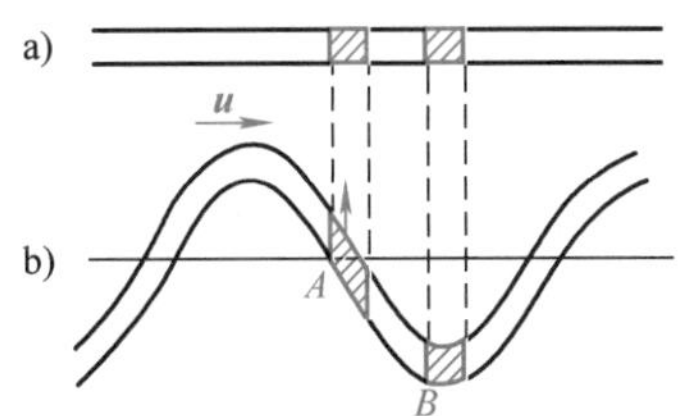

图10-11 绳与绳中的横波

值得注意，波动中质元所拥有的能量与质点做简谐运动时所拥有的能量不同：做简谐运动的质点是孤立系统，机械能守恒，E_{k}、E_{p}变化步调相反；而波动中的介质质元是非孤立系统，机械能不守恒，E_{k}、E_{p}变化步调相同.

在波传播的介质中，为了描述介质中各处能量的分布情况，可用单位体积中波的能量，

即**能量密度** w 表示. 由式（10-17），有

$$w=\frac{\mathrm{d}E}{\mathrm{d}V}=\rho A^2\omega^2\sin^2\left[\omega\left(t-\frac{x}{u}\right)\right] \tag{10-18}$$

上式说明，在介质中某一地点（即 x 一定），介质的能量密度 w 随时间 t 做周期性变化. 而该处介质在一个周期内的平均能量密度则为

$$\overline{w}=\frac{1}{T}\int_0^T\rho A^2\omega^2\sin^2\left[\omega\left(t-\frac{x}{u}\right)\right]\mathrm{d}t=\frac{1}{2}\rho A^2\omega^2 \tag{10-19}$$

上式表明，对平面简谐波来说，波的平均能量密度与振幅的二次方、频率的二次方和介质的密度三者成正比.

思考题

10-10　波动的能量与哪些物理量有关，比较波动的能量与简谐运动的能量.

10.4.2　能流密度

波的传播过程必然伴随着能量的传播或能量的流动. 波的能量来自波源，能量流动的方向就是波传播的方向，能量传播的速度就是波速 u.

为了描述波的能量传播，可引入能流密度的概念. 我们把单位时间内通过介质中某一面积的平均能量，叫作通过该面积的**平均能流**，用 P 表示. 如图 10-12 所示，在介质中设想取一个垂直于波速 $\boldsymbol{u}$ 的面积 S，$\mathrm{d}t$ 时间内通过 S 的平均能流等于体积 $Su\mathrm{d}t$ 中的平均能流 $\overline{w}u\mathrm{d}tS$，则在单位时间内通过面积 S 的平均能流为

$$\overline{P}=\frac{\overline{w}u\mathrm{d}tS}{\mathrm{d}t}=\overline{w}uS \tag{10-20}$$

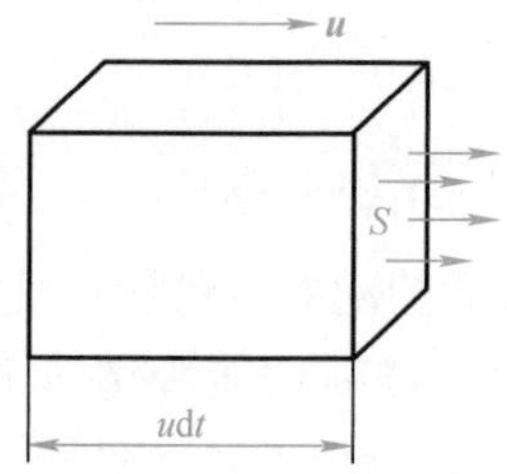

图 10-12　平均能流

单位时间内通过垂直于波传播方向的单位面积上的平均能流，称为**能流密度**，记作 I，由式（10-19）和式（10-20），得

$$I=\frac{\overline{P}}{S}=\overline{w}u=\frac{1}{2}\rho A^2\omega^2u \tag{10-21}$$

上式表明，在均匀介质（ρ、u 一定）中，从一给定波源（ω 也一定）发出的波，**其能流密度与振幅的二次方成正比**. 能流密度是一矢量（常称为**坡印亭矢量**），它的方向即为波速的方向. 故式（10-21）可写成如下的矢量形式：

$$\boldsymbol{I}=\frac{1}{2}\rho A^2\omega^2\boldsymbol{u} \tag{10-22}$$

能流密度越大，单位时间内通过垂直于波传播方向的单位面积的能量越多，波就越强，

所以能流密度也称为波的强度，它的单位是 $W \cdot m^{-2}$. 例如，声音的强弱取决于声波的能流密度（称为声强）的大小，光的强弱取决于光波的能流密度（称为光强）的大小.

思考题

10-11 （1）试述能流密度的意义，它与哪些因素有关？（2）试从能量观点阐释平面简谐波在理想的、无吸收的介质中传播时，振幅将保持不变.

例题 10-6 证明：球面波的振幅与离开其波源的距离成反比，并求球面简谐波的波函数.

解 如例题 10-6 图所示，设球面波在均匀介质中传播，波源在 O 点，在距波源分别为 r_1 和 r_2 处取两个球面，面积分别为 S_1 和 S_2，且介质不吸收能量，通过两个球面的平均能流相等，即 $\bar{P}_1 = \bar{P}_2$. 因此，有

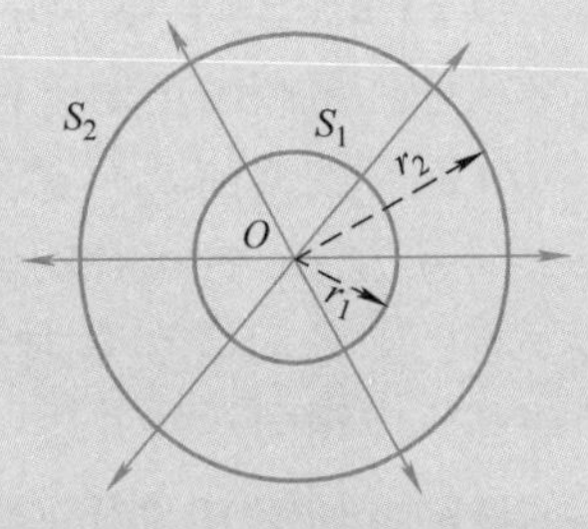

例题 10-6 图

$$\frac{1}{2}\rho A_1^2\omega^2 u4\pi r_1^2 = \frac{1}{2}\rho A_2^2\omega^2 u4\pi r_2^2$$

$$A_1 r_1 = A_2 r_2 = Ar = \text{恒量}$$

所以，球面波的振幅 A 与传播距离 r 成反比，即 $A \propto \frac{1}{r}$. 可见，球面波即使在介质不吸收能量时，波幅也要随距离而变小.

若已知距波源为单位距离处质元的振幅为 A_0，即 $r_1 = 1$，$A = A_0$，则由上式，有 $\frac{A_0}{A} = \frac{r}{1}$，从而可把距波源为 r 处任一质元的振幅表示为 $A = \frac{A_0}{r}$，则球面简谐波的波函数可由式（10-7）改写为

$$y = \frac{A_0}{r}\cos\left[\omega\left(t - \frac{r}{u}\right) + \varphi\right]$$

10.5 波的衍射、反射和折射

10.5.1 惠更斯原理

当我们观察水面上的波时，如果这列波遇到一个障碍物，且障碍物上有一个很小的孔，可以发现，在小孔的后面也出现圆形的波. 这圆形的波就好像是以小孔为波源产生的一样. 这说明小孔可以看作是新的波源. 从这种观点出发，荷兰物理学家惠更斯（Huygens，1629—1695）提出：介质中任意波面上的各点，都可以看作是发射子波的波源，其后任意时刻，这些子波相应的波前的包迹就是新的波前. 这就是惠更斯原理. 这一原理说明，对弹性介质而言，介质中任何一个质元的振动将直接引起相邻的周围各质元的振动. 因而在介质

中任何一个质元的所在处，从波传到时起，都可看作新的波源.

惠更斯原理对任何波动过程都是适用的. 不论是机械波还是电磁波，不论介质均匀与否，只要知道某时刻的波前，就可根据这一原理决定下一时刻的波前. 因而这一原理在很广泛的范围内解决了波的传播问题.

下面举例说明惠更斯原理的应用. 如图 10-13a 所示. 设以 O 为中心的球面波，以波速 u 在各向同性均匀介质中传播. 已知在时刻 t 的波前是半径为 R_1 的球面波 S_1. 根据惠更斯原理，S_1 上的各点都可以看成是发射子波的点波源. 以 S_1 上各点为中心、以 $r=u\Delta t$ 为半径，分别画出一系列子波的半球形波前，再画出正切于各子波的包迹面，就得到 $t+u\Delta t$ 时刻的波前 S_2. 显然，S_2 就是以 O 为中心、以 $R_2=R_1+u\Delta t$ 为半径的球面.

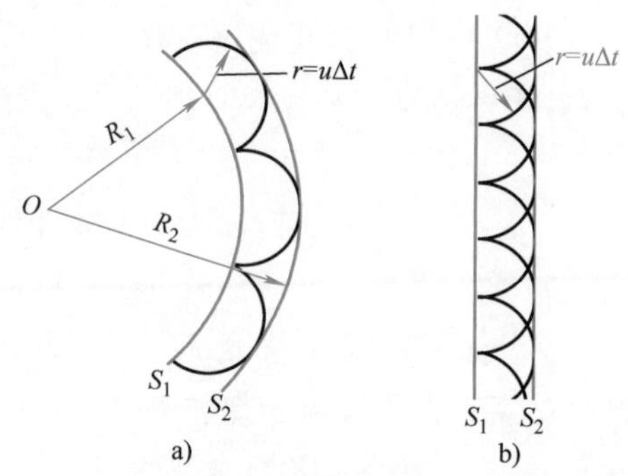

图 10-13 用惠更斯原理求新波阵面

若已知平面波在某时刻的波前 S_1，根据惠更斯原理，应用同样的方法，也可以求出以后任意时刻的波前，如图 10-13b 所示.

思考题

10-12 试述惠更斯原理. 如何用惠更斯原理确定波在传播过程中的波前?

10.5.2 波的衍射

波在传播过程中遇到障碍物时，波线发生弯曲并能绕过障碍物边缘的现象，称为波的衍射（或绕射）现象. 有时，两人隔着墙壁谈话，也能各自听到对方的声音，这就是由于声波的衍射所引起的. 波的衍射在声学和光学中非常重要.

惠更斯原理能定性地说明波的衍射现象. 如图 10-14a 所示，一列在水面传播的平面波在前进途中遇到平行于波面的障碍物 AB，AB 上有一宽缝，缝的宽度 d 大于波长 λ. 按惠更斯原理，可把经过缝时波前上的各点作为发射子波的波源，画出子波的波前，再作这些波前的包迹，就得到通过缝后的水波波前. 这些波前除与缝宽相等的中部仍保持为平面（在图中用一系列平行直线表示）、波线保持为平行线束外，两侧不再是平面，而是呈现曲面的波

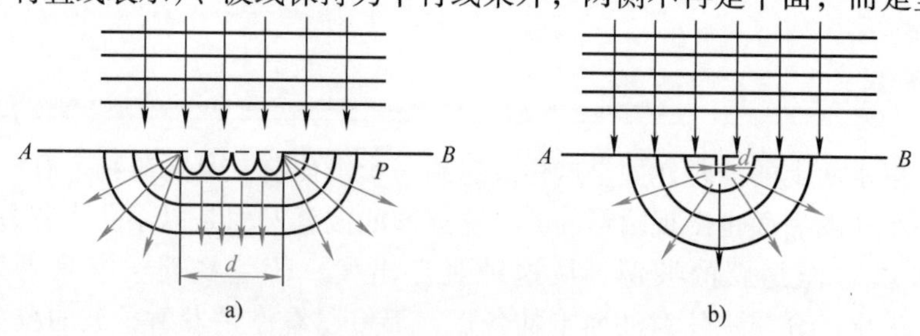

图 10-14 波的衍射

a）缝宽 d 大于波长 λ 时的衍射现象 b）缝宽 d 小于波长 λ 时的衍射现象

前（在图中用一系列曲线表示），因而波线也发生了偏折，并绕到了障碍物的后面，这说明水波的一部分能够绕过缝的边缘前进．如果传播的是声波，那么我们在此曲面上任一点 P 处，都可听到声音；如果传播的是光波，在 P 点就可接受到光线．若没有衍射现象，则波将沿直线方向传播，即波线经过缝隙时不会偏折，于是在 P 点就什么都感受不到．

如果缝很窄，宽度小于或接近于波长 λ，则水面波经过狭缝后的波前是圆形的（见图 10-14b）．当水波抵达障碍物 AB 时，大部分的波将被障碍物反射回去，但在狭缝处的波前就成了发射子波的波源，由于缝很窄，水面处的缝口本身可以近似当作一条直线，从而线上各点都可看作振动中心，各自发射出半圆形子波．这些子波共同形成的波前显然是半圆柱形的．这样，也自然不需要考虑许多子波叠加而形成包迹的问题了．

衍射现象是波在传播过程中所独具的特征之一．实验证明，衍射现象是否显著，决定于孔（或缝）的宽度 d 和波长 λ 的比值 d/λ．d 越小或波长 λ 越大，则衍射现象越显著．声波的波长较大，有几米左右，因此衍射较显著；而波长较短的波（如超声波、光波等），衍射现象就不显著，并且呈现出明显的方向性，即沿直线定向传播．所以常用波长较短的波作为定向传播信号，如用雷达探测物体时，把雷达发出的信号（电磁波）对准物体的方向发射出去，信号从该物体上反射回来后，被雷达所接收，这就需要采用波长数量级为几厘米或几毫米的电磁波（即微波）或波长更短的光波．但广播电台播送节目时，发射出去的电磁波并不要求定向传播，通常采用波长达几十米到几百米的电磁波（即无线电波），这样，在传播途中即使遇到较大的障碍物，也能绕过它而达到任何角落，使得无线电收音机不论放在哪里，都能接收到电台的广播．

思考题

10-13 试用惠更斯原理解释波的衍射现象．为什么通常我们只观察到光线沿直线传播而没有观察到衍射现象？

10.5.3 波的反射和折射

下面按惠更斯原理，用作图法说明波入射到两种各向同性均匀介质的分界面上使传播方向改变的规律，也就是波的反射和折射的规律．

设有一平面波在介质Ⅰ（其折射率为 n_1）中的波速为 u_1，在介质Ⅱ（其折射率为 n_2）中的波速为 u_2，设平面波由介质Ⅰ射向介质Ⅱ，则波的传播方向在两种介质的分界面上一般要发生改变，即波的一部分从介质表面返回原介质，形成反射波；另一部分透入介质Ⅱ，形成折射波，如图 10-15a 所示．图中分别画出了入射波、反射波和折射波的一系列平面波波面，相应的传播方向称为入射线、反射线和折射线，它们与两种介质的分界面 MN 的法线方向 $\boldsymbol{e}_n$ 所成的夹角分别称为入射角（i）、反射角（i'）和折射角（γ）．

如图 10-15b 所示，一束入射角为 i 的平面波波前在时刻 t 到达 AB 位置，A 点和界面相遇．根据惠更斯原理，波阵面 AB 上各点都可看作发出子波的波源，处于分界面上点 A 发出的子波，一部分返回在介质Ⅰ中传播，成为反射波；另一部分透过介质Ⅱ中继续传播，成为折射波．

对反射波来说，由于它与入射波在同一种介质Ⅰ中传播时，其波速相同，因而在同一段时间 Δt 内，它们传播的距离相等．设由点 B 发出的子波到达分界面上的点 C 所需的时间为

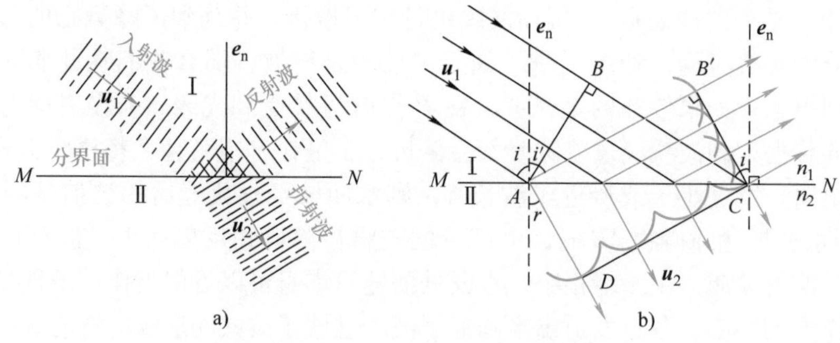

图 10-15　波的反射和折射

Δt，即 $BC=u_1\Delta t$；在相同时间内，由点 A 发出的子波传到点 B'，因此，有 $AB'=BC=u_1\Delta t$. 过点 C 作 A、C 之间各点发出的子波波面（如图中一些圆弧线所示）的公切面 $B'C$，即为 $t+\Delta t$ 时刻反射波的波前，作垂直于此波前的直线，即得反射线. 反射线与法线方向 $\boldsymbol{e}_n$ 所成的反射角为 i'. 由于直角三角形 ABC 与直角三角形 $AB'C$ 全等，因此 $\angle BAC=\angle B'CA$，所以

$$i=i' \tag{10-23}$$

即反射角等于入射角，且入射线、法线和反射线在同一平面内. 这就是波的反射定律.

对折射波而言，由于在介质Ⅱ中传播，它在该介质中的波速为 u_2，在 Δt 时间内，点 A 发出的子波传播的距离为 $AD=u_2\Delta t$，而前面说过，这时同一入射波波前上点 B 发出的子波传播了距离 $BC=u_1\Delta t$，因此，过点 C 作 A、C 之间各点发出的子波波面（如图中一些圆弧线所示）的公切面 CD，即为 $t+\Delta t$ 时刻折射波的波前，作垂直于此波前的直线，即得折射线. 折射线与法线所成的折射角为 r. 若 $u_2\neq u_1$，则 $AD\neq BC$，故折射波的波前 CD 与入射波的波前 AB 不再平行，入射线在介质Ⅱ中发生偏折而成为折射线，亦即改变了波的传播方向，这就是波的折射现象. 由图可知，$BC=AC\sin i$，$AD=AC\sin\gamma$，两式相除，并因 $BC=u_1\Delta t$，$AD=u_2\Delta t$，代入后，得

$$\frac{\sin i}{\sin r}=\frac{u_1}{u_2}=n_{21} \tag{10-24}$$

式（10-24）说明，入射角的正弦与折射角的正弦之比等于第一种介质与第二种介质中的波速之比，即为一恒量，此恒量 n_{21} 称为第二介质对第一介质的相对折射率；由图还可看出，入射线、折射线和分界面法线在同一平面内. 这就是波的折射定律.

> 这里，$n_{21}=n_2/n_1$，其中 n_1 和 n_2 分别为第一种介质和第二种介质的绝对折射率（简称折射率）.

由上式可知，若 $u_2<u_1$，则 $i>r$，即当波从波速较大的介质进入波速较小的介质中时，折射线折向法线；反之，若 $u_2>u_1$，则 $i<r$，即当波从波速较小的介质进入波速较大的介质中时，折射线偏离法线.

上述波的反射和折射定律对声波、光波等皆适用.

10.6　波的干涉

10.6.1　波的叠加原理

当几列波同时在介质中传播时，若在介质中某一区域相遇，则各列波仍然各自保持原来

的传播特征（如振幅、波长、频率、振动方向）向前传播. 这些波的波前并不因为彼此相遇而改变原来的形状，宛如在各自的传播途径上，并没有遇到其他的波一样. 这一性质称为波传播的独立性. 例如，两个小石子投入静水中，它们所激起的两列圆形水面波彼此交叉穿过而又分开后，仍保持原来的特性而各自独立地继续传播开去；乐队演奏或几个人同时说话时，各种声音也并不会因为彼此在空间相互交叠而改变，它们仍保持着各自的特性而独立地向前传播，所以我们仍能辨别出各种乐器的乐音或每个人的声音来.

由于波具有传播的独立性，当几列波在介质中同时传播到空间某一区域内，该区域内任一点处质元的振动，为各列波单独存在时在该点所引起质元振动的位移之矢量和. 这一结论称为波的叠加原理.

10.6.2 波的干涉 相干条件 相干波

在一般情况下，几列波在空间某处相遇而叠加的情况很复杂. 这里只讨论一种最简单又最重要的情况. 若两个波源，满足频率相同、振动方向相同、相位相同或相位差恒定的条件，则它们所发出的波在介质中相遇而叠加时，在相遇处的质元便同时参与这两个具有恒定相位差的同频率、同方向的振动. 对两列波相遇区域内的各质元来说，其相位差不尽相同，因而这两列波在介质中相遇时，就会出现某些点处的质元振动始终加强，而另一些点处的质元振动始终减弱的现象. 这种现象称为波的干涉现象. 上述条件称为相干条件，满足相干条件的两个波源称为相干波源，由相干波源发出的波称为相干波.

10.6.3 相干波的干涉加强与减弱

设 S_1、S_2 为空间两个相干波源，波动传播方向如图 10-16 所示，其振动表达式分别为

$$y_1 = A_1\cos(\omega t + \varphi_1)$$

$$y_2 = A_2\cos(\omega t + \varphi_2)$$

式中，ω 为两个波源振动的角频率；A_1、A_2 和 φ_1、φ_2 分别为两个波源振动的振幅和初相. 它们的振动皆沿 Oy 轴方向，振动角频率均为 ω，相位差（$\varphi_2 - \varphi_1$）是恒定的. 两波源发出的波分别经 r_1 和 r_2 到空间任一点 P 相遇，各自在 P 点引起的分振动分别为

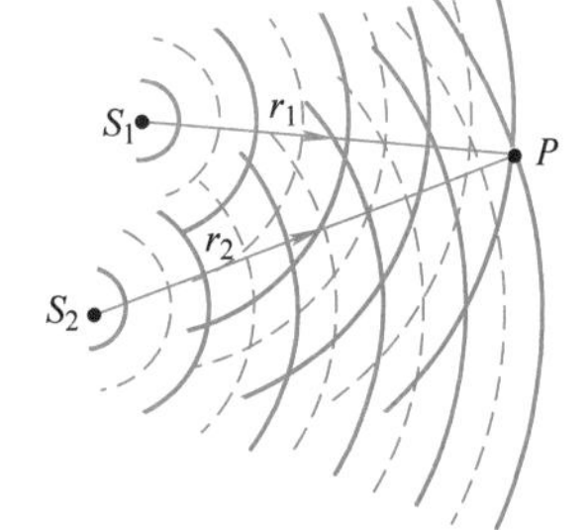

图 10-16 两列干涉波在 P 点相遇而叠加

$$y_1 = A_1\cos\left(\omega t + \varphi_1 - \frac{2\pi r_1}{\lambda}\right)$$

$$y_2 = A_2\cos\left(\omega t + \varphi_2 - \frac{2\pi r_2}{\lambda}\right)$$

P 点处质元的振动乃是这两个独立的分振动的合成. 由于这两个分振动为同方向、同频率的简谐运动，由 9.5 节可知，合成的结果仍为简谐运动，其合振幅为

$$A = \sqrt{A_1^2 + A_2^2 + 2A_1A_2\cos\varphi_{12}} \tag{10-25}$$

式中，φ_{12} 为两个分振动在 P 点处的相位差，即

$$\varphi_{12}=\left(\omega t+\varphi_1-\frac{2\pi r_1}{\lambda}\right)-\left(\omega t+\varphi_2-\frac{2\pi r_2}{\lambda}\right)=\varphi_1-\varphi_2-2\pi\frac{r_1-r_2}{\lambda} \tag{10-26}$$

可见相位差由两部分组成. 其中一部分为两波源的相位差（$\varphi_1-\varphi_2$），另一部分则为P点至两波源距离之差（r_1-r_2）所引起的相位差. r_1-r_2又称为波程差，用δ表示，即$\delta=r_1-r_2$. 由于两波源的初相差（$\varphi_1-\varphi_2$）恒定，φ_{12}实际上只取决于波程差$\delta=r_1-r_2$. 对空间给定的P点来说，r_1-r_2有确定值，从而P点处质元振动的合振幅A有确定值，即空间各点的振动强度是稳定的. 对于空间不同点上的质元，在振动时，其合振幅随相位差φ_{12}的不同而异. 由式（10-25）可知，满足条件：

$$\varphi_{12}=\varphi_1-\varphi_2-2\pi\frac{r_1-r_2}{\lambda}=\pm 2k\pi(k=0,1,2,\cdots) \tag{10-27a}$$

的各点，合振幅极大，即$A=A_1+A_2$，称为干涉加强；而满足条件：

$$\varphi_{12}=\varphi_1-\varphi_2-2\pi\frac{r_1-r_2}{\lambda}=\pm(2k+1)\pi(k=0,1,2,\cdots) \tag{10-27b}$$

的各点，合振幅极小，或者说，合振动最弱，即$A=|A_1-A_2|$，称为干涉减弱.

如果两波源的初相相同，即$\varphi_2=\varphi_1$，这时两个分振动在P点处的相位差仅由波程差δ决定，则合振幅A最大和最小的条件分别为

$$\delta=r_1-r_2=\begin{cases}\pm k\lambda, & A=A_1+A_2\\ \pm(2k+1)\dfrac{\lambda}{2}, & A=|A_1-A_2|\end{cases} \tag{10-28}$$

式中，$k=0$，1，2，3，…. 上式说明：当两个相干波源发出的初相相同的波在同一介质中的某点相遇时，若波程差等于零或波长的整数倍（即半波长的偶数倍），即同相点时，合振幅最大，干涉加强；若波程差等于半波长的奇数倍，即反相点时，合振幅最小，干涉减弱；其他各点的振幅，则介于最大和最小之间.

图10-17给出了用单一波源实现干涉的方法. 在发出球形波面的波源S附近，放置一个开有两个小孔的障碍物AB，小孔S_1和S_2的位置相对于S是对称的. 根据惠更斯原理，S_1和S_2可以看作发出子波的点波源. 因为它们的振动频率、振动方向和波源S的振动频率、振动方向相同，且它们都处在波源S所发出的同一波面上，即具有相同的相位，所以S_1和S_2是相干波源，它们分别发出两列相干的球面波. 图10-17中两组圆弧线表示它们的波面. 设波源发出的是横波，则实线圆弧表示波峰，虚线圆弧表示波谷. 在两列波的波峰与波峰或波谷与波谷的交点处，两个分振动是同相的，所以振动始终加强，合振幅最大；在两列波的波峰与波谷的交点处，两个分振动是反相的，所以振动始终减弱，合振幅最小. 在图中，振幅最大的各点用粗实线连接起来，振幅最小的各点用粗虚线连接起来.

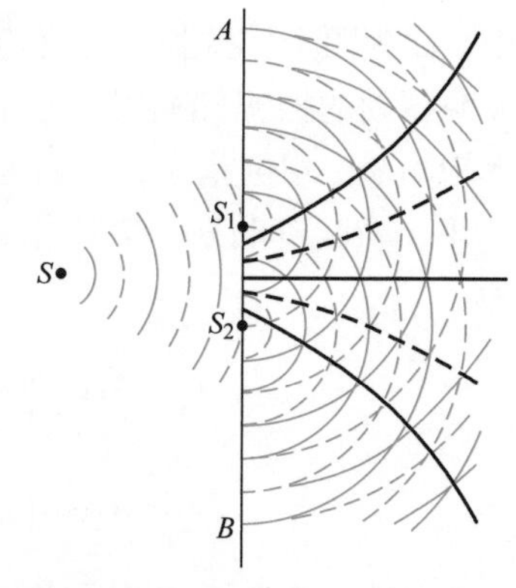

图 10-17　波的干涉

波的干涉现象，也是波所具有的特征之一. 它在机械波、声波、光波中是非常重要的常见现象.

思考题

10-14 两波叠加产生干涉时，试分析：在什么情况下，两波干涉加强？在什么情况下，干涉减弱？

10-15 波的干涉的产生条件是什么？若两波源所发出的波的振动方向相同、频率不同，则它们在空间叠加时，加强和减弱是否稳定？

例题 10-7 如例题10-7图所示，两列同振幅平面简谐波（横波）在同一介质中相向传播，波速均为$200\text{m}\cdot\text{s}^{-1}$. 当这两列波各自传播到$A$、$B$两点时，这两点做同频率（$\nu=100\text{Hz}$）、同方向的振动，且$A$点为波峰时，$B$点为波谷. 设$A$、$B$两点相距20m，求$AB$连线上因干涉而静止的各点位置.

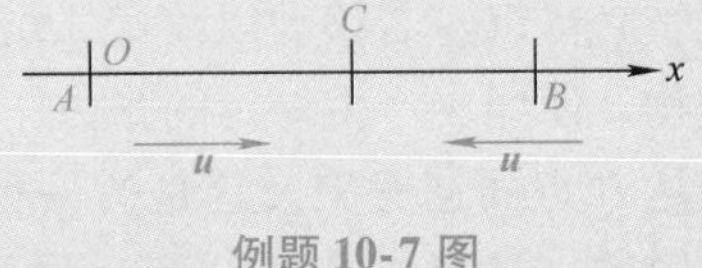

例题 10-7 图

分析 解此题时应考虑：①两列波分别传播到A、B两点时，该两点上的质元振动情况；②根据A、B两点处的质元的振动情况可以分别列出题设两列平面简谐波的波函数；③这两列波是否是相干波？它们在AB连线上某点（如C点）若因干涉而静止（振幅为零），需要满足什么条件？

解 以A点为坐标原点O，以A、B两点的连线为Ox轴，正向向右，如例题10-7图所示，则A点和B点质元振动表达式分别为$y_A=A\cos 2\pi\nu t$和$y_B=A\cos(2\pi\nu t+\pi)$（由题意可知，A、B两点的振动相位差为π）. 于是，来自A点左方而通过A点的平面简谐波的波函数为

$$y_A = A\cos\left[2\pi\left(\nu t - \frac{x}{\lambda}\right)\right]$$

式中，x为波的传播途径上任一点C的坐标，即$x=AC$. 这样，来自B点右方而通过B点的平面简谐波（仍以A点作为坐标原点）的波函数为

$$y_B = A\cos\left[2\pi\left(\nu t - \frac{BC}{\lambda}\right)+\pi\right] = A\cos\left[2\pi\left(\nu t - \frac{20-x}{\lambda}\right)+\pi\right]$$

上述两列波是相干波，它们因干涉而静止的条件为相位差$\varphi_{BA}=(2k+1)\pi$，即

$$\left[2\pi\left(\nu t - \frac{20-x}{\lambda}\right)+\pi\right] - 2\pi\left(\nu t - \frac{x}{\lambda}\right) = (2k+1)\pi$$

化简后，并由题设$\nu=100\text{Hz}$、$u=200\text{m}\cdot\text{s}^{-1}$，求出$\lambda=2\text{m}$，代入上式，可得因干涉而静止的各点的位置为

$$x = (10+k)\text{m} \quad (k=0, \pm1, \pm2, \cdots, \pm9)$$

10.7 驻波

10.7.1 驻波的概念

如果两列相干波振幅相同，在同一直线上沿相反方向传播，那么会形成一种特殊的干涉现象，即驻波.

演示实验——驻波

如图 10-18 所示，音叉末端 A 系一水平的细绳 AB. B 处有一劈尖支点，它可以左右移动以改变 AB 间的距离. 细绳经过滑轮 P 后，末端悬一重物，使绳中产生一定的张力. 音叉振动时，绳中产生波动，向右传播，到达 B 点而遇劈尖（这是另一种介质）时发生反射，便形成向左传播的反射波. 这样，入射波和反射波在同一条绳子上沿相反方向行进而产生干涉. 移动劈尖 B 至适当位置就可形成如图 10-18 所示的情况. 我们看到细绳被分成几段做分段振动，每段两端点处的质元几乎固定不动，而每段细绳中的各质元则同步地做振幅不同的振动，各段中央的质元振幅最大. 从外形上看，很像波，但它的波形却不向任何方向移动，所以叫作驻波. 驻波的振动状态不同于前面讲的行波.

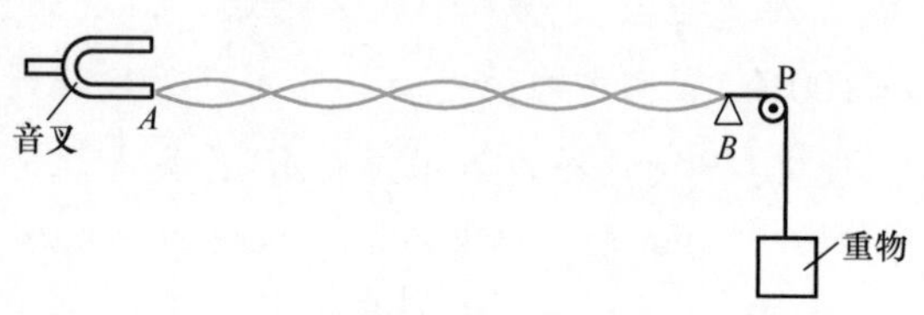

图 10-18　驻波实验

如图 10-19 所示，两列相干的平面简谐波分别沿 Ox 轴正向和负向传播，其波函数分别为

$$y_1 = A\cos\left(\omega t - \frac{2\pi x}{\lambda}\right)$$

$$y_2 = A\cos\left(\omega t + \frac{2\pi x}{\lambda}\right)$$

在这两列波的交叠区，质元在任意时刻的合位移为

$$y = y_1 + y_2 = A\cos\left(\omega t - \frac{2\pi x}{\lambda}\right) + A\cos\left(\omega t + \frac{2\pi x}{\lambda}\right)$$

利用三角函数和化积公式，可以将上式化简为

$$y = \left(2A\cos\frac{2\pi x}{\lambda}\right)\cos\omega t \tag{10-29}$$

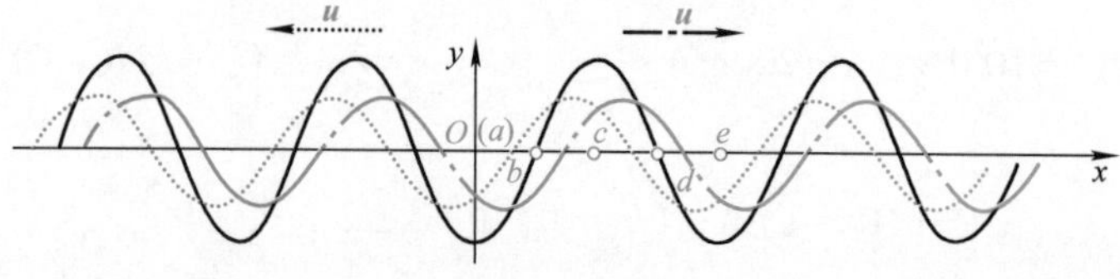

图 10-19　驻波

这就是驻波的波函数，也常称为驻波表达式. 式中空间变量 x 和时间变量 t 彼此分开，完全失去了行波的特征. 式（10-29）中 $\cos\omega t$ 表示质元做简谐运动，$\left|2A\cos\frac{2\pi x}{\lambda}\right|$ 就是这个简谐运动的振幅. 这说明波线上不同位置的点做振幅不同的简谐运动. 图 10-19 所示，图中 a、c、e 等点的振幅最大，这些点称为波腹. 波腹对应于点 $\left|\cos\frac{2\pi x}{\lambda}\right|=1$，即 $\frac{2\pi x}{\lambda}=\pm k\pi$ 的各点. 因此波腹的位置为

$$x=\pm\frac{k\lambda}{2}\quad (k=0,1,2,\cdots) \tag{10-30}$$

图中 b、d 等点始终保持静止，振幅为零，这些点称为波节. 波节对应于 $\left|\cos\frac{2\pi x}{\lambda}\right|=0$，即 $\frac{2\pi x}{\lambda}=\pm\frac{(2k+1)\pi}{2}$ 的各点. 因此波节的位置为

$$x=\pm\frac{2k+1}{4}\lambda\quad (k=0,1,2,\cdots) \tag{10-31}$$

我们看到波腹和波节的位置是固定的，且相间分布，即驻波的波形并不向前传播. 由式（10-30）和式（10-31）可算出相邻两个波节或相邻两个波腹之间的距离都是 $\lambda/2$. 于是，我们只要测出两相邻波腹（或波节）间的距离，就可以算出原来两列波的波长.

图 10-19 也说明，在两相邻波节（如 b 和 d）之间各质元位移 y 同号，而在同一波节（如 b 处）两侧质元的位移 y 反号，由此可知，在相邻波节之间各质元振动相位相同，即它们同时达到最大的位移，同时通过平衡点；同一波节两侧各质元振动相位相反，即同时沿反方向达到最大位移，也同时达到平衡位置，但速度方向相反.

章前问题解答

鱼洗是一个由青铜器制造的、具有一对提把（称为双耳）的面盆. 在盆内注入半盆水，用湿手来回持续摩擦鱼洗的双耳时，产生两个振源，振动在水中传播，并与盆壁反射回来的反射波叠加形成二维驻波. 鱼嘴上方正是盆壁驻波的波腹处，振幅最大. 盆中之水受激振动从而跳出水面激起水柱.

思考题

10-16 由驻波的波函数公式（10-29）分析驻波的振幅分布和相位分布.

10-17 试述驻波的形成过程，并绘图指出波腹和波节的位置. 读者还可自行导出驻波的表达式，并据此说明驻波与行波的区别.

例题 10-8 已知某列波的波动表达式为 $y=6\cos\frac{\pi}{3}x\cos\frac{2\pi}{5}t$ (cm)，求：$x_1=2\text{m}$，$x_2=5\text{m}$，$x_3=10\text{m}$ 处各质元振动的相位关系.

解 从题设的波动表达式的形式上，可以看出它是驻波，据此可寻找波节的位置，即由

$$\frac{\pi}{3}x = \pm\frac{\pi}{2}(2k+1) \quad (k = 0,1,2,\cdots)$$

得

$$x = \pm\frac{3}{2}(2k+1) \quad (k = 0,1,2,\cdots)$$

将 $k=0$，1，2，3 分别代入，可得波节的位置为

$$x_0 = \pm 1.5\text{m}, x_1 = \pm 4.5\text{m}, x_2 = \pm 7.5\text{m}, x_3 = \pm 10.5\text{m}, \cdots$$

根据驻波的特点，波节两侧质元相位相反，可知 x_1 与 x_2 相位相反，x_2 与 x_3 相位相反，x_1 与 x_3 相位相同.

10.7.2 驻波的能量

由于合成驻波的两列波的振幅相同（$A_1=A_2=A$），传播方向相反. 因此，这两列波的能流密度大小相等，传播方向相反，驻波中总的能流密度为

$$I = \frac{1}{2}\rho A_1^2\omega^2 u + \frac{1}{2}\rho A_1^2\omega^2(-u) = 0$$

即驻波不能向前传播能量. 以弦线上的驻波实验为例，当弦线上各质元达到各自的最大位移时，振动速度都为零，因而振动动能都为零，但此时弦线各段都有了不同程度的形变，且波节处的形变最大，因此，这时驻波的能量为弹性势能，并且弹性势能主要集中于波节附近. 当弦线上各质元同时回到平衡位置时，弦线的形变完全消失，势能为零，但此时各质元振动速度都达到各自的最大值，驻波的能量为动能，由于波腹处质元振动的速度最大，所以动能主要集中于波腹附近. 其他时刻，质元同时具有动能和弹性势能. 可见，驻波中不断进行着动能与势能的相互转换和波腹与波节间能量的转移，但没有能量的定向传播，即驻波不传播能量，其机械能守恒.

由于驻波的波节和波腹的位置是固定不动的，因此驻波不是振动状态的传播，也不是能量定向传播的过程，它只是两列特殊的相干波叠加而成的一种特定的振动状态.

思考题

10-18 驻波的能量有没有定向流动，为什么？

10-19 什么是波腹？什么是波节？驻波的能量是如何在波腹和波节间周期性转换和转移的？

10.7.3 半波损失

在图 10-18 所示的驻波实验中，反射点 B 处是波节. 从振动合成考虑，这意味着反射波与入射波的相位在此处正好相反，即相位差为 π. 或者说，反射波与入射波的相位在反射点上有 π 的突变. 由于在同一波形上相距半个波长的两点的相位相反（即相位差为 π），因此，在反射时引起相位相反的这种现象，相当于附加了半个波长的波程，如图 10-20a 所示，

有时形象地称它为“半波损失”. 由于相位突变了 π，入射波和反射波在反射点合成的位移为零，即出现驻波的波节. 声波以水面上反射回空气就是这种情况.

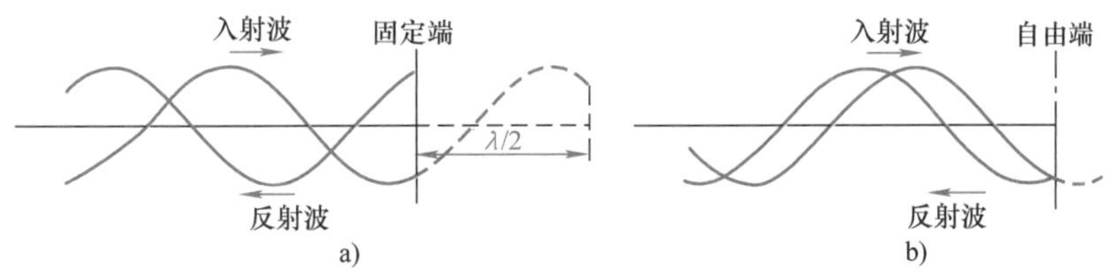

图 10-20　波在两介质界面的反射

a）半波反射　b）全波反射

在一般情况下，入射波在两种介质分界面处反射时是否发生半波损失，取决于两种介质的性质. 我们把介质的密度 ρ 与波速 u 的乘积 ρu 较大的介质称为波密介质，ρu 较小的介质称为波疏介质. 当波从波疏介质传到波密介质而在分界面上反射时，有半波损失，形成的驻波在界面处出现波节，如图 10-20a 所示. 如果波从波密介质传到波疏介质，则在分界面上也将发生反射，但在反射处反射波的相位与入射波的相位相同，因此在反射点形成驻波的波腹，而没有相位跃变（如图 10-20b 所示）. 例如，用手握住绳的一端，让绳竖直地下垂，绳子下端为自由端（端点处即为绳和空气两种介质的分界处），用手摆动绳的上端，使波沿绳传到下端，在下端被反射，入射波和反射波在自由端就形成驻波的波腹，即振幅为最大.

对于光波来说，光在两种介质中传播时，将这两种介质相比较，光在其中传播较慢的一种介质，即其绝对折射率 n 较大的介质，称为光密介质；而光在其中传播较快的一种介质，即其绝对折射率 n 较小的介质，称为光疏介质. 当光波从光疏介质入射到光密介质界面上反射时，有半波损失，反射波有 π 的相位突变. 反之，当光线从光密介质入射到光疏介质界面上反射时，没有半波损失，反射波与入射波同相.

思考题

10-20　试述相位跃变现象. 在什么情况下，入射波与反射波才能在两种介质分界面上产生相位 π 的突变?

*10.8　声波　超声波　次声波

10.8.1　声波

在弹性介质中传播的一种机械波，其频率在 20 ~ 20000Hz 范围内，能够引起人的听觉，这种波称为**声波**. 频率低于 20Hz 的声波称为**次声波**；频率高于 20000Hz 的声波称为**超声波**. 从物理学的观点来看，上述三种波没有本质上的区别，因此，广义的声波包含次声波和超声波. 声波具有波动的一般特性，也能发生反射、折射、干涉和衍射等现象.

由于在空气、液体等介质中传播的声波是纵波，将引起介质中各处呈现不同的疏密状态，这将改变介质中的压强和密度，所以通常用压强和密度的变化来描述声波，这些变化在介质中传播的速度称为**声速**. 气体中的声速为

$$u = \sqrt{\frac{\gamma p}{\rho}} \tag{10-32}$$

式中，$\gamma = \frac{C_{p,\mathrm{m}}}{C_{V,\mathrm{m}}}$，即气体的摩尔定压热容 $C_{p,\mathrm{m}}$ 与摩尔定容热容 $C_{V,\mathrm{m}}$ 之比（参阅第 13 章 13.3.3 节）；p 和 ρ 分别是气体的压强和密度. 如果气体可以看作理想气体，则由理想气体状态方程可得 $\rho = \frac{Mp}{RT}$，把它代入式（10-32），可得出声波在摩尔质量为 M、温度为 T 的理想气体中的传播速度为

$$u = \sqrt{\frac{\gamma RT}{M}} \tag{10-33}$$

上式说明，理想气体中的声速 u 与热力学温度 T 的平方根成正比，与气体的摩尔质量 M 的平方根成反比，而与气体压强无关. 在同一温度下，在液体和固体中的声速远大于气体中的声速. 表 10-1 列出了一些介质中的声速.

表 10-1　声速

介质材料	空气 0℃	空气 100℃	水 40℃	大理石	木材	玻璃	钢、铁	铜	铝
声速 $u/\mathrm{m\cdot s^{-1}}$	330	387	1529	5260	3500	5300	5180	3800	5110

声波的能流密度称为声强，用 I 表示. 由式（10-22）可知，声强与频率的二次方、振幅的二次方成正比. 引起人的听觉的声波，不仅有一定的频率范围，还有一定的声强范围. 能引起人们听觉的声强的范围约为$10^{-12} \sim 1\mathrm{W\cdot m^{-2}}$，声强太小不能引起听觉，声强太大引起痛觉甚至耳聋. 我们把这个引起人们听觉的声强范围叫作**可闻阈**.

表 10-1 中给出的几种固体（在室温 20℃时）的声速是指细棒中纵波的波速. 在“无限大”固体介质中，平面纵波的波速大于表中所列数据的 5% ~15%，横波波速一般约为所列数据的 60%.

由于可闻声的声强的变化范围很大，直接用声强 I 表示，反而不方便，通常用声强级来描述声音的强弱. 规定引起人们听觉的声强的最低限度 $I_0 = 10^{-12}\mathrm{W\cdot m^{-2}}$ 作为测定声强的标准，用 L 表示某一声强 I 的声强级，其单位为 B（贝尔）；通常采用分贝（dB）为单位，即 $1\mathrm{dB} = \frac{1}{10}\mathrm{B}$，则声强级可按下式计算：

$$L = 10\lg\frac{I}{I_0}\mathrm{dB} \tag{10-34}$$

按上式，可以算出声强为$10^{-12}\mathrm{W\cdot m^{-2}}$的最轻声音的声强级就是 0dB. 正常的谈话声的声强级约为 60 ~70dB. 室内噪声在 80dB 以上，就会感到交谈困难，影响工作. 如果长期在 90dB 以上的高噪声环境下工作，会损坏听觉，尤其是高频噪声更令人厌烦. 为了保护工作人员身体健康、提高工作效率，必须消除或削弱这种噪声污染. 通常对一些强噪声源（例

如，发电厂锅炉在排气时，往往发出高达 140 ~ 150dB 的强烈噪声），必须安装消声设备；对一些控制室的墙壁、门窗需进行隔声处理，使室内达到良好的工作环境.

人耳感觉的声音响度与声强级有一定的关系，声强级越高，人就感觉越响.

当前，特别在大城市中，解决交通和工业的噪声问题，已是当务之急，乃是环境保护工程的一项重要课题. 而降低噪声，除了从根本上控制和降低噪声源的发声外，主要是利用某种材料对声波的吸收和散射.

10.8.2 超声波

频率高于 20000Hz 的声波叫作超声波. 超声波的特征是频率高、波长短、强度大. 由于这一特征，使它具有很多特殊的物理性质，从而在技术上有着广泛的应用.

雷达一般是指利用无线电波搜索和测定物体位置以及跟踪移动目标的设备. 它由发射机、天线、接收器和显示器等所组成.

声呐是指利用声波在水下的传播特性，通过电 - 声转换和信号处理完成水下目标探测和通信任务的设备和技术. 故称超声波雷达.

1）由于波长短，衍射现象不显著，因而超声波具有良好的定向传播特性，而且易于聚焦. 利用这一性质可制成超声波雷达——声呐，用来探测水中物体，如探测鱼群、潜艇，测量海水深度. 在木材工业中，可以用超声波发现木材中的铁钉.

2）在波的传播过程中，单位时间内所传递的能量（也就是波的功率）与波的频率的二次方成正比，由于超声波的频率高，所以，超声波的功率比通常声波的功率大得多. 由于超声波频率高，功率大，它在液体中引起流态和密度的迅速变化. 这种疏密变化，使液体不断受到拉伸和压缩，由于液体的抗拉能力很差，经受不住过大的拉力，所以拉伸时液体就会断裂而产生一些接近于真空的小空穴，当液体被压缩时，这些空穴发生崩溃. 崩溃时，空穴内部压强可达几万大气压，同时还会产生极高的局部温度及放电现象等，超声波在液体中的这种作用叫作空化作用. 利用这一性质，可以用来粉碎坚硬的物体，例如把水银捣碎成小粒子使其与河水均匀混合在一起而成为乳浊液；又如在医学上用来捣碎药物，制成各种药剂等.

3）由于超声波的频率高，因此振荡剧烈. 可用来清洁空气、洗涤毛织品上的油腻、清洗蒸汽锅炉中的水垢和钟表轴承以及精密复杂金属部件上的污物等.

4）由于超声波的穿透本领强，且碰到杂质或介质分界面时有显著的反射，所以可以用来探测工件内部的缺陷，而不损伤工件. 目前超声探伤正向显像方向发展，如“B 超”仪就是利用超声波来显示人体内部结构的图像.

5）实验发现，气体对超声波的吸收很强，液体吸收较弱，固体吸收更弱. 所以超声波主要应用于液体和固体中.

由于超声波能量甚大而且集中，所以也可以用来切削、焊接、钻孔、清洗机件，还可以用来处理种子和促进化学反应等.

10.8.3 次声波

频率低于 20Hz 的声波叫作次声波，次声波又称**亚声波**. 人耳听不到次声波. 次声波的产生与地球、海洋和大气等的大规模运动有密切关系，例如火山爆发、地震、陨石落地、大气湍流、雷暴、磁暴等自然活动中，都有次声波产生，因此次声波成为研究地球、海洋、大气等大规模运动的有力工具.

次声波的特点是频率低、波长长、衰减很小，能够远距离传播. 在大气中传播几千公里后，衰减还不到万分之几分贝. 因此对它的研究和应用受到越来越多的重视，已形成为现代声学的一个新的分支——次声学.

10.9 多普勒效应

在前面讨论波的传播时，波源和观察者相对于介质都是静止的，观察者接收到的波的频率与波源的振动频率相同. 如果波源或观察者相对于介质在运动，将会发生在日常生活中所遇到的一些现象. 例如，一辆快速驶来的汽车，它的喇叭声比汽车静止时的喇叭声的频率高；而当它快速离开我们时，喇叭声的频率又比静止时低. 这种观察者接收到的波的频率不等于波源的振动频率的现象称为多普勒效应.

下面以声波为例来讨论多普勒效应. 为简单起见，设声源的运动、观察者的运动以及波速都沿同一条直线. 我们用 v_s 表示声源 S 相对于介质的速度；用 v_0 表示观察者相对于介质的速度. 并规定声源与观察者相趋近时，v_s 和 v_0 为正；远离时为负. 用 u 表示声波在介质中的传播速度. 设声源频率为 ν，则波长为 $\lambda = \dfrac{u}{\nu}$. 现在分别讨论下述三种情况.

1. 声源不动，观察者相对于介质以速度 v_0 运动（$v_s = 0$，$v_0 \neq 0$）

如图 10-21a 所示，S 为声源，其速度 $v_s = 0$；P 为观察者，以速度 v_0 向着声源运动. 观察者感觉到声波以速率 $v_0 + u$ 向着他传播，于是，每秒钟内观察者接收到波的个数（即观察者接收到的频率）为

$$\nu' = \frac{u + v_0}{\lambda} = \frac{u + v_0}{u/\nu} = \frac{u + v_0}{u}\nu \tag{10-35}$$

所以，当观察者向着声源运动时（即 v_0 为正值），观察者接收到的声波的频率 ν' 大于声波频率 ν. 反之，当观察者远离声源运动时（即 v_0 为负值），ν' 小于 ν.

2. 观察者不动，声源相对于介质运动（$v_0 = 0$，$v_s \neq 0$）

如图 10-21b 所示，声源在 S 点发出一列波，设在 1s 末达到观察者 P，同时声源在 1s 末移动了 v_s 距离到达 S′，这样，1s 内这列波被挤压在 S′P 之间，因此声波波长被压缩，从图 10-21b 中可以看到，压缩后的波长为

$$\lambda' = \frac{S'P}{\nu} = \frac{u - v_s}{\nu} \tag{10-36}$$

由于观察者相对于介质是静止的，所以观察者感受到的波速不变，因此，观察者接收到的频率为

$$\nu' = \frac{u}{\lambda'} = \frac{u}{(u - v_s)/\nu} = \frac{u}{u - v_s}\nu \tag{10-37}$$

所以，当声源向着观察者运动时（v_s 为正值），ν' 大于 ν，因此汽车向着观察者运动，观察

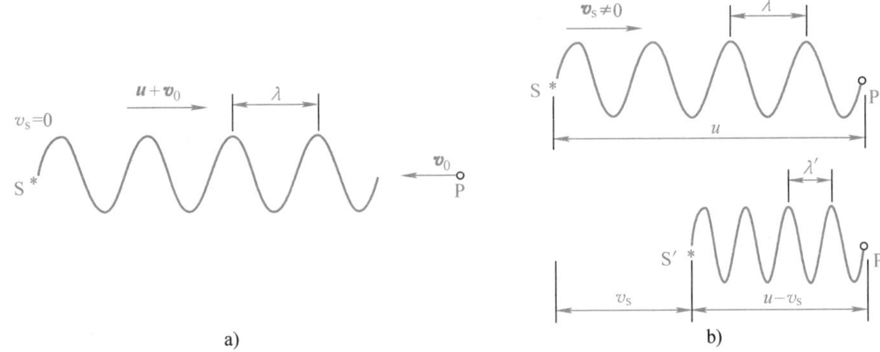

图 10-21 多普勒效应

者听到的喇叭声频率变高；反之，当波源远离观察者运动时（v_s 为负值），则 ν' 小于 ν，因此汽车离去时，观察者听到的喇叭声频率变低. 火车鸣笛而来时，汽笛的声调变高；鸣笛而去时，汽笛的声调变低，也是这个道理.

3. 声源与观察者同时相对于介质运动（$v_0 \neq 0$，$v_s \neq 0$）

综合以上两种情况可知，当声源与观察者同时相对于介质运动时，观察者所接受到的频率为

$$\nu' = \frac{u+v_0}{\lambda'} = \frac{u+v_0}{(u-v_s)/\nu} = \frac{u+v_0}{u-v_s}\nu \tag{10-38}$$

式中，v_0 和 v_s 的正、负按前述的符号规则决定. 若 v_0 和 v_s 不在声源与观察者的连线上，则以 v_0 和 v_s 在连线上的分量作为 v_0 和 v_s 值代入以上公式即可.

总而言之，不论是波源运动，还是观察者运动，或是两者同时运动，定性地说，只要两者互相接近，接收到的频率就高于原来波源的频率；两者互相远离时，接收到的频率就低于原来波源的频率.

利用多普勒效应能够迅速、准确地测定运动物体的速度. 将频率为 ν 的波发射到运动物体上，返回来的波发生频移，频率变为 ν'，一般 ν 和 ν' 都较大，而 $|\nu-\nu'|$ 却很小，两波合成形成“拍”，而由拍频可以方便地计算出物体的运动速度（见例题 10-9）.

有些医学仪器也常应用到多普勒效应. 例如，超声多普勒诊断仪用于测量心脏内血流变化、心脏的机械振动、脑血管病变等，超声多普勒血流速度计可用于无损检测胎儿、心脏瓣膜等.

思考题

10-21 波源向着观察者运动或观察者向着波源运动，都会产生频率增高的多普勒效应，这两种情况有何区别？

例题 10-9 一固定波源在海水中发射频率为 ν 的超声波，此超声波在一艘运动的潜艇上反射回来. 在波源处静止的观察者测得发射波与反射波引起的两个振动合成的拍频为 $\Delta\nu$. 设超声波在海水中传播速度的量值为 u，求潜艇向波源方向的分速度 v（设 $v>u$).

解 潜艇接收到的超声波频率为

$$\nu_1 = \frac{u+v}{u}\nu$$

潜艇又作为波源，发出频率为 ν_2 的反射波. 观察者接收到的反射波的频率为

$$\nu_2 = \frac{u}{u-v}\nu_1 = \frac{u+v}{u-v}\nu$$

拍频
$$\Delta\nu = \nu_2 - \nu_1 = \left(\frac{u+v}{u-v} - 1\right)\nu = \frac{2v}{u-v}\nu$$

解得
$$v = \frac{u\Delta\nu}{\Delta\nu + 2\nu} \approx \frac{u\Delta\nu}{2\nu}$$

顺便指出，如果波源向着观察者运动的速度大于波速（即 $v_s>u$)，则式（10-36）便失去意义. 这时波源比波阵面前进得更远，于是在波源前方不可能形成波动，在各时刻波源发出的波到达的前沿形成一个以波源为顶点的圆锥面，如图 10-22 所示. 在这个圆锥面上，波的能量已被高度集中，容易造成巨大的破坏，这种波称为**冲击波**或**艏波**. 在实际生活中容易见到冲击波. 当船速超过水面上水波的波速时，会在船后激起以船头为顶点的 V 形波. 这种波就是一种冲击波. 当飞机、炮弹以超音速飞行时，或火药爆炸、核爆炸时，都会在空气中激起冲击波. 特别是当飞机以声速飞行时，即波源在任意时刻发射的波几乎同时到达接收器，这种冲击波的强度极大，通常称之为“声暴”. 在这种冲击波所到达的地方，空气压强突然增大，足以损伤人的耳膜和内脏，打碎窗玻璃，甚至摧毁建筑物.

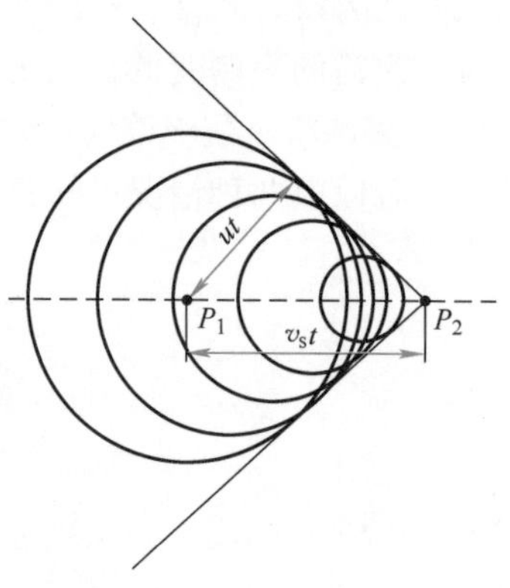

图 10-22 冲击波的产生

章后感悟

通过机械波的学习我们知道：机械波在媒质中传输时具有不同的传播速度，该传播速度与媒质的弹性模量和密度相关，正如人在面对不同的外界环境和压力时表现也各不相同。有的人面对困境时张皇失措、随波逐流，有的人却能够泰然自若、处变不惊。请思考：在面对学习和生活中的压力时，如何提高自己的“弹性模量”，减轻“负重”，让自己快速前进和进步呢?

习题 10

10-1 频率为 $\nu=1.25\times10^4$ Hz 的平面简谐纵波沿细长的金属棒传播，棒的弹性模量 $E=1.90\times10^{11}\,\mathrm{N\cdot m^{-2}}$，棒的密度 $\rho=7.6\times10^3\,\mathrm{kg\cdot m^{-3}}$. 求该纵波的波长. ［答:$\lambda=0.40$m］

10-2 地震波在地壳中传播的纵波和横波的速度分别 $5.5\,\mathrm{km\cdot s^{-1}}$ 和 $3.5\,\mathrm{km\cdot s^{-1}}$，已知地壳的平均密

度为2.8t · m^{-3}，试估算地壳的弹性模量 E 和切变模量 G. ［答:$E=8.47\times10^{10}$ N · m^{-2}，$G=3.43\times10^{10}$N · m^{-2}］

10-3 一横波在沿绳子传播时的波动表达式为 $y=0.20\cos(2.5\pi t-\pi x)$（SI）．（1）求波的振幅、波速、频率及波长．［答:$A=0.20$m，$u=2.5$m · s^{-1}，$\nu=1.25$Hz，$\lambda=2.0$m］（2）求绳上的质点振动时的最大速度．［答:$v_{max}=1.57$m · s^{-1}］（3）分别画出 $t=1$s 和 $t=2$s 时的波形，并指出波峰和波谷．画出$x=1.0$m 处质点的振动曲线并讨论它与波形图的不同之处．

10-4 设平面简谐波的波函数为 $y=1.5\times10^{-2}\cos(3t-6x)$(SI)，式中，$y$、$x$ 的单位为 cm，t 的单位为 s，求振幅、波长、波速及波的频率．［答：$A=1.5$cm，$\lambda=\frac{\pi}{3}$cm，$u=0.5$cm · s^{-1}，$\nu=\frac{3}{2\pi}$Hz］

10-5 一列沿 Ox 轴正向传播的平面简谐波，波速为 2m · s^{-1}，原点处质元的振动表达式为 $y_0=6\times10^{-2}\cos\pi t$（SI），求波函数；并绘出 $t=6$s 时的波形曲线和 $x=2$m 处质元的振动曲线．［答:$y=6\times10^{-2}\cos[\pi(t/2-x/4)]$(SI)］

10-6 一平面简谐波的波函数为 $y=0.05\cos(8t+3x+\pi/4)$(SI)，沿 Ox 轴传播．问：（1）它沿着什么方向传播？（2）它的频率、波长、波速各是多少？（3）式中的 $\pi/4$ 有什么意义？［答：（1）沿 Ox 轴负向传播；（2）$\nu=\frac{4}{\pi}$Hz，$\lambda=\frac{2\pi}{3}$m，$u=\frac{8}{3}$m · s^{-1}；（3）$\frac{\pi}{4}$是 $x=0$ 处质元振动的初相．］

10-7 一平面简谐横波沿 Ox 轴传播，其波函数为 $y=A\cos[(2\pi/\lambda)(ut-x)]$．若 $A=0.01$m，$\lambda=0.2$m，$u=25$cm · s^{-1}．求 $t=0.1$s 时，$x=2$m 处的质元振动的位移、速度和加速度．（提示：要区别波速 $u=\frac{\partial x}{\partial t}$和质元振动速度 $v=\frac{\partial y}{\partial t}$）［答：$-0.01$m，0，$6.17\times10^3$m · s^{-2}］

10-8 波源做简谐运动，其运动函数为 $y=4.0\times10^{-3}\cos240\pi t$（SI），它所形成的波形以 30m · s^{-1}的速度沿一直线传播．（1）求波的周期及波长；（2）写出波动表达式．［答：（1）$T=8.33\times10^{-3}$s，$\lambda=0.25$m；（2）$y=4.0\times10^{-3}\cos(240\pi t-8\pi x)$(SI)］

10-9 有一平面简谐波在介质中沿 Ox 轴传播，波速 $u=100$m · s^{-1}，波线上右侧距波源 O（坐标原点）为 75.0m 的一点 P 处的运动函数为 $y=0.3\cos(2\pi t+\pi/2)$(SI)，求：（1）波向 Ox 轴正方向传播时的波动表达式；（2）波向 Ox 轴负方向传播时的波动表达式．［答：（1）$y=0.3\cos\left[2\pi\left(t-\frac{x}{100}\right)-\pi\right]$(SI)；（2）$y=0.3\cos\left[2\pi\left(t+\frac{x}{100}\right)-\pi\right]$(SI)］

10-10 一平面简谐波，波长为 12m，沿 Ox 轴负向传播．习题 10-10 图所示为 $x=1.0$m 处质点的振动曲线，求此波的波动表达式．［答：$y=0.4\cos\left[\frac{\pi}{6}(t+x)-\frac{\pi}{3}\right]$(SI)］

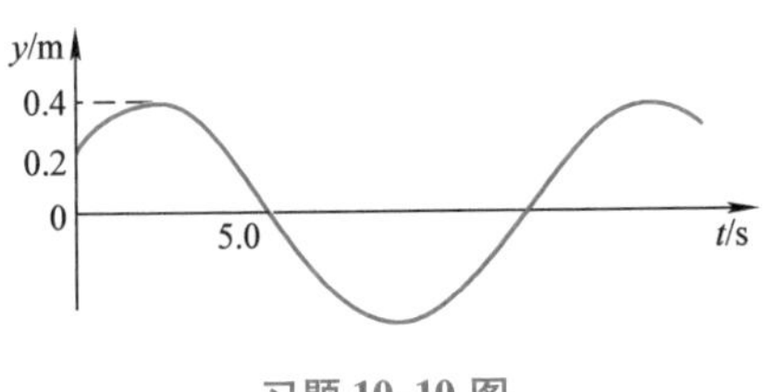

习题 10-10 图

10-11 平面简谐波的波动函数为 $y=0.08\cos(4\pi t-2\pi x)$(SI)，求：（1）$t=2.1$s 时波源及距波源 0.10m 两处的相位；（2）离波源 0.80m 及 0.30m 两处的相位差．［答：（1）$\varphi_1=8.4\pi$，$\varphi_2=8.2\pi$；（2）$\varphi_{12}=\pi$］

10-12 一平面简谐波在介质中传播，其波速 $u=1.0\times10^3$m · s^{-1}、振幅 $A=1.0\times10^{-4}$m、频率 $\nu=1.0\times10^3$Hz．若介质的密度为 $\rho=8.0\times10^2$kg · m^{-3}，求：（1）该波的能流密度；（2）1min 内垂直通过面积为 4.0×10^{-4}m^{2}的总能量．［答：（1）1.58×10^5W · m^{-2}；（2）3.79×10^3J］

10-13 一个点波源发射的功率为 1.0W，在各向同性的不吸收能量的均匀介质中传出球面波．求距波源 1.0m 处的波的强度．［答：0.08W · m^{-2}］

10-14 两个以同相位、同频率、同振幅振动的相干波源分别位于点 P、Q 处（在同一介质中），设频率为ν，波长为λ，P、Q间的距离为$3\lambda/2$，R为PQ延长线上的任意一点. 试求：(1) 自P点发出的波在R点的振动和自Q点发出的波在R点的振动之相位差；(2) R点合振动的振幅. [答：(1) 3π；(2) $A=0$]

10-15 如习题10-15图所示，A、B为同一介质中的两个相干的点波源. 其振幅都是0.05m，频率都是100Hz，且当A点为波峰时，B点适为波谷. 设在介质中的波速为$10\mathrm{m\cdot s^{-1}}$. 试求从A、B发出的两列波传到P点时的干涉结果. [答：0]

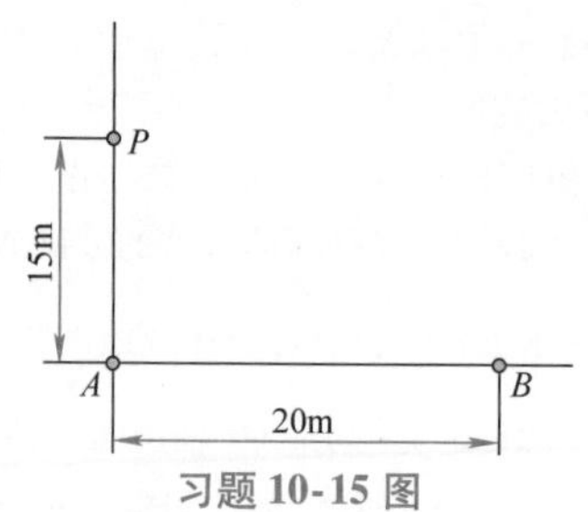

习题10-15图

10-16 在同一介质中，两相干波的点波源P、Q，频率为100Hz，相位差为π，两者相距20m. 求两波源连线的中垂线上各点的振动情况. 已知波速为$10\mathrm{m\cdot s^{-1}}$. [答：在PQ中垂线上任一点的合成振动，其合振幅为最小]

10-17 两波在同一细绳上传播，它们的表达式分别为$y_1=0.06\cos(\pi x-4\pi t)$(SI)和$y_2=0.06\cos(\pi x+4\pi t)$(SI). (1) 证明：这细绳做驻波式振动，并求波节和波腹的位置；(2) 波腹处的振幅多大？在$x=1.2\mathrm{m}$处，振幅多大？ [答：(1) 波节：$\pm(k+0.5)\mathrm{m}$，$k=0, 1, 2, \cdots$；波腹：$\pm k\mathrm{m}$，$k=0, 1, 2, \cdots$ (2) 波腹处振幅$A'=0.12\mathrm{m}$；$x=1.2\mathrm{m}$处的振幅$A'=0.097\mathrm{m}$]

10-18 一弦上的驻波表达式为$y=0.03\cos1.6\pi x\cos550\pi t$(SI). (1) 若将此驻波看成由传播方向相反，振幅及波速均相同的两列相干波叠加而成的，求它们的振幅及波速；(2) 求相邻波节之间的距离；(3) 求$t=3.0\times10^{-3}\mathrm{s}$时，位于$x=0.625\mathrm{m}$处质点的振动速度. [答：(1) $A=1.5\times10^{-2}\mathrm{m}$，$u=343.8\mathrm{m\cdot s^{-1}}$；(2) $\lambda/2$；(3) $v=-46.2\mathrm{m\cdot s^{-1}}$]

10-19 一平面简谐波的频率为500Hz，它在空气($\rho=1.3\mathrm{kg\cdot m^{-3}}$)中以$u=340\mathrm{m\cdot s^{-1}}$的速度传播，达到人耳时的振幅约为$A=1.0\times10^{-6}\mathrm{m}$. 试求波传到人耳时的平均能量密度和声强. [答：$6.42\times10^{-6}\mathrm{J\cdot m^{-2}}$；$2.18\times10^{-3}\mathrm{W\cdot m^{-2}}$]

10-20 一静止的声源发出频率为1500Hz的声波，声速为$350\mathrm{m\cdot s^{-1}}$. 当观察者以速度$v_B=30\mathrm{m\cdot s^{-1}}$接近和离开声源时所感觉到的频率各为多少？ [答：$1.63\times10^3\mathrm{Hz}$；$1.37\times10^3\mathrm{Hz}$]

科学家轶事

李四光——让事实说话

李四光（1889年10月26日—1971年4月29日），新中国成立后第一批杰出的科学家和为新中国发展做出卓越贡献的元勋，是世界著名的科学家、地质学家、教育家和社会活动家，是中国现代地球科学和地质工作的奠基人之一. 李四光创立了地质力学，为中国原子弹和氢弹的研制成功、为中国的地质、石油勘探和建设事业做出了巨大贡献. 他运用地质力学分析我国东部地区地质构造特点，认为新华夏构造体系的三个沉降带具有广阔的找油远景，从理论上否定了"中国贫油"论. 大庆、胜利、大港等油田的相继发现证实了他的科学预见. 在地震地质工作方面，他开创了活动构造研究与地应力观测相结合的预报地震途径. 2009年当选为100位新中国成立以来感动中国人物之一.

在外国人断言"中国没有第四纪冰川"时，李四光却提出"让事实说话". 1921年，他回国后带领学生在太行山、九华山、天目山、庐山等地考察，发现了第四纪冰川遗迹，虽遭一些外国专家傲慢地否定，他却没有丧失勇气和信心，继续寻找有力证据. 先后在扬子江流域、黄山等地发现了第四纪冰川大量遗迹，最终推翻了外国人的错误结论，其研究成果对掌握地下的水文和构造，对发展建设事业起了十分重要的作用.

20 世纪 60 年代，广东新丰江水库和邢台先后发生了地震，李四光深感地震灾害对国家和人民生命财产造成的损失之严重，在他生命最后的几年里，用了很大的精力投入了地震的预测、预报研究工作. 地震波是一种混合波，按传播方式分为纵波、横波和表面波。李四光认为地震震源大多是由于地质构造运动引起的. 因此，对构造应力场的研究、观测、分析和掌握其动向，是十分重要的. 他还对河间、渤海湾和唐山等地区孕育发生地震的可能性，提出过一些预测性的意见，后来证明是正确的.

李四光是中国地质事业也可以说是地球科学事业的奠基人之一. 他对中国地质学的贡献、他的治学精神和高风亮节，都堪称后世师表.

应用拓展

中国超级声呐技术

无论是潜艇或者是水面船只，都利用声波探测这项技术的衍生系统探测水底下的物体，或者是以其作为导航的依据. 于是探测水下目标的技术——声呐技术便应运而生. 它是利用声波在水中的传播和反射特性，通过电声转换和信息处理进行导航和测距的技术.

由于潜艇躲藏在水中，有了海洋的庇护才能给敌人足够的威慑. 然而随着现代科技水平的提升，反潜手段也越来越多，潜艇稍不注意就会被这些反潜器材发现. 人们为了降低被发现的可能，积极降低潜艇自身的噪声. 使其噪声接近或者低于海洋背景噪声，这样就能保证潜艇的安全.

现在传统型声呐对于安静型潜艇的探测越来越困难，如何解决这个难题是世界各大军事强国比较头疼的事情. 我国在这方面做了大量研究，科研人员发现，现在潜艇虽说噪声比较低，但依旧有一部分因潜艇自身工作原理产生的低噪声是无法消除的. 我国科研人员用矢量声呐技术突破了以往技术瓶颈，解决了无法有效测出低噪声潜艇的难题，达到了世界先进水平. 让我国拥有可比肩欧美等国的重要利器. 与传统声呐只能探测声压的高低不同，矢量声呐技术可以空间共点同步拾取声场一点处的声压和质点振速矢量，突破了声呐设备获取水下声信号长期依靠标量声压水听器的限制，为我国声呐技术的发展开辟了新的途径，极大提升了我国海军的水下预警能力和监测能力. 同时我国科学家经过 10 多年的攻关，终于解决了矢量声呐在舰艇上所产生的声障板现象的世界性难题.

矢量声呐技术物理原理：海洋环境噪声具有各向同性成分（如风成噪声和雨滴噪声），该部分噪声可认为是均匀且各向同性的，只有幅值大小，没有方向. 当目标信号很弱时，其幅度就会掩盖在背景噪声中，仅从幅度上很难探测到目标. 如果采用矢量检测，根据波动方程 $\frac{1}{c^2}\frac{\partial^2 p}{\partial^2 t}-\nabla^2 p=0$ 和介质质点振速 $v=-\frac{1}{\rho}\int \nabla p\mathrm{d}t$（$\nabla^2$ 为拉普拉斯算子，∇ 为梯度运算）. 在无方向的均匀环境噪声中，即使当目标信号很弱，利用声强检测器可以抵消各向同性噪声的特点，实现对目标的可靠检测.

第11章

几何光学

章前问题

在平静无风的海面、大江江面、湖面、雪原、沙漠或戈壁等处偶尔会在空中或“地下”出现高大楼台、城廓、树木等幻景，我们称这种现象为海市蜃楼，又称蜃景. 这是一种因为光的折射和全反射而形成的自然现象，是地球上物体反射的光经大气折射而形成的虚像. 其本质是一种光学现象.

你想更详细地了解这种光学现象吗?

学习要点

1. 几何光学基本定律;
2. 光程;
3. 费马原理;
4. 光在单球面上的傍轴成像;
5. 薄透镜成像.

光学的起源和力学、热学一样，可以追溯到数千年前. 我国古代的典籍《墨经》中就记载了许多光学现象，例如投影、小孔成像、平面镜、凸面镜、凹面镜等. 欧几里得（Euclid，约前330—前275）的著作《反射光学》研究了光的反射. 阿拉伯学者阿勒·哈增（Al - Hazen，965—1038）写过一部《光学全书》，讨论了许多光学现象. 光学真正形成一门学科，应该从建立反射定律和折射定律的时代开始，正是这两个定律奠定了几何光学的基础.

11.1　几何光学的基本定律

几何光学是以光的直线传播为基础，运用几何学的方法，研究光在透明介质中的传播规律.

11.1.1　直线传播定律

光的**直线传播定律：光在均匀介质中沿直线传播**. 光的这种沿着直线传播的规律是我们在日常生活中司空见惯的现象. 如清晨，在山谷中或者森林里，阳光透过浓密的树丛洒向大地，这时人们会看到直线辐射状的光芒，并把直线辐射状的光芒称为光束，如图 11-1 所示. 再如在匣子的前壁上钻一个针孔 O（见图 11-2），由光源 S 发出的光线穿过针孔 O 在匣后壁的毛玻璃屏幕上显示出清晰的倒立实像. 这就是光的直线传播结果. 针孔匣子相当于一架简单的照相机，而针孔就是镜头. 此外，当光在传播方向遇到障碍物时，在障碍物背后会留下此物的阴影，如图 11-3 所示的手影.

图 11-1　光的直线传播

图 11-2　针孔成像　　　图 11-3　手影

在描述机械波时，我们曾用波线来表示其传播方向，同样我们可以用光线来表示光的传播方向（如图 11-2 中的 SO 等有向线段）.

自不同方向或不同物体发出的光线相遇时，仍按照原来的方向继续前进，好像没有遇到过其他光线一样，互不影响. 这就是光的**独立传播原理**.

11.1.2　反射定律

我们所看到的物体大多数是不会自己发光的. 我们之所以能看到这些物体，是因为它们再次发射了主光源（如太阳或灯）或二级光源（如照亮的天空等）照射到它们表面的光. 我们把光又返回到它传播而来的介质中的过程称为光的反射. 发生在光滑表面的反射的特点是：一组平行光入射到界面时，反射光束中各条光线仍相互平行，这种反射称为**镜面反射**，如图 11-4a 所示. 镜子能产生优质的镜面反射. 人在镜子面前能看到自己的影像，就是镜面反射的结果. 如果反射界面粗糙，则反射光线可以向各个方向反射，这种反射称为**漫反射**，如图 11-4b 所示. 我们之所以能看到不发光的墙、纸上的文字和图像就是漫反射的结果.

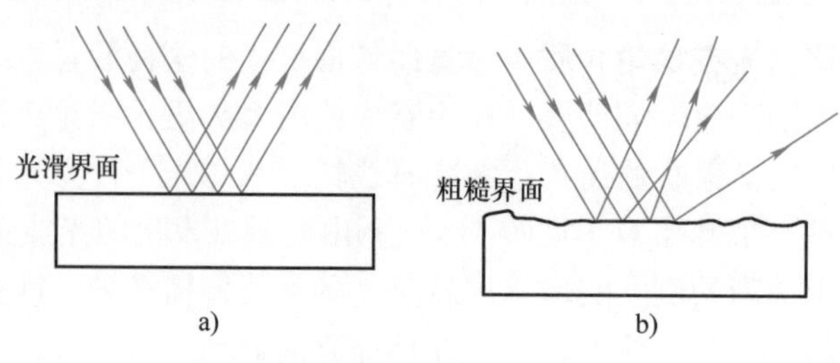

图 11-4 反射

a）镜面反射 b）漫反射

光在介质中传播时，若遇另一种介质，则在两种介质的分界面上，一部分光线发生反射，另一部分光线透入另一种介质，称为**透射**. 能够被光线所透射的介质，称为透明介质，如水、玻璃等. 光在两种介质的分界面上发生反射时遵守光的**反射定律**（见图 11-5）：**入射光线 SI、反射面的法线 e_n 和反射光线 IR 三者处在同一平面上，并且入射角（入射光线与法线的夹角）i 和反射角（反射光线与法线的夹角）i' 相等**. 即

$$i = i' \tag{11-1}$$

入射和反射光线的光路是可逆的，即如果光线逆着反射光线沿 RI 方向射向分界面时，则必将逆着原来的入射光线方向 IS 反射. 这就是光路**可逆性原理**. 这条原理在几何光学中普遍适用. 无论是镜面反射还是漫反射都遵从反射定律.

当 $i=0$ 时，则必有 $i'=0$，光线按原来的入射光路反射回去，这种情况称为正入射. 镜子前面，一支蜡烛的火焰向所有方向发出光线. 图 11-6 只显示无限多条光线中的 5 条遇到镜子发生反射并散开，好像是从镜子后面某一特定点发出来的一样（虚线相交点）. 观察者可以看到这一点处有火焰的像. 而实际上光线并不是从这一点发出的，所以这种像叫作**虚像**.

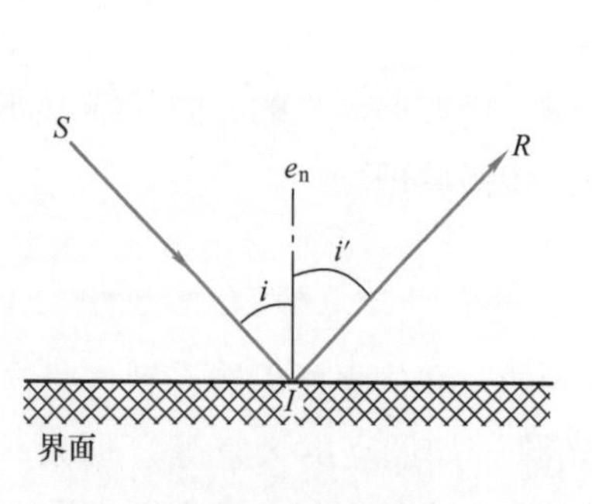

图 11-5 光的反射图

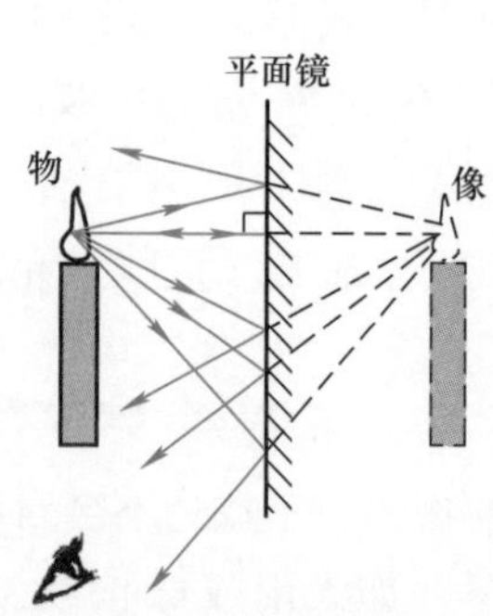

图 11-6 平面反射镜

11.1.3　折射定律

当光在传播过程中遇到两种介质的分界面时，一部分光线发生**反射**，另一部分光线透入另一种介质继续传播，但传播方向在界面处发生了偏折，这一现象称为**折射**，而透过介质界面改变传播方向的光线称为**折射光线**，折射光线与分界面法线 e_n 的夹角称为**折射角**，以 γ 表示，如图 11-7 所示.

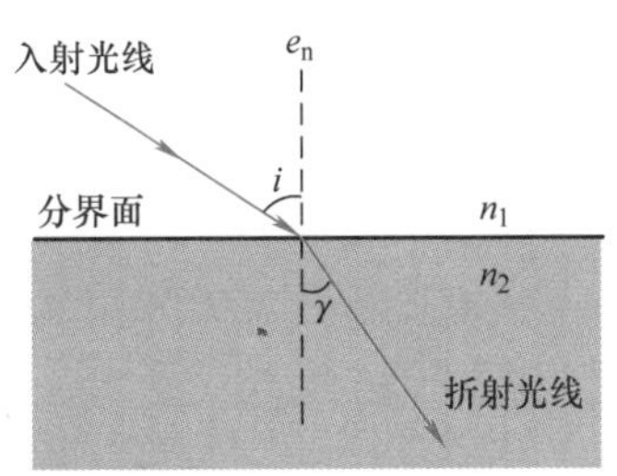

图 11-7　光的折射

人们对光的折射现象进行分析和研究后总结出一条规律，称为光的**折射定律：入射光线、折射光线和分界面的法线 e_n 三者处在同一平面内，并且入射角 i 的正弦和折射角 γ 的正弦之比等于折射线所处介质的折射率 n_2 与入射线所处介质的折射率 n_1 之比**，即

$$\frac{\sin i}{\sin\gamma}=\frac{n_2}{n_1} \tag{11-2}$$

$$或\ n_1\sin i = n_2\sin\gamma \tag{11-3}$$

折射率 n_1 和 n_2 的定义分别为

$$n_1=\frac{c}{v_1},n_2=\frac{c}{v_2} \tag{11-4}$$

式中，c 为真空中的光速；v_1 和 v_2 分别为光在第一和第二种介质中的传播速度.

两种介质相比较，光在其中传播较快的一种称为光疏介质，光在其中传播较慢的一种称为光密介质. 由式（11-4）可知，光疏介质的折射率较小，而光密介质的折射率较大. 当光线从光疏介质进入光密介质时（例如从空气进入水时），折射角小于入射角；而从光密介质进入光疏介质时（例如从水进入空气时），折射角大于入射角.

由于折射现象的存在，人们从一种介质看另一种介质中物体的位置时，会出现偏差，如从空气中看水面下方鱼的位置时往往会比鱼的实际位置离水面更近一些，如图 11-8所示.

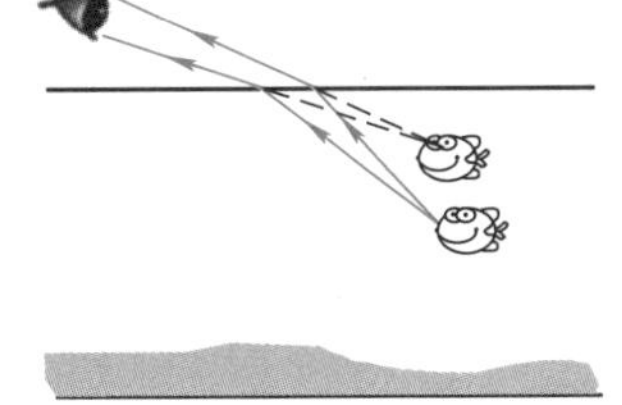

图 11-8　水中鱼的实际位置比看上去的要深

思维拓展

11-1　如思维拓展 11-1 图所示，在透明塑料瓶的左侧下方开一个小孔，向瓶中注入清水，一股水流便从小孔流出. 在瓶右侧将激光笔对准小孔，我们会看到光与水流一起做曲线运动，为什么？难道光不沿直线传播了吗？

思维拓展 11-1 图

11.1.4 全反射

由式（11-3）可知，当 $n_1 > n_2$，即光从折射率 n_1 较大的光密介质入射到折射率 n_2 较小的光疏介质时，折射角 γ 将大于入射角 i，如图 11-9 所示，光源 S 发出的光线经旋转反射镜反射后，由水面折射进入烟雾中. 顺时针旋转反射镜，逐渐增大入射角 i，则折射角 γ 也随之增大. 当入射角增大到某一角度 A 时，折射角变成 90°，再增大入射角，光线就全部反射回光密介质中，而无折射，即光能量没有透射损失，这一现象叫作**全反射**. 使折射角成为 90°时的入射角，称为**临界角**，以 A 表示，由折射定律可得

$$\sin A = \frac{n_2}{n_1} \tag{11-5}$$

全反射是自然界里常见的现象，例如，水中或玻璃中的气泡，看起来特别明亮，就是由于一部分射到气泡界面上的光发生了全反射的缘故. 金刚石的临界角特别小，且有较多的表面，因此进入金刚石的光很容易被全反射而从另一面射出，引起闪闪发光的视觉.

近年来新兴的纤维光学，就是利用全反射来传递光能量的. 将一条折射率较高的玻璃纤维丝（纤芯）外包一层折射率较低的介质（包层），若光线射到纤芯与包层的分界面上，其入射角 θ 处处大于临界角，则光线在纤芯内相继地从纤芯与包层间的界面上做全反射，而自纤维的一端经过很长距离传到另一端（见图 11-10）. 这种**具有传光作用的玻璃丝**叫作**光学纤维**，简称**光纤**.

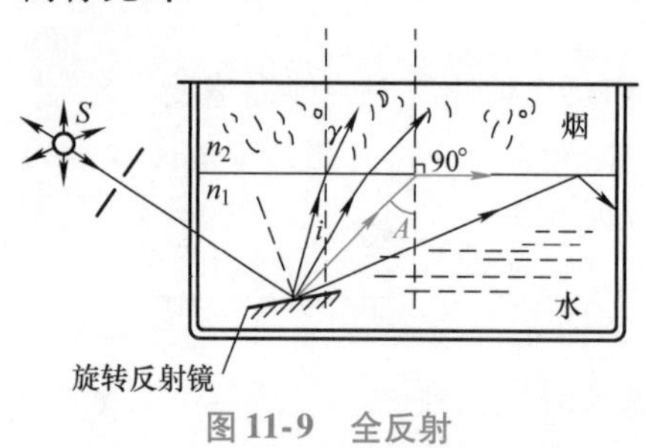

图 11-9 全反射

θ_2 θ_1

图 11-10 光学纤维

由于光学纤维柔软而不怕振动，做成弯曲形状也能传输光能量和光信息，目前已广泛应用于国防、医学和通信等许多领域中. 特别是在通信技术中，利用光纤代替通信电缆，具有通信容量大、抗电磁干扰性强、节省有色金属等优点.

思维拓展

11-2 现有一块厚玻璃，如思维拓展 11-2 图所示，当光从 A 点通过玻璃到达 B 点时，是沿直线路径传播的，即光线垂直于玻璃，这时，光以最短的时间和最短的距离通过空气和玻璃. 但是当光线从 A 点到 C 点时会按什么样的路径传播？它会沿着如图所示的虚直线路径传播吗？如果不是，会怎样传播？

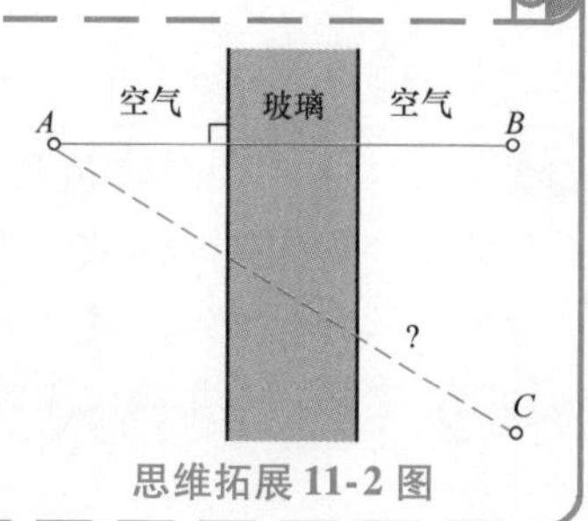

思维拓展 11-2 图

11.2　光程和费马原理

在介绍光程和费马原理之前，我们先考虑思维拓展 11-2. 根据光的折射现象，从 A 点传出的光线射到达玻璃前表面（如 E 处）时将发生折射，折射光线 EF 在玻璃中传输到玻璃后表面（如 F 处）时将再次发生折射，然后到达 C 点，即光线沿路径 $A\to E\to F\to C$ 传播，如图 11-11 所示.

现在的问题是：光线为什么会沿路径 $A\to E\to F\to C$ 传播而不是沿最短路径 AC（虚直线）传播呢?

由于光在玻璃中的传播速度低于空气中的传播速度，所以如果光在玻璃中传播的路径与在空气中的路径相同时，要比在空气中花费更多的时间. 因此，光线在玻璃中将以较短的路径 $E\to F$（小于路径 $e\to f$）传播，节省下来的时间多于在空气中以较长路径（$e\to f$）传播时所需要的时间. 因此，路径 $A\to E\to F\to C$ 是所用时间最少的路径，即最快路径. 其结果是光线平行移动，如图 11-11 所示. 由此可见，在给定两点间，光沿着费时最少的路径传播. 这是费马原理的基本思想，费马原理揭示的是光线遵从的传播规则.

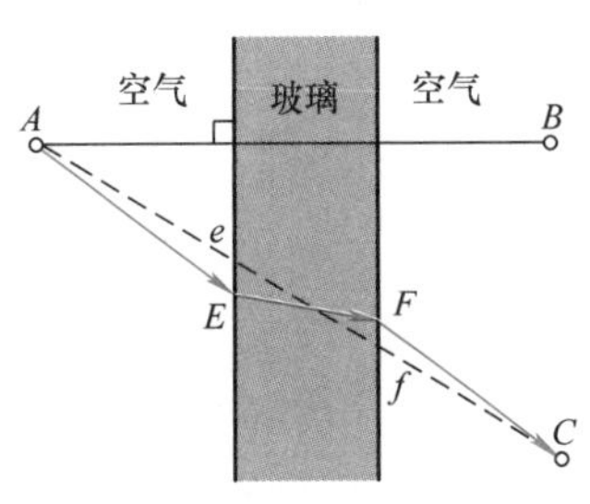

图 11-11　光的传播路径

11.2.1　光程

为了表述费马原理，首先引入光程的概念. **光程**定义为**光在均匀介质内走过的几何路程 e 与介质折射率 n 的乘积**，即

$$l = ne \tag{11-6}$$

由于 $n=c/v$，代入式（11-6），得

$$l = c\cdot\frac{e}{v}$$

式中，e/v 表示光在介质中经过路程 e 所需的时间 t；$l=ct$ 表示在相同时间 t 内，光在真空中经过的距离. 所以说，光在介质中传播的光程 ne 等于同一时间内光在真空中经过的路程长度 ct（即把光在介质中所经过的路程折算为光在真空中的路程长度），如图 11-12a 所示. 这样便于在同一标准下比较光在不同介质中所经过的路程的长短. 实际上是将光程的比较转化为对时间的比较，例如，若光在不同介质中的光程相等，那么尽管各自所经历的路径不等，但它们各自所花费的时间必定相等.

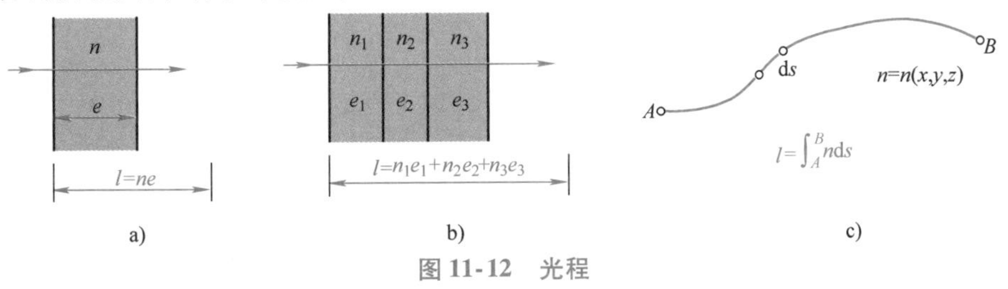

图 11-12　光程

若空间存在折射率不同的多个介质，如图 11-12b 所示，则光通过这些介质后的光程为

$$l = n_1e_1 + n_2e_2 + n_3e_3$$

对于折射率连续变化的介质，如图 11-12c 所示. 设光通过 ds 路程折射率 n 不变，则从 A 点到 B 点的光程为 $n$ds 的积分，即

$$l = \int_A^B n\mathrm{d}s \tag{11-7}$$

11.2.2 费马原理

光在介质中传播时，光是沿两点间的最短路线——直线传播的，即在给定两点间，光沿着费时最少的路径传播. 就好像光在传播时力图节省时间一样. 研究发现，当光由一种介质进入另一种介质时（即在分界面发生反射和折射时）也选择用时最短的路径. 1657 年，费马将光的直线传播定律、反射定律和折射定律归纳为：**光线从一点传播到另一点，光沿所需时间为极值（可以是极小值，极大值，也可以是常量）的路径传播**. 此即为费马原理. 由光程的概念可知，费马原理的意思是，光沿光程值为极小、极大或恒定的路径传播. 因此，费马原理还可表述为：**光从空间一点到另一点是沿着光程为极值的路径传播的**.

费马原理只涉及光传播的路径，而不管光线沿哪个方向传播. 光从 A 点传到 B 点或从 B 点传到 A 点，光程为极值的条件是相同的，因此两种情况下光将沿同一路径传播，这表明费马原理本身包含了光的可逆性.

如图 11-13 所示，E 是一个椭球面反射镜，A、B 是它的两个焦点. 由光的反射定律可知，从 B 点发出的所有光线，经 E 面上任意一点的反射光线，都能射到另一焦点 A. 又根据椭圆的特性，从椭圆两个焦点引至椭圆上任一点的两条路径之和为常量，说明从 B 经 E 面反射到 A 的一切光线所经过的光程皆为等值. 若在 E 面的某一条实际光线的反射点 P 处放置一个与 E 面相切的平面镜 M，设 P' 为 M 上不与 P 重合的任一点，由图可知，从 B 出发经 M 反射后到达 A 点的光程 $BP'A >$ 光程 BPA，而 $BP'A$ 光线行进的路径违反反射定律，所以，平面镜反射中实际光线沿光程极小的路径行进. 相反，若在 P 点放置一个凹球面镜 C，与 E 同样在 P 点相切，对 C 来说，实际光线行进的路径 BPA 又是光程最长的路径.

一般来说，成像系统的物点和像点之间的光程取恒定值，如图 11-14 所示. 物点 A 经凸透镜成像点于 B，经 A 点发出的许多条光线经透镜会聚于 B，根据费马原理，图中所有光线（如图中的 AA_1B_1B，AA_2B_2B，AA_3B_3B，…）的光程必然彼此相等，这就是**物像之间的等光程性**（或称**等光程原理**）. 这一性质很重要，以后讨论衍射问题时要用到这一事实. 费马原理在物理学发展史上的贡献，在于开创了以“路径积分、变分原理”表述物理规律的新思路.

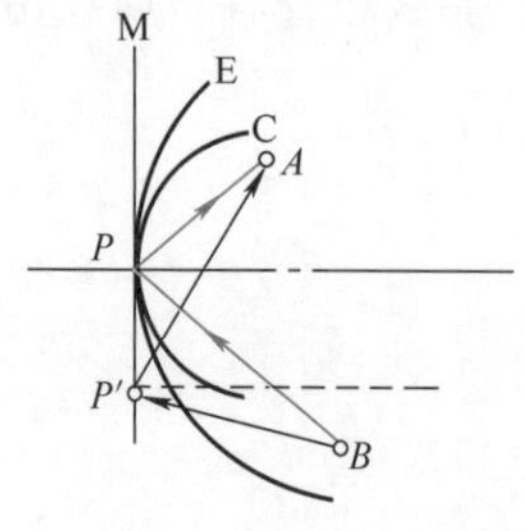

图 11-13 光取极值的实际光路

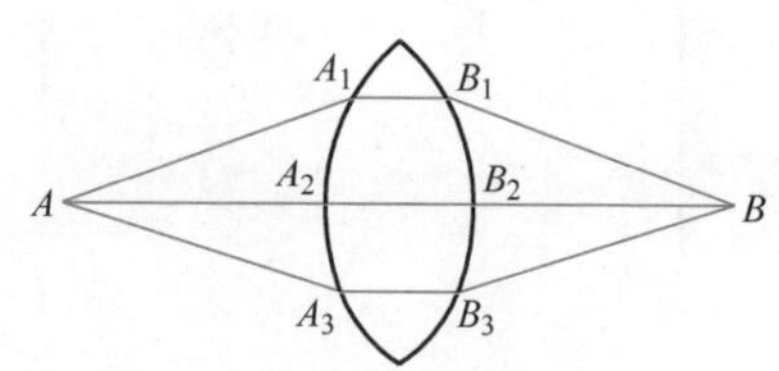

图 11-14 物像之间的等光程性

费马原理不仅可以描述光在均匀介质中的传播情况，还可以描述光在不均匀介质中的传播情况，如图 11-12c 所示.

章前问题解答

海市蜃楼现象就是自然界中常见的光学知识的体现，该现象的形成原因主要是，在海面（或湖面、或江面）上，在水的热容量的影响下，靠近海平面的空气温度较之上层空气温度更低。而随着温度的不断提升，空气的密度大小呈现降低的趋势，而空气的光折射率也呈现逐渐降低的趋势，如章前问题解答图 a 所示（图中，r 为离海平面的高度，z 为距离），$n_0 > n_1 > n_2 > \cdots$. 所以，海平面上的空气呈现折射率由上到下逐渐增加的状况，而位于较远距离的事物所具备的光就会在发出的过程中被存在折射率差别的空气进行反复的折射. 根据光的折射定律可知 $n_0\sin i_0 = n_1\sin i_1 = n_2\sin i_2 = \cdots = C$（常量）. 由于入射角在 0°到 90°之间变化，正弦函数单调递增，所以 $i_0 < i_1 < i_2 < \cdots$. 最终 i_k 达到了全反射临界角，光线被反射回来. 远距离的物体光线在多次折射后，又回至最下层. 而当该光线进入人眼，就能观察到远距离物体的虚像，如章前问题解答图 b 所示，这就是海市蜃楼的形成原因.

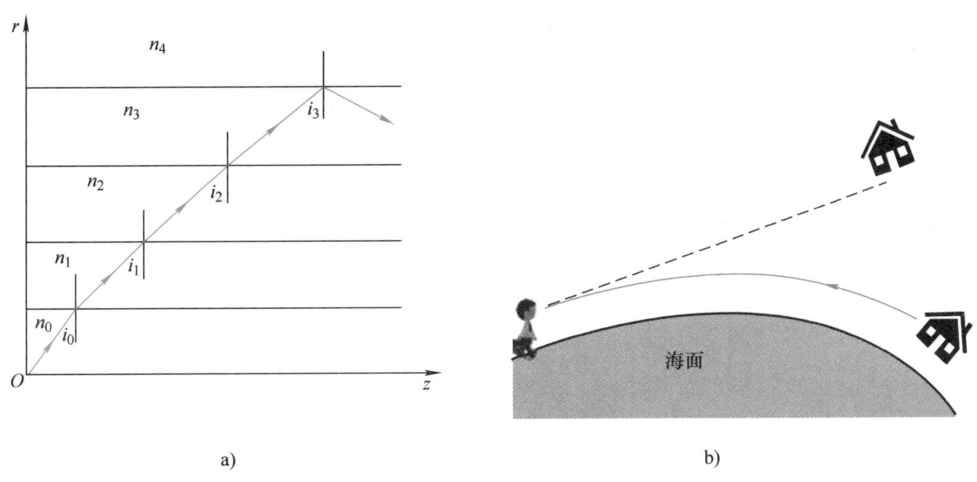

章前问题解答图　海市蜃楼成因

思维拓展

11-3　平面镜成等距、等大、正立的虚像，如图 11-6 所示. 当镜子是曲面形的（例如球面镜），这时物体与虚像的距离和大小是否还相等？（提示：这里反射定律依然适用）

11.3　光在单球面上的傍轴成像

先讨论平面镜成像，如图 11-6 所示，人的眼睛通过从平面镜反射的光线看到镜子“里面”的蜡烛（即蜡烛的像）. 为研究简单，先描绘一点光源 O（称之为物），它位于一个平面镜的前方，距平面镜的距离为 p（称为**物距**），光源 O 点通过平面反射镜所成的虚像位于 I 处，I 距平面镜的距离为 q（称为**像距**），如图 11-15 所示．图中只画出两条光线，一条垂直入射到平面镜上的点 b，另一条入射到平面镜上的点 a，入射角为 θ．根据几何原理和反射定律，得到 $\triangle Oba$ 与 $\triangle Iba$ 全等，所以点 O 与点 I 到平面镜的垂直距离相等，也就是说位于镜后的像与位于镜前的物离镜一样远，即像距等于物距．将图 11-6 中所示的蜡烛看成是多个点光源，而每一个点光源在平面镜后都按图 11-15 成像，这些点像的组合就是蜡烛的像，**虚像在镜子后面的距离与物体在镜子前面的距离相等，并且虚像和实物具有相同的大小**．

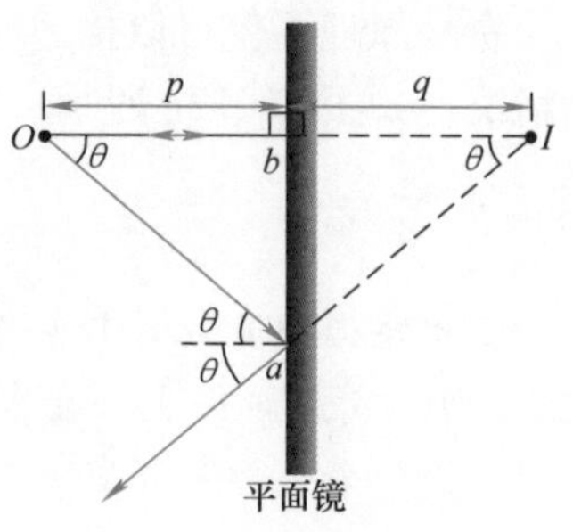

图 11-15　平面镜成像

若将平面镜换成曲面镜，如凸面镜或凹面镜，结果会怎样呢?

事实上，凹面镜和凸面镜都可看成是一连串的取向角与邻近的镜子略有不同的小平面镜的组合，在每一点上，入射角都等于反射角，但不同点的法线互相不平行．这样曲面镜所成的像与平面镜完全不同，如图 11-16 所示．

图 11-16　曲面镜成像图

a）凸面镜所成虚像移向镜子并变小　b）凹面镜所成的虚像远离镜子并变大

下面具体介绍光在单球面上的傍轴成像规律．

11.3.1　基本概念和符号法则

球面镜的反射面或折射面为球面的一部分．

球面镜分为**凹面镜**和**凸面镜**，凹面镜以球内面为反射面或折射面（见图 11-17）；凸面镜以球外面为反射面或折射面（见图 11-18）．球面上的中心点 O，称为球面镜的顶点；球心 C，称为球的**曲率中心**．

主光轴　连接 O 与 C 的直线，称为球面镜的主光轴（简称**光轴**）．

副光轴　通过曲率中心的任何直线（如图 11-17 和图 11-18 中的虚线），即为副光轴．实际上，光学系统的光轴是系统的对称轴．

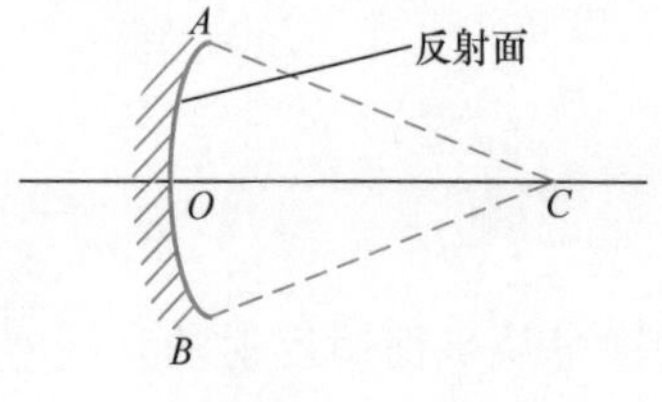

图 11-17　凹面镜

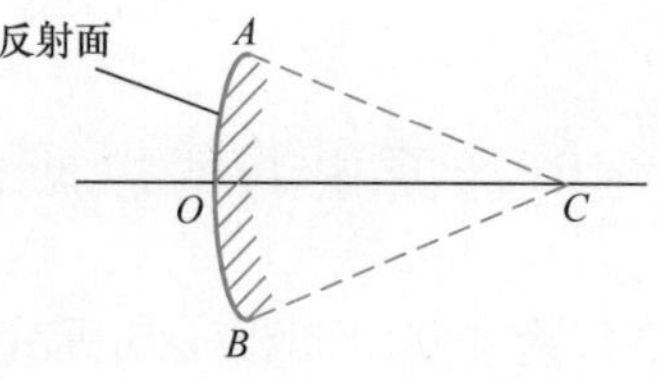

图 11-18　凸面镜

傍轴光线　由上节（见图11-13）讨论可知，当点光源放在椭圆构成的反射镜的一个焦点A上时，经反射后的全部光线都将会聚在该椭圆的另一个焦点B上，即A点上所发出的全部光线都等光程地到达B点，B点就是A的像点. 而实际的光学系统，因为加工工艺上的限制，光学元件大都是由平面或球面构成的，而这些表面都不可能使物点A上发出的所有光线全部等光程地到达像点B. 只有在接近光轴的较小范围内的光线，其光程才能在一个很小的误差范围内（光线与主光轴很接近）近似相等地达到B点，形成**像点**. 这就是几何光学成像的**傍轴条件**，满足上述条件的光线称为**傍轴光线**. 这时，光线在折射面上的入射角和折射角都很小，以致使这些角度的正弦、正切都可以用该角度的弧度值代替，即$\sin\theta\approx\tan\theta\approx\theta$，$\theta$为光轴与边缘光线的夹角.

一般来说，在傍轴条件下，一个给定的光学系统对于入射光的变换是唯一的，也就是物与像之间具有一一对应的变换关系，如果把物放在像的位置，则其像就成在物原来所在的位置上，这种物与像之间的对应关系称为**物像的共轭性**.

理论和实验表明，如果射向球面的光线是傍轴光线，则经球面反射或折射后都能近似地成像.

为了对球面成像的普遍规律用统一的公式表述，在几何光学中，必须对公式中各物理量的正负符号统一地规定一套符号法则.

如图11-19和图11-20所示，物点P到球面顶点O的距离PO称为物距，记作p；像点Q到球面顶点O的距离OQ称为像距，记作q. 习惯上，设入射光从左向右传播，符号法则便规定如下：

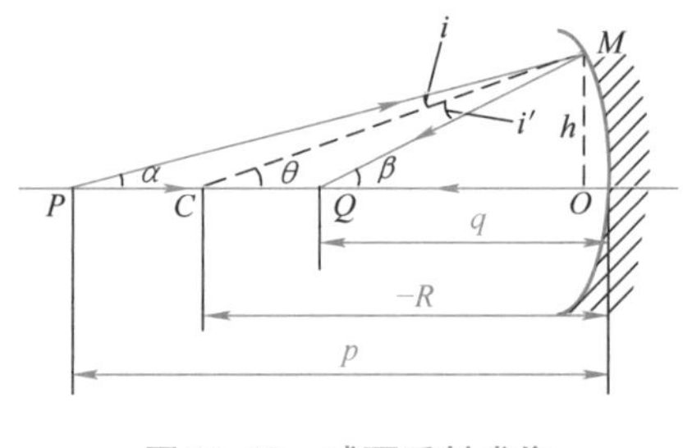

图11-19　球面反射成像

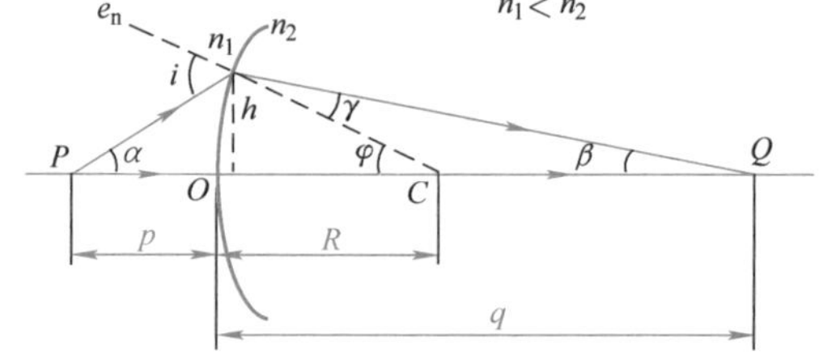

图11-20　球面折射成像

(1) 若物点P在顶点O的左方（实物），如图11-19所示，则物距$p>0$；若物点在顶点O的右方（虚物），则物距$p<0$.

(2) 对球面反射而言，若像点Q在顶点O的左方（实像），则像距$q>0$；像点Q在顶点O的右方（虚像），则$q<0$.

对球面折射而言，若像点Q在顶点O的左方（虚像），如图11-20所示，则像距$q<0$；若像点Q在顶点O的右方（实像），则像距$q>0$.

(3) 若球面的曲率中心C在顶点O的左方，则曲率半径$R<0$；若曲率中心C在顶点O的右方，则曲率半径$R>0$.

(4) 与主光轴垂直的物和像的大小都从主光轴量起，向上量得的为正，向下量得的为负.

需要注意，按上述规定的法则，光路图中的线段就变成有正负的代数量. 为了便于处理图中的几何关系，需要把光路图中的各线段用相应的绝对值（即取正值）标示. 例如，光路图 11-19 中的 $-R$ 表示 R 本身为负值. 而没有冠以负号的量，如 p 表示其本身为正值.

11.3.2 球面反射成像

如图 11-19 所示，设物点 P 在主光轴上，而入射光线与反射光线均沿主光轴，因而 P 点的像点 Q 亦必在主轴上. 若 PM 为任一入射光线，由于 CM 即为球面上 M 点的法线，按反射定律，反射光线 MQ 的方向应满足 $i=i'$ 的关系. 对傍轴光线来说，则镜面上各点的反射光线皆与主光轴相交于 Q 点，即 Q 是物点 P 的像点. 按符号法则，则有物距 $OP=p$，像距 $OQ=q$，$OC=-R$，且入射光线、反射光线、法线三者分别与主光轴成 α、β 和 θ 角. 由几何关系，有 $\theta=i+\alpha$，$\beta=i'+\theta$，且 $i=i'$，则

$$\alpha+\beta=2\theta$$

因为 α、β 和 θ 角都很小，可写作

$$\alpha=\frac{OM}{OP}=\frac{h}{p},\beta=\frac{OM}{OQ}=\frac{h}{q},\theta=\frac{OM}{OC}=\frac{h}{-R}$$

由以上各式，可得

$$\frac{1}{p}+\frac{1}{q}=\frac{2}{-R} \tag{11-8}$$

若入射光束或出射光束是沿球面主光轴方向的平行光束，则相当于物点或像点位于轴上无穷远处，像点在无穷远（$q\to\infty$）时的物点称为球面镜的物方焦点，用 F 表示；物点在无穷远（$p\to\infty$）时的像点称为球面镜的像方焦点，用 F' 表示；F 与 F' 到球面顶点的距离分别叫作物方焦距和像方焦距，分别记作 f 和 f'. 据此，有 $\lim\limits_{q\to\infty}p=f$，$\lim\limits_{p\to\infty}q=f'$. 于是由物像关系式（11-8）有

$$f=f'=-\frac{R}{2} \tag{11-9}$$

亦即，对于反射球面，物方与像方的焦点相重合，这是光路可逆性原理的必然结果. 将式（11-9）代入式（11-8），便得球面反射的物像公式，即

$$\frac{1}{p}+\frac{1}{q}=\frac{1}{f} \tag{11-10}$$

既然一束平行于主光轴的傍轴光线经凹面镜反射后会聚于焦点上，根据光路的可逆性原理，位于凹面镜焦点处的点光源经镜面反射后将成为一束平行光. 汽车上的车前照灯就是照此原理设计的.

11.3.3 球面镜成像作图法

在傍轴条件下，球面镜成像的像点与物点一一对应，物体和它的像是相似的. 为此，可在物体上选择几个有代表性的点，从这些点出发，各引两条入射光线，经球面镜反射后，反射线或其反向延长线的交点即为相应物点的像，这样就可确定整个物体的位置和大小了.

为了便于作图，我们可以从球面镜反射的下述三条特殊光线来确定像的位置. 这三条特殊光线如下：

（1）与主光轴平行的傍轴入射光线经球面反射后通过焦点 F（或其反向延长线通过

焦点).

(2) 通过焦点的入射光线经球面镜反射后，它的反射光线必与主光轴平行.

(3) 通过球面的曲率中心 C 的入射光线经球面镜反射后，仍沿原光路返回.

在图 11-21a 选用了 (1)、(3) 两条特殊光线；图 11-21b 选用 (1)、(2) 两条特殊光线，图 11-21c 选用 (1)、(3) 两条特殊光线.

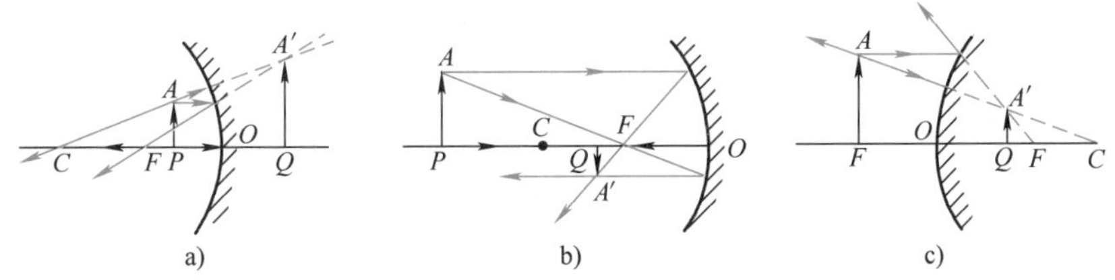

图 11-21　几种不同情况下的球面镜成像作图光路图

a) 凹面镜成正立放大虚像　b) 凹面镜成倒立缩小实像　c) 凸面镜成正立缩小虚像

作图法不仅可求得像的位置，还可由此求得像的形状和大小. 从图 11-21 可见，当物体位于凹面镜的焦点 F 之外时，成倒立的实像（见图 11-21b)；当物体在焦点以内时，成正立的虚像（见图 11-21a). 至于在凸面镜中所成的像，则皆为正立的虚像（见图 11-21c). 总之，虚像都是正立的，实像都是倒立的. 并且，球面镜所成的倒像，不但其上下与物体的上下相反，其左右也与物体的左右对调. 左右对调的像，称为**反像**. 如图 11-22 所示，若物体在垂直于主光轴方向上的高为 y，相应的像高为 y'，则像高与物高之比称为**横向放大率**，记作 m，即 $m=y'/y$. 图中 $\triangle APO \backsim \triangle A'QO$，由于对应边成比例，因此

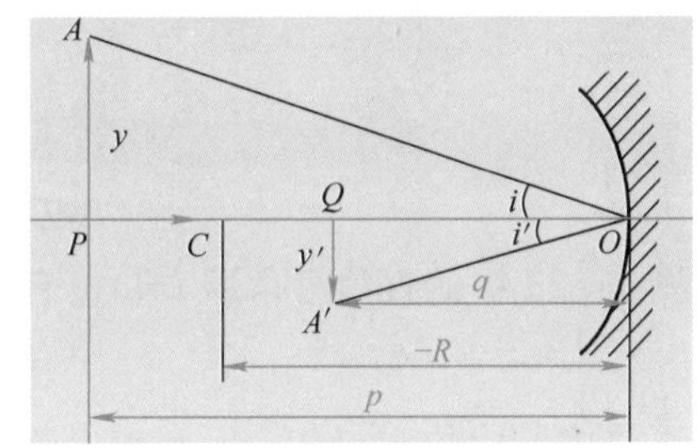

图 11-22　凹面镜成像光路图

$$m=\frac{-y'}{y}=\frac{-q}{p} \tag{11-11}$$

式 (11-11) 对凹面镜和凸面镜皆适用. 当 $m>0$ 时，成正立像；当 $m<0$ 时，成倒立像.

例题 11-1　一凹面镜的曲率半径为 0.12m，物体位于顶点前 0.04m 处，求：(1) 像的位置；(2) 横向放大率.

解　(1) 由 $\frac{1}{p}+\frac{1}{q}=\frac{2}{-R}$，得

$$q=\left(\frac{2}{-R}-\frac{1}{p}\right)^{-1}=\left(\frac{1}{0.12}-\frac{1}{0.04}\right)^{-1}\text{m}=-0.12\text{m}$$

$q<0$ 表明像在镜后距顶点 0.12m 处，为虚像.

(2) 横向放大率

$$m=\frac{-q}{p}=-\frac{(-0.12)\text{m}}{0.04\text{m}}=3$$

因为 $m>0$，所以像为正立的.

11.3.4 球面折射成像

根据费马原理推导傍轴条件下球面折射成像公式. 如图 11-23 所示，设两种折射率分别为 n_1 和 n_2（$n_1 < n_2$）的透明介质，其分界面 AO 是曲率半径为 R 和曲率中心为 C 的球面，轴上物点 P 位于折射率为 n_1 的介质中，它发出的所有傍轴光线（包括沿轴光线），经球面折射后都会聚于折射率为 n_2 的介质中的像点 Q. 这些傍轴光线都是实际光路. 根据费马原理，它们必然是等光程的，即光程取恒定值，所以，有

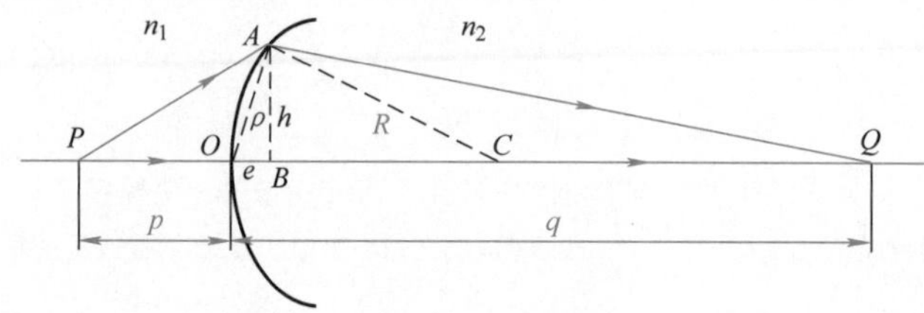

图 11-23 球面折射成像

$$PAQ\ 的光程 = POQ\ 的光程 \tag{a}$$

由图 11-23 中的直角三角形 PBA，有

$$PA = \sqrt{(p+e)^2 + h^2} \tag{b}$$

为了将式ⓑ中的 e、h 用 ρ、R 表示，由直角三角形 ABO，有

$$e^2 = \rho^2 - h^2 \tag{c}$$

而由直角三角形 ABC，有

$$R^2 = h^2 + (R-e)^2 \tag{d}$$

联立式ⓒ和式ⓓ，得

$$e = \frac{\rho^2}{2R} \tag{e}$$

将式ⓒ和式ⓔ代入式ⓑ，得

$$PA = p\sqrt{1 + \frac{\rho^2}{p}\left(\frac{1}{p} + \frac{1}{R}\right)} \tag{f}$$

在傍轴条件下，有 $\rho \ll R$，$\rho \ll p$，式ⓕ可按泰勒级数展开，只保留低次阶项，得

$$PA \approx p + \frac{\rho^2}{2}\left(\frac{1}{p} + \frac{1}{R}\right) \tag{g}$$

同理可得

$$AQ \approx q + \frac{\rho^2}{2}\left(\frac{1}{q} - \frac{1}{R}\right) \tag{h}$$

所以，

$$PAQ\ 的光程 \approx n_1\left[p + \frac{\rho^2}{2}\left(\frac{1}{p} + \frac{1}{R}\right)\right] + n_2\left[q + \frac{\rho^2}{2}\left(\frac{1}{q} - \frac{1}{R}\right)\right] \tag{i}$$

而

$$PAQ\text{ 的光程} = n_1 p + n_2 q \tag{j}$$

将式ⓘ和式ⓙ代入式ⓐ中，整理得

$$\frac{n_1}{p} + \frac{n_2}{q} = \frac{n_2 - n_1}{R} \tag{11-12}$$

这就是傍轴条件下球面折射的成像公式. 公式右边$\frac{n_2 - n_1}{R}$称为球面折射的**光焦度**，它表示该球面的聚光本领. 若光焦度较大，则表明此折射面的聚光本领较大.

由前述物方焦距和像方焦距的定义，球面折射的物方焦距和像方焦距分别为

$$f = \lim_{q\to\infty} p = \frac{n_1 R}{n_2 - n_1},\quad f' = \lim_{p\to\infty} q = \frac{n_2 R}{n_2 - n_1} \tag{11-13}$$

将式（11-13）中的两个焦距代入式（11-12）中，也可把傍轴条件下球面折射的物像公式写成

$$\frac{f}{p} + \frac{f'}{q} = 1 \tag{11-14}$$

式中，焦距f和f'的正负号可由式（11-13）确定. 在讨论其他光学系统的成像时，物距、像距和焦距之间的关系也与上式完全相同，所以上式是物像公式的普遍形式，称为**高斯物像公式**.

现求解球面折射的横向放大率. 如图 11-24 所示，设物体的高为 y，倒立像的高为 y'，由光路图可知，$\tan i = y/p$，$\tan\gamma = -y'/q$. 而在傍轴条件下，$\tan i \approx \sin i$，$\tan\gamma \approx \sin\gamma$，则由折射定律 $n_1 \sin i = n_2 \sin\gamma$，可得球面折射成像的横向放大率为

$$m = \frac{y'}{y} = -\frac{n_1 q}{n_2 p} \tag{11-15}$$

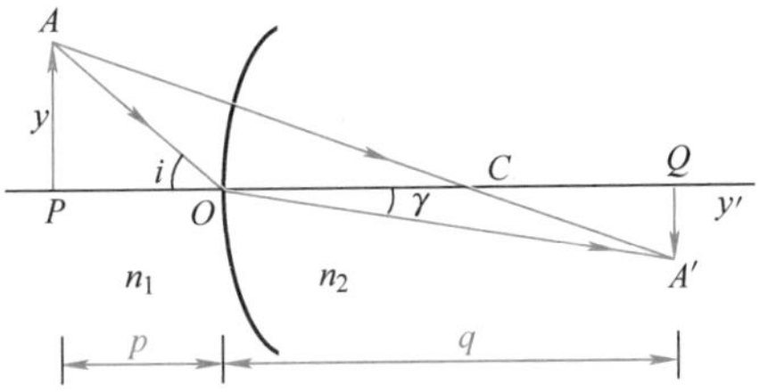

图 11-24 球面折射成像光路图

以上我们仅讨论了球面折射的一种情况，其实不同情况下的球面折射还有很多. 例如，凹面折射、$n_1 > n_2$或$n_1 < n_2$等. 但是无论在什么情况下，只要按统一的符号法则，上述傍轴条件下球面折射的成像公式及横向放大率公式都适用.

思考题

11-1 你知道上述讨论的球面反射物像公式和横向放大率公式与球面折射物像公式和横向放大率公式有何不同吗？你能从折射定律和几何关系导出球面折射的物像公式和横向放大率的公式吗？

11-2 球形鱼缸中的金鱼看上去总是比实际的要大些，这是为什么？

例题11-2　设凸球形折射面的曲率中心 C 在顶点的右侧3cm处，物点在顶点左侧8cm处，物空间和像空间的折射率分别为 $n_1=1$ 和 $n_2=1.5$. 求像点的位置.

解　根据符号法则，由题意，有 $n_1=1$，$n_2=1.5$，$R=3\text{cm}$，$p=8\text{cm}$，代入式(11-12)，得到

$$\frac{1}{8}+\frac{1.5}{q}=\frac{1.5-1}{3}$$

解得

$$q=36\text{cm}$$

即 $q>0$，按符号法则，像点在顶点右方36cm处，是实像点.

11.4　薄透镜成像

11.4.1　透镜

将玻璃、水晶等磨成两面为球面（或一面为平面）的透明物体，叫作**透镜**. 若透镜的厚度 d 远小于两球面的曲率半径（即 $d \ll R_1$、R_2），称为**薄透镜**. 图11-25给出了各种透镜的横截面. 中部比边缘厚的透镜叫作**凸透镜**，边缘比中部厚的透镜叫作**凹透镜**.

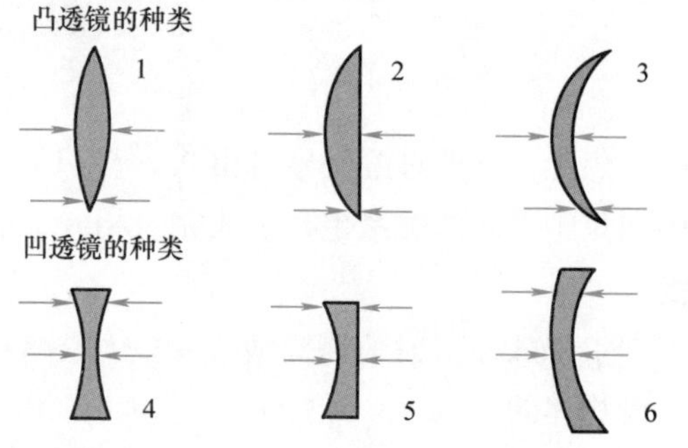

图11-25　各种透镜

1—双凸透镜　2—平凸透镜　3—凹凸透镜
4—双凹透镜　5—平凹透镜　6—凸凹透镜

凸透镜也叫作**会聚透镜**. 因为它能使通过它的光线经过二次折射后会聚起来. 凹透镜也叫作**发散透镜**，因为它能使通过它的光线折射后向各方向发散.

无论是凸透镜还是凹透镜，当光线通过它的中心时，如同通过平行透明薄板一样，它的传播方向都不会改变.

如图11-26a所示，透镜两球面的中心 C_1 和 C_2 的连线，称为透镜的主光轴. 在主光轴上有这样一点 O，通过这点的光线，其方向不变（对薄透镜来说，入射光线与出射光线近似重合），点 O 称为**透镜的光心**. 除主光轴外，所有通过光心的直线都叫作**副光轴**.

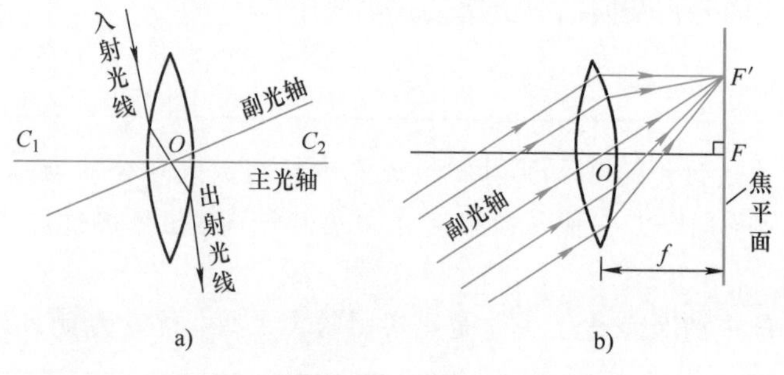

图11-26　透镜

如果射在透镜上的光线都平行于它的主光轴，实验证明，这些光线经透镜后将会聚（或聚焦）于主光轴上的一点 F，这个点称为**凸透镜的主焦点**，简称**焦点**.

如图 11-26b 所示，若平行光束斜射于透镜上，则光线在经过透镜后将聚焦于另一点 F'（F'称为**副光轴上的焦点**），F'落在经过焦点 F 而正交于主光轴的平面上，这个平面称为**透镜的焦平面**，焦平面至透镜光心 O 的垂直距离 f，称为**透镜的焦距**.

11.4.2　薄透镜成像公式

薄透镜成像是两次经过单一球面折射成像. 如图 11-27 所示，物点 P 经第一个单一球面折射成像于 Q_1，再把此像点作为第二个折射球面的虚物，通过该球面折射成像于 Q. 所以两次运用单一球面折射成像公式就可以推导出薄透镜的成像公式.

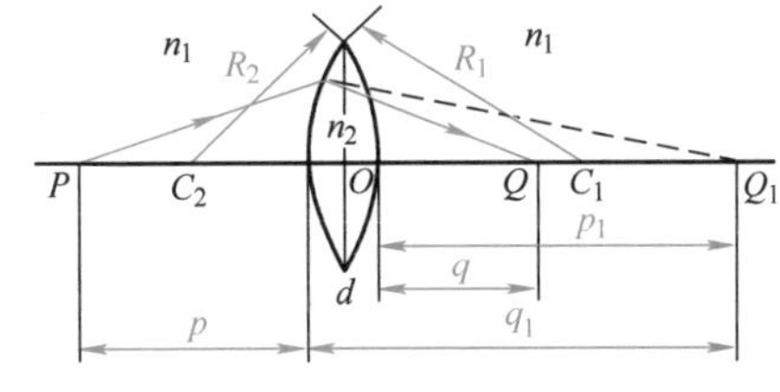

图 11-27　薄透镜成像

根据式（11-12），对第一个折射球面有

$$\frac{n_1}{p}+\frac{n_2}{q_1}=\frac{n_2-n_1}{R_1}$$

对第二个折射球面，将 Q_1 作为物点，按符号法则，有

$$\frac{n_2}{p_1}+\frac{n_1}{q}=\frac{n_1-n_2}{R_2}$$

将上述两式相加，便可给出入射光穿出透镜的全过程，即

$$\frac{n_1}{p}+\frac{n_2}{q_1}+\frac{n_2}{p_1}+\frac{n_1}{q}=\frac{n_2-n_1}{R_1}+\frac{n_1-n_2}{R_2}$$

对薄透镜来说，d 很小，则 $p_1=-(q_1-d)\approx -q_1$，由上式可得出薄透镜的物像公式为

$$\frac{1}{p}+\frac{1}{q}=\frac{n_2-n_1}{n_1}\left(\frac{1}{R_1}-\frac{1}{R_2}\right) \tag{11-16}$$

由于透镜厚度忽略不计，因此式（11-16）中对薄透镜的物距 p 和像距 q 就可规定从透镜中心 O 算起.

若薄透镜置于空气中，由于空气的折射率近似为 1，即 $n_1=1$，并设薄透镜的折射率为 n，即 $n_2=n$，则由式（11-16），可得空气中薄透镜的物像公式为

$$\frac{1}{p}+\frac{1}{q}=(n-1)\left(\frac{1}{R_1}-\frac{1}{R_2}\right) \tag{11-17}$$

由式（11-15）可得，物体经第一个球面折射成像的横向放大率为

$$m_1=\frac{n_1q_1}{n_2p}$$

其像经第二个球面折射成像的横向放大率为

$$m_2=-\frac{n_2q}{n_1(-q_1)}=\frac{n_2q}{n_1q_1}$$

总的横向放大率也就是薄透镜的横向放大率，即

$$m = m_1 m_2 = -\frac{q}{p} \tag{11-18}$$

11.4.3　薄透镜的焦距

根据前述物方焦距和像方焦距的定义，由式（11-16）可得薄透镜焦距为

$$\frac{1}{f} = \frac{1}{f'} = \frac{n_2 - n_1}{n_1}\left(\frac{1}{R_1} - \frac{1}{R_2}\right) \tag{11-19}$$

式中，R_1、R_2 的正负取决于符号法则，对凸透镜和凹透镜分别有 $\left(\frac{1}{R_1}-\frac{1}{R_2}\right)>0$ 和 $\left(\frac{1}{R_1}-\frac{1}{R_2}\right)<0$. 于是由式（11-19）可知，当透镜折射率 n_2 大于其周围介质的折射率 n_1 时，凸透镜的焦距为正，是实焦点；凹透镜的焦距为负，是虚焦点.

式（11-19）说明，薄透镜的焦距取决于它的折射率及其两边球面的曲率半径，而焦距的大小则反映球面屈折光线或透镜会聚（或发散）光线的本领. 为了量度透镜的聚光本领，定义

$$\Phi = \frac{n_1}{f}$$

为透镜的**光焦度**. 式中，n_1 为透镜周围介质的折射率. 在空气中的透镜，其光焦度为 $\Phi = 1/f$. 光焦度的单位为**屈光度**，用 D 表示，$1\text{D} = 1\text{m}^{-1}$.

将式（11-19）代入式（11-16），则薄透镜的物像公式也可写成

$$\frac{1}{p} + \frac{1}{q} = \frac{1}{f} \tag{11-20}$$

我们也可以把透镜看作是由许多棱镜组成的. 如图 11-28 所示，在凸透镜中，棱镜厚的部分在中部，而在凹透镜中棱镜厚的部分在边缘上. 因为棱镜总是使光线经过二次折射而向底面偏折，所以中部厚的凸透镜能使光线偏向中部，也就是使光线会聚起来；而边缘厚的凹透镜则使光线偏向边缘，也就是使光线发散. 无论是凸透镜还是凹透镜，当光线通过它的中心时，如同通过平行透明薄板一样，它的传播方向都不会改变.

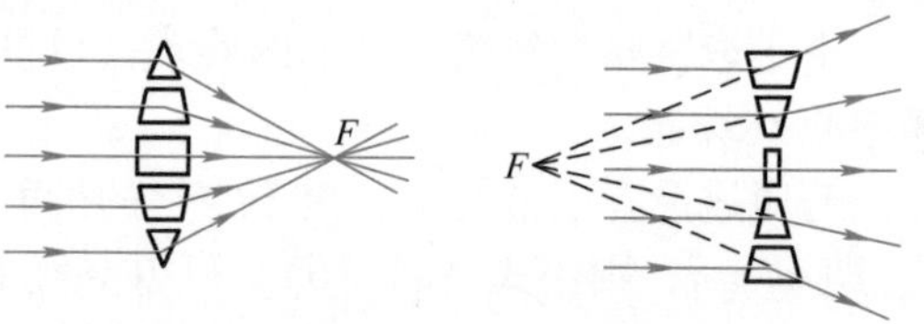

图 11-28　透镜可以看作棱镜的组合

11.4.4　薄透镜成像的作图法

薄透镜成像的物像关系也可由作图法确定，这与用作图法确定球面反射的物像关系一样. 首先，要确定几条特殊光线：

（1）从左边入射的平行于主光轴的光线，经凸透镜后，折射光线聚于像方的焦点；若经凹透镜，折射光线的反向延长线会聚于物方的焦点（若入射的平行光不平行于主光轴，则经透镜后会聚于像方焦平面上的某一点）.

（2）从物方焦点发出的所有光，经薄透镜后其出射光平行于主光轴（从物方焦平面上一点发出的所有的光，经薄透镜后也出射平行光，但它们不平行于主光轴，而是平行于过焦平面上该点与光心的连线）.

（3）通过光心的入射光，不改变方向地出射.

图 11-29 中给出了几种不同情况下的薄透镜成像光路.

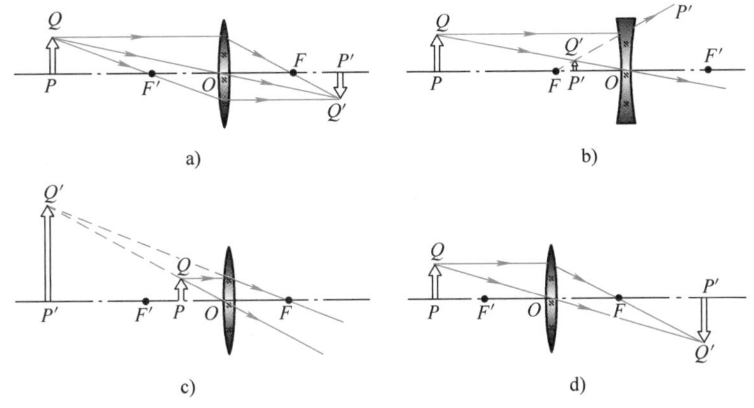

图 11-29　几种不同情况下的薄透镜成像光路

a）物体位于凸透镜的 2 倍焦距以外，成缩小的倒立实像　b）物体经凹透镜折射，成缩小的正立虚像
c）物距小于焦距，凸透镜成正立的虚像　d）物距小于 2 倍焦距，大于一倍焦距，凸透镜成放大的倒立实像

思考题

11-3　有人需要在旷野取火，但身边没有火源，只有一块凹面镜和一块凹透镜，你认为用哪一块能够实现在阳光下取火？

11-4　请用最简单快捷的方法来估计凸透镜的焦距. 同样的方法适用于凹透镜吗？

例题 11-3　设凸透镜的焦距为 10.0cm，若物距分别为（1）30.0cm；（2）5.00cm. 试计算这两种情况下像的位置，并确定成像性质.

解　由薄透镜的成像公式（11-20）

$$\frac{1}{p}+\frac{1}{q}=\frac{1}{f}$$

（1）将 $f=10.0\text{cm}$，$p=30.0\text{cm}$ 代入上式，得到 $q=15.0\text{cm}$. 由于 $q>0$，所以成实像. 由式（11-18）可得薄透镜的横向放大率为

$$m=-\frac{q}{p}=-\frac{15.0\text{cm}}{30.0\text{cm}}=-0.50(\text{缩小倒立像})$$

（2）将 $f=10.0\text{cm}$，$p=5.00\text{cm}$ 代入，得到 $q=-10.0\text{cm}$. 由于 $q<0$，所以成虚像. 其横向放大率为

$$m=-\frac{q}{p}=-\frac{-10.0\text{cm}}{5.0\text{cm}}=2.00(\text{放大正立像})$$

11.5 光学仪器简介

利用几何光学原理，人们根据生产和科学领域中的各种需求，制造了各类成像光学仪器，其中主要的有望远镜、显微镜、照相机等，这些仪器在天文学、电子学、生物学和医学等领域中发挥了巨大的作用. 由于任何光学仪器都是人眼功能的扩展，所以，我们首先从几何光学的角度了解人眼的作用，然后再介绍放大镜、显微镜等光学仪器.

11.5.1 眼睛

人眼的构造如图 11-30 所示，形状近似为球体，平均直径约 25mm. 眼球外围包有一层坚硬的保护膜叫作**巩膜**，巩膜的前方有一透明部分叫作**角膜**，巩膜的内壁是一层脉络膜，这层膜延伸到眼睛的前方与角膜挨着的那部分叫作**虹膜**. 虹膜中央有一透光的圆孔，称为**瞳孔**，它会随着被观察物体的亮暗而变化. 瞳孔的大小会自动改变，其变化范围为 2 ~ 8mm. 角膜和虹膜包围的区域叫作**前房**，其中充满了折射率为 1.337 的水状液. 虹膜后面透明的是**晶状体**，其形状如双凸透镜. 眼珠支承在睫状肌上，其表面的曲率大小由睫状肌控制，从而可改变它的焦距. 晶状体和巩膜之间的区域称为后房，其中充满着折射率为 1.336 的玻璃状液. 眼球后部的内层是**视网膜**，其上布满了感光细胞.

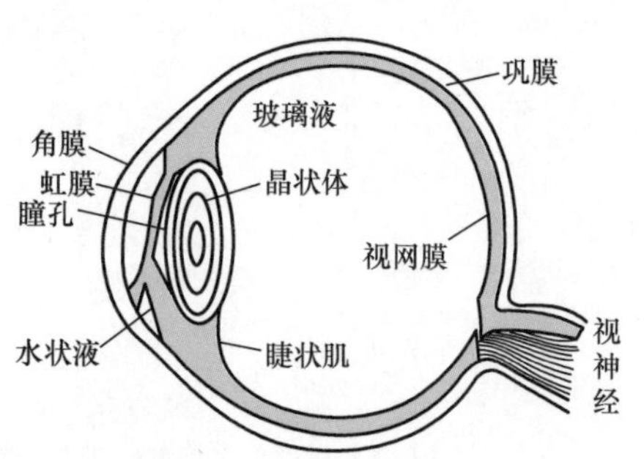

图 11-30 人眼的构造

眼睛的作用相当于一个凸透镜，焦距约 1.5cm. 如图 11-31 所示，由物体 AB 射出的光，经眼睛的晶状体折射后，就在视网膜上形成一个倒立的、缩小的实像 A_1B_1. 折射光刺激视网膜上的感光细胞，视神经会把影像传给大脑，大脑皮层根据人们长期的生活经验对倒立的像进行自动"纠正"，因此我们就看见正立的物体了.

从晶状体的光心向物体两端所引的两条直线的夹角 α 叫作**视角**，视角的大小不但与物体的大小有关，还与观察的距离有关，如图 11-32 所示. 物体离眼睛很远时，视角太小，因此看不清楚，物体离眼太近时，眼睛需要高度紧张地调节，很快就会感到疲劳. 使眼睛可以

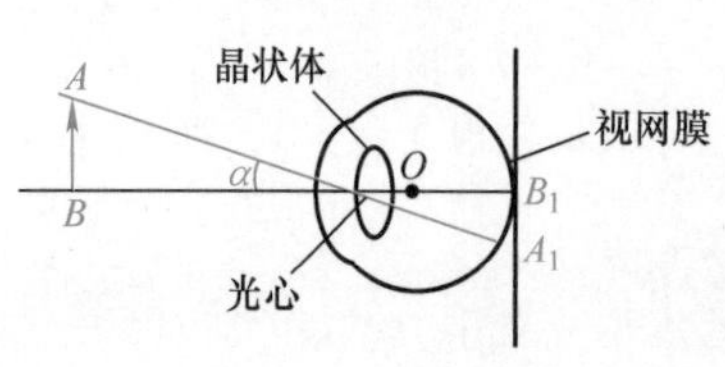

图 11-31 眼睛的作用

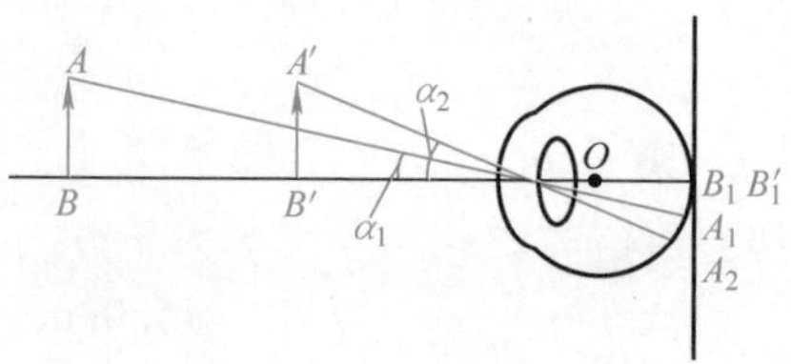

图 11-32 视角与观察距离有关

看得清楚而又不感到疲劳的最近距离叫作**明视距离**. 正常眼睛的明视距离一般约为 25cm. 实验表明，在明视距离处，要把物体看清楚，视角必须大于 1′，物体大于 0.1mm. 若物体很小，视角小于 1′，我们需用放大镜或显微镜等光学仪器来增大眼睛的视角了.

11.5.2　放大镜

放大镜是一种最简单的助视仪，它是一短焦距的凸透镜. 如图 11-33 所示，将高为 y 的物体 AB 放在明视距离处时，由于物体很小，所成的视角 α 也很小，很难看清楚. 若把物体 AB 移到放大镜的焦点以内的 $A'B'$ 处，经放大镜后在明视距离处形成一个放大的高为 y' 的正立虚像 A_1B_1，此虚像又经眼睛在视网膜上生成实像 $A''B''$. 这时，A_1B_1 的视角增大到 β，于是就能看清楚该物体了.

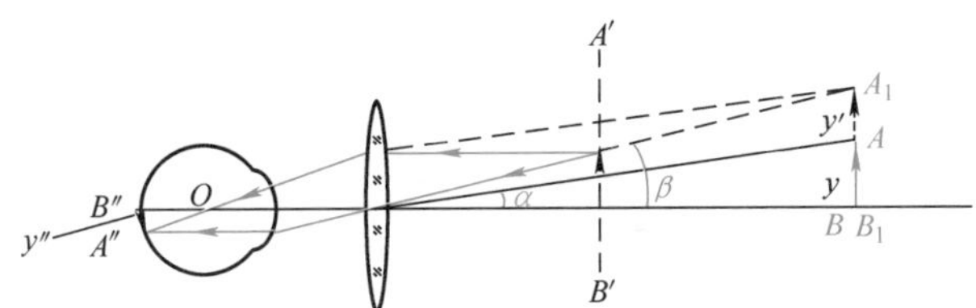

图 11-33　放大镜的放大率

借助放大镜，眼睛观察物体的视角比不使用放大镜时增加了. 视角增加的倍数 β/α 叫作视角放大率. 眼睛在明视距离（$d=25$cm）直接观察物体时的视角 $\alpha=y/d$，像的视角 $\beta=y'/d\approx y/f$，则视角放大率约为

$$m=\frac{\beta}{\alpha}=\frac{y/f}{y/d}=\frac{25}{f} \tag{11-21}$$

可见，放大率与焦距有关. 通常的放大镜，其焦距虽有 5～10cm，但其放大率为 2.5～5 倍.

11.5.3　显微镜

显微镜（见图 11-34）是用来观察极细小的物体，如动植物的细胞组织、各种细菌、金属的表面组织等的仪器. 它的放大率远比放大镜大. 最简单的显微镜是由两个凸透镜组成，并且两透镜的主轴重合在一起. 它的光路图如图 11-35 所示，接近眼睛的一个凸透镜 L_e 叫作目镜，它的焦距很短；接近物体的一个凸透镜 L_o 叫作物镜，它的焦距更短. 把高为 y 的物体 PQ 放在物镜焦点 F_o 以外非常靠近焦点的地方，物镜给出一个高为 y_1 的倒立的、放大的实像 P_1Q_1. P_1Q_1 落在目镜的焦点 F_e 以内非常靠近焦点的地方，对 P_1Q_1 而言，目镜又是一个放大镜，P_1Q_1 经目镜在明视距离 d 处成一个放大的虚像 P_2Q_2. 它就是物体 PQ 经过两次放大后的像，相对于物体是倒立的.

设目镜的焦距为 f_e，则 P_2Q_2 对人眼的张角为 $\beta=y_2/d=y_1/f_e$. 此角越大，物体在视网膜上所得的像也越大. 若不用显微镜，将物体置于明视距离 d（$=25$cm），直接用眼睛观察，则物体的视角是 $\alpha=y/d$，因此显微镜的放大率约为

$$m=\frac{\beta}{\alpha}=\frac{y_2}{y}=\frac{\dfrac{y_1 d}{f_e}}{y}=\frac{y_1}{y}\cdot\frac{d}{f_e}\approx\frac{td}{f_o f_e} \tag{11-22}$$

式中，f_o 为物镜的焦距；t 为焦点 F'_o 与 F_e 之间的距离，称为光学筒长. 可见，显微镜的目镜与物镜的焦距越短，光学筒长越长，其放大率越大.

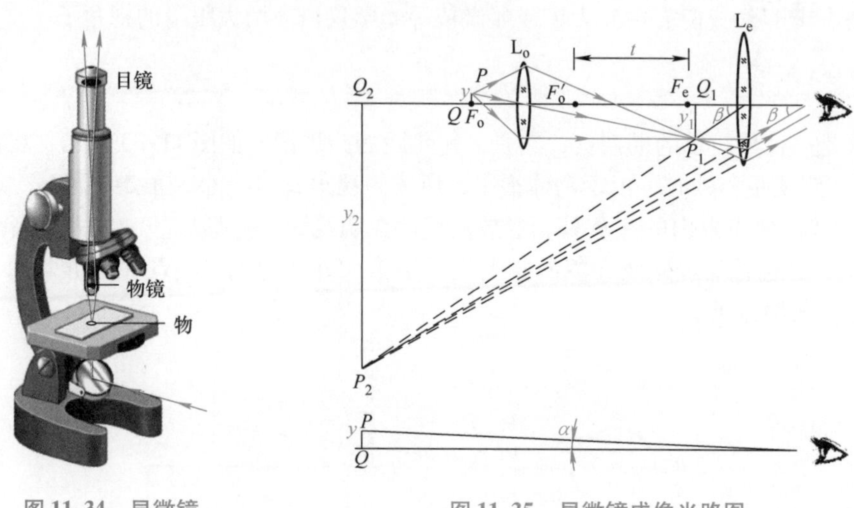

图 11-34　显微镜　　　　图 11-35　显微镜成像光路图

光学显微镜的放大率可达两三千倍，可使我们看清楚 0.1μm 左右的细微结构. 但对晶体结构、比分子更小的结构却无能为力，要看清楚它们就要依靠电子显微镜了，现代电子显微镜的点分辨率可达 1.9×10^{-10}m，线分辨率可达 1.4×10^{-10}m.

例题 11-4　已知一显微镜的光学筒长 $t=16$cm，物镜焦距为 1cm，目镜焦距为 2.5cm，试求显微镜的放大率.

解　已知 $f_o=1$cm，$f_e=2.5$cm，$t=16$cm，$d=25$cm，代入式（11-22）可得

$$m=\frac{td}{f_o f_e}=\frac{16\text{cm}\times25\text{cm}}{1\text{cm}\times2.5\text{cm}}=160$$

即该显微镜的放大率为 160 倍.

11.5.4　望远镜

望远镜是在观察远处物体时用来增加视角的一种光学仪器，它和显微镜的结构相似，也是由物镜和目镜两个透镜组构成. 望远镜的物镜焦距比较长，目镜焦距较短，这是它和显微镜不同的地方. 望远镜的种类有很多，本书只介绍开普勒望远镜.

开普勒望远镜是德国天文学家开普勒（Kepler，1571—1630）于 1611 年发明的，也叫天文望远镜. 图 11-36 给出了开普勒望远镜的光路. 从远处一物点上射来的平行光束经物镜成像于像方焦平面上的 P' 点，此点同时也在目镜的物方焦平面上，所以由 P' 点发出的光线经目镜后又成为平行光束，眼睛靠近目镜，接收目镜出射的平行光并将其成像于视网膜上.

这束平行光对眼睛的张角为 α，远处物点射来的平行光束对望远物镜的张角为 α_0，即物点的光线对人眼的张角. 由图 11-36 可知，$\alpha_0=-y_1/(-f_o)$，$\alpha=-y_1/f_e$，则望远镜的放大率为

$$m=\frac{\alpha}{\alpha_0}=\frac{\dfrac{-y_1}{f_e}}{\dfrac{-y_1}{-f_o}}=-\frac{f_o}{f_e} \tag{11-23}$$

开普勒望远镜的两个焦距f_e与f_o皆为正，由式（11-23）可知，它成倒立的虚像，且目镜焦距f_e越短，物镜焦距f_o越长，其放大率越大.

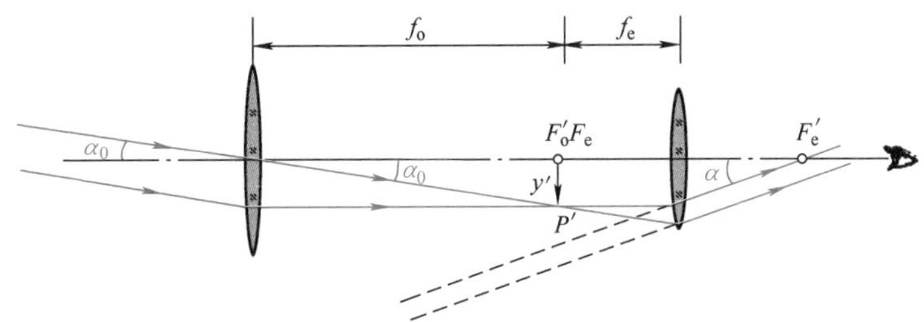

图 11-36 开普勒望远镜的光路图

章后感悟

通过对费马原理的学习我们了解到：光在介质中传播的路径是光程取极值的路径。向“光”学习，在明确自己为之奋斗的目标以后，如何才能够为自己制定一个最优的、取极值的路径呢？在向着目标前进的路上，是否一定“沿直线传播”呢？

习 题 11

11-1 光线从空气射入玻璃，当入射角 $i=30°$时，折射角 $\gamma=19°$. 求玻璃的折射率和光在玻璃中的速度. 已知光在空气中的速度是 $v_{空}=3\times10^8\text{m}\cdot\text{s}^{-1}$. ［**答**：$n_{玻}=1.54$，$v_{玻}=1.95\times10^8\text{m}\cdot\text{s}^{-1}$］

11-2 如习题 11-2 图所示，一个高 16cm，直径 12cm 的圆柱形筒. 人眼在 P 点只能看到正对面内侧的 D 点，$AD=9\text{cm}$，当筒中盛满某种液体时，在 P 点恰好看到正对面内侧的最低点 B. 求该液体的折射率. ［**答**:1.33］

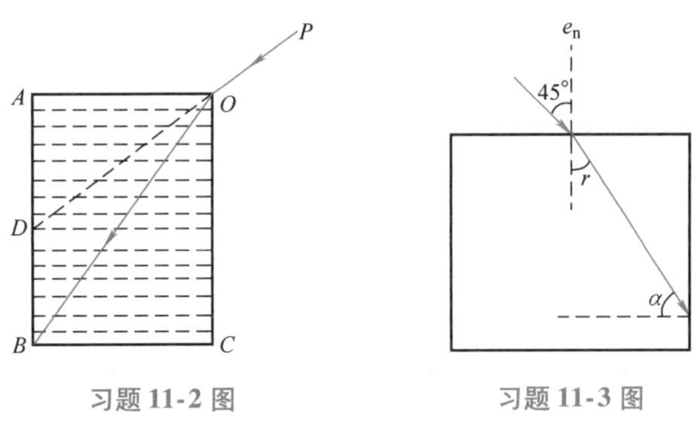

习题 11-2 图　　　　习题 11-3 图

11-3 一条光线入射到一块正方形玻璃板上. 如习题 11-3 图所示，入射角为 45°，若在竖直面上发生了全反射，则玻璃的折射率应为多大？ ［**答**:$n>1.22$］

11-4 一支蜡烛位于一凹面镜前 12.0cm 处，成实像于距镜顶 4.00m 远处的屏上. 求：（1）凹面境的半径和焦距；（2）如果蜡烛火焰的高度为 3.00mm，则屏上的火焰的像高为多少？ ［答：（1）$R=0.234\mathrm{m}$，$f=0.117\mathrm{m}$；（2）$h=100\mathrm{mm}$］

11-5 设凸球面反射镜的曲率半径为 16cm，一物体高 5mm，置于镜前 20cm 处. 求像的位置、大小和虚实. ［答：-5.7cm；0.14cm；缩小、正立的虚像］

11-6 一曲率半径为 30cm 的凸球形折射面，其左、右方介质的折射率分别为 $n_1=10$ 和 $n_2=1.5$，物点在顶点左方的 10cm 处，求像的位置和虚实. ［答：-18cm，虚像］

11-7 一凸透镜的焦距为 10cm，在距透镜 45cm 的地方放置一小物，试分别用成像公式和作图法求像的位置和放大率，并说明像的性质. ［答：$q=12.9\mathrm{cm}$，$m=-0.29$，缩小、倒立的像］

11-8 一会聚透镜的焦距为 15.0cm，物体位于透镜一侧 20.0cm 处. 求：（1）像的位置、放大率和成像性质；（2）如果物距为 7.5cm，情况如何？（3）绘制以上两种情况的光路图. ［答：（1）60cm，实像，-3.0；（2）-15cm，虚像，2.00］

11-9 物体位于一薄透镜左侧，而其像位于薄透镜右侧 30.0cm 处的屏幕上，今将透镜向右移动 6.00cm，然后再将屏幕左移 6.00cm，这时又能在屏幕上看到清晰的像. 求薄透镜的焦距. ［答：9.41cm］

11-10 一台显微镜的目镜焦距为 20.0mm，物镜焦距为 10.0mm，目镜与物镜的间距为 20.0cm，最终成像在无穷远处. 求：（1）被观察物至物镜的距离；（2）物镜的放大倍数；（3）显微镜的视角放大率. ［答：（1）10.6mm；（2）17.0；（3）212.5］

11-11 一架望远镜由焦距为 100.0cm 的物镜和焦距为 20.0cm 的目镜组成，成像在无穷远处. 求：该望远镜的视角放大率. ［答：-5.0］

科学家轶事

李小文——“布鞋院士”

中国科学院院士李小文（1947—2015）是我国遥感领域的泰斗级人物，他创建的 Li-Strahler 几何光学系列模型被各国广泛应用，奠定了地物二向性反射研究中几何光学学派的基础. 他和他的科研团队的一系列研究成果有力地推动了定量遥感研究的发展，并使我国在多角度遥感领域保持着国际领先地位.

李小文院士不追求名利，不在意外表的虚华，如清涧旁的青松，挺拔而朴素，繁华世界中的清流般，不沾染世俗的铜臭之气. 常年一双布鞋在脚，布衣长裤，如平凡路人，同学们都笑称他为“布鞋院士”. 不在意世人眼光，我自追求我心意. 布衣、布鞋不是生活的贫瘠，而是精神的富有，只有真正把精力用在了所追求的事业上，才会做到无暇顾及这些纷杂小事，沉淀着时光的霜华，在学术界绽放着耀眼的光芒.

在物质生活方面简朴至极的李小文，却捐赠出个人的奖励津贴，以长女名字命名，在母校成都电子科技大学设立了“李谦奖助学金”，以促进地表空间信息科技教育的发展，帮助品学兼优或家庭经济困难的学生完成学业，支持青年教师和科研工作者的健康成长；支持地理学与遥感科学的学科建设，引进高层次教学科研人才，培养和造就具有国际领先水平的学科带头人.

在对待科学研究的问题上，李小文勇于创新、治学严谨、成果斐然. 他早年在美国留学期间就敢于挑战美国遥感界权威，针对遥感观测中“热点效应”问题提出了更圆满的物理解释，被国际遥感界称为“20世纪80年代世界遥感的三大贡献之一”.

应用拓展

中国天眼——FAST

几何光学以光线传播为基础，研究光在透明介质中的传播问题，本来就是为涉及各种光学仪器而发展起来的物理学分支. 随着科学技术的不断进步，几何光学在生产生活和工程技术领域都有广泛和深入的发展和应用，如日常生活中的单反相机、手机摄像头等，以及科学技术研究中的显微镜、天文望远镜等.

我国500m口径球面射电望远镜（Five - hundred - meter Aperture Spherical radio Telescope，FAST）被誉为“中国天眼”. 这是具有我国自主知识产权、世界最大单口径、最灵敏的射电望远镜，其综合性能是世界上第二大的单面口径射电望远镜阿雷西博的10倍. 它的落成启用，对我国在科学前沿实现重大原创突破、加快创新驱动发展具有重要意义. FAST的基本工作原理与光学反射望远镜十分相似，利用旋转抛物面作为镜面，将投射来的电磁波反射使其同相到达公共焦点实现同相聚焦. 它的重要组成部分之一——主动反射面监测系统由4450个反射单元组成的口径500m球冠状反射面，观测时会通过主动控制在观测方向形成瞬时抛物面以汇聚电磁波，截至2020年3月，FAST发现并认证的脉冲星达到114颗，超过同期欧美多个脉冲星搜索团队发现数量的总和. 同年4月，FAST正式开启地外文明搜索，寻找来自宇宙深处高智慧生命的信号. FAST的高灵敏度将有可能在低频引力波探测、快速射电暴起源、星际分子等前沿方向催生突破.

FAST由我国天文学家**南仁东**先生于1994年提出构想，历时22年才建成. 在此期间，南仁东面对大科学项目高风险、耗时长、写不了文章、出不了成果等问题，义无反顾地投身大射电望远镜建设. FAST是一个庞大的工程，涉及的每一个领域几乎都是开创性的工作，没有任何经验可以借鉴，很多关键技术只能一边摸索，一边自主创新. 22年时间里，南仁东孜孜不倦，努力学习力学、测控、水文、地质等知识，吃透了工程建设的每个环节，终于实现了自己奋斗一生的梦想，在2016年9月25日成功落成并启用了FAST. 2017年9月15日，南仁东因罹患癌症不幸逝世. 同年11月，中宣部追授南仁东“时代楷模”荣誉称号，以大力弘扬他勇担民族复兴大任、为科学事业奋斗终生的先进事迹和“中国天眼”FAST坚守22年架起中国天文摇篮、不断开拓创新、争创世界一流的率先精神.

近年来，随着光学领域的不断发展，出现了诸如纳米光学、压缩感知、光学自由曲面等许多新的分支. 这些新的光学分支突破了传统光学成像系统对称球面或非球面的限制，出现了平面透镜和非对称曲面的成像技术，例如利用纳米颗粒在平面表面排列而制成的平面透镜，大幅降低了光学器件的尺寸和重量，实现了超分辨成像. 我国在这些领域的研究也都已处在世界前列.

第 12 章

波动光学

章前问题

蝴蝶的翅膀具有绚丽的花纹和色彩。但是，如果你捕捉过蝴蝶，会发现蝴蝶的翅膀上脱落下来的鳞片是无色的或者只具有暗淡的颜色。

你能解释蝴蝶翅膀显示出鲜艳亮丽颜色的原理吗?

学习要点

1. 光的电磁理论；
2. 双缝干涉；
3. 薄膜干涉；
4. 惠更斯－菲涅耳原理；
5. 单缝衍射；
6. 光学仪器的分辨本领；
7. 衍射光栅；
8. 自然光和偏振光；
9. 马吕斯定律；
10. 布儒斯特定律；
11. 光的双折射现象.

干涉和衍射现象是各种波动所具有的基本特征，偏振现象是横波所具有的特征. 光是电磁波，并且是横波. 因此，光也具有干涉、衍射和偏振特性. 当前，光的这些性质已被广泛地应用于科学技术的许多领域. 本章主要研究可见光在传播过程中呈现的干涉、衍射和偏振等现象及其规律.

12.1 光的干涉

12.1.1 光的电磁理论

由 8.8.6 节可知，可见光在电磁波谱中的波段是很窄的，其波长范围为 400 ~ 760nm，相应的频率范围为 $7.50\times10^{14}\sim3.95\times10^{14}$Hz. 这一波段的电磁波能引起人们的视觉，故称为**可见光**. 不同频率（或波长）的可见光引起人们不同颜色的感觉，见表 12-1. 人眼对不同波长的光感觉的灵敏度也不同，对波长为 550nm 左右的黄绿光最为敏感.

> 我们把仅单纯含一种频率的光称为**单色光**.

表 12-1 可见光谱

颜色	红	橙	黄	绿	青	蓝	紫
波长/nm	620 ~ 760	592 ~ 620	578 ~ 592	500 ~ 578	464 ~ 500	446 ~ 464	400 ~ 446
频率/10^{14}Hz	4.84 ~ 3.95	5.07 ~ 4.84	5.19 ~ 5.07	6.00 ~ 5.19	6.47 ~ 6.00	6.73 ~ 6.47	7.50 ~ 6.73

光波是电磁波. 电磁波由两个相互垂直的振动矢量（即电场强度 $\boldsymbol{E}$ 和磁场强度 $\boldsymbol{H}$）在空间的传播来表征，而 $\boldsymbol{E}$ 和 $\boldsymbol{H}$ 都与电磁波的传播方向垂直. 研究表明，引起视觉和感光作用的主要是电场强度 $\boldsymbol{E}$. 因此，我们把光波看成是电场强度 $\boldsymbol{E}$ 的振动在空间的传播，并把 $\boldsymbol{E}$ 矢量称为**光矢量**，把 $\boldsymbol{E}$ 矢量的振动称为**光振动**.

光振动本身无法直接观测到，而光的强度（简称"**光强**"）却能够被观测到. 光的电磁理论指出，光强 I 取决于在一段观察时间内的电磁波能流密度的平均值，其值与光振动振幅 E 的二次方成正比，并可写作

$$I = kE^2 \tag{12-1}$$

式中，k 为比例恒量，由于我们只关心光的相对强度，因而不妨取 $k=1$. 因此，光波传到之处，若该处光振动的振幅为最大，看起来就最亮；而振幅为最小（或几近于零）处，则差不多完全黑暗. 由上式可知，亮暗的程度也可用光强来表述.

12.1.2 光的干涉现象及强度分布规律

当满足相干条件的两束光在空间相遇时，相遇区域内会出现光强加强或减弱的明暗图样，这种光强非均匀的稳定分布的现象，叫作**光的干涉**. 产生干涉现象的光称为**相干光**，相应的光源称为**相干光源**.

光的相干条件与第 10 章中所述波的干涉条件相同，即**光振动的频率相同、振动方向相同和相位差恒定**.

两束相干光的干涉，可以归结为在空间任一点上两个光振动的叠加问题. 如图 12-1 所示，设 S_1 和 S_2 为两相干光源，发出的光波分别经 r_1 和 r_2 在 P 点相遇，各自在 P 点引起的分振动为

$$E(r_1,t) = E_1\cos\left(\omega t - \frac{2\pi r_1}{\lambda} + \varphi_1\right)$$

$$E(r_2,t) = E_2\cos\left(\omega t - \frac{2\pi r_2}{\lambda} + \varphi_2\right)$$

由式（10-25）可知，在 P 点，光的合振动振幅 E 的二次方为

$$E^2 = E_1^2 + E_2^2 + 2E_1E_2\cos\varphi_{12} \tag{12-2}$$

式中，E_1 和 E_2 分别为两相干光源光振动的振幅；$\varphi_{12} = \varphi_1 - \varphi_2 - 2\pi\left(\frac{r_1 - r_2}{\lambda}\right)$为相位差，其中 φ_1、φ_2 分别是光源 S_1、S_2 的初相位，（$r_1 - r_2$）为波程差.

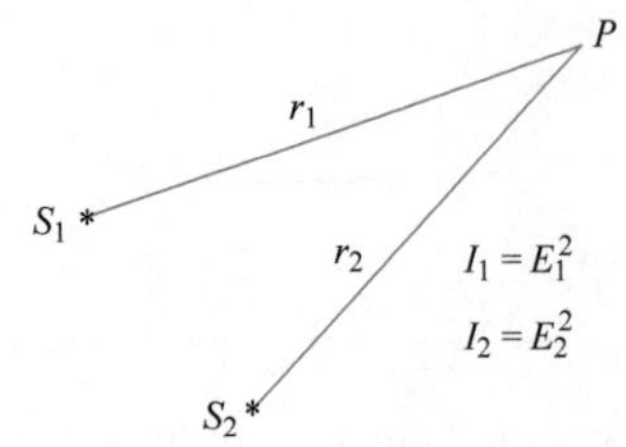

图 12-1　两束干涉光在 P 点相遇叠加

由于我们能观测到的都是光强，而不是振幅，因此我们可将上式改写成光强之间的关系. 对一定频率的光波来说，按式（12-1），可将式（12-2）改写成

$$I = I_1 + I_2 + 2\sqrt{I_1I_2}\cos\varphi_{12} \tag{12-3}$$

式中，I_1、I_2和 I 分别为两列相干光的光强和合成光的光强. 即在相干光叠加时，合成的光强并不等于两光源单独发出的光波在该点处的光强之和，即 $I \neq I_1 + I_2$. 式（12-3）中的 $2\sqrt{I_1I_2}\cos\varphi_{12}$称为**相干项**. 若所讨论的两束相干光的振幅相等，则它们的光强相等，即 $I_1 = I_2 = I_0$，于是，式（12-3）便可简化为

$$I = 4I_0\cos^2\frac{\varphi_{12}}{2} \tag{12-4}$$

当 $\varphi_{12} = \pm 2k\pi$，$k=0$，1，2，…时，$I=4I_0$，干涉加强；　(12-5a)

当 $\varphi_{12} = \pm(2k+1)\pi$，$k=0$，1，2，…时，$I=0$，干涉减弱.　(12-5b)

由此可见，两束光强相等的相干光叠加后，空间各点的合成光强不是两束光光强的简单相加. 在某些地方，光强增大到一束光光强的 4 倍，而有些地方光强则为零，即两束光干涉的结果导致光的能量在空间重新分布，于是我们便可以从屏幕上看到一系列由明暗相间的条纹所组成的干涉图样.

对于干涉图样的明暗反差，取决于相应的光强的对比，光强反差越大，明暗对比越明显. 因此，我们引用**可见度 γ** 来表征干涉图样的明暗反差，即

$$\gamma = \frac{I_{max} - I_{min}}{I_{max} + I_{min}} \tag{12-6}$$

当 $I_{min}=0$ 时，可见度 $\gamma=1$，条纹最清晰. 例如，在两列相干光波的振幅 $E_1 = E_2$的情况下，有 $I_1 = I_2$. 由式（12-4）得 $I_{max} = 4I_1$，$I_{min} = 0$. 这时可见度 $\gamma=1$，达到最大值. 其最大光强为每列相干光波光强的 4 倍，显得更亮；而最小光强为零，暗得全黑. 亮暗分明，反差极大，干涉图样最为清晰. 当 $I_{max} = I_{min}$时，可见度 $\gamma=0$，条纹消失，光强均匀分布.

所以，为了获得清晰的干涉图样，**两束相干光波的光强应力求相等或接近于相等**. 这是对光的干涉所提出的另一个要求.

思考题

12-1　可见度 $\gamma=0$ 和 $\gamma=1$ 分别表示什么意义？为了获得清晰的干涉图样，两列相干光还需要满足什么条件？

12.1.3　相干光的获得

前面说过，实现光的干涉要满足光的相干条件，而要实现光的相干条件却不像在机械波或无线电波情况下那样容易. 这是由于普通光源的发光机制是原子能级的跃迁：处于高能级（激发态）的原子极不稳定，要自发跃迁到较低能级，并将等于两能级之差的能量以光的形式发射出来. 这一跃迁过程所经历的时间很短，在 $10^{-10}\sim10^{-8}$s 内，这也就是一个原子一次发光所持续的时间. 原子发光是间歇的，一个原子每一次发光只能发出一个频率、振动方向和初相一定，且长度有限的光波，这一段光波叫作**波列**，如图 12-2 所示. 同一个原子前后发出的各个波列，它们的频率和振动方向不尽相同，也没有固定的相位关系，这些波列是完全独立的. 对于不同原子发出的光波，情况同样如此，也是各自独立的. 因此，对整个发光体而言，所发的光，其相位瞬息万变. 因此，两个普通光源或同一光源不同部分发出的光都是不相干的.

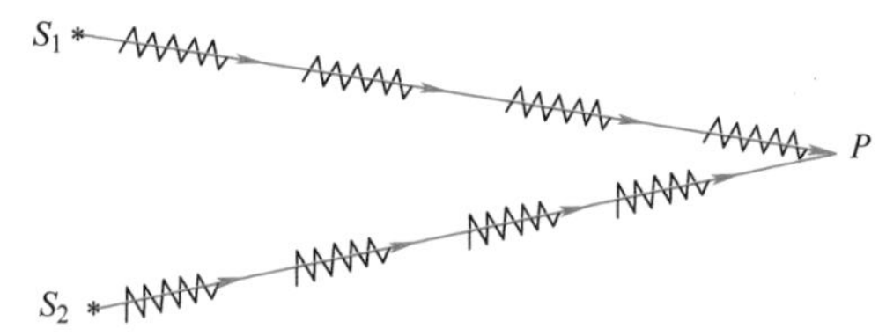

图 12-2　光源 S_1、S_2 中原子发出的光波

为了获得满足相干条件的光波，常将同一个点光源发出来的光线分成两个细窄的光束，并使这两束光在空间经过不同的路径而会聚于同一点. 由于这两光束实际上来自同一发光原子的同一次发光，所以它们将满足相干条件而成为相干光. 获得相干光的常用方法有两种：

（1）**分波阵面法**（或**分波前法**）：在同一波前上分离出两束光，由于同一波前上各点相位相同，所以，这样分离出来的两束光满足相干条件. 如杨氏双缝干涉实验就是利用分波阵面法获得相干光的.

（2）**分振幅法**：利用光在两种透明介质交界面上的反射和折射，将来自同一光源的一束光分成两束，再引导它们相遇时将产生干涉现象. 如薄膜干涉实验就是利用分振幅法获得相干光的.

在激光光源中，所有发光的原子或分子都是“步调一致”地动作，所发出的光具有高度的相干稳定性. 从激光束中任意两点引出的光都是相干的，因而不需要采用上述获得相干光束的方法.

思考题

12-2　试述普通光源的发光机理和获得相干光的两种方法.

12.1.4 双缝干涉

1. 杨氏双缝干涉实验

英国医生兼物理学家托马斯·杨（ThomasYoung，1773—1829）于1801年首先用实验方法实现了光的干涉，并测定了光的波长，为光的波动性提供了无可置疑的实验依据.

图12-3a是杨氏双缝干涉实验装置示意图. 将平行单色光垂直地射向狭缝S_0，于是S_0便成为一个发射柱面波的线光源. 如图12-3b所示，双缝S_1和S_2相对于S_0呈对称分布，因而两者位于柱面波的同一个波面上. 根据惠更斯原理，S_1和S_2作为两个子波源向前发射子波，它们的频率、振动方向和相位都相同，因此，S_1和S_2是两个相干光源，从它们发出的光在相遇区域内便能产生干涉现象.

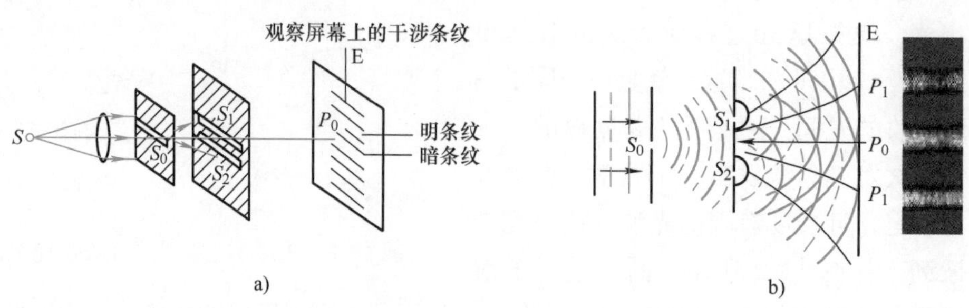

图12-3 杨氏双缝干涉实验装置示意图

若在此区域内放置一个观察屏幕E，就可以在屏上观察到一系列与狭缝平行的明暗相间的稳定条纹，即干涉条纹，这些条纹的分布情况如图12-3b所示. 由于S_1和S_2是从同一波阵面上分离出来的两部分，因而这种获得相干光的方法就称为**分波阵面法**. 下面就对干涉条纹在屏幕上的分布进行定量的分析.

2. 双缝干涉实验中明暗条纹在屏幕上的位置

在图12-4中，设S_1和S_2为等宽的窄缝，相距为d（约10^{-3}m），它们到屏幕E的距离为D（约1～3m），即$d \ll D$，由双缝发出的两束光到达屏上的光强在相干区域内可认为是相等的，并令$I_1 = I_2 = I_0$，则屏幕上与中心O相距为x处的P点的光强可根据式（12-4）计算. 由于S_1和S_2的初相相同，即$\varphi_2 = \varphi_1$，所以由双缝S_1和S_2分别射到点P的两束光的相位差$\varphi_{12} = 2\pi\left(\dfrac{r_2 - r_1}{\lambda}\right)$，它取决于波程差$\delta = r_2 - r_1$（因杨氏双缝置于空气中，空气的折射率为1）. 由图12-4可知

$$r_2 - r_1 = d\sin\theta = d\frac{x}{D}$$

于是

$$\varphi_{12} = \frac{2\pi}{\lambda}d\frac{x}{D}$$

则

$$I = 4I_0\cos^2\frac{\varphi_{12}}{2} = 4I_0\cos^2\left(\frac{\pi d}{\lambda D}x\right) \tag{12-7}$$

由此式可知，屏幕上的光强极大和光强极小交替出现，形成明暗相间、等亮度、等间距的条纹. 由式（12-5a）、式（12-5b）和式（12-7）可得屏幕上光强分布随x变化的规律，即

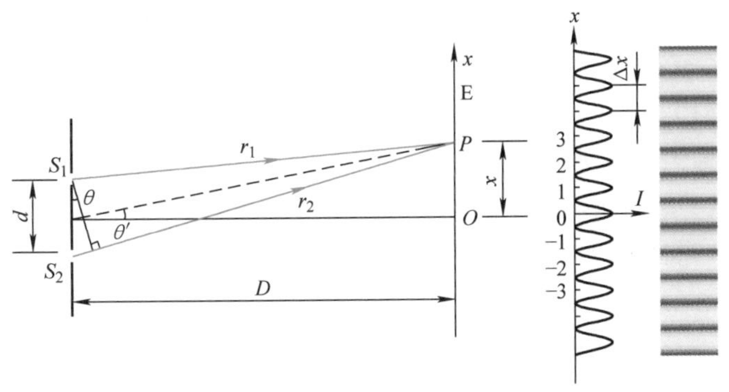

图 12-4　干涉条纹的计算

明、暗条纹中心线的位置为

$$x=\begin{cases}\pm\dfrac{kD}{d}\lambda & k=0,1,2\cdots,I=4I_0,\quad \text{明条纹}\\ \pm(2k-1)\dfrac{D}{d}\dfrac{\lambda}{2} & k=1,2,3,\cdots,I=0,\quad \text{暗条纹}\end{cases}\tag{12-8}$$

式中，k 称为条纹的级次. 当 $k=0$ 时，$x=0$，即零级明纹呈现在双缝的中垂面与屏幕的交线处，故又称**中央明纹**. 在零级明条纹的上、下两侧，对称地排列着正、负级次的条纹. 图 12-4中的 $I-x$ 曲线表示屏幕上光强度的分布情况.

两相邻明条纹或暗条纹之间的距离叫作条纹宽度，用 Δx 表示，即

$$\Delta x=\frac{D}{d}\lambda\tag{12-9}$$

由上述讨论可知杨氏双缝干涉条纹具有如下特点：

（1）屏幕上 x 相等处光强相同.

（2）条纹宽度 Δx 与条纹的级次 k 无关，即各级条纹是等宽的，所以双缝干涉条纹为平行于狭缝的等亮度、等间距的明、暗相间的条纹.

（3）在入射光波长一定的情况下，条纹宽度 $\Delta x\propto D/d$，即两缝相距越近，条纹越宽；屏与缝相距越远，条纹越宽.

（4）若 d 和 D 一定，则 $\Delta x\propto\lambda$，条纹宽度 Δx 与入射波长 λ 成正比，即红光的干涉条纹比紫光条纹宽. 若用白光做双缝干涉实验，则除中央明条纹为白色外，其余明纹成为内紫外红的彩色条纹，称为**光谱**. 随着级次 k 的增大，各种波长的不同级次的明条纹和暗条纹将互相重叠，以致难以分辨.

思维拓展

12-1　在杨氏双缝干涉实验中，为什么一定要有狭缝 S_0 的存在呢？若撤掉狭缝 S_0，将光直接照到双缝上，还会看到干涉现象吗？

3. 劳埃德镜实验

英国物理学家劳埃德（H. Lloyd，1800—1881）于1834年提出了用一块平面反射镜 ML 观察干涉的装置，称为**劳埃德镜**（见图12-5）. 具体构想是这样的，从一个狭缝光源 S_1 所发出的光波，其波前的一部分直接照射到屏幕P上，另一部分则被平面镜 ML 反射到屏幕上. 这两束光由分波阵面得到的，满足相干条件，因此在叠加区域互相干涉，在此区域的屏幕P上可以观察到与狭缝平行的明暗相间的干涉条纹.

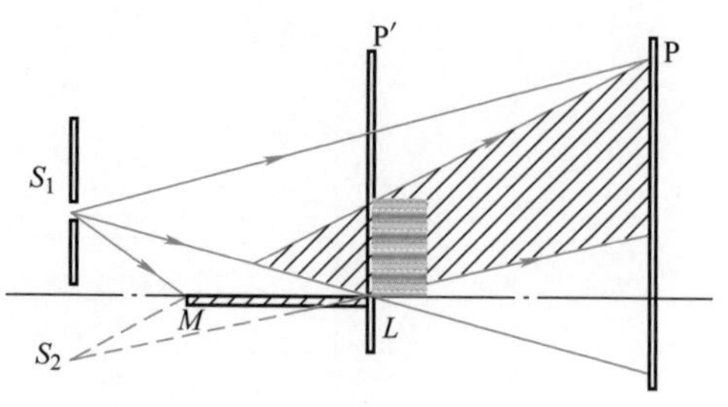

图12-5 劳埃德镜的光路图

从镜面上反射出来的光束宛如从虚光源 S_2 发出来的，S_2 是 S_1 在平面镜 ML 中的虚像. S_1、S_2 构成一对相干光源，相当于两个狭缝光源，因此所产生的干涉条纹与杨氏双缝干涉条纹相类似. 值得指出，在实验时，若将屏幕P移到P′的位置，并与平面镜的一端 L 处接触，这样，从 S_1 和 S_2 到屏幕上 L 处的距离相等，即波程相等，两束相干光在 L 处应干涉加强而出现明条纹，可是，实验发现，在 L 处却出现暗条纹. 这是因为：从光源 S_1 发出的光波在镜面上反射时，发生了相位π的突变，由式（12-5）可知，L 处的相位差 $\varphi_{12}=\pi$，故干涉减弱，出现暗条纹. 由电磁场理论可以严格证明：**当一束光从折射率较小的光疏介质入射到折射率较大的光密介质上发生反射时**，在这两种介质分界面的入射点处，**便有π的相位突变**，这相当于光波在该处存在半个波长的额外波程差，称为光的**半波损失**（见10.7.3节）. 如果光波从光密介质向光疏介质传播时，在分界面处，入射波的相位与反射波的相位相同，不存在半波损失.

思考题

12-3 在杨氏双缝实验中，按下列方法操作，则干涉条纹将如何变化？为什么？

(1) 使两缝间的距离逐渐增大；

(2) 保持双缝间距不变，使双缝与屏幕的距离变大；

(3) 将缝光源 S_0 在垂直于轴线方向往下移动.

12-4 如思考题12-4图所示，从远处的点光源 S_0 发出的两束光 S_0AP 和 S_0BP 在折射率为 n_1 的介质中传播，它们分别在折射率为 n_2、n_3 的介质表面上反射后相遇于 P 点. 已知 $n_2>n_1$、$n_3<n_1$. 问这两束光在分界面发生反射时有无π的相位突变？

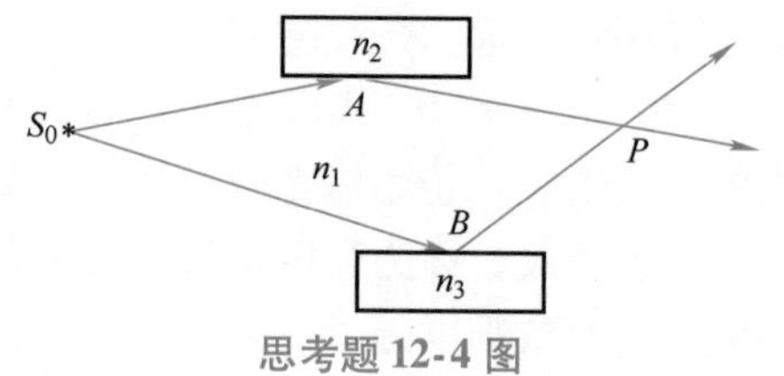

思考题12-4图

4. 光程的物理意义 光程差

由上述讨论可知，干涉现象的产生，取决于相干光之间的相位差. 在同种的均匀介质内，例如在杨氏双缝实验中，两束光在空气（介质）中相遇处叠加时的相位差只取决于两束光之间的波程（即几何路程）之差. 但在一般情况下，光波在传播的过程中将经历不同的介质. 当光穿过不同介质时，其频率 ν 始终不变，但其光速 v 则随介质的不同而异，因而，其波长 λ 亦将随介质的不同而改变. 设 λ 和 λ' 分别为光在真空中和介质中的波长，则 $c=\lambda\nu$，$v=\lambda'\nu$，两式相比，得

$$\lambda' = \frac{v}{c}\lambda = \frac{\lambda}{n}$$

式中，n 为介质的折射率. 可见光经过介质（$n>1$）时，其波长要缩短. 这样，在相同时间内，光在真空中走过的路程和在介质中传播的路程是不等的. 为便于计算和比较，常把光在介质中所传播的路程折算为光在真空中传播的路程长度，称为**光程，即光程为介质的折射率 n 与光波经过的几何路程 r 之乘积 nr**（见 11.2.1 节）.

有了光程的概念，就可用它来比较光波在不同介质中经过的路程所引起的相位变化，这对于讨论两束相干光各自经过不同介质而干涉的条件，十分方便. 如图 12-6 所示，从两个初相相同的相干光源发出的两束相干光波在 P 点相遇，其相位差为

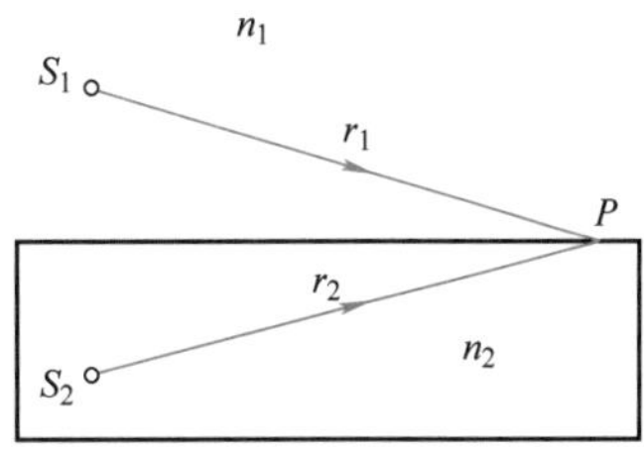

图 12-6 两束相干光波相遇

$$\varphi_{12} = \frac{2\pi r_2}{\lambda_2} - \frac{2\pi r_1}{\lambda_1} = \frac{2\pi}{\lambda}(n_2 r_2 - n_1 r_1) \qquad (12\text{-}10)$$

式中，λ 为这两束相干光在真空中的波长，$n_2r_2-n_1r_1$ 是由它们在两种介质中的传播路径（波程）不同所引起的**光程差**，用 δ 表示，则

$$\delta = n_2 r_2 - n_1 r_1 \qquad (12\text{-}11)$$

这样，两束相干光叠加后，其合成的光强加强、减弱条件可由光程差决定，即

$$\delta = \begin{cases} \pm k\lambda & (k=0,1,2,\cdots) \quad \text{干涉加强} \\ \pm(2k-1)\dfrac{\lambda}{2} & (k=1,2,3,\cdots) \quad \text{干涉减弱} \end{cases} \qquad (12\text{-}12)$$

两束相干光在不同介质中传播时，干涉条件取决于这两束光的光程差，而不是两者的波程（即几何路程）之差.

在计算光程时，尚有以下几种情况值得注意：

（1）在真空中放入厚度为 d、折射率为 n 的介质时，附加光程为 $(n-1)d$.

（2）光从光疏介质射到光密介质而在界面反射时，发生半波损失，附加光程为 $\lambda/2$. 所以在计算两束相干光的光程时，还应计入由半波损失所产生的额外光程.

> 在计入额外光程差 $\lambda/2$ 时，可以加上 $\lambda/2$，也可以减去 $\lambda/2$，这不影响干涉条件的结果，只不过在干涉条件中，导致 k 递增或递减一个级次而已，本书统一采用加上 $\lambda/2$ 的办法.

（3）根据费马原理，成像系统的物点与像点之间各光线的光程都相等. 所以在使用透镜或其他光学仪器成像时，不会引起光程的附加变化.

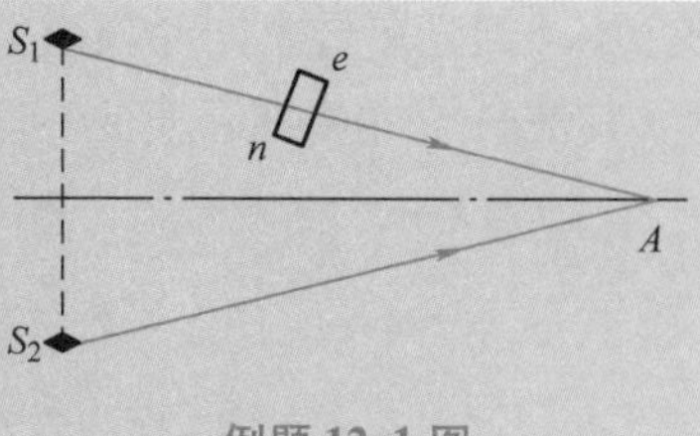

例题 12-1 图

例题 12-1 如例题 12-1 图所示，假设有两个同相的相干点光源 S_1和 S_2发出波长为 λ 的光. A 是 S_1、S_2连线的中垂线上一点. 若在 S_1与 A 之间插入厚度为 e、折射率为 n 的薄玻璃片. 求：(1) 两光源发出的光在 A 点的相位差 φ_{21}；(2) 若已知 $\lambda=500\text{nm}$，$n=1.5$，A 点恰为第 4 级明条纹中心，试求玻璃片的厚度.

解 (1) 设 S_1、S_2到 A 点的距离为 r，则 S_1到点 A 的光程为$(r-e)+ne$，S_2到点 A 的光程为 r，两者之光程差为

$$\delta=[(r-e)+ne]-r=(n-1)e$$

由式 (12-10)，A 点的相位差为

$$\varphi_{21}=\frac{2\pi}{\lambda}\delta=\frac{2\pi(n-1)e}{\lambda}$$

(2) 按题意，插入薄玻璃片后，A 点为第 4 级明条纹中心，由式 (12-12) 可得

$$(n-1)e=k\lambda$$

由题知 $k=4$，$n=1.5$，$\lambda=500\text{nm}$，代入上式，解得薄玻璃片的厚度为

$$e=\frac{k\lambda}{n-1}=\frac{4\times500\text{nm}}{1.5-1}=4.0\times10^{-3}\text{mm}$$

例题 12-2 在例题 12-2 图所示的双缝装置中，已知双缝 S_1、S_2的间距 $d=3.3\text{mm}$，双缝到屏的距离 $D=3\text{m}$，若入射单色光的波长 $\lambda=500\text{nm}$. (1) 求条纹间距；(2) 在狭缝 S_1前放一厚度 $e=0.01\text{mm}$ 的透明薄片，试推导出条纹位移公式. 若已知条纹移动 $\Delta l=4.73\text{mm}$，求薄片的折射率.

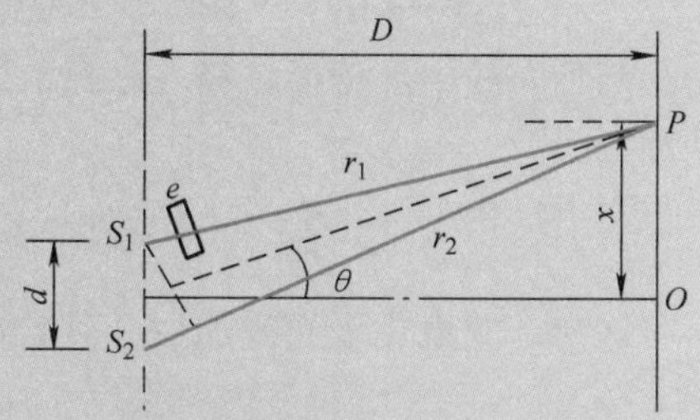

例题 12-2 图

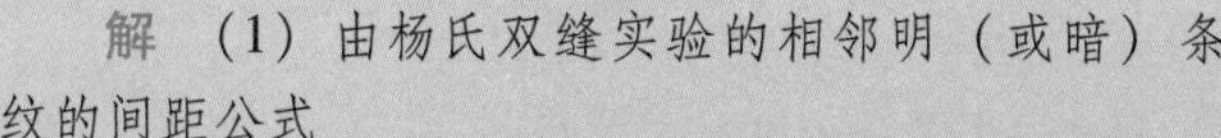

解 (1) 由杨氏双缝实验的相邻明（或暗）条纹的间距公式

$$\Delta x=\frac{D}{d}\lambda$$

将题给的 $d=3.3\text{mm}$，$D=3\text{m}$，$\lambda=500\text{nm}$ 代入上式，算得

$$\Delta x=\frac{3\times10^{3}\text{mm}\times5\times10^{-4}\text{mm}}{3.3\text{mm}}=0.45\text{mm}$$

(2) 推导位移公式：不放透明薄片时，在 P 点相遇的两束光的光程差为

$$\delta=r_2-r_1=\frac{d}{D}x$$

设 P 点为第 k 级明条纹，则 $\delta=r_2-r_1=k\lambda$，有

$$x=\frac{kD}{d}\lambda$$

在 S_1前放入透明薄片后，原来第 k 级明条纹要移动至 P'点的 x'处，则两束光的光程差为

$$\delta'=r_2-(r_1-e+ne)=(r_2-r_1)-e(n-1)=\frac{d}{D}x'-e(n-1)=k\lambda$$

由此可得

$$x' = \frac{D}{d}[e(n-1)+k\lambda]$$

于是，可得条纹移动公式为

$$\Delta l = |x'-x| = \frac{D}{d}e(n-1)$$

由此可得

$$n = 1 + \frac{d\Delta l}{De}$$

将 $\Delta l = 4.73\text{mm}$，$e = 0.01\text{mm}$，$D = 3\text{m}$ 代入上式，可算得薄片的折射率为

$$n = 1.52$$

12.1.5　薄膜干涉

日常生活中，我们常看到肥皂泡、河面上和雨后地面上的废油层等呈现许多绚丽的彩色条纹. 这些条纹就是自然光（阳光）照射在薄膜上，经过薄膜的上、下表面反射后相互干涉的结果. 下面我们将用分振幅法讨论光的薄膜干涉.

1. 平行平面薄膜干涉

设上下表面互相平行、厚度为 e、折射率为 n_2 的均匀薄膜处于折射率为 n_1 的介质中，且 $n_2 > n_1$，如图 12-7 所示.

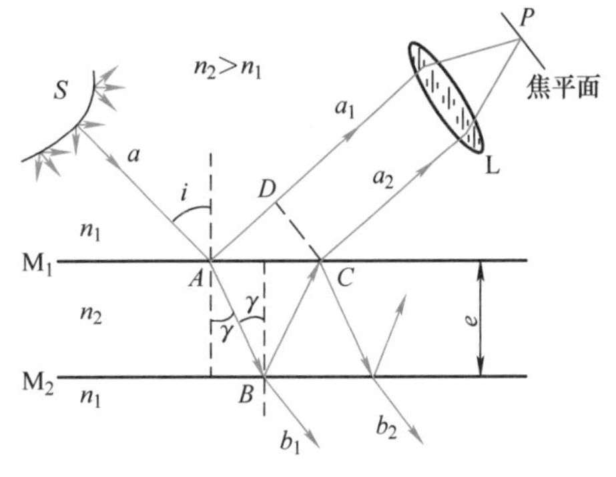

图 12-7　薄膜干涉

图中，S 为单色扩展光源，它的表面上每一发光点（点光源）都向各方向发射波长为 λ 的单色光. 其中，一束光线 a 投射到薄膜上表面 M_1 的 A 点，入射角为 i. 光束 a 的一部分在上表面 M_1 的 A 点反射，成为反射光束 a_1；另一部分以折射角 γ 透入薄膜内，在其下表面 M_2 的 B 点处反射，再由薄膜上表面的 C 点折射成为光束 a_2. 这样，光束 a 经薄膜上、下表面的反射而被分成两个光束 a_1 和 a_2. 它们来自同一个点光源，是两束相干光，它们彼此平行，经透镜 L 后，会聚在其焦平面上，发生干涉现象.

由于光束 a_1 和 a_2 是由光束 a 分出来的，我们只需计算在 A 点以后的两者光程差. 作 $CD \perp AD$，则光束 a_1 从 A 点反射后到达 D 点的光程为 $n_1\overline{AD}$；光束 a_2 从 A 点经 B 点到达 C 点的光程为 $n_2(\overline{AB}+\overline{BC})$. 此后，光束 a_1 和 a_2 是具有同一波前 CD 的平行光，分别通过透镜而会聚于 P 点，由于透镜不产生额外的光程差，故它们的光程相等. 但由于 $n_1 < n_2$，光束 a 在两介质分界面反射时有半波损失，应考虑由此产生的额外光程差 $\lambda/2$. 所以光束 a_1 和 a_2 的总光程差为

$$\delta = n_2(\overline{AB}+\overline{BC}) - n_1\overline{AD} + \frac{\lambda}{2} \tag{ⓐ}$$

由图 12-7 中的几何关系可知，$\overline{AB} = \overline{BC} = \dfrac{e}{\cos\gamma}$，$\overline{AD} = \overline{AC}\sin i = 2e\tan\gamma\,\sin i$，根据光的折射定律

$n_1\sin i = 2n_2\sin\gamma$，式ⓐ可化成

$$\delta = \frac{2n_2 e}{\cos\gamma} - 2n_1 e\tan\gamma\sin i + \frac{\lambda}{2} = \frac{2n_2 e}{\cos\gamma}(1 - \sin^2\gamma) + \frac{\lambda}{2}$$

$$= 2n_2 e\cos\gamma + \frac{\lambda}{2} = 2e\sqrt{n_2^2 - n_2^2\sin^2\gamma} + \frac{\lambda}{2} = 2e\sqrt{n_2^2 - n_1^2\sin^2 i} + \frac{\lambda}{2} \quad ⓑ$$

于是，根据式（12-12）便得薄膜上、下表面反射光束相干条件，即

$$2e\sqrt{n_2^2 - n_1^2\sin^2 i} + \frac{\lambda}{2} = \begin{cases} k\lambda & (k = 1,2,\cdots) \quad \text{干涉加强} \\ (2k+1)\dfrac{\lambda}{2} & (k = 0,1,2,\cdots) \quad \text{干涉减弱} \end{cases} \tag{12-13}$$

类似地，从扩展光源上其他点光源发出的光波中，凡是与光束 a 在同一入射面内、且与光束 a 的入射角 i 相等的所有光束如同光束 a 的情况一样，经薄膜后所形成的每一对相干光束都将会聚在透镜焦平面上的同一点 P. 由于它们的入射角 i 相等，因此它们在 P 点产生的干涉强、弱的效果也完全相同，显示出相同的光强. 并且，由于来自各个点光源的光束彼此独立，互不相干，这些光强在 P 点非相干叠加，从而提高了 P 点的明、暗程度.

当入射光波长 λ 和介质折射率 n_1、n_2 一定时，由式（12-13）可知，光程差与薄膜厚度 e 和光线入射角 i 有关. 当薄膜厚度均匀时，e 为恒量，即薄膜两个表面互相平行，光程差只随入射角 i 变化. 由于扩展光源的表面展布于空间中，其上每个点光源向各方向发射的光波中，也有与光束 a 不在同一入射面上、但与光束 a 具有相同入射角 i 的众多光束，这些入射光束将形成以薄膜法线为轴的圆锥面，如图 12-8a 所示. 与光束 a 的入射面不同的那些光束在透镜焦平面上将不再会聚于 P 点，而是在焦平面上形成一个光强度相同的圆形条纹. 所以干涉条纹是一组同心圆环，如图 12-8 所示，我们称这样的干涉为**等倾干涉**.

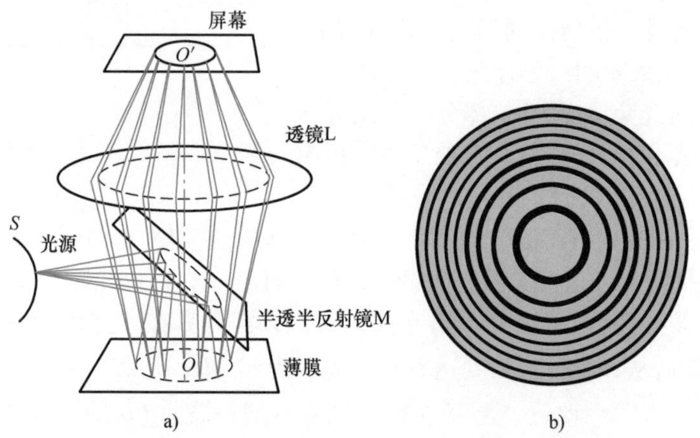

图 12-8　等倾干涉装置及干涉条纹

如图 12-7 所示，光束 a 的一部分经上表面 M_1 反射，另一部分透入薄膜内. 透入薄膜内的光束经薄膜下表面 M_2 又分成反射和透射两部分光束，用 b_1 表示其透射光束，而反射光束返回介质内经上表面 M_1 上的 C 点处又有一部分返回，经 M_2 后又有一部分光束 b_2 透出. 由于 b_1、b_2 来自同一个点光源，是两束相干光. 这样，经薄膜折射的光束也将产生干涉现象. 由

于 $n_2 > n_1$，光在 B 点和 C 点反射时均无半波损失；若 $n_2 < n_1$，光在 B 点和 C 点反射时都有半波损失，其引起的相位突变效果相互抵消，所以透射光束 b_1 和 b_2 的光程公式中没有附加光程差 $\lambda/2$ 项. 同理可以求得透射光束 b_1 和 b_2 的相干条件

$$2e\sqrt{n_2^2 - n_1^2\sin^2 i} = \begin{cases} k\lambda & (k = 1,2,\cdots) \quad \text{干涉加强} \\ (2k+1)\dfrac{\lambda}{2} & (k = 0,1,2,\cdots) \quad \text{干涉减弱} \end{cases} \tag{12-14}$$

由式（12-13）和式（12-14）知，反射光束 a_1 和 a_2 与透射光束 b_1 和 b_2 的光程差相差 $\lambda/2$，说明同一级次反射光和透射光的干涉条纹总是明暗互补的，即反射光干涉加强处，透射光干涉减弱；反射光干涉减弱处，透射光干涉加强. 这正是能量守恒定律所要求的.

2. 增透膜和增反膜

在比较复杂的光学仪器的光学元件（如照相机的镜头、眼镜片、棱镜等）中，为了减少光学表面上光反射的能量损失，一般在元件表面上都镀有一层厚度均匀的透明薄膜［通常用氟化镁（MgF_2）］，使入射单色光在膜的两个表面的反射光干涉相消. 于是，这种单色光就几乎不反射而完全透过薄膜，这种使透射光增强的薄膜叫作**增透膜**，它的作用是使元件的透明度增加.

如图 12-9 所示，在元件的玻璃（其折射率 $n' = 1.5$）表面上镀一层厚度为 e 的氟化镁增透膜，它的折射率 $n = 1.38$，比玻璃的折射率小，比空气的折射率 n_1 大，所以在氟化镁薄膜上、下两表面上的反射光Ⅰ和Ⅱ都是从光疏介质到光密介质，在两个界面上都有半波损失，其引起的相位突变效果相互抵消. 假设入射光束 a 垂直照射到氟化镁薄膜表面上，即入射角 $i = 0$，则氟化镁薄膜上、下表面的反射光束Ⅰ和Ⅱ干涉相消的条件为

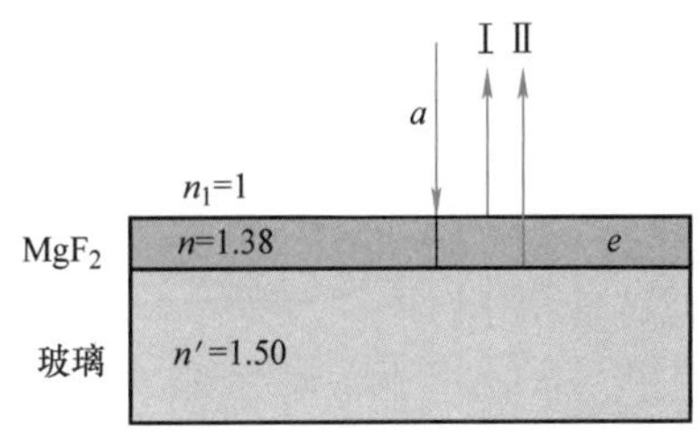

图 12-9 MgF_2 增透膜

$$\delta = 2ne = (2k+1)\frac{\lambda}{2}$$

由此可得所需镀膜的厚度为

$$e = (2k+1)\frac{\lambda}{4n} \quad (k = 0,1,2,\cdots)$$

$k = 0$ 时，取光的波长 $\lambda = 550\text{nm}$（黄绿光），则镀膜的最小厚度为

$$e = \frac{\lambda}{4n} = \frac{550\text{nm}}{4 \times 1.38} \approx 100\text{nm}$$

即氟化镁的厚度如果为 100nm 或 $(2k+1) \times 100\text{nm}$，都可使这种波长的黄绿光在两界面上的反射光干涉减弱. 根据能量守恒定律，反射光减少，透过薄膜的黄绿光就增强了.

反之，对图 12-9 所示的薄膜，在入射光垂直照射的情况下，若使两束光Ⅰ和Ⅱ的光程差等于入射光波长的整数倍，即

$$\delta = 2ne = k\lambda \quad (k = 1,2,\cdots)$$

则两束光干涉加强，反射光增强，透射光减弱. 这种薄膜则称为**增反膜**. 激光器中反射镜的表面都镀有增反膜，以提高其反射率；宇航员的头盔和面甲，其表面上也需镀增反膜，以削

弱强红外线对人体的透射.

3. 劈形薄膜干涉

如果平面薄膜两个表面不平行，便形成劈的形状，称为**劈形薄膜**，习惯上，亦称**劈形膜**. 由式（12-13）知，当平行光以同一入射角 i 入射这种薄膜表面时，经上、下表面反射的两束光的光程差将随薄膜厚度而变化，这种干涉称为**等厚干涉**. 常见的等厚干涉有劈形薄膜干涉和牛顿环.

两块长为 L 的平面玻璃片，一端互相紧密叠合，另一端垫入厚度为 d 的薄纸片或细丝，两玻璃间就形成了劈形状的空气薄膜，称为**劈形空气膜**. 若两玻璃片之间充以折射率为 n 的介质，则形成不同材料的劈形膜. 膜的上、下两个表面就是两块玻璃片的内表面，如图 12-10a所示. 当一束平行光垂直入射于劈形膜表面时，光线经劈形膜的上、下两个表面反射，反射光相互干涉，于是我们在劈形膜的上表面看到明暗相间的干涉条纹.

在图 12-10b 中，当平行光垂直入射于劈形膜时，经劈形膜上、下表面反射的两束光线 1、2 是相干光，这两束光线的光程差可由式（12-13）决定，即

$$\delta = 2e\sqrt{n_2^2 - n_1^2\sin^2 i} + \frac{\lambda}{2}$$

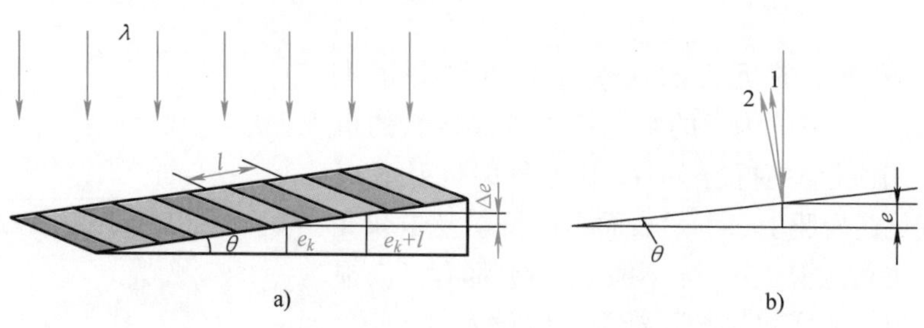

图 12-10　劈形空气膜的光干涉

由于膜的上、下表面所成的夹角 θ 甚小，因而入射光与反射光可近似看成垂直于膜的上、下表面，即入射角 $i \approx 0$，折射角 $\gamma \approx 0$. 设膜处于空气中，$n_1 \approx 1$，n_2 为膜的折射率，记作 n，则明暗条纹的形成条件便成为

$$2ne + \frac{\lambda}{2} = \begin{cases} k\lambda & (k = 1,2,\cdots) \quad \text{明条纹} \\ (2k+1)\dfrac{\lambda}{2} & (k = 0,1,2,\cdots) \quad \text{暗条纹} \end{cases} \tag{12-15}$$

式中，k 为对应条纹的级次. 由上式可知，一定的级次 k 对应于劈形膜的一定厚度 e，而劈形膜的等厚线平行于棱边，所以劈形膜干涉条纹是平行于棱边的明暗相间的条纹. 棱边处 $e=0$，$\delta=\lambda/2$，满足干涉相消条件，所以棱边处为暗纹中心. 相邻明纹（或暗纹）中心对应于劈形膜的厚度差为

$$\Delta e = e_{k+1} - e_k = \frac{1}{2n}(k+1)\lambda - \frac{1}{2n}k\lambda = \frac{\lambda}{2n} \tag{12-16}$$

所以劈形膜干涉条纹是等间距的，其相邻明条纹或暗条纹中心线之间的距离 l 都是相等的. 由图 12-10a 有

$$l=\frac{\Delta e}{\sin\theta}=\frac{\lambda}{2n\sin\theta}\approx\frac{\lambda}{2n\theta} \tag{12-17}$$

由上式可以看出，当入射光的波长 λ 和介质折射率 n 一定时，劈形膜的夹角 θ 越小，则 l 越大，干涉条纹的分布越疏；θ 越大，则 l 越小，干涉条纹的分布越密. 因此，干涉条纹只能在 θ 很小的劈形膜上看得清楚. 否则，θ 较大，干涉条纹就密集得无法分辨. 如果 n 和 θ 一定，干涉条纹间距随入射波的波长而变化：波长越长，条纹间距越宽. 所以用白光照射时将出现彩色光谱. 如果 λ 和 θ 一定，干涉条纹的间距将随介质折射率 n 变化.

劈形膜干涉常用于测量微小长度和检验光学元件表面的平整度.

思考题

12-5　观察肥皂液膜的干涉时，刚吹起的肥皂泡没有颜色，吹到一定大小时才会看到彩色，其颜色随肥皂泡增大而改变，当彩色消失呈现黑色时，肥皂泡破裂，为什么？

12-6　两块玻璃平板构成的劈形膜干涉装置发生如下变化，相应的干涉条纹将怎样变化？(1) 劈尖上表面缓慢向上平移；(2) 棱不动，逐渐增大劈尖角；(3) 两玻璃板之间注入水；(4) 劈尖下表面上有下凹的缺陷.

例题 12-3　在半导体元件的生产过程中，常利用劈形膜干涉来测定硅片上 SiO_2 薄膜的厚度. 其方法是将膜的一端腐蚀成劈尖状，如例题 12-3 图所示. 若已知 SiO_2 的折射率 $n=1.46$，并介于空气与硅的折射率之间，用波长 $\lambda=546.1\text{nm}$ 的绿光垂直照射 SiO_2 劈形膜时，劈尖斜面顶端 M 处恰好是第 7 条暗条纹，求 SiO_2 膜的厚度.

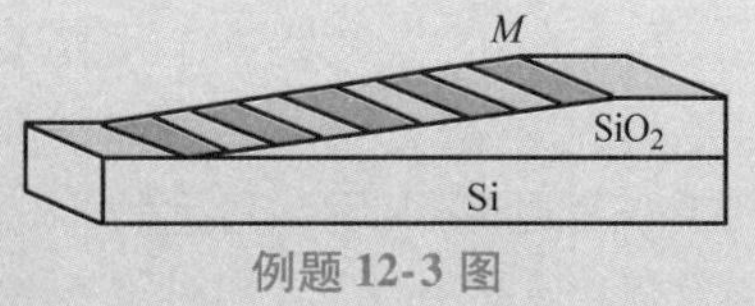

例题 12-3 图

解　由于 $n_{空气}<n<n_{硅}$，绿光在 SiO_2 膜上、下表面反射时均有半波损失，光程差

$$\delta=2ne$$

则暗条纹条件为

$$\delta=2ne=(2k+1)\frac{\lambda}{2}\quad(k=0,1,2,\cdots)$$

第 7 条暗条纹 $k=6$，由此可得 SiO_2 膜的厚度

$$e=(2k+1)\frac{\lambda}{4n}=(2\times6+1)\frac{546.1\text{nm}}{4\times1.46}=1.22\times10^{-6}\text{m}$$

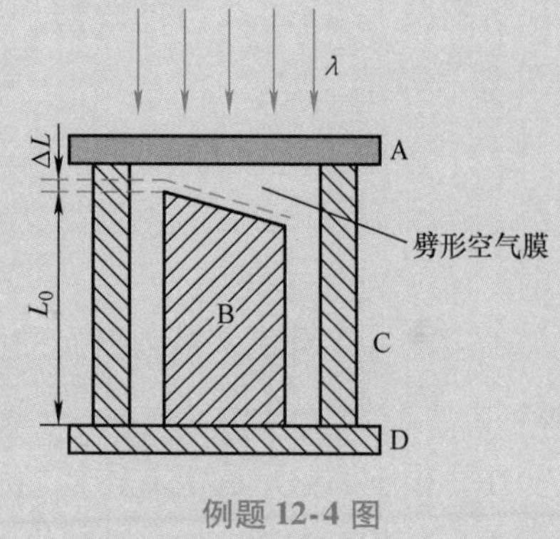

例题 12-4 图

例题 12-4　测定固体线胀系数的干涉膨胀仪的构造如例题 12-4 图所示. 在平台 D 上放置一个上表面磨成稍微倾斜的待测样品 B，外面套一个热膨胀系数很小的石英或殷钢制成的圆环 C，环顶上放一平板玻璃 A，其下表面和样品 B 的上表面之间形成一劈形空气膜. 以波长为 λ 的单色平行光自 A 板垂直入射到这个劈形空气膜上，产生等厚干涉条纹. 设在温度 t_0 时，测得样品的长度为 L_0；温度升高到 t 时，环 C 的长度几乎不变，样品的长度增为 L. 在这个过程中，从视场中看到越过某一刻线的条纹数目为 N. 求被测物 B 的热膨胀系数 β.

解　在劈形空气膜等厚干涉条纹中，设第 k 级暗条纹处的空气膜厚度为

$$e_k = k\frac{\lambda}{2}$$

温度升高到 t 时，劈形空气膜同一处的厚度为

$$e_{k-N} = (k-N)\frac{\lambda}{2}$$

按题意，忽略圆环 C 的膨胀伸长，则空气膜的厚度差为

$$\Delta L = L - L_0 = e_k - e_{k-N} = N\frac{\lambda}{2}$$

由热膨胀系数的定义，得

$$\beta = \frac{L-L_0}{L_0}\frac{1}{t-t_0} = \frac{N\lambda}{2L_0(t-t_0)}$$

例题 12-5　欲测一工件表面的平整度，将一块非常平整的标准玻璃放在待测工件上，使其间形成空气劈尖，如例题 12-5 图 a 所示，现用波长 $\lambda = 500\text{nm}$ 的入射光垂直照射时，测得如例题 12-5 图 b 所示的干涉条纹. 问：(1) 不平处是凸的还是凹的？(2) 如果相邻条纹间距 $b = 2\text{mm}$，条纹的最大弯曲处与未弯曲时该条纹的距离 $a = 0.8\text{mm}$，则不平处的最大高度或深度是多少？

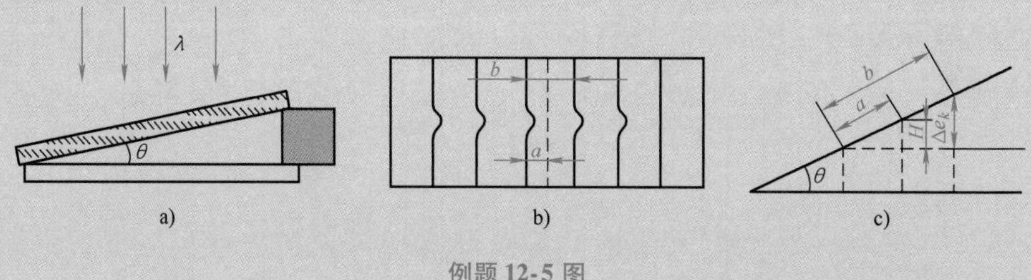

例题 12-5 图

解　(1) 等厚干涉中，每一条纹所在位置的空气膜具有同一厚度. 条纹向右弯，则表明工件表面纹路是凸的.

(2) 相邻两亮（或暗）条纹对应的空气膜厚度差为

$$\Delta e_k = \frac{\lambda}{2} \tag{a}$$

由例题 12-5 图 c 的几何关系，得

$$\sin\theta = \frac{\Delta e_k}{b} = \frac{H}{a} \tag{b}$$

将式ⓐ代入上式，可得待测工件表面凸出的最大高度为

$$H = \frac{a}{b} \cdot \frac{\lambda}{2}$$

4. 牛顿环

将一曲率半径很大的平凸玻璃透镜放在一平板玻璃上，如图 12-11a 所示，则在它们之间就形成了环状的劈形介质（折射率为 n）薄层. 用单色平行光垂直入射时，可得到等厚干涉条纹. 由于在以接触点为中心的圆周上各点，薄层的厚度相等. 则由薄层上、下表面形成的反射光在透镜的凸面和薄层的交界面上，形成以接触点 O 为中心的一组环形干涉条纹，这组环形条纹在靠近中央部分分布较疏，边缘部分分布较密. 如果光源发出单色光，这些条纹是明暗相间的环形条纹（见图 12-11b）；如果光源发出白色光，则这些条纹是彩色的环形条纹（级次高的条纹互相重叠，分辨不清，一般能看到三、四个彩色环）. 这些环状干涉条纹叫作**牛顿环**，如图 12-11b 所示. 明、暗环满足式（12-15）所表示的条件. 环心处 $e=0$，形成暗斑. 如果平凸透镜的曲率半径为 R，从中心向外数到第 k 级圆环的半径为 r，则由图示的几何关系，有

$$r^2 = R^2 - (R-e)^2$$

化简此式，并考虑到 $R \gg e$，则得薄层厚度为

$$e = \frac{r^2}{2R}$$

代入式（12-15）中，得第 k 级明、暗环半径为

> 由于环心在接触点上，$e=0$，两束反射光线的额外光程差为 $\lambda/2$，故接触点是一暗点. 可是平凸透镜放在平玻片上，会引起接触点处因挤压而发生变形，因而接触点实际上不是暗点，而为一暗圆斑.

$$\begin{cases} \text{明环}: r = \sqrt{\dfrac{(2k-1)\lambda R}{2n}} & (k=1,2,\cdots) \\ \text{暗环}: r = \sqrt{\dfrac{k\lambda R}{n}} & (k=0,1,2,\cdots) \end{cases} \tag{12-18}$$

若劈形薄层中充满空气，则 $n=1$.

用牛顿环仪器也可以观察透射光的环形干涉条纹. 这些条纹的明暗情形与反射光的明暗条纹恰好相反，环的中心点在透射光中是一个亮斑.

在实验室里，用牛顿环来测定光波的波长是一种最通用的方法. 我们也可以根据条纹的圆形程度来检验平面玻璃是否磨得很平，以及曲面玻璃的曲率半径是否处处均匀.

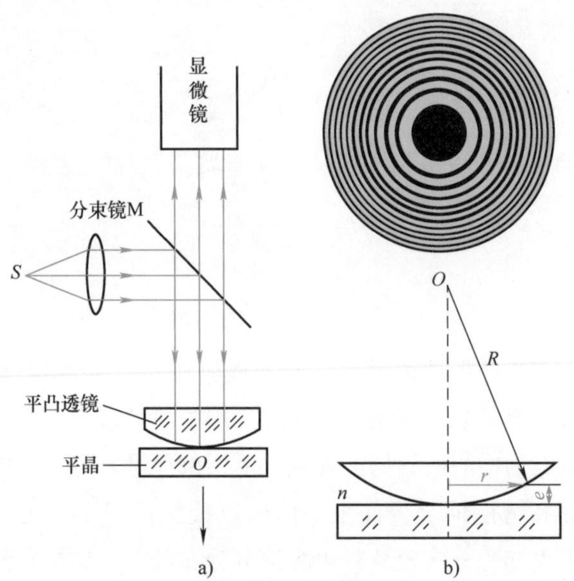

图 12-11 牛顿环

a）观察牛顿环的装置示意图 b）牛顿环图案

例题 12-6 用紫色光观察牛顿环现象时，看到第 k 级暗环中央的半径 $r_k=4\text{mm}$，第 $k+5$ 级暗环中央的半径 $r_{k+5}=6\text{mm}$. 已知所用凸透镜的曲率半径为 $R=10\text{m}$. 求紫光的波长和环数 k.

解 根据牛顿环的暗环半径公式及题意，可以得到两个关系，即

$$r_k^2 = k\lambda R \text{ 和 } r_{k+5}^2 = (k+5)\lambda R$$

两式联立，可解得紫光的波长

$$\lambda = \frac{r_{k+5}^2 - r_k^2}{5R} = \frac{(6\times10^{-3})^2\text{m}^2 - (4\times10^{-3})^2\text{m}^2}{5\times10\text{m}} = 400\text{nm}$$

环数为

$$k = \frac{r_k^2}{\lambda R} = \frac{(4\times10^{-3})^2\text{m}^2}{(400\times10^{-9})\text{m}\times10\text{m}} = 4$$

12.1.6 迈克耳孙干涉仪

干涉仪是根据光的干涉原理制成的一种精密仪器，可用于精密测量长度和介质折射率、测定光谱精细结构和测量星体直径等许多方面. 迈克耳孙干涉仪是美籍德国物理学家迈克耳孙（Michelson，1852—1931）于 1880 年创制的，它的基本构造原理如图 12-12 所示.

图中 M_1 和 M_2 为平面镜，M_2 是固定的，M_1 由一螺钉控制，可做微小移动. G_1 和 G_2 是两块完全一样的玻璃片，其中 G_1 的一个表面镀有半透明薄银层（图中用粗线标出），它使照上去的入射光分成强度大致相等的反射光和透射光，称为**分光板**；G_2 起增大光程的作用，称为**补偿板**. G_1 和 G_2 严格保持平行，并与平面镜 M_1 或 M_2 倾斜成45°角.

光源射来的光线由分光板 G_1 分成两束，反射光线 2 射向 M_2，经 M_2 反射后透过 G_1 进入观测装置 E，用 2′表示；透射光线 1 穿过 G_2 射向 M_1，经 M_1 反射后再穿过 G_2，并进入 G_1 反射后进入观测装置 E，用 1′表示. 光线 1′、2′来自同一光线，满足干涉条件，在观测装置中将观察到干涉条纹. 在观察者看来，光线 1′好像是从 M_1 的虚像 M_1' 射来的一样，所以这种情况下所观察到的干涉条纹宛如 M_2 和 M_1' 之间的空气薄膜所形成的干涉条纹.

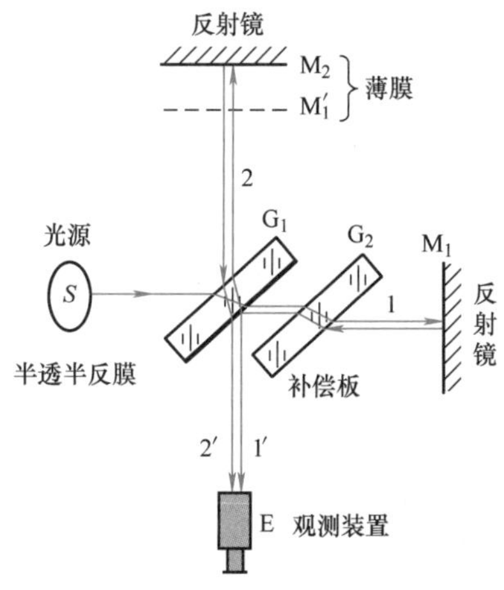

图 12-12　迈克耳孙干涉仪

如果 M_1 和 M_2 严格地相互垂直，那么，M_2 和 M_1' 严格地相互平行，观察者将看到等倾干涉条纹. 如果 M_1 和 M_2 不是严格地相互垂直，那么，M_2 和 M_1' 也不是严格相互平行，观察者将会看到等厚干涉条纹. 无论是等倾干涉还是等厚干涉情况，如果入射单色光的波长为 λ，则每当 M_1 平移 $\lambda/2$ 的距离时，视场中将看到一条干涉条纹移过，因此，数一数在视场中移过的条纹数目 N，就可算出平面镜 M_1 移动的距离 d（以光波的波长计）为

$$d = N\frac{\lambda}{2} \tag{12-19}$$

根据式（12-19），也可从平面镜 M_1 移动的距离来测定波长.

迈克耳孙曾用自己的干涉仪测量过镉红线的波长，并测定标准米尺的长度，即 1m 等于 1553163.5 个镉红光的波长.

除迈克耳孙干涉仪外，工业上还常用显微干涉仪来检查光学玻璃的表面加工质量、测定机件磨光面的光洁度等. 此外，根据不同要求和用途而设计的干涉仪，其原理都是基于光的干涉.

例题 12-7　在迈克耳孙干涉仪的一条光路上，放置一个长为 $l=100\text{mm}$ 的玻璃管，管内充有一个大气压的空气，并采用波长为 $\lambda=585\text{nm}$ 的光源。现将玻璃管内的空气逐渐抽掉而成真空，在此过程中，观察到 $N=100$ 条干涉条纹移过，试计算空气的折射率.

解　设空气折射率为 n，管内空气抽出前后，光路上光程的变化为

$$(n-1)l = N\frac{\lambda}{2}$$

所以

$$n = 1 + \frac{N\lambda}{2l} = 1 + \frac{100 \times 585 \times 10^{-9}}{2 \times 100 \times 10^{-3}} = 1.000293$$

思维拓展

12-2　如果所有的光都是相干的，那么我们生活的世界将会变成什么样呢？请放飞你的思维！

12.2 光的衍射

12.2.1 光的衍射现象 惠更斯-菲涅耳原理

1. 光的衍射现象

在第 10 章中讲过，当水波穿过障碍物的小孔时，可以绕过小孔的边缘，不再按照原来波射线的方向，而是弯曲地向障碍物后面传播. 波能够绕过障碍物而弯曲地向它后面传播的现象，称为波的**衍射现象**. 和干涉一样，衍射现象是波动过程的基本特征之一.

光的衍射现象进一步说明了光具有波动性. 如图 12-13 所示，在屏障上只开一个缝，叫作**单缝**. 自光源 S 发出的光线，穿过宽度可以调节的单缝 K 之后，在屏幕 E 上呈现光斑 ab（见图 12-13a）. 在 S、K、E 三者位置已经固定的情况下，光斑的宽度取决于单缝 K 的宽度. 如果缩小单缝 K 的宽度，使穿过它的光束变得更狭窄，则屏幕 E 上的光斑也随之缩小. 但是实验指出，当单缝 K 的宽度缩小到一定程度（约 10^{-4}m）时，如果再继续缩小，屏幕上的光斑不但不缩小，反而逐渐增大，如图 12-13b 中 $a'b'$所示. 这时，光斑的全部亮度也发生了变化，由原来均匀的分布变成一系列的明、暗条纹（如光源为单色光）或彩色条纹（如光源为白色光），条纹的边缘上也失去了明显的界限，变得模糊不清.

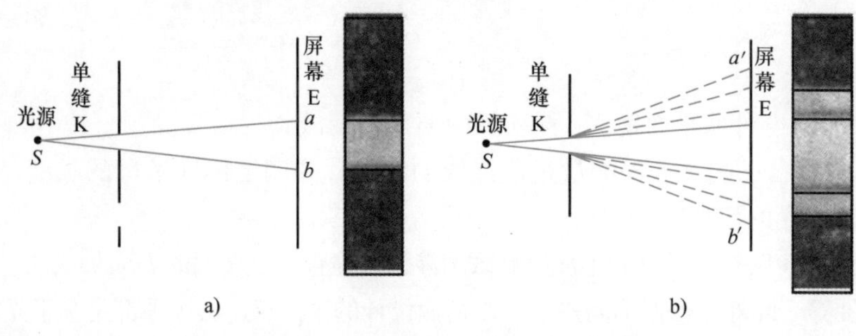

图 12-13 光的衍射现象的演示实验

若用一根细长的障碍物（例如细线、针、毛发等）代替缝 K，则屏上也会出现明、暗条纹组（如光源为单色光）或彩色条纹组（如光源为白色光）. 光的上述这种情况，就是光的波动性所表现出来的衍射现象.

光的衍射分为两类，一类是光源 S 和观察屏 E（或两者之一）与障碍物（见图 12-13 中的单缝 K）的距离有限，称为**菲涅耳衍射**；另一类是光源 S 和观察屏 E 都离障碍物无限远，即平行光的衍射，称为**夫琅禾费衍射**. 本节重点研究夫琅禾费衍射.

2. 惠更斯-菲涅耳原理

光的衍射现象可以用惠更斯的子波原理做定性解释，这和解释机械波的衍射情况一样. 但是惠更斯的子波原理却不能定量解释光的衍射图样中出现的明、暗条纹分布情况.

法国物理学家菲涅耳（Fresnel，1788—1827）根据波的叠加和干涉原理，提出了“子波干涉叠加”的概念，补充了惠更斯理论，圆满地解释了光的衍射现象，从而使光的波动学说更臻完备. 菲涅耳认为：**同一波前上的每一点都可以认为是发射球面子波的波源，空间任一点的光振动是所有这些子波在该点相干叠加的结果**. 这就是“子波相干叠加”的**惠更**

斯－菲涅耳原理.

根据惠更斯－菲涅耳原理，如果已知波动在某时刻的波前 S，就可以计算光波从波前 S 传播到某点 P 的振动情况. 其基本思想和方法是：将波前 S 分成许多面元 $\mathrm{d}S$（见图 12-14），每个面元 $\mathrm{d}S$ 都是子波的波源，它们发出的子波分别在点 P 引起一定的光振动；把波前 S 上所有各面元 $\mathrm{d}S$ 发出的子波在点 P 相遇的光振动叠加起来，就得到点 P 的合振动. 根据理论推导可知，各面元 $\mathrm{d}S$ 发出的子波在点 P 引起光振动的振幅大小与面元 $\mathrm{d}S$ 成正比，与 $\mathrm{d}S$ 到点 P 的距离 r 成反比，并与相应位矢 $\boldsymbol{r}$ 与 $\mathrm{d}S$ 的法线 $\boldsymbol{e}_n$ 所成夹角 θ 等有关，用 $f(\theta)$ 来描述，其相位则仅与 r 有关. 所以在一般情况下，波前 S 在点 P 处引起的合成振动振幅为

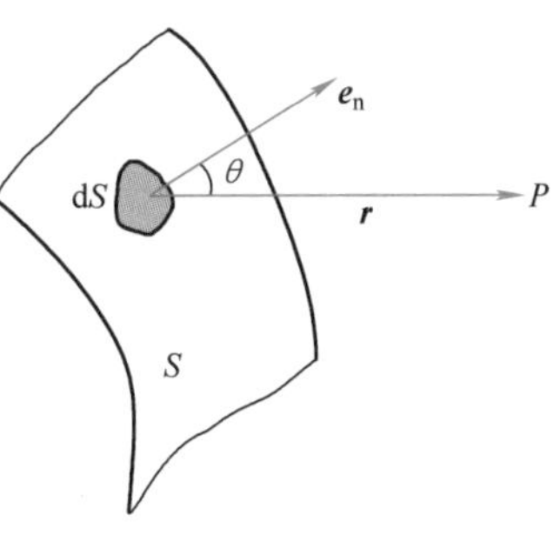

图 12-14 惠更斯－菲涅耳原理

$$E = \int \mathrm{d}E = \int_S \frac{Cf(\theta)\,\mathrm{d}S}{r}\cos\left(\omega t + \varphi_0 - \frac{2\pi r}{\lambda}\right) \tag{12-20}$$

这个积分计算比较复杂. 下面我们将根据惠更斯－菲涅耳原理，应用菲涅耳所提出的波带法来解释单缝衍射现象，以避免复杂的计算.

12.2.2 单缝衍射

图 12-15a 和 b 为单缝衍射实验装置示意图和条纹分布图. 位于透镜 L_1 焦点上的光源 S 发出的光经透镜 L_1 变成平行光束后，这束平行光垂直照射宽度可与光的波长相比较的狭缝 K 时，会绕过缝的边缘向阴影区衍射，衍射光经透镜 L_2 会聚到焦平面处的屏幕 P 上，形成衍射条纹. 这种条纹叫作**单缝衍射条纹**，如图 12-15b 所示. 分析这种条纹形成的原因，不仅有助于理解单缝夫琅禾费衍射的规律，而且也是理解其他一些衍射现象的基础.

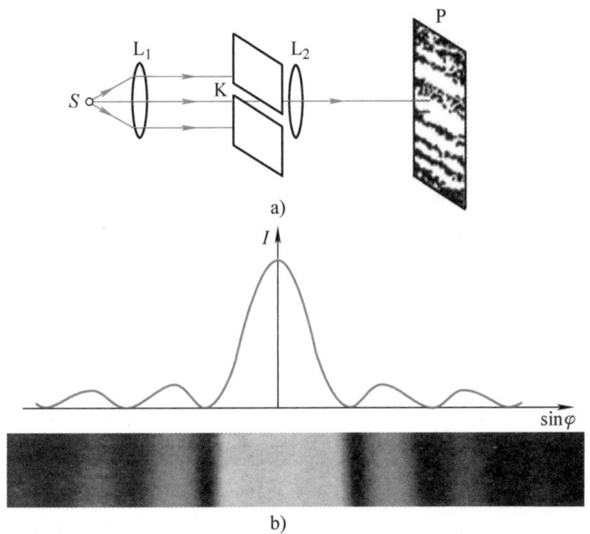

图 12-15 单缝衍射实验装置示意图和条纹分布图

a）单缝夫琅禾费衍射实验装置示意图 b）单缝衍射条纹的强度分布

图 12-16a 是上述单缝衍射的示意图，AB 为单缝的截面，其宽度为 a. 按照惠更斯－菲涅耳原理，波面 AB 上的各点都是相干的子波波源. 先考虑沿入射方向传播的各子波射线（见图 12-16a 中的光束①），它们被透镜 L 会聚于焦点 O. 由于 AB 是同相面，而透镜又不会引起附加的光程差，所以它们到达点 O 时仍保持相同的相位而相互加强. 这样，在正对狭缝中心的屏幕上的 O 处将是一条明条纹的中心，这条明条纹叫作**中央明条纹**.

下面来讨论与入射方向成 φ 角的子波射线（见图 12-16a 中的光束②），φ 叫作**衍射角**. 由 AB 面上子波波源 A、A_1、A_2、B 发出的衍射角为 φ 的平行光束被透镜会聚于屏幕上的 P 点，但要注意，光束中各子波到达 P 点处的光程并不相等，所以它们在 P 点处的相位也不相同. 换句话说，从面 AB 发出的各子波在 P 点处的相位差，就对应于从面 AB 到面 AC 的光程差. 由图可见，B 点发出的子波比 A 点发出的子波多传播了 $BC = a\sin\varphi$ 的光程，这是沿 φ 角方向各子波的最大光程差. 为了分析上述各子波在 P 点处叠加的结果，我们采用菲涅耳提出的**波带法**来分析屏幕上的光强分布.

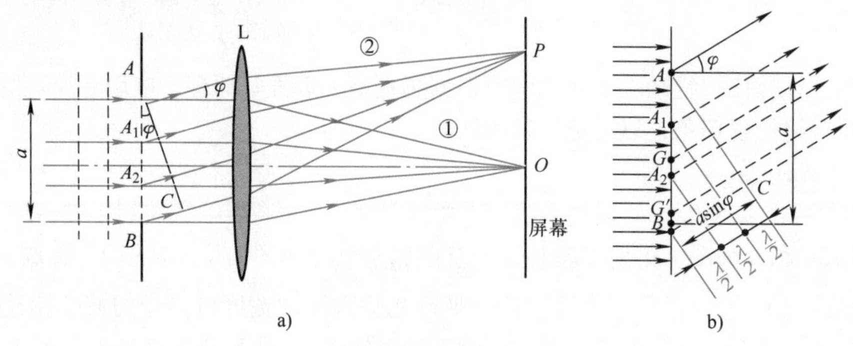

图 12-16　单缝衍射

波带法是把波前 AB 分割成许多相等面积的波带. 如图 12-16b 所示，在所述的单缝情况下，作一系列平行于 AC 的平面，两个相邻平面间的距离等于入射单色光波长的一半，即 $\lambda/2$. 设这些平面将单缝处的波前 AB 分成 AA_1、A_1A_2、A_2B 等整数个面积相等的**波带**（亦称为**半波带**)，则由于这些波带的面积相等，所以波带上子波波源的数目也相等. 任何两个相邻的波带上，两对应点（如波带 A_1A_2 上的 A_1 点与波带 A_2B 上的 A_2 点，波带 A_1A_2 上的 G 点与波带 A_2B 上的 G' 点，等等）所发出的子波到达 AC 面上时，因为光程差为 $\lambda/2$，所以相位差是 π，经过透镜聚焦在 P 点时，相位差不变，仍然是 π. 由此可见，任何两个相邻波带所发出的光波在 P 点处将完全相互抵消.

如果 BC 是半波长的偶数倍，即在某个确定的衍射角 φ 下将单缝上的波前 AB 分成偶数个波带，则相邻波带发出的子波皆成对抵消，从而在点 P 处出现暗条纹；如果 BC 是半波长的奇数倍，则波前 AB 也被分成奇数个波带，于是除了其中相邻波带发出的子波两两相互抵消外，必然剩下一个波带发出的子波未被抵消，故在 P 点处出现明条纹；这条明条纹的亮度（光强），只是奇数个波带中剩下来的一个波带上所发出的子波经过透镜聚焦后所产生的效果. 上述结果可用数学式表示如下

$$a\sin\varphi=\begin{cases}\pm 2k\dfrac{\lambda}{2} & (k=1,2,\cdots) \quad 暗条纹(衍射极小)\\ 0 & (k=0) \quad 零级明条纹(衍射主极大)\\ \pm(2k+1)\dfrac{\lambda}{2} & (k=1,2,\cdots) \quad 明条纹(衍射极大)\end{cases} \tag{12-21}$$

需要指出，对于任意衍射角 φ 来说，波前 AB 一般不能恰巧被分成整数个波带，即 BC 段的长度不一定等于 $\lambda/2$ 的整数倍，对应于这些衍射角的衍射光束，经透镜聚焦后，在屏幕上形成介于最明与最暗之间的中间区域.

在中央明条纹中心，各级衍射光线相互叠加，所以亮度最大. 在其余各级明条纹中，明条纹级次越高（φ 越大），单缝处被划分成的半波带数目越多，每个半波带的面积越小. 由于偶数个半波带中的光线总是相消的，只有留下的一个半波带中的光线叠加形成明条纹，所以明条纹的级次越高，光强越小. 事实上，中央明条纹处集中了约 85% 的能量，其他明条纹光强迅速下降，如图 12-15b 所示. 正因为如此，在实际应用中，只有低级次条纹才有实际意义，它对应于衍射角 φ 很小的情况.

两个第 1 级暗条纹中心之间的距离定义为中央明条纹的宽度. 由式（12-21）可确定两个第 1 级暗条纹对应的衍射角 φ 为

$$\varphi\approx\sin\varphi=\pm\frac{\lambda}{a}$$

所以，中央明条纹的角宽度为

$$\Delta\varphi_{中央}=\varphi_1-\varphi_{-1}=\frac{2\lambda}{a} \tag{12-22}$$

这一角宽度所对应的中央明条纹的线宽度为

$$\Delta x_{中央}=2f\frac{\lambda}{a} \tag{12-23}$$

式中，f 为透镜焦距. 而其余明条纹的线宽度为

$$\Delta x=f\varphi_{k+1}-f\varphi_k=f\frac{\lambda}{a} \tag{12-24}$$

由式（12-23）和式（12-24）知，单缝衍射中央明条纹宽度是其余明条纹宽度的两倍.

由式（12-21）知，衍射条纹的位置由 $\sin\varphi$ 决定，缝宽 a 一定时，同一级条纹所对应的 $\sin\varphi$ 与波长 λ 成正比，入射光波长 λ 越大，衍射条纹越宽. 如果用白光照射，除中央明条纹为白光外，其余各级条纹都将形成内紫外红的彩色光谱，称为**衍射光谱**.

对波长 λ 一定的单色光来说，缝宽 a 越小，衍射角 φ 越大，衍射越显著；反之，缝宽 a 越大，φ 角越小，衍射越不显著. 如果 $a\gg\lambda$，各级衍射条纹将全部向中央靠拢，密集得无法分辨，只显示一条明亮纹，这就是通常透镜所成的单缝的像. 这正符合光的直线传播规律. 也就是说，几何光学只是波动光学 $(\lambda/a)\to 0$ 的极限情形.

思考题

12-7　在单缝衍射实验中，(1) 使单缝垂直于其后面透镜的光轴上下微小移动，屏上衍射图样是否变化？(2) 使光源垂直于光轴上下移动，屏上衍射图样是否变化？

例题 12-8　如例题 12-8 图所示，以单色平行可见光垂直照射宽度为 $a=0.6\text{mm}$ 的单缝，缝后凸透镜的焦距 $f=40\text{cm}$，屏上离中心点 O 距离为 $x=1.4\text{mm}$ 的 P 点处恰为一明纹中心. 试求：(1) 该入射光的波长；(2) P 点条纹的级次；(3) 从 P 点看来，对该光波而言，狭缝处被划分为多少个半波带？

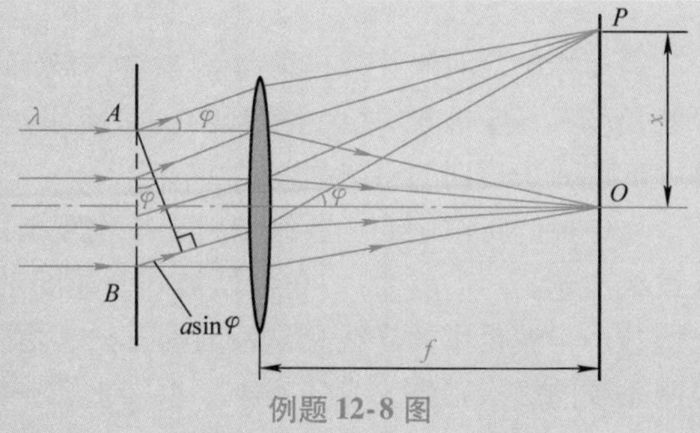

例题 12-8 图

解　由式 (12-21) 中单缝衍射的明条纹条件

$$a\sin\varphi = \pm(2k+1)\frac{\lambda}{2}$$

由于 $f>>a$，所以有 $\sin\varphi\approx x/f$，代入上式，得

$$a\frac{x}{f} = \pm(2k+1)\frac{\lambda}{2}\quad(k=1,2,\cdots)$$

(1) 该入射光的波长为

$$\lambda = \frac{2ax}{f(2k+1)} = \frac{4.2\times10^3}{2k+1}\text{nm}$$

(2) 当 $k=3$ 时，$\lambda=600\text{nm}$；$k=4$ 时，$\lambda=466.7\text{nm}$，在可见光范围.

(3) 当 $\lambda=600\text{nm}$ 时，P 点条纹为第 3 级明条纹，相应单缝处的半波带数为 $2\times3+1=7$.

当 $\lambda=466.7\text{nm}$ 时，P 点条纹为第 4 级明条纹，相应单缝处的半波带数为 $2\times4+1=9$.

例题 12-9　如例题 12-9 图所示，用波长为 550nm 的平行光垂直照射在 $a=0.5\text{mm}$ 的单缝上，缝后有焦距为 $f=50\text{cm}$ 的凸透镜. 试求：透镜焦平面上出现的衍射中央明条纹的宽度；第 1 级明条纹的位置.

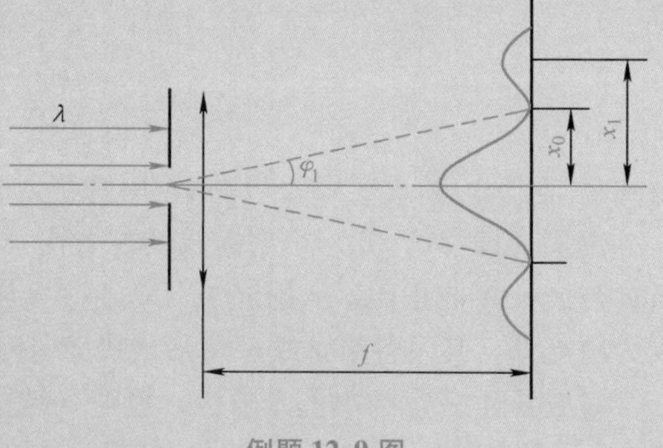

例题 12-9 图

解　由式 (12-20) 知，1 级暗条纹的衍射角

$$\varphi_1 = \sin\varphi_1 = \pm\frac{\lambda}{a}$$

第 1 级暗条纹在屏上的坐标位置

$$x_0 = f\tan\varphi_1 \approx f\varphi_1 = f\frac{\lambda}{a}$$

中央明条纹的宽度

$$l_0 = 2x_0 = 2f\frac{\lambda}{a} = 2\times\left(0.5\times\frac{550\times10^{-9}}{0.5\times10^{-3}}\right)\text{m} = 1.1\text{mm}$$

由式（12-21）知，第 1 级明条纹的衍射角

$$\varphi \approx \sin\varphi = \pm\frac{3\lambda}{2a}$$

以中央明条纹中心为坐标原点，则第 1 级明条纹在屏幕上原点两侧的坐标位置为

$$x_1 = \pm f\tan\varphi \approx \pm f\varphi = \pm f\frac{3\lambda}{2a} = \pm\left(0.5 \times \frac{3 \times 550 \times 10^{-9}}{2 \times 0.5 \times 10^{-3}}\right)\text{m} = \pm 0.825\text{mm}$$

12.2.3　圆孔衍射　光学仪器的分辨本领

1. 圆孔衍射

用圆孔代替图 12-15a 中的单缝，屏幕上就得到圆孔的夫琅禾费衍射图样. 中央是一个明亮的圆斑，集中了衍射光能的 80% 以上，通常称为**艾里斑**，如图 12-17 所示，其中心就是圆孔的几何光学的像点. 艾里斑之外则是一组明暗相间的同心圆环. 艾里斑的大小反映了衍射光的弥散程度，而第一暗环的衍射角 θ_0 给出了艾里斑的**半角宽度**. 若艾里斑的直径为 d、透镜的焦距为 f，圆孔的直径为 D，单色光波长为 λ，理论计算得出（从略）艾里斑的**半角宽度**为

$$\theta_0 = \frac{d}{2f} = 1.22\,\frac{\lambda}{D} \tag{12-25}$$

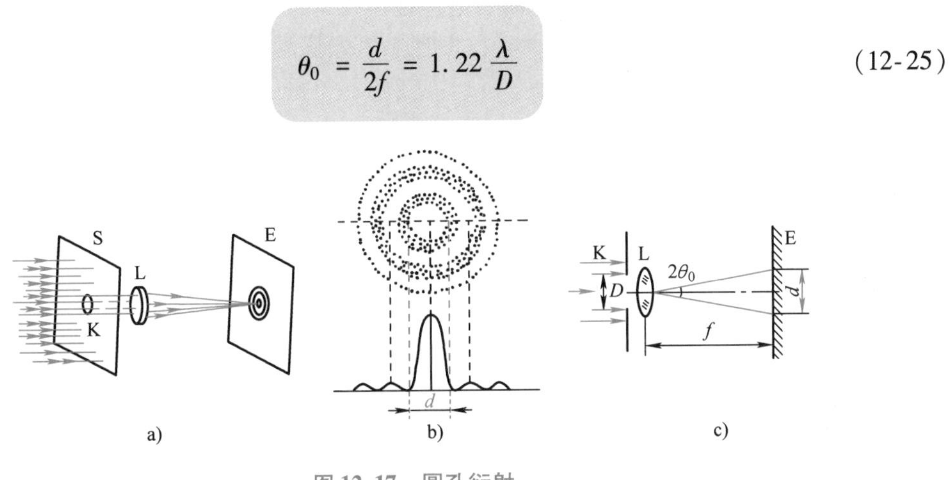

图 12-17　圆孔衍射

2. 光学仪器的分辨本领

光学仪器通常是由一个或几个透镜组成的光学系统，由几何光学的知识我们知道，一个物点发出的光通过光学系统后，能够得到一个对应的像点. 但是光的衍射现象告诉我们，光学系统对物点所成的像，不可能是几何点，而是具有一定大小的光斑，并且在其周围有明暗交替的环状衍射条纹，如果两个物点的距离很小，对应的光斑互相重叠，即使光学系统的放大率很高，所成的像对眼睛的张角很大，但仍然不能将它们互相分辨出来，所以说，光的衍射现象限制了光学系统的分辨能力.

例如，显微镜的物镜可以看成是一个小圆孔，用显微镜观察一个物体上 a、b 两点时，从 a、b 发出的光经显微镜的物镜成像时，将形成两个亮斑，它们分别是 a 和 b 的像. 如果这两个亮斑分得较开，两个亮斑的中心对光学仪器 L 的张角 θ 也较大，人眼可以毫不困难地分辨出这两个物点所成的像，如图 12-18a 所示. 如果 a、b 靠得很近，两个亮斑的中心对光

学仪器 L 的张角 θ 也很小，人眼无法分辨出这是一个物点还是两个物点所成的像，如图 12-18c所示. 英国物理学家瑞利指出，a、b 两点所成的像恰好能被分辨的判据是：点 a 的衍射图样中央亮斑中心与点 b 的衍射图样第 1 级暗纹的位置相重合，如图 12-18b 所示，即两个亮斑的中心对光学仪器 L 的张角 θ_0 恰好等于艾里斑的半角宽度（见图 12-19）. 张角 θ_0 叫作**最小分辨角**. 由式（12-25）可给出. 最小分辨角的倒数叫作**光学仪器的分辨率**为

$$R=\frac{1}{\theta_0}=\frac{D}{1.22\lambda} \tag{12-26}$$

式中，D 为光学仪器的通光孔径. 由上式可知，分辨率与波长 λ 成反比，与光学仪器的通光孔径 D 成正比. 在通光孔径 D 一定的情况下（如显微镜），分辨率随波长的减小而增加；在波长 λ 一定的情况下（如望远镜），分辨率随光学仪器的通光孔径 D 的增加而增加. 分辨率是评定光学仪器性能的一个主要指标，也是我们在使用光学仪器时必须考虑的一个因素.

1990 年发射的哈勃太空望远镜的凹面物镜的直径为 2.4m，最小分辨角 $\theta_0=0.1''$，在大气层外 615km 高空绕地运行，可观察 130 亿光年远的太空深处，发现了 500 亿个星系. 2016 年 9 月 26 日被誉为“中国天眼”的 FAST——500 米口径球面射电望远镜正式投入使用. 截至 2019 年 8 月 28 日，500 米口径球面射电望远镜投入使用近三年，现已实现跟踪、漂移扫描、运动中扫描等多种观测模式，并且已发现 132 颗优质的脉冲星候选体，其中有 93 颗已被确认为新发现的脉冲星.

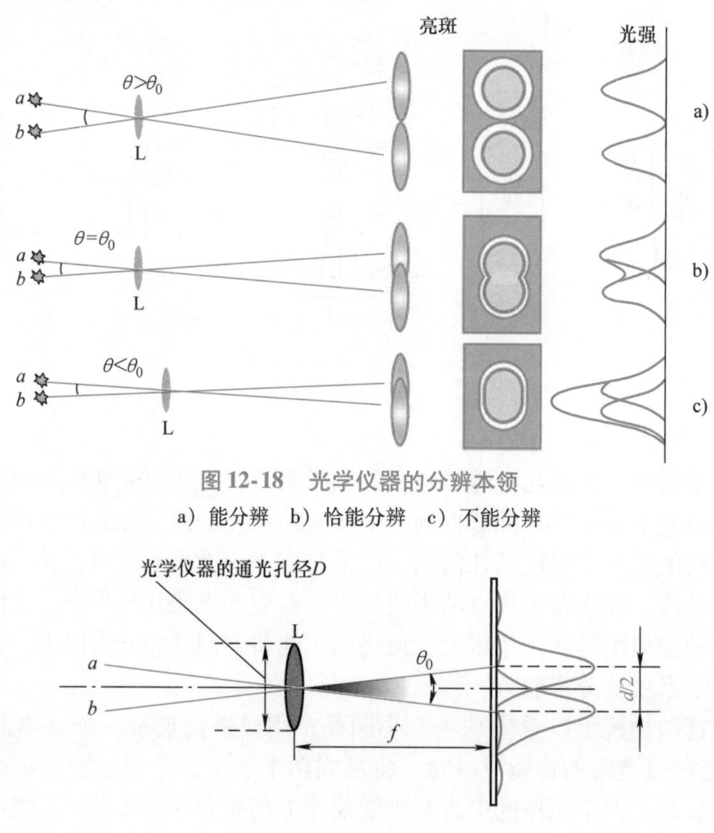

图 12-18　光学仪器的分辨本领

a）能分辨　b）恰能分辨　c）不能分辨

图 12-19　最小分辨角

12.2.4 衍射光栅

例题12-8表明，利用单色光通过单缝产生衍射条纹的方法可以测定单色光的波长. 为了提高测量精度，必须把各级条纹分得很开，而且每一级条纹又要很亮. 然而对单缝衍射来说，这两个要求是不可能同时满足的. 因为要求各级明条纹分得很开，单缝的宽度 a 就要很小，而宽度太小，通过单缝的光能量就太少，各级明条纹的光强也太小. 为了解决这个矛盾，实际测定光波波长时，常用**大量等宽、等间距的平行狭缝**代替单缝，这样的光学元件叫作**光栅**. 利用透射光衍射的光栅叫透射光栅，它是在玻璃片上刻出等宽等距的平行刻痕制成的，未刻部分是透光的狭缝，刻痕处就相当于毛玻璃而不易透光. 在1cm内，刻痕最多可以达一万条以上. 设以 a 表示每一狭缝的宽度，b 表示两条狭缝之间的距离，即刻痕的宽度，如图12-20所示，则 $(a+b)$ 称为**光栅常量**. 光栅常量的数量级为 $10^3 \sim 10^4$nm. 光栅是近代物理实验和精密测量中的重要光学元件，下面以透射光栅为例讨论光栅衍射的原理和规律.

以光栅代替图12-16中的单缝，屏幕上得到的即是光栅衍射图样. 光栅衍射条纹的分布和单缝的情况不同. 在单缝衍射图样中，中央明条纹宽度很大，其他各级明条纹的宽度较小，且其强度也随级次 k 递减，这可从图12-15b的光强度分布图上看出；而在光栅衍射中，呈现在屏幕上的衍射图样，是在黑暗背景上排列着一系列平行于光栅狭缝的明条纹. 如图12-21所示，光栅的狭缝数目 N 越多，则屏幕上的明条纹会变得越亮和越细窄，且互相分离得越开，即各条细亮的明条纹之间的暗区扩大了.

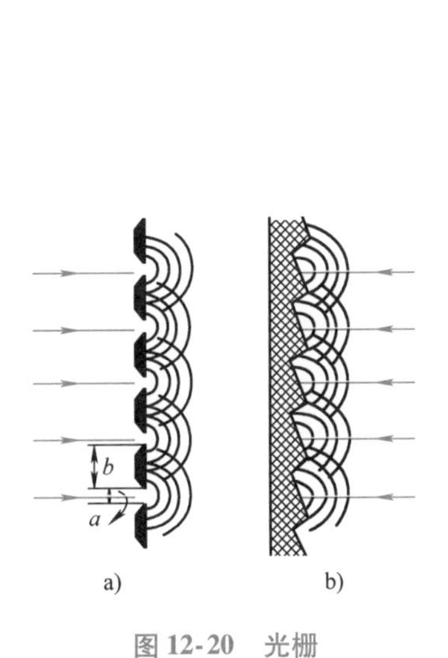

图12-20 光栅

a）透射光栅 b）反射光栅

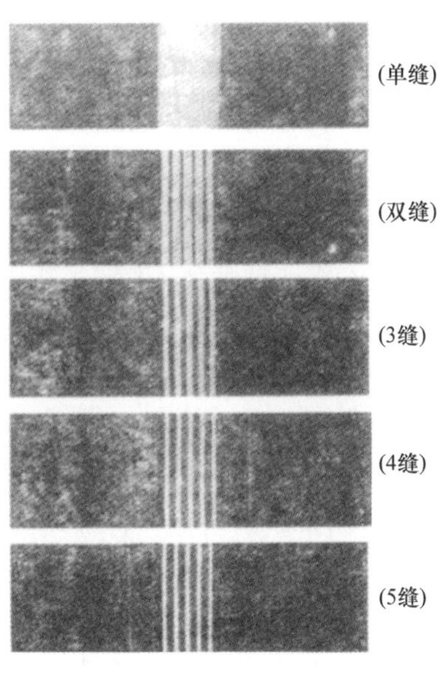

图12-21 单缝和含有若干条狭缝的光栅所产生的衍射条纹照相

由薄透镜成像原理（见11.4节）可知，平行于主光轴的光线经薄透镜后会聚于焦点，平行于副光轴的光线经薄透镜后会聚于焦平面上一点，因此光栅上所有狭缝独自产生的单缝衍射图样在屏幕上的位置是相同的，形成彼此重叠的 N 幅单缝衍射图样. 不过，这种相互重叠的衍射图样中，任一衍射极大处的光强却并不都等于所有狭缝发出的衍射光在该处的光强之和. 事实上，由于各狭缝都处在同一波前上，它们发出的衍射光都是相干光，在屏幕上会聚时还要发生干涉，使得干涉加强的地方，出现明条纹；干涉减弱的地方，出现暗条纹. 这样，对上述重叠的 N 个衍射图样中的光强就同时被相干叠加了，导致了光强的重新分布. 所以，**光栅的衍射条纹应是单缝衍射和多光束干涉的综合效果**.

如图 12-22 所示，一束平行单色光垂直照射在光栅上，衍射光经透镜 L 后，衍射条纹呈现在屏幕 E 上. 设光栅的总缝数为 N，我们来讨论**多光束干涉情况**. 由于光栅上的狭缝等宽、等间距，因此沿某一个衍射角 φ 方向，从任意相邻两条狭缝出射的光线，其光程差都相等，皆为 $(a+b)\sin\varphi$. 如果满足关系式为

$$(a+b)\sin\varphi = \pm k\lambda \quad (k=0,1,2,\cdots) \tag{12-27}$$

则干涉加强，在 P 处出现明纹. 由于这种明条纹是由所有狭缝的对应点射出的衍射光叠加而成的，所以强度具有极大值，故称为**主极大**，也称为**光谱线**. 光栅狭缝数目 N 越大，则这种明条纹越细窄、越明亮.

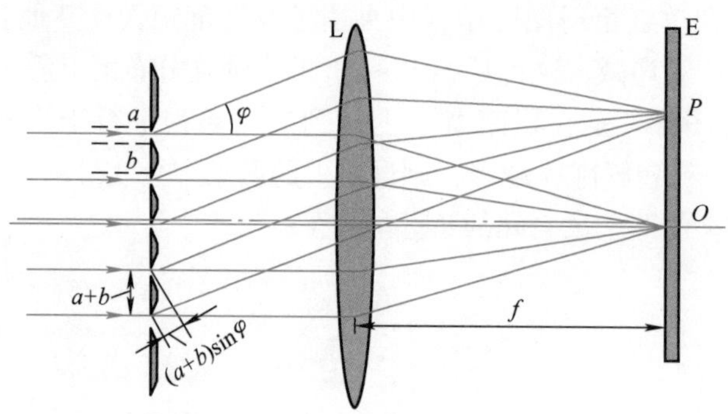

图 12-22 光栅衍射

式（12-27）称为**光栅公式**（或**光栅方程**）. 式中，k 是整数，表示条纹的级次. 当 $k=0$ 时，$\varphi=0$，叫作中央明条纹；与 $k=1$，2，3，…对应的明条纹分别称为 1 级，2 级，3 级，… 明条纹. 式（12-27）中的正、负号表示各级明条纹（光谱线）对称地分布在中央明条纹的两侧. 各级明纹的强度几乎相等. 在波长 λ 一定的单色光照射下，光栅常量（$a+b$）越小，则由公式（12-27）可知，φ 越大，相邻两个明条纹分得越开.

> $|\varphi|\leqslant 90°$，因而 $|\sin\varphi|\leqslant 1$，这就限制了所能观察到明条纹数目. 显然，主极大的最大级次 $k<(a+b)(\sin 90°)/\lambda=(a+b)/\lambda$

也可根据振动的矢量合成法来分析光栅衍射主极大明条纹、暗条纹和次级明条纹出现的条件. 设光栅共有 N 个等宽的狭缝，每个狭缝发出的光振动到达屏幕上 P 点处的振幅矢量分别用 $\boldsymbol{A}_1$、$\boldsymbol{A}_2$、…、$\boldsymbol{A}_n$ 表示，为便于分析设 $|\boldsymbol{A}_1|=|\boldsymbol{A}_2|=\cdots=|\boldsymbol{A}_n|=A_0$.

如图 12-23 所示，若相邻两缝发出的光束之间的相位差为 0 或 2 π的整数倍，则这 N 个缝发出的光束到达屏幕上 P 点时，均相互干涉加强，使合振动振幅最大，而产生主极大明条纹，因此光栅衍射主极大明条纹产生的条件为

$$\frac{2\pi(a+b)\sin\varphi}{\lambda}=\pm 2k\pi(k=0,1,2,\cdots)$$

将此式等号两边中的 2π 消去，即得式（12-27）.

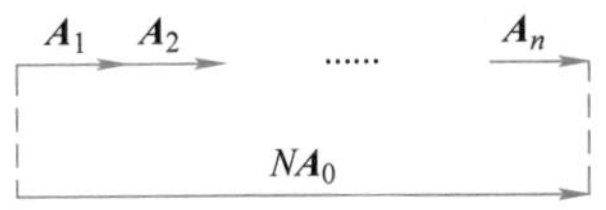

图 12-23 相位差为 0 或 2π 的整数倍的光振动在 P 点处的合成

为便于讨论相邻两条主极大明条纹之间的条纹分布，假设某一光栅只有 4 条狭缝，即 $N=4$. 屏幕上 P 处的光强取决于 4 束光在该处光振动的叠加结果. 我们首先讨论两主极大之间的暗条纹位置. 根据振动的矢量合成法，如果相邻两束光在屏幕上 P 点的振动相位差为 $\pi/2$，则 4 束光在 P 点光振动的合矢量为零，如图 12-24a 所示，P 点处出现暗条纹. 此外，如图 12-24b、c 所示，当相位差为 π、或 $3\pi/2$ 时，光振动的合矢量均为零，都会出现暗纹. 显然，对于一个 4 缝光栅，相邻两束光在 P 点处的振动相位差为 $\pi/2$ 的整数倍时均为暗条纹，而当相位差为 2π 时，相当于光程差为 λ，正好是一级主极大明条纹. 由此可见，在两个主极大明条纹之间存在 3 条暗条纹. 以此类推，对于 N 个缝，两个主极大明条纹之间存在 $N-1$ 条暗条纹. 此时相邻两条狭缝出射的光线在 P 点处的相位差应满足关系为

$$\frac{2\pi(a+b)\sin\varphi}{\lambda}=\pm k'\frac{\pi}{2}\quad(k'=1,2,3)$$

即

$$(a+b)\sin\varphi=\pm k'\frac{\lambda}{4}\quad(k'=1,2,3)$$

推广到 N 个缝的情况，得到光栅衍射暗条纹的条件为

$$(a+b)\sin\varphi=\pm k'\frac{\lambda}{N}\tag{12-28}$$

式中，$k'=1$，2，…，$(N-1)$，$(N+1)$，$(N+2)$，…，$(2N-1)$，$(2N+1)$，…（$k'\neq kN$）

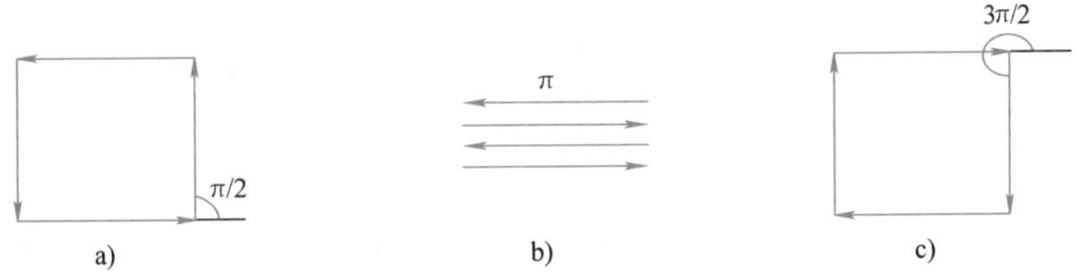

图 12-24 4 束光在 P 处光振动的合成

至于相邻两条暗条纹之间显然应该是一条明条纹. 但是这条明条纹的强度远远小于主极大明条纹，我们把这些明条纹称为次级明条纹，4 缝光栅的次级明条纹有两条，如图 12-25 所示.

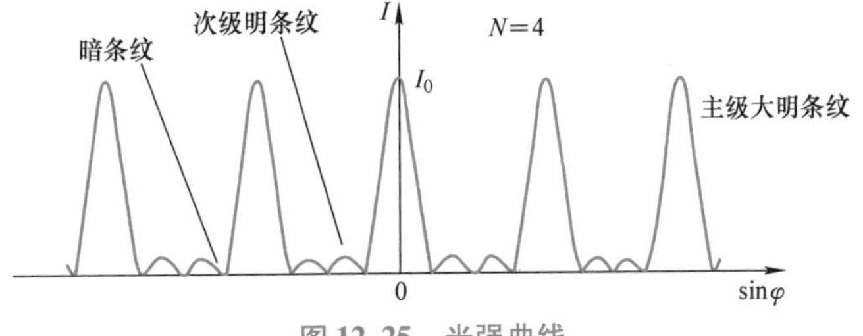

图 12-25 光强曲线

一般说来，如果光栅有 N 条狭缝，那么两主极大明条纹之间就有 $N-1$ 条暗条纹，有 $N-2$条次级明条纹. 狭缝数 N 越多，次级明条纹相对于主极大明条纹的强度越小. 由于一般光栅的狭缝数 N 非常大，因此次级明条纹的强度非常弱，几乎看不出. 屏幕上除了看到几条主极大明条纹之外，几乎是一片黑暗背景.

以上我们只是考虑了从各条狭缝中出射光线相互间的干涉效果，并没有考虑光通过每一条狭缝产生的衍射效应对干涉条纹的影响. 事实上由于衍射的作用，经光栅所形成的干涉明条纹并不是等强度分布的，而是受到衍射光强分布的调制，如图 12-26 所示. 图中满足光栅方程$(a+b)\sin\varphi = \pm k\lambda$ 的条纹级次 $k=3$，6，…原本应该出现主极大明条纹，但由于单缝衍射的影响反而变成了暗条纹，这一现象称为**缺级**. 所缺的级次由光栅常量（$a+b$）和缝宽 a 的比值所决定.

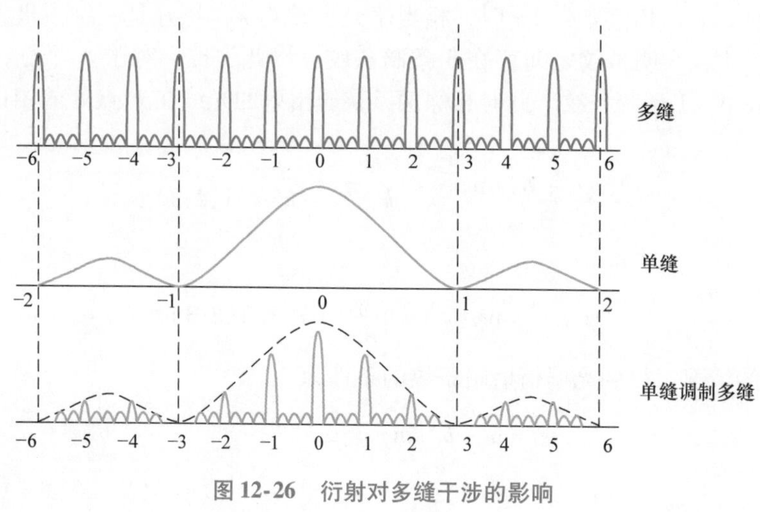

图 12-26 衍射对多缝干涉的影响

当衍射角 φ 同时满足式（12-21）和式（12-27）时，有

$$a\sin\varphi = \pm 2k'\frac{\lambda}{2} \quad k' = 1,2,\cdots$$

$$(a+b)\sin\varphi = \pm k\lambda \quad k = 0,1,2,\cdots$$

由以上两式可得缺级条件为

$$\frac{a+b}{a} = \frac{k}{k'} \tag{12-29}$$

这里，k'和 k 分别为单缝衍射暗条纹级次和光栅衍射明条纹（主极大）的级次，而 k/k'为整数. 例如，当 $k/k'=(a+b)/a=3$ 时，一般来说，可得缺级级次为 $k=3k'=\pm3$，±6，±9，…，屏幕上不出现这些级次的明条纹（见图 12-26）.

综上所述，在光栅衍射中，仅在衍射角 φ 满足单缝衍射的明条纹条件或中央明条纹条件：

$$a\sin\varphi = \pm(2k+1)\frac{\lambda}{2} \quad (k = 1,2,\cdots)$$

或

$$-\lambda < a\sin\varphi < \lambda$$

的前提下，相邻两缝的干涉同时满足光栅公式（12-27），才能形成光强最大的明条纹（主极大）.

章前问题解答

蝴蝶翅膀上绚丽的颜色主要是由光的干涉现象引起的．以具有闪亮蓝色的闪蝶为例．闪蝶翅膀的主体是无色的、半透明的薄膜．透明的、具有淡淡的棕色的鳞片就像瓦片覆盖屋顶那样完全覆盖在薄膜表面．这些鳞片含有大量微小的棱纹结构（见章前问题解答图左图）；形成有规律的空间凸缘（见章前问题解答图右下），起到反射光栅的作用．如果白光照射到这种翅膀表面，由于光被翅膀上鳞片组成的微结构反射后发生干涉，便会产生鲜亮的颜色．因为这种颜色是翅膀上鳞片的结构产生的，我们称之为结构色，以区别于由颜料带来的化学色．如果你仔细观察，蝴蝶翅膀的颜色会随着观察角度的不同而发生细微的变化．这正是干涉现象的特征之一．几乎所有的蝴蝶翅膀的颜色都主要来自于结构色．还有很多甲壳虫的外壳、孔雀的羽毛等鲜艳的颜色都有结构色的关键性贡献．结构色具有饱和度高的特点，因此看起来非常靓丽，而且永不褪色.

章前问题解答图

思考题

12-8 在光栅衍射中，主极大的缺级是如何产生的？如何计算屏上可见条纹的级次？

12-9 （1）确定光栅衍射中主极大位置的光栅公式是如何给出的？（2）若光栅常量中 $a=b$，光栅光谱有何特点？

例题 12-10 在双缝干涉中，屏上的干涉图样实际上是不同方向、不同强度的衍射光在屏幕上的干涉结果．这时，屏幕上条纹的明暗强度将由单缝衍射和双缝干涉的结果共同决定．设两条宽度都是 a 的单缝相隔距离为 d，当用透镜进行观察时，试求：（1）d 为 a 的多少倍时，单缝衍射的第 1 极小值发生在双缝干涉的第 3 级极大处？（2）在单缝衍射的中央明条纹宽度内，有多少条双缝干涉明条纹？

解 （1）若单缝衍射的第 1 极小值发生在双缝干涉的第 3 级极大处，则由

$$\begin{cases} a\sin\varphi = \lambda \\ d\sin\varphi = 3\lambda \end{cases}$$

得到

$$d = 3a$$

即 d 为 a 的 3 倍时，单缝衍射的第 1 极小值发生在双缝干涉的第 3 级极大处.

（2）由光栅公式知，可能出现的主极大最高级次与 $\varphi<\pi/2$，$\sin\varphi<1$ 对应．即

$$k_{\mathrm{m}}<\frac{d}{\lambda}=3$$

所以 $k_{\mathrm{m}}=2$，在单缝衍射的中央明条纹宽度内，呈现的主极大级次为 $k=0$，±1，±2，共5条．

例题12-11　波长600nm的单色光垂直入射在一光栅上，第2、3级明条纹分别出现在 $\sin\varphi=0.20$ 和 $\sin\varphi=0.30$ 的方向，第4级缺级．试问：（1）光栅常量是多少？（2）光栅上狭缝可能的最小宽度为多大？（3）按上述要求所选定的 a、b 值，试举出屏上实际呈现的全部级次．

解　（1）由光栅方程 $(a+b)\sin\varphi=3\lambda$，可求出光栅常量为

$$(a+b)=\frac{3\lambda}{\sin\varphi}=\frac{3\times600\mathrm{nm}}{0.30}=6.0\times10^{-4}\mathrm{cm}$$

（2）因为第4级为缺级，设第4级发生在单缝第 k 级暗条纹处，则由

$$\begin{cases}(a+b)\sin\varphi=4\lambda\\ a\sin\varphi=k\lambda\end{cases}$$

得

$$a=\frac{k}{4}(a+b)$$

其中，$k=1$，2，3，…则狭缝的最小宽度为

$$a=\frac{1}{4}(a+b)=\frac{6.0\times10^{-4}\mathrm{cm}}{4}=1.5\times10^{-4}\mathrm{cm}$$

（3）由光栅公式，可能出现的主极大最高级次与 $\varphi<\pi/2$，$\sin\varphi<1$ 对应，即

$$k_{\mathrm{m}}<\frac{(a+b)}{\lambda}=\frac{6.0\times10^{-4}\mathrm{cm}}{600\times10^{-7}\mathrm{cm}}=10$$

所以 $k_{\mathrm{m}}=9$，因第4级为缺级，所以实际呈现的主极大级数为

$k=0$，±1，±2，±3，±5，±6，±7，±9，共15条．

例题12-12　波长为500nm及520nm的光照射于光栅常数为0.002cm的衍射光栅上．在光栅后面用焦距为2m的透镜L把光线会聚在屏幕上，如图12-22所示．求这两种光的第1级光谱线间的距离．

解　根据光栅公式 $(a+b)\sin\varphi=k\lambda$，得

$$\sin\varphi=\frac{k\lambda}{a+b}$$

第1级光谱中，$k=1$，因此相应的衍射角 φ_1 满足下式：

$$\sin\varphi_1=\frac{\lambda}{a+b}$$

设 x 为谱线与中央条纹间的距离（即图12-22中所示的 PO），光栅与屏幕间的距离为 D，由于透镜L实际上极靠近光栅，故可近似地把 D 视为透镜L的焦距 f，即 $D\approx f$，则 $x=D\tan\varphi$．因此，对第1级有

$$x_1 = D\tan\varphi_1$$

本题中，由于 φ_1 角不大，所以 $\sin\varphi_1 \approx \tan\varphi_1$，因此，波长为 520nm 与 500nm 的两种光的第 1 级谱线间的距离为

$$\begin{aligned} x_1 - x_1' &= D\tan\varphi_1 - D\tan\varphi_1' = D\left(\frac{\lambda}{a+b} - \frac{\lambda'}{a+b}\right) \\ &= 20\text{cm} \times \left(\frac{520 \times 10^{-7}\text{cm}}{0.002\text{cm}} - \frac{500 \times 10^{-7}\text{cm}}{0.002\text{cm}}\right) \\ &= 0.02\text{cm} \end{aligned}$$

12.2.5 光栅光谱 光栅的分辨本领

1. 光栅光谱

根据光栅方程式（12-27），在光栅常量 d 一定的情况下，同一级条纹衍射角 φ 与入射光波的波长有关. 如果用白光照射光栅，白光中不同波长的光将产生各自的明条纹，除中央条纹（零级条纹）有个色混合仍为白色条纹外，其两侧各级明纹都由紫到红对称排列. 同级的不同颜色的明纹按波长顺序排列呈现出彩色光带称为光栅的**衍射光谱**（或称**光栅光谱**）. 在中央条纹两旁，对称地排列着第 1 级、第 2 级等光谱，如图 12-27 所示（图中只画出中央条纹一侧的光谱，每级光谱中靠近中央条纹的一侧为紫色，远离中央条纹的一侧为红色，分别用 V、R 表示）. 由于各谱线间的距离随着光谱的级次而增加，所以级次高的光谱彼此重叠，实际上很难观察到. 如果入射的复色光中只包含若干个波长成分，则衍射光谱有若干条不同颜色的细亮谱线组成.

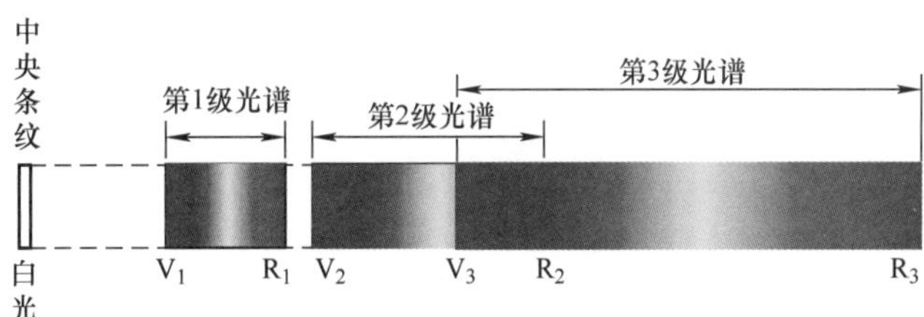

图 12-27 各级衍射光谱

不同种类光源发出的光所形成的光谱各不相同. 如处于气态的原子受激发光时，其光谱是线状的，称为**线光谱**；而气态分子受激发光时，其光谱的谱线极多，排列成带而称为**带光谱**. 因而这些光谱是了解原子和分子结构及其运动规律的重要依据. 利用衍射光栅测定物质发光光谱，从而分析物质结构的方法称为**光谱分析**. 光谱分析是现代物理学研究的重要手段，在科学研究和工程技术中，广泛应用于分析、鉴定等方面.

2. 光谱仪

以衍射光栅为分光器件的光谱仪、分光计、单色仪统称为**光栅光谱仪**（或**光谱仪**），它们的工作原理是类似的. 以单色仪为例：一束白光进入单色仪，通过光学准直镜将其会聚成平行光，然后通过衍射光栅将不同波长的光分开（色散）形成光谱，即每种波长的光离开光栅的角度不同. 再通过设定出射狭缝的角度，即可获得单色光，并计算其波长，如

图 12-28所示.

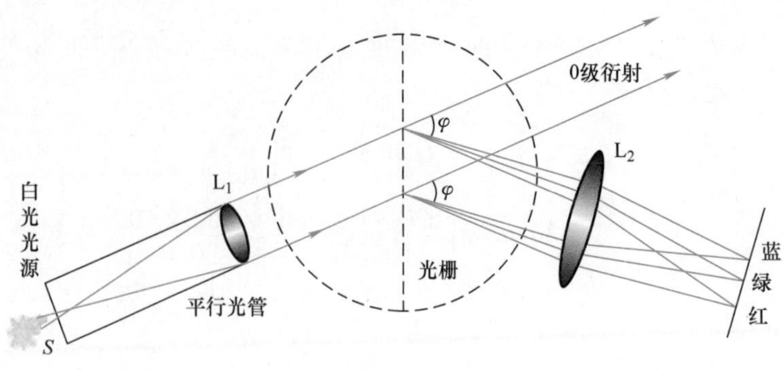

图 12-28　单色仪

3. 光栅的分辨本领

利用衍射光栅做光谱分析，需要分辨两个略有不同的波长，即把波长十分接近的谱线区分开，这就要求每条谱线应尽可能的窄. 光谱仪可以分辨的最小波长差 $\Delta\lambda$ 用光栅的**分辨本领**（或光栅的**色分辨本领**）R 来描述，其定义如下：

$$R=\frac{\lambda}{\Delta\lambda} \tag{12-30}$$

式中，λ 为刚能被辨认是分开的两条谱线的平均波长. 如，当钠原子被加热时，会发出很强的黄光，其波长为 589.00nm 和 589.59nm. 一个能够在光谱勉强分辨出这两条线（称为钠双线）的光谱仪的色分辨本领 $R=\frac{589.30}{0.59}\approx 999$. 所以光栅的分辨本领是指光栅把波长十分接近（波长分别为 λ 和 $\lambda+\Delta\lambda$）的两条谱线在光栅中分辨清楚的本领. 式（12-30）表明，R 越大，光栅能分开的两个波长差 $\Delta\lambda$ 越小.

根据瑞利判据，利用式（12-27）和式（12-28），单色光波长为 $\lambda+\Delta\lambda$ 的第 k 级主极大的角位置$(a+b)\sin\varphi=k(\lambda+\Delta\lambda)$与波长为 λ 的第 $kN+1$ 级极小的角位置$(a+b)\sin\varphi=\frac{(kN+1)\lambda}{N}$两者重合（见图 12-29），即

$$k(\lambda+\Delta\lambda)=\frac{(kN+1)\lambda}{N}$$

得到光栅分辨本领

$$R=\frac{\lambda}{\Delta\lambda}=kN \tag{12-31}$$

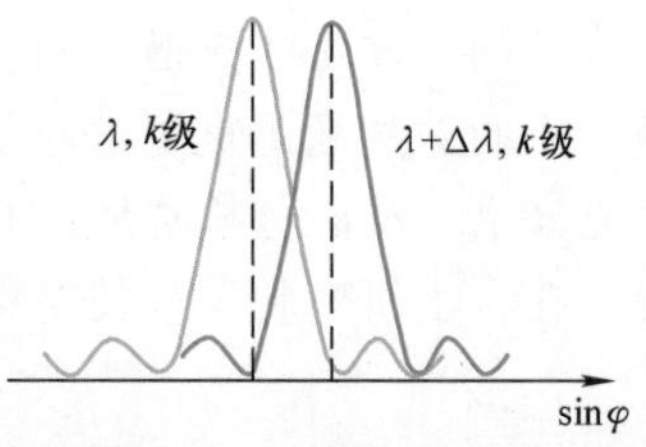

图 12-29　能分辨得波长差

式（12-31）表明，光栅的分辨本领与级次 k 成正比，特别是，与光栅的总缝数 N 成正比. 因此，为了获得高的分辨本领，必须增大光栅的总缝数，这也是实际中将光栅制作为几万条甚至几十万条刻线的原因.

例题 12-13 用刻线数目最少是多少的光栅才能把钠双线（波长 589.00nm 和 589.59nm）在一级就能够分辨开?

解 根据式（12-31），在任何级次 k 光栅的分辨本领在物理上决定于光栅的刻线数目. 又由式（12-30）知，光栅分辨本领取决于被分辨的最小波长差和平均波长. 即

$$\frac{\lambda}{\Delta\lambda} = kN$$

钠双线（波长 589.00nm 和 589.59nm）的波长差 $\Delta\lambda = 0.59\text{nm}$，平均波长为 589.30nm. 由题意知 $k=1$，由此得到一个光栅要分辨的钠双线的最小刻线数目为

$$N = \frac{\lambda}{k\Delta\lambda} = \frac{589.30\text{nm}}{1 \times 0.59\text{nm}} \approx 999\ \text{条}$$

12.2.6 X 射线在晶体中的衍射

1895 年德国物理学家伦琴（Rontgen，1845—1923）发现，受高速电子撞击的金属会发射一种穿透性很强的射线，称为 **X 射线**，也称为**伦琴射线**. 它是波长在 0.001 ~ 10nm 范围内的电磁辐射.

由于 X 射线的波长极短，通常的衍射光栅对它不起作用. 1912 年，德国物理学家劳厄（Laue，1879—1960）提出用晶体作为天然光栅进行 X 射线衍射实验，因为晶体内原子的有规律的对称排列形成空间点阵，称为**晶格**. 晶体内相邻原子之间的距离叫作**晶格常量**. 用 d 表示，其数量级与 X 射线波长的数量级相同. 因此，晶体相当于一个光栅常量很小的三维空间衍射光栅. 根据劳厄的这一设想，后来果然观察到了 X 射线通过晶体后所产生的衍射图样，从而证实了 X 射线的波动性质.

1913 年，英国物理学家布拉格（Bragg，1862—1942）提出了研究 X 射线衍射的另一种方法，即观察 X 射线投射到晶体时，受到其中周期性排列的原子散射时所产生的衍射现象. 当一束平行的相干伦琴射线，以掠射角 θ（即入射线与晶面之间的夹角）射到晶体上时，按照惠更斯原理，晶面上每一个原子都是发射子波的波源，向各方向发出散射波. 如图 12-30 所示，按光的反射定律，相邻两晶面反射线的光程差为

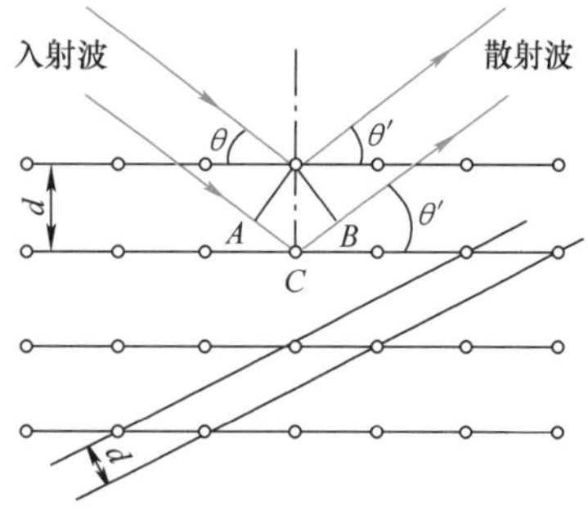

图 12-30 布拉格公式推导用图

$$\delta = AC + CB = 2d\sin\theta$$

于是可得到干涉加强条件，即

$$2d\sin\theta = k\lambda \quad (k = 1,2,3,\cdots) \tag{12-32}$$

式中，d 为两相邻原子层间的距离，就是该晶体的晶格常量. 式（12-32）称为晶格衍射的**布拉格公式**.

需要指出，同一块晶体的空间点阵，从不同方向看去，可以看到粒子形成取向不相同、间距也各不相同的许多晶面族. 当 X 射线射到不同晶体表面上时，对于不同的晶面族，掠

射角 θ 不同，晶面间距 d 也不同. 凡是满足式（12-32）的，都能在相应的反射方向得到加强.

由式（12-32）可知，如果用已知晶格常量为 d 的晶体作为光栅，则可由测定的掠射角计算出 X 射线的波长；若对原子发射的 X 射线的光谱进行分析，还可研究原子内部的结构. 如果 X 射线的波长 λ 已知，就可根据它在晶体上的衍射来确定晶格常量 d，以研究晶体的结构，这在工业上有着广泛的应用.

12.3　光的偏振

12.3.1　自然光和偏振光

大家知道，波的基本形态有纵波、横波两种. 纵波的振动与波的传播方向是一致的；而横波的振动在与传播方向相互垂直的某一特定方向上，横波的这个特性称为**波的偏振性**. 光的干涉和衍射现象表明了光的波动性，光的偏振现象则进一步说明光是一种横波.

现以机械波为例说明偏振性. 如图 12-31 所示，在机械波的传播路径上，放置一个狭缝 AB. 当狭缝 AB 与横波的振动方向平行时，如图 12-31a 所示，横波便穿过狭缝继续向前传播；而当狭缝 AB 与横波的振动方向垂直时，由于振动受阻，就不能穿过狭缝继续向前传播，如图 12-31b 所示，说明横波的振动对于波的传播方向不具有轴对称性，横波的这一性质叫作**偏振**；而纵波却都能穿过狭缝继续向前传播，如图 12-31c、d 所示，即纵波的振动对于波的传播方向是轴对称的. 可见，横波具有偏振性，而纵波不具有偏振性. 因此，我们可以利用偏振性来区分某一波动是横波还是纵波.

光波是电磁波，光波中的光矢量 $\boldsymbol{E}$ 的振动方向总是和传播方向相垂直. 在垂直于光传播方向的平面内，光矢量可以有各种不同的振动状态，叫作光的**偏振态**. 根据光的偏振性，可以将光分为自然光、线偏振光、部分偏振光、圆偏振光和椭圆偏振光.

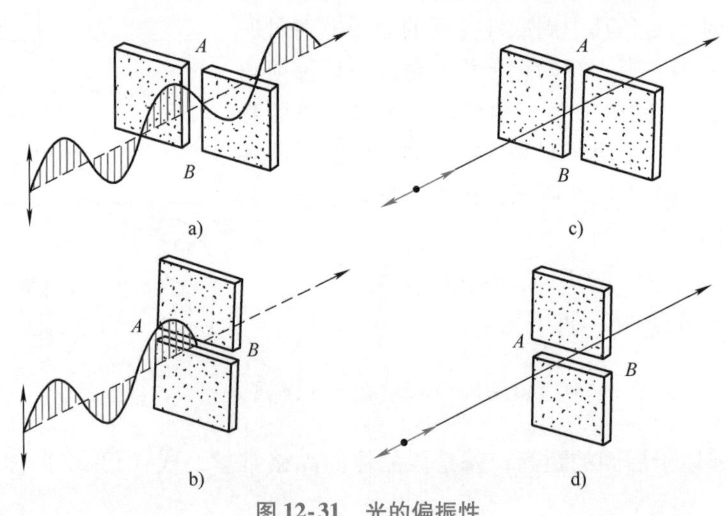

图 12-31　光的偏振性

1. 自然光

由于普通光源发出的光波是由大量分子或原子发射出的光波组成的，虽然光源中每个分子或原子间歇地每次发射出的光波（即波列）都是偏振的，各自有其确定的光振动方向，然而，普通光源中各个分子或原子内部运动状态的变化是随机的，发光过程又是间歇的，它们发出的光是彼此独立的，从统计规律上来说，没有哪一个方向上的光振动比其他方向的光振动更占优势，所以，这种光在任一时刻都不能形成偏振状态，而是表现为所有可能的振动方向上，相应光矢量的振幅（光强）都是相等的，即光振动在垂直于传播方向的平面内均匀对称分布，如图 12-32a 所示，具有上述特征的光称为**自然光**.

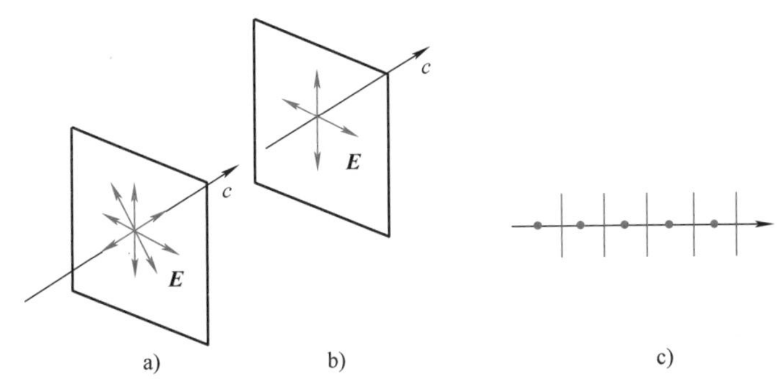

图 12-32　自然光及其图示法

由于自然光中沿各个方向分布的光矢量，彼此之间没有固定的相位关系，因而，不能把它叠加成一个具有某一方向的合矢量，但是我们可以把自然光中所有取向的光矢量 $\boldsymbol{E}$ 都在任意指定的两个相互垂直方向上分解为两个光矢量（分矢量），对沿这两个方向上分解成的所有光矢量，分别求其光强的时间平均值，应是相等的. 即在任一时刻，自然光可被分解成一对互相垂直、互相独立（即没有固定相位关系）、振幅相等（即光强相等，各占 $I_0/2$）的光振动. 这样，今后我们就可以把自然光用两个相互垂直的光矢量来表示，如图 12-32b 所示. 图 12-32c 是自然光的图示法，图中短线表示在纸面内的光振动，圆点表示垂直于纸面的光振动，且短线与圆点交替均匀分布，表示两个振动的光强相同.

2. 线偏振光

在垂直于光传播方向的平面内，光矢量 $\boldsymbol{E}$ 只沿一个固定的方向振动的光称为**线偏振光**或**完全偏振光**，简称**偏振光**. 偏振光的振动方向与其传播方向所构成的平面，叫作偏振光的**振动面**，如图 12-33a 所示. 图 12-33b 是线偏振光的图示法，其中，短线表示在纸面内的线偏振光的振动，圆点表示与纸面垂直的线偏振光的振动.

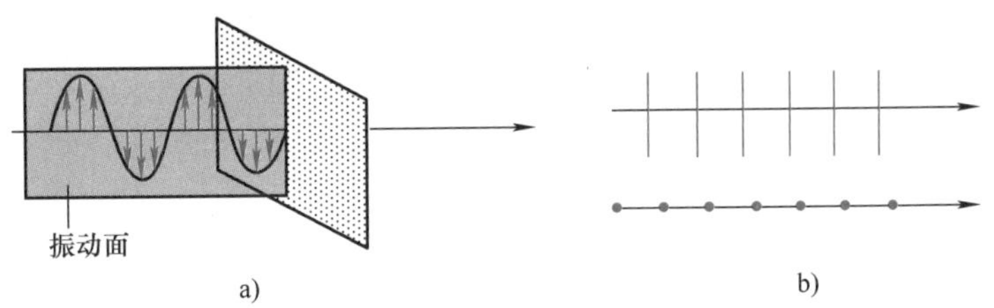

图 12-33　线偏振光及其图示法

3. 部分偏振光

由于外界作用，造成自然光中各个光振动方向上的光强发生变化，导致某一方向的光振动比其他方向的光振动更占优势，这种光称为**部分偏振光**. 部分偏振光可看成是自然光和线偏振光的混合. 图 12-34 表示部分偏振光及其图示法.

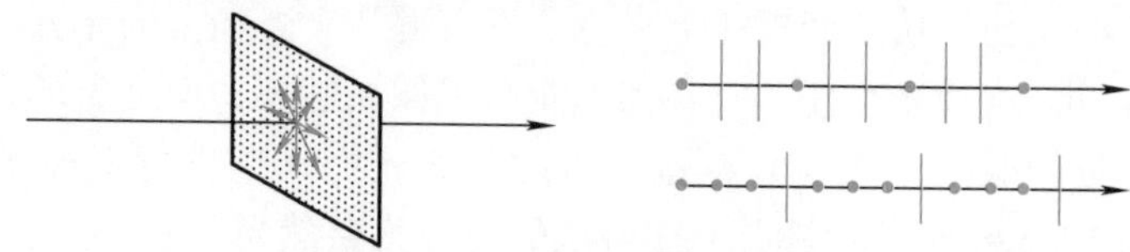

图 12-34 部分偏振光及其图示法

4. 圆偏振光和椭圆偏振光

这两种偏振光的特点是光矢量沿着传播方向前进的同时，还绕着传播方向**转动**，如图 12-35a所示；如果光矢量大小不变，就是**圆偏振光**，这时光矢量端点的轨迹在空间画出一根螺旋线，而在垂直传播方向的平面上的投影则是一个**圆**，如图 12-35b 所示. 如果光矢量大小在不断变化，在垂直传播方向的平面上的投影是一个**椭圆**，这种偏振光叫**椭圆偏振光**.

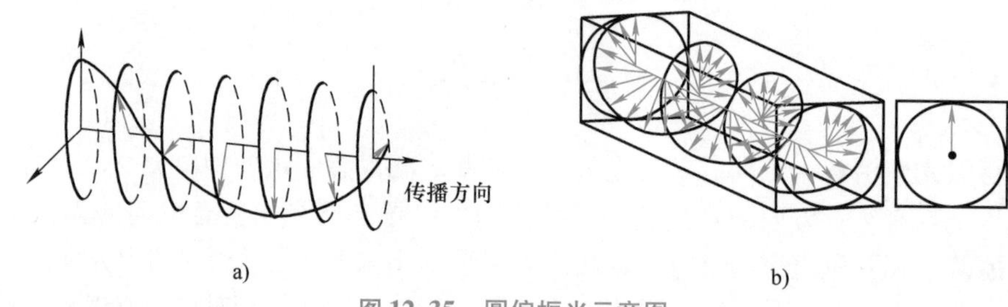

图 12-35 圆偏振光示意图

12.3.2 偏振片的起偏和检偏 马吕斯定律

从自然光获得线偏振光的过程叫作**起偏**，所用的器件叫作**起偏器**. 最简单的起偏器是**偏振片**，它是利用晶体的二向色性来获得偏振光的. **二向色性**是指某些物质（例如奎宁硫酸盐碘化物等晶体）对不同方向的光振动具有选择性吸收，如图 12-36 所示，这类物质对光波中沿某一方向的光振动有强烈的吸收作用，而与该方向相垂直的那个方向上，对光振动的吸收甚为微弱而可以让光透过，物质的这种性质叫作**二向色性**. 这个允许通过的光振动方向，叫作二向色性物质的**偏振化方向**. 当自然光照射在一定厚度的二向色性物质上时，透射光中垂直于偏振化方向的光振动可以全部被吸收掉，因而只有沿偏振化方向的光透射出来，成为线偏振光. 因此，我们可以把这种二向色性物质涂在透明薄片（例如赛璐珞等）上，制成常见的**偏振片**，用作起偏和检偏. 偏振片上的偏振化方向用符号“↕”表示.

演示实验——穿墙而过

下面求由偏振片获得的线偏振光的强度. 设入射光是强度为 I_0 的自然光，将此自然光沿平行和垂直于偏振片偏振化方向的两个方向进行分解，这两个方向上的光振动强度相同，各为 $I_0/2$. 其中垂直于偏振化方向的光振动被吸收，平行于偏振化方向的光射出，其光强为

$$I = \frac{1}{2}I_0 \tag{12-33}$$

若入射光是光强为 I_0、振幅为 A_0 的线偏振光，其振动方向与偏振片偏振化方向的夹角

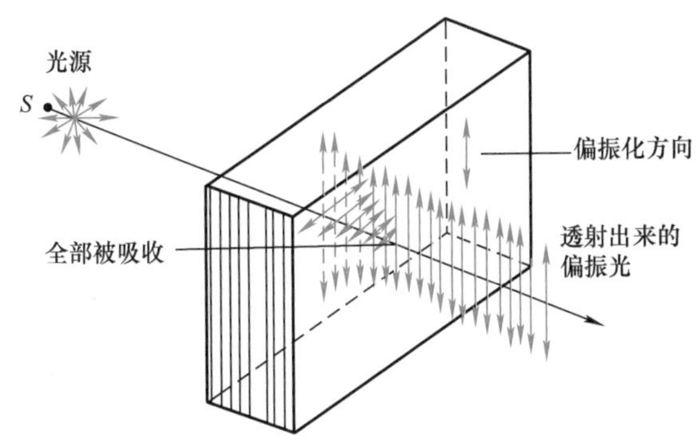

图 12-36　利用二向色性物质产生偏振光

为 α（取锐角）．A_0可分为 $A_0\cos\alpha$ 及 $A_0\sin\alpha$，其中只有平行于偏振化方向的分量 $A_1=A_0\cos\alpha$ 可通过偏振片，如图 12-37 所示．

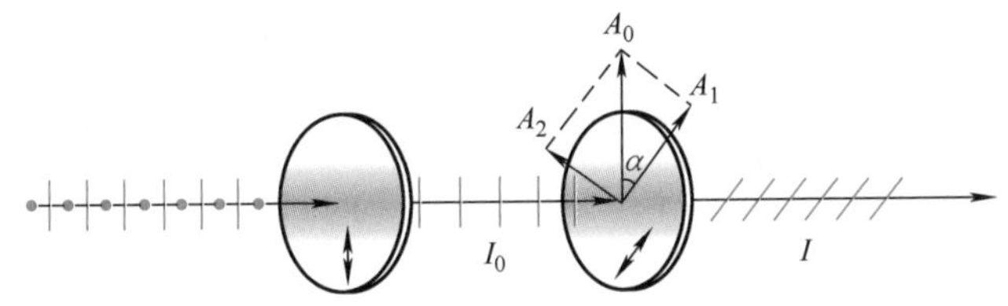

图 12-37　马吕斯定律用图

由于光强 I 正比于振幅的二次方，所以

$$\frac{I}{I_0}=\frac{A_1^2}{A_0^2}$$

把 $A_1=A_0\cos\alpha$ 代入上式，得到从偏振片出射的光强为

$$I=I_0\cos^2\alpha \tag{12-34}$$

式（12-34）称为**马吕斯定律**．

若入射光为部分偏振光，可以将其视为由自然光和线偏振光叠加而成，从而用式（12-33）和式（12-34）求出通过偏振片后所得线偏振光的光强．

偏振片也可以用来检查光的偏振态，起这种作用的偏振片叫作**检偏器**．由式（12-33），当强度为 I_0的自然光入射偏振片时，无论偏振片的偏振化方向朝什么方向，我们得到的线偏振光的强度总是 $I_0/2$．所以，如果以光的传播方向为轴来旋转偏振片，透过偏振片的光强不会变化．如果入射光为线偏振光，由式（12-34），透过偏振片的光强与入射光振动方向和偏振片偏振化方向的夹角 α 有关．当 $\alpha=0$ 时，透过偏振片的光强最大，如图 12-38a 所示；当 $\alpha=90°$时，没有透射光即 $I=0$，如图 12-38c 所示；当 $0<\alpha<90°$时，透过检偏器的光强介于 0 与最大值之间，如图 12-38b 所示．所以，当我们将检偏器绕光的传播方向旋转一周时，透射光强出现两次最强、两次消光．如果入射偏振片的是部分偏振光，那么旋转偏振片时透射光强也会有所变化，每转一周出现两次最强、两次最弱，但无消光现象．

偏振片的应用很广．例如，地质工作者所使用的偏振光显微镜和用于力学实验方面的光

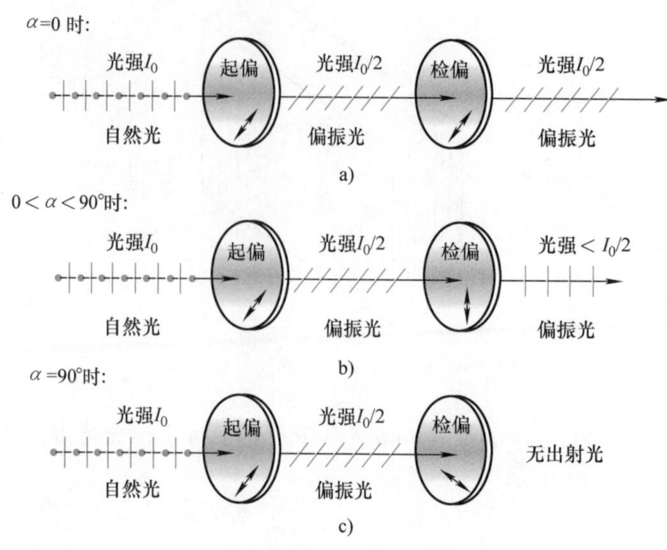

图 12-38 起偏和检偏

测弹性仪，其中的起偏器和检偏器当前大多采用人造偏振片.

思考题

12-10 二向色性物质有何特性？如何用偏振片辨别一束光是否是偏振光？

12-11 夜间行车时，为了避免迎面驶来的汽车的眩目灯光，以保证行车安全，可在汽车的前灯和风窗玻璃上装配偏振片，其偏振化方向都与竖直方向向右成45°角. 则当两车相向行驶时，就可大大削弱对方汽车射来的灯光. 这是为什么？

例题 12-14 将两偏振片分别作为起偏器和检偏器，当它们的偏振化方向成30°时，观察一个光源发出的自然光；成45°时，再观察同一位置的另一光源发出的自然光，两次观测到的光强度相等. 求两光源强度之比.

分析 前面说过，自然光可用两个相互垂直、振幅相同的线偏振光表示，它们的光强度各占自然光总光强度的一半. 今将本题中两个光源发出的自然光分别用平行和垂直于起偏器偏振化方向的两个线偏振光表示，其中平行于偏振化方向的线偏振光将透过起偏器. 因此，若令所述两光源的光强度分别为 I_1 和 I_2，则透过起偏器后，其光强分别为 $I_1/2$ 和 $I_2/2$.

解 按马吕斯定律，两光源发出的光透过检偏器的光强分别为

$$I_1' = \frac{I_1}{2}\cos^2 30°, \quad I_2' = \frac{I_2}{2}\cos^2 45°$$

由题设 $I_1' = I_2'$，则由上两式可得

$$I_1 \cos^2 30° = I_2 \cos^2 45°$$

故得两光源的光强之比为

$$\frac{I_1}{I_2}=\frac{\cos^2 45°}{\cos^2 30°}=\frac{\frac{2}{4}}{\frac{3}{4}}=\frac{2}{3}$$

例题 12-15 有三块偏振片堆叠在一起，第一块与第三块的偏振化方向相互垂直，第二块和第一块的偏振化方向相互平行. 然后，将第二块偏振片以恒定角速度 ω 绕光的传播方向旋转，如例题 12-15 图所示. 设入射自然光的光强为 I_0，试证明：此自然光通过这一系统后，出射光的光强为 $I_3=I_0(1-\cos 4\omega t)/16$.

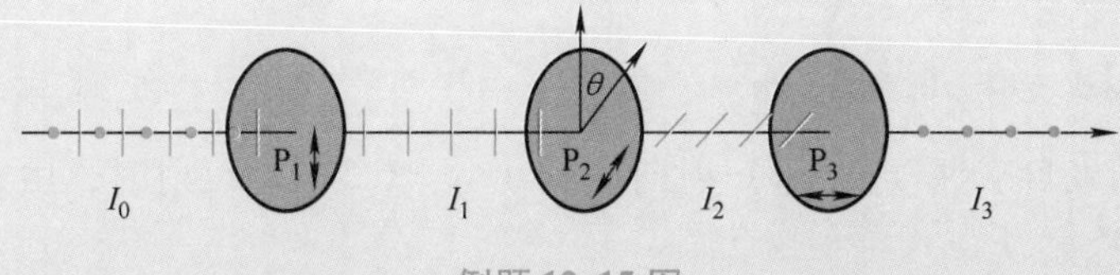

例题 12-15 图

解 自然光经过 P_1 后光强由 I_0 变为 $I_0/2$，即 $I_1=I_0/2$. 今将 P_2 以角速度 ω 转动，P_1、P_2 的偏振化方向的夹角 $\theta=\omega t$，则光强为 I_1 的线偏光透过 P_2 后的光强为

$$I_2 = I_1\cos^2\omega t = \frac{I_0}{2}\cos^2\omega t$$

由于 P_2 以 ω 转动，P_2、P_3 的偏振化方向的夹角 $\beta=\frac{\pi}{2}-\omega t$，则透过 P_3 后的光强为

$$I_3 = I_2\cos^2\beta = \frac{I_0}{2}\cos^2\omega t\sin^2\omega t = \frac{I_0}{8}(2\sin\omega t\cos\omega t)^2$$

$$= \frac{I_0}{8}\sin^2 2\omega t = \frac{I_0}{16}(1-\cos 4\omega t)$$

12.3.3 反射和折射起偏 布儒斯特定律

实验证明，自然光在两种各向同性介质的分界面上反射和折射时，不仅光的传播方向要发生改变，而且光的偏振状态也要发生变化. 一般情况下，反射光和折射光都是部分偏振光：在反射光中垂直于入射面的光振动强于平行于入射面的光振动；在折射光中平行于入射面的光振动强于垂直于入射面的光振动（见图 12-39）.

实验还表明，反射光的偏振化程度取决于入射角 i. 当入射角等于某一特定值 i_0，即当 $i=i_0$ 时，且满足关系

$$\tan i_0 = \frac{n_2}{n_1} \tag{12-35}$$

反射光变成光振动方向垂直于入射面的完全偏振光（见图 12-40），i_0 称为**起偏角或布儒斯特角**. 上述结论是 1812 年由英国物理学家布儒斯特（Brewster，1782—1868）由实验得出

的，称为**布儒斯特定律**.

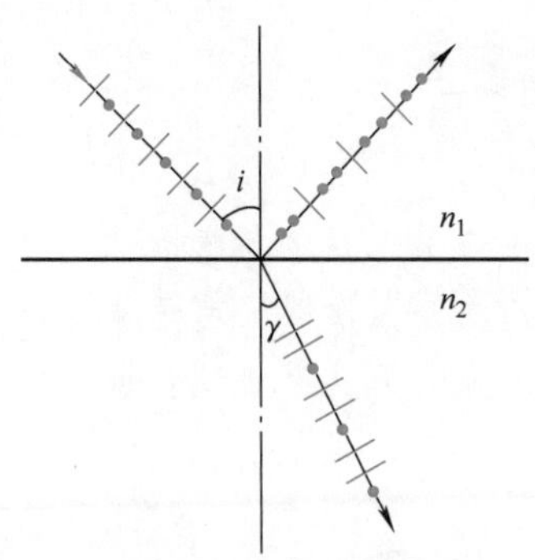

图 12-39 自然光反射和折射后产生部分偏振光

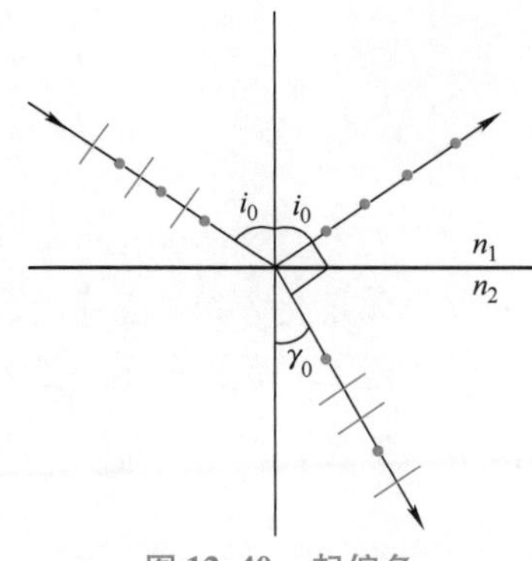

图 12-40 起偏角

例如，当太阳光自空气（$n_1=1$）射向玻璃（$n_2=1.5$）而反射时，由式（13-31）可算得起偏角 $i=56°19'$.

又如，在晴天的清晨或黄昏时，太阳光线接近于水平方向，当它通过大气层时，一部分光将被空气中的水滴（云、雾）或尘埃沿不同方向反射而形成散射光，其中被铅直地反射到地面上的散射光，约有一半以上是偏振光.

将式（12-35）与折射定律 $n_1\sin i_0=n_2\sin\gamma_0$ 比较，得到

$$i_0+\gamma_0=\frac{\pi}{2} \tag{12-36}$$

即**当光线以布儒斯特角入射时，反射光线和折射光线互相垂直**. 这时，反射光是完全偏振光，但它只包含了部分垂直于入射面振动的光线，光强较弱；而折射光是部分偏振光，其中包含了全部平行于入射面振动和一部分垂直于入射面振动的光线，光强较强. 为了增强反射光的强度和折射光的偏振化程度，我们让自然光以布儒斯特角入射于由许多平行玻璃片组成的**玻璃片堆**（见图 12-41)，这样垂直于入射面的振动在各层玻璃片上一次次反射，使反射光强度加强，同时使折射光中的垂直振动成分越来越少，最后成为近似的只包含平行振动的线偏振光.

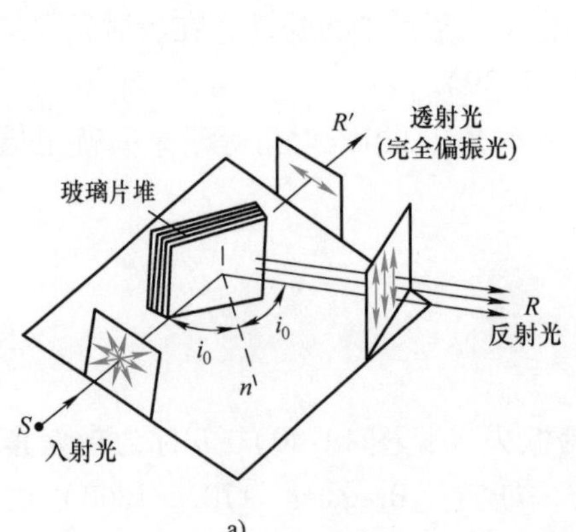

玻璃片堆

b)

图 12-41 利用玻璃片堆产生完全偏振光

综上所述，利用玻璃片的反射或玻璃片堆的折射，可以将自然光变为偏振光，玻璃片或玻璃片堆就是起偏器.

例题 12-16　水的折射率为1.33，玻璃的折射率为1.50，当光由水中射向玻璃而反射时，起偏振角 i_1 为多少？当光由玻璃射向水中而反射时，起偏振角 i_2 又为多少？这两个起偏振角之间的关系是什么？

解　由布儒斯特定律，当光由水射向玻璃时，有

$$\tan i_1 = \frac{n_{玻璃}}{n_{水}} = \frac{1.50}{1.33} = 1.128$$

得

$$i_1 = 48.4°$$

当光由玻璃射向水时，有

$$\tan i_2 = \frac{n_{水}}{n_{玻璃}} = \frac{1.33}{1.50} = 0.8867$$

得

$$i_2 = 41.6°$$

由此可知，i_1 和 i_2 互为余角.

12.3.4　光的双折射现象

如图12-42所示，把一块方解石晶体放在一张写着字的纸面 P 上，从上往下透过方解石看字时，见到每个字都变成了互相错开的两个字，即每个字都有两个像. 这表明，一束光在这种晶体内分成了两束折射光线，它们的折射程度不同，这种现象称为**双折射**. 一般地，当光进入各向异性介质时，都将发生双折射现象.

实验表明，两束折射光中的一束始终在入射面内，遵守折射定律，称为**寻常光**，简称 o 光. 另一束折射光一般不在入射面内，不遵守折射定律，称为**非常光**，简称 **e 光**. 如图12-43所示，当光线垂直入射时，o 光沿原方向传播，折射角为零，而 e 光的折射角不为零. 若以入射光为轴转动晶体，o 光不动，e 光绕轴旋转. 需要注意，o 光和 e 光的划分只在双折射晶体内部才有意义.

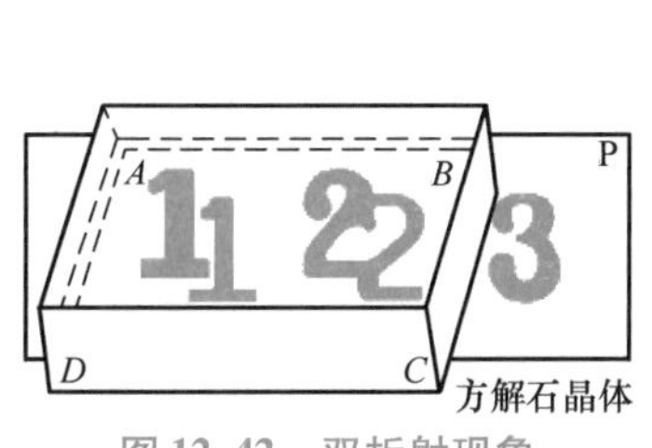

图12-42　双折射现象

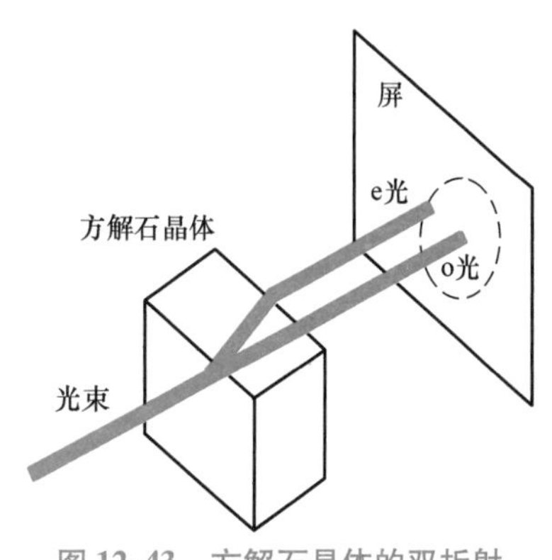

图12-43　方解石晶体的双折射

在双折射晶体中存在一个或两个特殊方向，当光沿该方向传播时，o 光和 e 光不分开，即不发生双折射，这个特殊方向称为晶体的**光轴**. 只具有一个光轴的晶体，称为**单轴晶体**（如方解石、石英等）. 有些晶体具有两个光轴，称为**双轴晶体**（如云母、硫磺等）.

在单轴晶体内，由寻常光 o 和光轴组成的面称为 **o 主平面**，由非常光 e 和光轴组成的面称为 **e 主平面**. 在一般情况下，o 主平面和 e 主平面不相重合. 但实验和理论指出，若光在光轴与晶体表面法线组成的平面内入射，则 o 光和 e 光都处于这个平面内，这个面也就是这两种光共同的主平面. 这个由光轴和晶体表面法线组成的面称为晶体的**主截面**. 在实际应用上，一般都选择入射面、主截面和 o 光、e 光的主平面重合，这时，o 光和 e 光的光振动互相垂直. 这样，对双折射现象的研究也更为简化.

实验还表明，**o 光和 e 光都是偏振光，两者的振动面互相垂直**. 并且，o 光的振动面垂直于晶体内与它相对应的主截面，而 e 光的振动面在主截面内.

双折射现象是由于晶体的各向异性产生的，可以用光的电磁理论进行解释. 这里用惠更斯原理给予定性说明. o 光的光矢量垂直于其主平面，从而总是与光轴垂直，所以向任何方向传播的速率相同，其波阵面上任一点发出的子波的波面为球面，所以折射率 $n_0 = c/v_0$ 是恒量；e 光的光矢量与光轴同在其主平面内，它与光轴的夹角可以有各种不同的值. 当 e 光光矢量与光轴垂直（即 e 光沿光轴传播）时，其传播速率与 o 光相同；当 e 光光矢量与光轴成不同角度时，其传播速率不等；当 e 光光矢量与光轴平行时，即 e 光沿垂直于光轴的方向传播，其传播速率与 o 光相差最大. 所以 e 光的子波波面为旋转椭球面，它与 o 光的球形波面在光轴方向相切. 同时，e 光没有确定的折射率，我们用 v_e 表示 e 光在垂直于光轴方向的传播速率，把 $n_e = c/v_e$ 称为 e 光的主折射率.

利用晶体的双折射现象，从自然光可以得到 o 光和 e 光两种偏振光，这两种偏振光分开的程度取决于晶体的厚度. 但是纯天然晶体的厚度都比较小，因而在通过天然晶体后的光束中，两束偏振光通常分得不够开. 为了使双折射得到的两种线偏振光分开较大角度，人们用方解石晶体制成一种称为尼科耳的起偏棱镜，它是把其中 o 光通过全反射分开，只让 e 光透过棱镜而获得完全偏振光. 但由于这种起偏棱镜一般尺寸都不大，且成本昂贵，目前已很少使用.

12.3.5 波片

根据振动的叠加原理，当一个质点同时参与两个同频率、且相互垂直的简谐运动时，则这个质点的运动轨迹为椭圆或圆. 同样，如果两个同频率的线偏振光，振动方向相互垂直，只要它们之间存在恒定的相位差，两者叠加后其合振动光矢量的端点也将描绘出一个椭圆或圆，即**椭圆偏振光**或**圆偏振光**. 我们可以利用晶体对光的双折射性质来获得椭圆偏振光或圆偏振光.

如图 12-44 所示，让自然光通过偏振片，变为偏振光；继而让这束偏振光垂直射于一晶体薄片（简称**晶片**）表面上. 晶片的光轴与晶面平行，且与偏振片的偏振化方向的夹角为 α，因而，偏振光的光矢量 $\boldsymbol{E}$ 的振动方向亦与晶片光轴成 α 角. 这样偏振光进入晶片后，由于双折射现象而分解成 o 光和 e 光（其振动方向如图 12-44 所示），两者振动方向相互垂直.

由于它们是同一束入射偏振光分解而成的，它们在晶片中经过了不同的光程，所以在射出晶片后能产生恒定的相位差. 这两个光振动的合成就是椭圆偏振光. 若 $\alpha = \pi/4$，这时 o

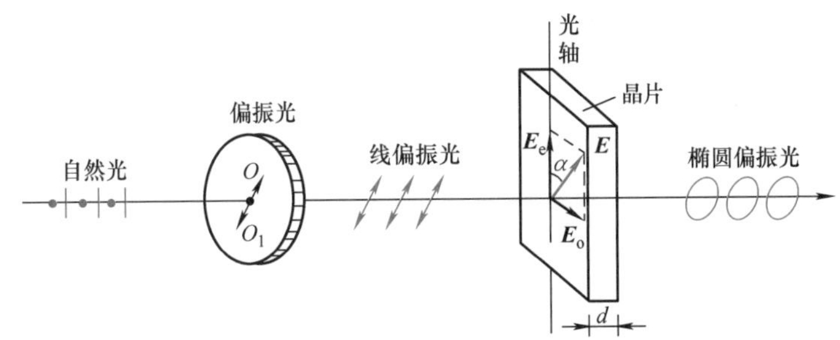

图 12-44 椭圆偏振光或圆偏振光的获得

光和 e 光的光振动振幅相等，从晶片出射的光为圆偏振光.

椭圆偏振光的椭圆形状取决于两个光振动的相位差. 设入射光的波长为 λ、晶片的厚度为 d，则 o 光和 e 光从晶片出射后的相位差为

$$\varphi_{oe} = \frac{2\pi}{\lambda}(n_o - n_e)d$$

可见，相位差取决于晶片的厚度. 若

$$\varphi_{oe} = \frac{2\pi}{\lambda}(n_o - n_e)d = \frac{\pi}{2}$$

则相应的光程差为

$$\delta = (n_o - n_e)d = \frac{\lambda}{4}$$

这种能使 o 光和 e 光产生 $\lambda/4$ 光程差的晶片称为 **$\lambda/4$ 波片**.

若

$$\varphi_{oe} = \frac{2\pi}{\lambda}(n_o - n_e)d = \pi$$

相应的光程差为

$$\delta = (n_o - n_e)d = \frac{\lambda}{2}$$

这种能使 o 光和 e 光产生 $\lambda/2$ 光程差的晶片称为**半波片**. 当波长为 λ 的单色线偏振光通过这种晶片后，o 光与 e 光的光程差恰等于半波长（$\lambda/2$），射出晶体后，它们的合成光仍是线偏振光，但其偏振方向转过了 2α. 亦即 $\lambda/2$ 波片可以改变入射偏振光的偏振方向.

需要注意，无论是 $\lambda/4$ 波片还是 $\lambda/2$ 波片，它们都是对入射偏振光的波长而言的. 因此，应根据使用的波长和使用的目的去选购波片.

12.3.6 偏振光的干涉

在适当条件下，偏振光和自然光一样也可以产生干涉现象. 今用如图 12-45a 所示的装置来说明. 在 P 与 A 两个偏振化方向正交的偏振片之间，放置一个晶面和光轴平行的晶体 C，并使其晶面垂直于偏振光的入射线，则偏振光的入射线也同时垂直于光轴（假定入射偏振光的振动面与光轴间具有一定的夹角 α，如图 12-45b 所示）. 偏振光进入晶体后，由于晶片的双折射，产生振动面相互垂直的 o 光和 e 光，这两种光在晶体中仍沿同一方向传播，但由于晶体对 o 光和 e 光的折射率 n_o 和 n_e 是不同的，故它们的传播速度也不同，因此透过晶

体之后，两种光就有一定的光程差，一般而言，它们将形成椭圆偏振光. 设晶体的厚度为 d，则它们的光程差为 $\delta=(n_o-n_e)d$. 如果使这两种光再通过一个偏振片 A，由于只有和 A 的偏振化方向平行的分振动才可以透过，这就使得透过 A 以后的光成为两束振动面相同、在空间任一点相遇时具有一定光程差的相干光，因而它们在空间相遇时（例如用透镜装置使它们会聚于屏幕上）能够产生干涉现象. 干涉条纹的明暗程度（当单色光照射时）或色彩（当白色光照射时）视双折射晶体 C 的厚度而定. 在图 12-45b 中，$\boldsymbol{E}_1$ 表示入射偏振光的光矢量，E_e 和 E_o 分别为 $\boldsymbol{E}_1$ 在平行和垂直于晶体主截面方向上的分矢量. $\boldsymbol{E}_{2e}$ 和 $\boldsymbol{E}_{2o}$ 表示振动面相互垂直的 o 光和 e 光通过偏振片 A 时、在平行于其偏振化方向的分振动，它们就是透过偏振片 A 的相干光.

还需指出，如果不用起偏振片 P，而以自然光直接射入晶体 C，则所产生的两束偏振光的振动是互相独立的，即相位差不是恒定的，因而不能产生干涉现象.

工程上使用的偏振光显微镜，就是根据偏振光的干涉现象制成的.

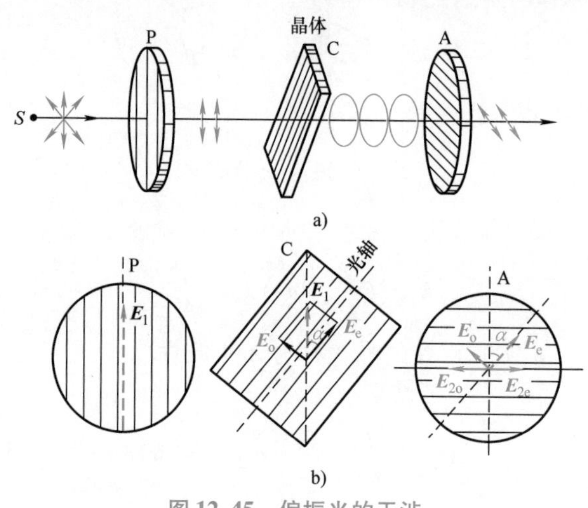

图 12-45 偏振光的干涉

12.3.7 人为双折射

前面讲了光在各向异性晶体中的双折射现象. 但是，有些各向同性的非晶体或液体，受外界的人为因素影响，也可以转变为各向异性，呈现出双折射现象. 这种现象称为**人为双折射**.

1. 光弹性效应

非晶体物质，例如玻璃、赛璐珞等，在力的作用下发生形变时，使非晶体失去各向同性的特征而具有晶体的性质，也能呈现出双折射现象. 现象的观测可按图 12-46 所示的装置来进行，图中 E 是一非晶体，放在两个正交偏振片之间，当它受到外力 $\boldsymbol{F}$ 而被压缩（或拉伸）时，其光学性质就和以 OO' 为光轴的单轴晶体相仿. 如前所述，垂直入射的偏振光将分解为 o 光和 e 光，两光线的传播方向一致，但传播速度不同，即折射率不等. 实验证明，这时，o 光和 e 光的折射率 n_o 与 n_e 之差与应力 σ 成正比，即

$$n_o-n_e=k\sigma \tag{12-37}$$

式中，k 是一个比例系数，它取决于非晶体的性质，σ 是应力.

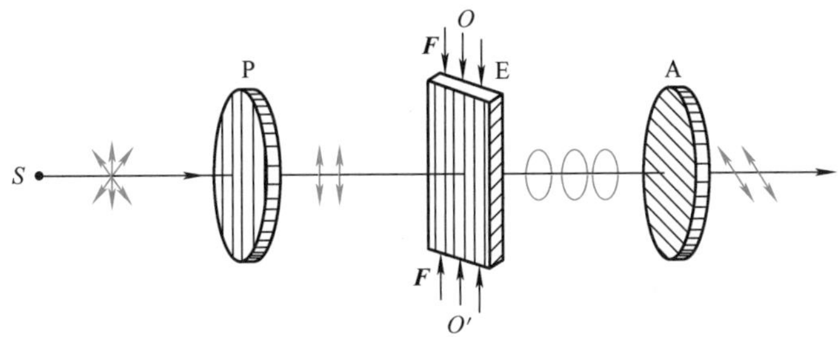

图 12-46 由机械形变而产生的人为双折射现象

不但如此，两束偏振光穿过偏振片 A 之后，借透镜将它们会聚于屏幕上，将发生干涉，出现干涉条纹．在工业上，可以把机械零件、建筑结构物（例如桥梁）或水坝坝体用赛璐珞等制成透明模型，然后在外力的作用下分析这些干涉条纹的形状，就能判断和分析模型内部应力的分布情况．这种方法称为**光测弹性方法**．

2. 电光效应

某些各向同性的非晶体或液体等透明物质，在强电场作用下，也能变为各向异性而显示双折射现象．这种人为双折射现象叫作**电光效应**或**克尔效应**．这是克尔（J. Kerr）于 1875 年发现的．

克尔效应的实验装置如图 12-47 所示．装有平行板电极 C_1、C_2并盛有硝基苯（$C_6H_5NO_2$）液体的容器，叫作克尔盒．P 和 A 为两个正交的偏振片．当极板 C_1、C_2加上电压时，在克尔盒内的硝基苯液体中会形成沿 OO'方向的电场，硝基苯液体便变成类似于以 OO'为光轴的单轴晶体，由起偏振片 P 出射的偏振光通过克尔盒，就显示出 o 光和 e 光．实验指出，o 光与 e 光的折射率之差 $n_o - n_e$与电场强度 E 的平方成正比，即

$$n_o - n_e = kE^2 \tag{12-38}$$

式中，k 称为克尔常量，其值取决于液体的性质．

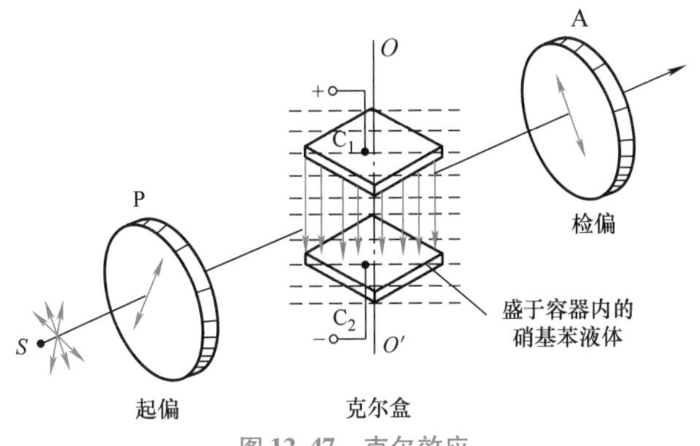

图 12-47 克尔效应

克尔效应的产生和消失的时间极短，约为 10^{-9} s，可用来制成光断续器（即光开关），这种高速开关已在高速摄影、激光通信和电视等装置中获得广泛应用．

此外，像压电晶体等这类晶体，在电场作用下可以改变它的各向异性性质，o 光和 e 光的折射率之差 $n_o - n_e$ 与所加电场强度 E 的值成正比，故称为**线性电光效应**，亦称**泡克耳斯**（F. K. Pockels）**效应**．

某些非晶体在强磁场作用下，也能产生双折射现象，称为**磁双折射效应**．其情况类似于

电光效应.

章后感悟

通过对干涉的学习我们知道：当两列相干光波在空间相遇时会发生干涉，相长干涉会导致光强增大，相消干涉会导致光强减小。我们生活在社会群体当中，会接触到不同的人，在相处过程中可能志趣相投、彼此成就，也可能针尖对麦芒、两败俱伤。如何处理人与人之间的关系，实现共同成长、一加一大于二的效果呢？

习 题 12

12-1 在杨氏双缝实验中，双缝与屏幕的距离为120cm，双缝间的距离为0.45mm，屏幕上相邻明条纹中心之间的距离为1.5mm. 求：(1) 入射单色光的波长. (2) 若入射光的波长为550nm，求第3条暗条纹中心到中央明条纹中心的距离. [答：(1) 562.5nm；(2) 1.83×10^{-3}m]

12-2 如习题12-2图所示，在杨氏双缝实验的装置中，设入射光的波长为550nm，今用一块薄云母片（$n=1.58$）覆盖在一条缝上，这时屏幕上的零级明条纹移到原来的第7条明条纹位置上，求此云母片的厚度. [答：6.64×10^{-6}m]

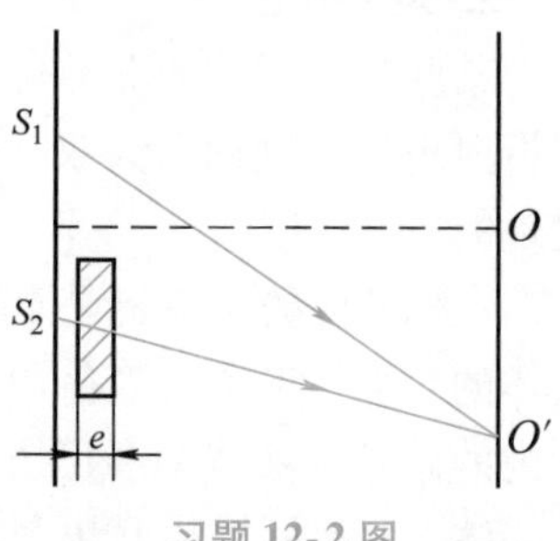

习题12-2图

12-3 在双缝实验中，两缝间距为0.30mm，用单色光垂直照射双缝，在离缝1.20m的屏幕上测得中央明条纹一侧第5条暗条纹与另一侧第5条暗条纹间的距离为22.78mm. 问所用光的波长为多少？它是什么颜色的光？ [答：632.8nm，红光]

12-4 如习题12-4图所示，氦－氖激光器发出波长为632.8m的单色光，射在相距2.2×10^{-4}m的双缝上. 求离缝1.80m处屏幕上所形成的20条干涉明条纹之间的距离. [答：9.84×10^{-2}m]

12-5 在杨氏双缝实验中，设两缝间距离$d=0.2$mm，屏与缝之间的距离$D=100$cm，以白色光垂直照射，求第1级与第2级光谱的宽度. (已知$\lambda_{红}=8\times10^{-5}$cm，$\lambda_{紫}=4\times10^{-5}$cm) [答：0.2cm，0.4cm]

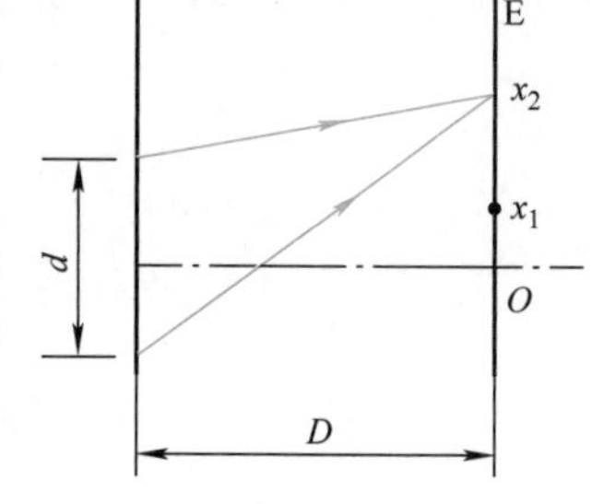

习题12-4图

12-6 波长为500nm的单色光从空气中垂直入射到折射率$n=1.375$、厚度$e=10^{-4}$cm的薄膜上，入射光的一部分反射，另一部分进入薄膜，并从下表面上反射. 试求：(1) 透射光在薄膜内的波程上有几个波长？(2) 透射光在薄膜的下表面反射后，在上表面与反射光相遇时的相位差为多少？ [答：(1) 5.5个波长；(2) 12π]

12-7 如图习题12-7所示，用白光垂直照射厚度$e=400$nm的薄膜，若薄膜的折射率为$n_2=1.40$，且$n_1>n_2>n_3$，问反射光中哪种波长的可见光将得到加强？ [答：560nm]

12-8 一束白光投射到空气中一层肥皂泡薄膜上，在与薄膜法线成30°角的方向上，观察到薄膜的反射光呈绿色（$\lambda=500$nm），求膜的最小厚度. 已知肥皂水的折射率为1.33. [答：1.01×10^{-4}mm]

12-9 氦－氖激光器发出波长为632.8nm的单色光，垂直照射在两块平面玻璃片上，两玻璃片的一边互相接触，另一边夹着一片云母，形成一个劈形空气膜. 测得50条明纹中心间的距离为6.351×10^{-3}m，棱边到云母片的距离为30.313×10^{-3}m，求云母片厚度. [答：7.40×10^{-5}m]

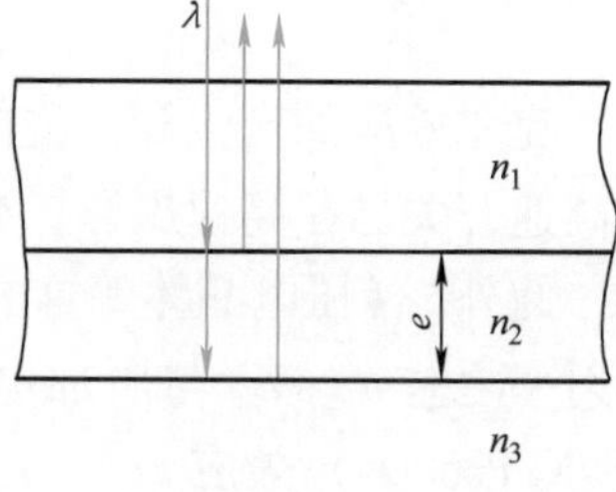

习题12-7图

12-10 如习题12-10图所示，利用空气劈形膜测量细金属丝直径，

已知入射光的波长 $\lambda=589.3\text{nm}$，$L=2.888\times10^{-2}\text{m}$，测得 30 条明纹中心间的距离为 $4.295\times10^{-3}\text{m}$，求细金属丝直径 d.　[答：$5.75\times10^{-5}\text{m}$]

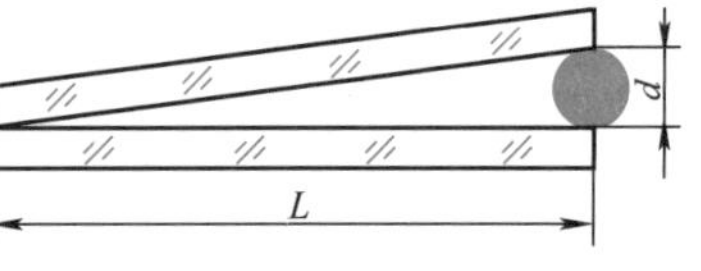

习题 12-10 图

12-11　在利用牛顿环测未知单色光波长的实验中，当用波长为 589.3nm 的钠黄光垂直照射时，测得第 1 和第 4 暗环的径向距离为 $\Delta r=4.0\times10^{-3}\text{m}$；当用波长未知的单色光垂直照射时，测得第 1 和第 4 暗环的距离为 $\Delta r'=3.85\times10^{-3}\text{m}$，求该单色光的波长.　[答：546nm]

12-12　在牛顿环实验中，透镜的曲率半径 $R=40\text{cm}$，用单色光垂直照射，在反射光中观察某一级暗环的半径 $r=2.5\text{mm}$. 现把平板玻璃向下平移 $d_0=5.0\mu\text{m}$，上述被观察的暗环半径变为何值？　[答：$1.50\times10^{-3}\text{m}$]

12-13　在宽度 $a=0.6\text{mm}$ 的狭缝后 40cm 处，有一与狭缝平行的屏幕．今以平行光自左面垂直照射狭缝，在屏幕上形成衍射条纹，若离零级明条纹的中心 P_0 处为 1.4mm 的 P 处，看到第 4 级明纹．求：(1) 入射光的波长；(2) 从 P 处来看这光波时，在狭缝处的波前可分成几个半波带？　[答：(1) $\lambda=467\text{nm}$；(2) 9 个]

12-14　在白色光形成的单缝衍射条纹中，某波长的光的第 3 级明条纹和红光（波长为 630nm）的第 2 级明条纹相重合．求该光波的波长.　[答：450nm]

12-15　一单色平行光垂直照射于一单缝，若其第 3 级明纹位置正好和波长为 600nm 的单色光垂直入射时的第 2 级明条纹位置重合，求前一种单色光的波长．[答：428.6nm]

12-16　用 1mm 内有 500 条刻痕的平面透射光栅观察钠光谱（$\lambda=589\text{nm}$），设透镜焦距 $f=1.00\text{m}$. 问：(1) 光线垂直入射时，最多能看到第几级光谱？(2) 光线以入射角 30° 入射时，最多能看到第几级光谱？(3) 若用白光垂直照射光栅，求第 1 级光谱线的宽度．[答：(1) 3；(2) 一侧 5 级、另一侧 1 级；(3) 0.18m]

12-17　用一望远镜观察天空中的两颗星，设这两颗星相对于望远镜所张的角为 $4.84\times10^{-6}\text{rad}$，由这两颗星发出的光波波长均为 $\lambda=550\text{nm}$. 若要分辨出这两颗星，问所用望远镜的口径至少需要为多大？　[答：$D=13.9\text{cm}$]

12-18　用一束平行的钠黄光（$\lambda=589.3\text{nm}$）垂直照射在光栅常量为 $2\times10^{-6}\text{m}$ 的光栅上，求最多能看到几条明条纹（包括中央明条纹在内）.　[答：$k=3$]

12-19　两偏振片偏振化方向成 30°夹角时，透射光的光强为 I_1，若入射光的光强不变，而使两偏振片的偏振化方向之间的夹角变为 45°，则透射光强将如何变化？［答：变为 $2I_1/3$］

12-20　偏振光通过偏振片后，光强减小一半，求偏振光振动方向与偏振片的偏振化方向之间的夹角.　[答：45°]

12-21　测得从一池静水的表面反射出来的太阳光是线偏振光，求此时太阳处在地平线的多大仰角处？(水的折射率为 1.33)　[答：36.9°]

12-22　一束光是自然光和线偏振光的混合，当它通过一偏振片时，发现透射光的强度取决于偏振片的取向，其光强可以变化 5 倍，求入射光中两种光的强度各占总入射光强的几分之几.　[答：1/3，2/3]

12-23　两偏振片 A 和 B 的偏振化方向互相垂直，使光完全不能透过，今在 A 和 B 之间插入偏振片 C，它与偏振片 A 的偏振化方向的夹角为 α，这时就有光透过偏振片 B. 设透过偏振片 A 的光强为 I_0，求证：透过偏振片 B 的光强为 $I=(I_0/4)\sin^2 2\alpha$.

12-24　当光从水中射向玻璃而反射时，起偏振角为 48° 26′，已知水的折射率为 1.33，求玻璃的折射率；若光从玻璃中射向水中，求起偏角.　[答：41°34′]

科学家轶事

王大珩——“中国光学之父”

著名光物理学家王大珩（1915—2011）是中国近代光学工程的重要学术奠基人、开拓者和组织领导者，领导研制出我国第一台红宝石激光器和首台航天相机，主持研制出我国第一台大型光测设备，在激光技术、遥感技术、计量科学、色度标准等方面也都做出了重要贡献，被誉为“中国光学之父”，并被授予“两弹一星功勋奖章”.

王大珩曾组织制成中国第一台激光器，第一台大型光测装备和许多国防光学仪器. 20世纪70年代主持制定了全国第一个遥感科学规划，领导了综合性的航空遥感试验. 1986年3月会同其他3名科学家（陈芳允、杨嘉墀、王淦昌）向中央提出“发展中国的战略性高技术”的建议，得到邓小平同志批准，由此国务院发出了“高技术发展计划纲要”的通知，这一“纲要”被称为“863计划”，促使发展高科技成为实现我国科技现代化的一项重要战略部署. 1992年与其他学部委员倡议并促成建立中国工程院. 荣获国家科学技术进步奖特等奖、首届“何梁何利基金科学与技术成就奖”.

王大珩一生忠于国家、精于学术、一心为国、无私奉献. 作家马晓丽所著的《王大珩传》中记录了他任长春光机所所长期间的一件轶事：国家在1965年由于光学工程的需要准备给科学院投资300万元负责生产出一批高质量的大玻璃. 而光机所本身就是搞光学的，有现成的技术力量，如果再得到这笔投资，就可以大大地改善当时的科研生产条件. 但没想到的是，所长王大珩拒绝了这笔投资经费. 因为他认为，光机所虽然能够很好地完成这批玻璃的生产任务，但光机所毕竟不是产业部门，在完成这项任务后，所投入的设备势必会因面临闲置而造成极大浪费. 于是他建议把这笔钱投到轻工业部门，这样既解决了光学工程的临时需要，又能充分发挥这些设备的作用，使其继续为国家创造效益. 后来那笔钱投到了上海新沪玻璃厂，果然造就了一个如今在规模、设备和生产等方面都居全国前几位的大型玻璃生产企业.

设立于1996年的“王大珩光学奖”，是王大珩教授出资在中国光学学会设立的奖项，旨在促进中国光学科技事业的发展，激励中国从事光学与光学工程领域的中青年科技工作者与高校青年学生奋发向上，创新进取.

应用拓展

光学干涉仪

伴随着科学技术的不断进步，在科学研究、工业生产、国防安全等各个领域对物理精度的要求也越来越高，对精密测量技术的需求也越来越迫切. 以波动光学的相关物理理论为基础的光学干涉仪器，是精密测量技术中最常用也是精度非常高的一类测量设备. 其精密特性主要得益于光的干涉原理，可以将微小变量转化为光学信号的变化并将其放大或增强，然后通过成熟的光电检测技术对光学信号进行检测和控制. 典型的光学干涉仪根据装置的结构特征不同，可以分为单路径干涉仪如法布里－珀罗干涉仪，和多路径干涉仪如迈克耳孙干涉仪、马赫－曾德干涉仪等.

光学干涉仪在各领域的应用范围非常广泛，小到原子计量，大到引力波探测，都是不可缺少的精密测量仪器．我国在这一领域的研究也已处于世界前列，如2020年山西大学**彭堃墀**院士的研究团队在超灵敏量子干涉仪研究方面已取得巨大进展．据报道，他们试制了一台超高灵敏量子干涉仪，将压缩态光源置于干涉仪内部，直接运用噪声低于标准量子极限的非经典光作为测量探针，使测量精确度超过标准量子极限（5.57±0.19）dB，从而能够测量被量子噪声淹没的微弱信号．与原有将压缩态注入干涉仪的方法相比，该方案在干涉仪臂中引入了光学参量放大器，干涉仪内部产生的压缩态作为相敏量子态直接测量光场相位信息．这样将参量放大与量子噪声压缩合为一体，既放大了测量探针光强度，又压缩了量子噪声．他们制备的这种结构紧凑的光学干涉仪可以与高灵敏引力波探测仪兼容，并进一步提高其测量精度．

应用拓展图　引力波探测器

在天文观测对引力波的探测装置中，光学干涉仪的作用是不可或缺的，如应用拓展图所示．激光干涉引力波天文台（简称：LIGO），就是借助于激光干涉仪来聆听来自宇宙深处引力波的大型研究仪器．LIGO由两个干涉仪组成，每一个都带有两个4km长的臂并组成L形，它们分别位于相距3000km的美国南海岸利文斯顿（Livingston）和美国西北海岸汉福德（Hanford）．我国科学家早在20世纪70年代就已开始了引力波的研究，目前已启动了“天琴计划”和“太极计划”两个大型空间引力波探测项目，在太空组成探测卫星组，用激光干涉方法对引力波进行直接探测．2019年12月20日，“天琴一号”卫星在太原卫星发射中心成功发射，而“太极一号”卫星则更早一步，于2019年8月31日成功发射．其中，“太极一号”实现了中国迄今为止最高精度的空间激光干涉测量．这两颗卫星的顺利运行标志着中国引力波探测计划“天琴”计划和“太极”计划各进一步，为后续我国在空间引力波探测领域率先取得突破奠定了基础，助力我国向科技强国的中国梦稳步迈进．

第 13 章

热力学基础

章前问题

在现实生活中，我们看到树上的苹果熟了会自然落到地面上，并与地面发生非弹性碰撞，最终静止。从能量转换的角度分析，这一过程是重力势能转变为动能、最终转变为热能。但是我们却从没看见过地上的苹果自动地回到苹果树上，这是为什么？

学习要点

1. 热力学基本概念；
2. 准静态过程；
3. 理想气体的物态方程；
4. 系统的内能；
5. 功、热量及其计算；
6. 热力学第一定律；
7. 循环过程；
8. 热机效率；
9. 热力学第二定律；
10. 卡诺循环、卡诺定理；
11. 熵的概念；
12. 熵增加原理.

热力学是研究热现象、热运动规律，以及热和功转化的宏观理论．是从大量实验事实中总结、归纳形成的唯象理论．从能量的观点研究热力学系统从一个平衡态到另一个平衡态的转变过程中，有关热、功和内能这三者的变化关系和条件，以及转变过程自动进行的方向和条件．热力学的建立和发展与热机的诞生、应用和改进密切相关．可以说，热力学就是从不可能制成“永动机”这个基本事实出发，系统地回答“永动机”所违反的自然规律．

13.1　热力学基本概念

13.1.1　问题的提出

长期以来，为了满足生产和生活方面对动力日益增多的需求，人们醉心于设计、制造永远做功的机器——“永动机”（也称为第一类永动机）. 第一类永动机是指在不获取能源的前提下，以机械手段使动力系统持续地向外界输出能量. 如此美妙之幻想，使人们沉醉、向往，为之奋斗，竭心尽智. 但事与愿违，各种各样第一类永动机的设计在实践中无不以失败而告终. 千万次的失败从本质上揭示了能量守恒的基本思想——热力学第一定律. 然而，热力学第一定律并不反对另一种美妙的幻想：制造一部可直接从海洋或大气中吸取热量使之完全变为机械功的热机. 由于海洋和大气中的能量是取之不尽的，因而这种热机可永不停息地运转做功——称为第二类永动机. 这种热机虽不违反能量守恒定律，但所有设计制造第二类永动机的任何尝试也均告失败. 这启示我们，能量转化过程是有方向的——热力学第二定律. 那么，能量转化过程应向什么方向进行？进行到什么限度为止？以上这些问题正是热力学所要具体讨论的内容.

热力学这门学科就是从能量观点出发，在总结、归纳大量实验事实的基础上建立起来的. 它从宏观上研究物质热运动的基本规律，热、功转换的理论，物质热运动过程及其进行的方向.

13.1.2　热力学系统

热力学研究的对象是由大量微观粒子组成的宏观物质系统，这个宏观物质系统称为**热力学系统**，简称**系统**；而处于系统以外的物质，称为**外界**或**环境**. 例如，若以一个储气罐内的气体作为所研究的系统（见图 13-1），则罐外周围的物质（如空气或水等）就是外界，而罐壁近似地可看作该系统的**边界**. 根据系统与外界发生相互作用的情况，我们将热力学系统分为三大类：

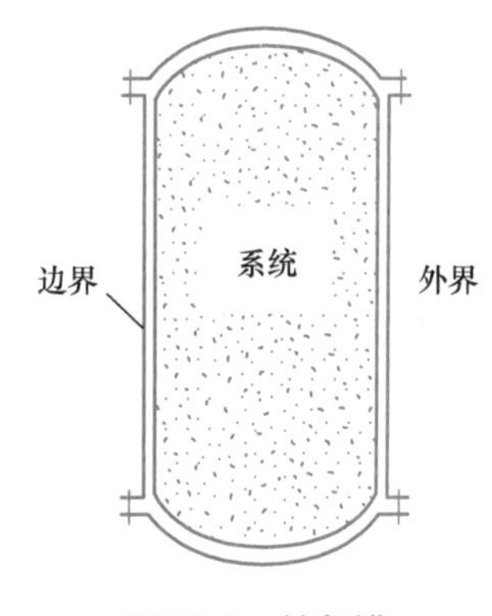

图 13-1　储气罐

开放系统：与外界同时发生能量交换和物质交换的系统. 如在加热开口容器中的水时，它不仅与外界有能量交换，而且还有物质交换.

封闭系统：与外界只有能量交换而没有物质交换的系统. 如盖紧盖子的一杯热水，只与外界有能量交换，而且还有物质交换.

孤立系统：与外界不交换任何能量和物质的系统，如盛有热水、并盖紧盖子的保温杯. 孤立系统是一种理想模型.

13.1.3 系统的平衡状态物态参量 热力学第零定律

经验告诉我们，一个孤立系统，不管它开始的状态如何，经过一段时间后，系统的各种宏观性质将不再随时间变化，并且有确定的状态．我们把系统所处的这种确定的状态，称为系统的**平衡状态**，简称**平衡态**．

例如，若把两个冷热程度不同而又互相接触的物体构成一个孤立系统，则其中热的物体将逐渐变冷，而冷的物体将逐渐变热．这时，系统各部分的温度都不相同，因而系统处于非平衡态．但经验表明，由于此孤立系统内的物体间能量传递（热传导）的结果，两个物体终究会处处达到均匀一致的冷热程度；并且，此后只要一直不受外界影响，则系统将始终维持这一状态，而不再发生宏观变化．这时，系统就处于平衡态．

应当指出，当系统处于平衡态时，虽然它的宏观性质不随时间变化，但从微观方面来看，组成系统的大量分子仍在不停地热运动，只是大量分子热运动的平均效果不随时间变化．因此，这里说的平衡态是一种动态平衡，常称为**热动平衡**．

如上所述，系统的平衡态是系统各种宏观性质不随时间而变化的状态；并且描述这些性质的宏观物理量都具有确定的值，这样，系统的平衡态就可以用系统的宏观物理量来描述．用来描述系统平衡态的几个相互独立的物理量称为**物态参量**．

由于处于平衡态的系统在不受外界影响的情况下，系统的宏观状态一定，各种宏观性质在系统内处处均匀一致，且不随时间而变化．于是，我们就可相应地选择一组物态参量来描述系统的平衡态．对气体而言，当一定质量的同种气体处于平衡态时，通常可用体积、压强、温度这三个宏观物理量来描述其状态，这三个量就是气体的**物态参量**（或称为**状态参量**）．

体积 V 气体的体积是指气体分子运动时所能够到达的空间．一般用存储气体的容积来表示．其单位为 m^3（立方米）；另外，还常用 cm^3（立方厘米）或 L（升）作为单位，换算关系为

$$1L = 1000cm^3 = 10^{-3}m^3$$

压强 p 大量气体分子对容器壁的碰撞，在宏观上表现为气体作用在容器壁单位面积上指向器壁的垂直作用力．其单位是 $N \cdot m^{-2}$（牛顿每平方米），叫作帕斯卡，简称帕，其符号为 Pa；有时也用标准大气压（atm）作为单位，换算关系为

$$1atm = 1.013 \times 10^5 Pa$$

温度 T 温度是表征物体冷热程度的物理量．要定量地确定温度，需规定一个温度标尺，简称**温标**，以用来表示不同的温度值．

我们日常生活中所使用的摄氏温标是用水银温度计中的液柱高来定温标的，依据是认为具有同一温度值的物体，其冷热程度一样．而实际上，一个物体因受外界影响，其冷热程度通常随时间而改变．只有在与外界隔热的情况下，其冷热程度才会维持不变．若有两个物体冷热程度不同，使之接触，并与外界绝热，则较热的那个物体逐渐变冷，较冷的那个物体逐渐变热，经过足够长的时间，二者就会达到同样的冷热程度而处于**热平衡**．

设物体 A、B 之间处于热平衡，又物体 B、C 之间也处于热平衡，则物体 A、C 之间也必然处于热平衡．这个规律称为**热力学第零定律**．

> 历史上，人们将热力学第零定律认同为一条定律，是在建立热力学第一、第二定律之后；但它所表述的内容在逻辑上应先于第一、第二定律，故把它称为第零定律.

根据热力学第零定律，便可以定量地引进温度的概念．所有处于热平衡的物体皆可用同一温度表示其冷热程度；温度的数值表示方法则取决于所选用的温标．我们规定用**热力学温标**，以 T 表示，其单位为**开尔文**，简称**开**，符号为 K；在实际生活中，常用到摄氏温标，以 t 表示，单位为摄氏度，符号为℃．两种温标的关系是

$$t = T - 273.15 \approx T - 273$$

> 现在用的摄氏温标是在热力学温标建立后重新定义的．规定 273.15K 为 0℃，并规定摄氏温标 1℃ 的温度间隔和热力学温标 1K 的温度间隔相等.

值得注意，在热力学中，我们常用摩尔来表示物质的量，并且规定若一定量某种物质所含粒子（可以是分子、原子、离子或电子等）数目与 0.012kg 的 $^{12}_{6}C$（碳 - 12）中的原子数目相等，则这种物质的量叫作 1 **摩尔**，简称**摩**，符号为 mol.

根据化学上的测算，1mol 的任何物质所包含的分子数为

$$N_A = 6.022136 \times 10^{23} mol^{-1}$$

N_A 是一个普适常数，称为**阿伏伽德罗常数**，其单位为mol^{-1}.

13.1.4　准静态过程

处于平衡态的热力学系统，一旦受到外界的作用（例如对系统做功或加热等），原来的平衡态就要受到破坏，直到外界对它停止作用，经过相当时间后，各部分的状态才又逐渐趋于一致，而达到另一个新的平衡态，即系统的状态发生了变化．系统从一个状态到另一个状态要经历一系列中间状态，这就构成一个**热力学过程**，简称**过程**．

严格说来，过程的各个中间状态都不是平衡态，这样的过程称为**非平衡过程**．若**在系统所进行的过程中，每一时刻所经历的中间状态都非常接近于平衡态**，则此过程称为**准静态过程**．例如，在如图 13-2 所示的气缸内充有一定量的气体，我们推动活塞，快速压缩气缸内的气体，气体的体积、压强和温度都要发生变化，而且在变化过程中，气体来不及实现新的平衡．在靠近活塞附近，气体的密度、压强要大一些，这样，我们就无法用统一的、确定的状态参量来描述气缸内气体的整体情况．这个过程就是一个非平衡过程．然而，如果过程进行得非常缓慢，如图 13-3a 所示，我们在气缸活塞上一粒粒地加沙子，来压缩缸内的气体，就可以认为过程中每一时刻气缸内气体都处于平衡状态，整个过程是准静态过程．

准静态过程虽是一种理想模型，但是实际情况表明，许多热力学的具体过程一般都可以近似地视为准静态过程来处理．根据前述，当一定量某种气体处于平衡态时，气体内各处的状态均匀一致，故可用三个状态参量 p、V、T 来描述整个气体的状态．实验指出，这三个物态参量之间存在着一定的关系（见 13.2.1 节）．所以，一般只需任选其中两个参量，就可以表述一定量气体的平衡态．若用 p、V 两个参量作为坐标，这种坐标图称为 ***p* - *V* 图**．***p* - *V* 图**（有时也用 ***p* - *T* 图**或 ***T* - *V* 图**）**中的每一点就代表系统的一个平衡态，而图中的任一曲线就代表系统经历的一个准静态过程**，如图 13-3b 所示．

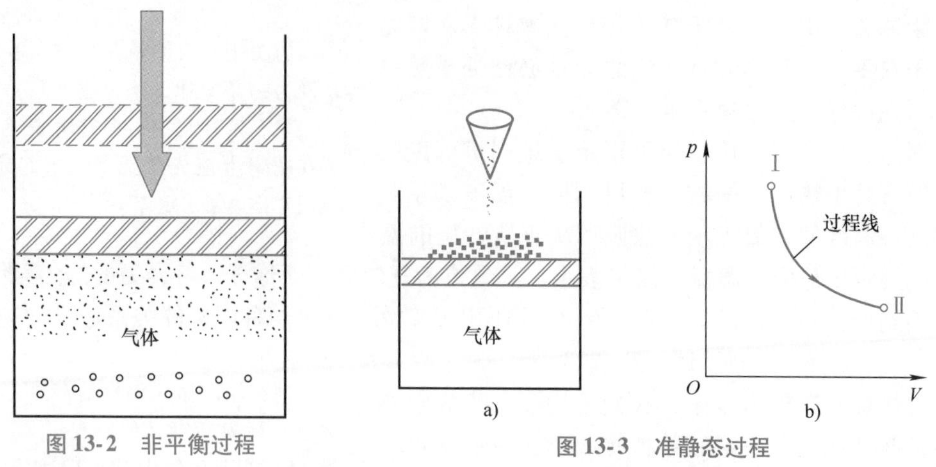

图 13-2　非平衡过程

图 13-3　准静态过程

思考题

13-1　(1) 为什么一定量的气体在平衡态时，才能用一组状态参量 (p, V, T) 来描述？平衡态与非平衡态有什么区别？何谓准静态过程？如何实现准静态过程？(2) 将金属杆的一端与沸水接触，另一端与冰水接触，当沸水和冰水的温度维持不变时，杆内各点的温度虽然不同，但却不随时间而变，即杆内温度的分布处于稳定状态．这时杆内是否处于平衡态？为什么？

13.2　气体的物态方程

实验表明，一定质量的某种气体处于平衡态时，它的物态参量 p、V、T 之间存在着一定的关系．凡是表示气体在任一平衡态时这些参量之间的关系式，都称为气体的**物态方程**（或称**状态方程**）．即

$$f(p,V,T)=0$$

13.2.1　理想气体的物态方程

所谓**理想气体，就是在任何情况下都遵守三条气体实验定律——玻意耳（Boyle）定律、盖-吕萨克（Gay-Lussac）定律和查理（Charles）定律的气体**．实际气体只有在压强不太大、温度不太低，即气体很稀薄或气体不易液化的情况下，才可以近似地当作理想气体．例如，很多实际气体（如氮、氧、氢、氦等）在平常温度下，当压强较低时，都可以近似看作理想气体．

设有一定质量 m 的理想气体，原始状态为Ⅰ (p_1,V_1,T_1)，在状态改变后，过渡到新的状态Ⅱ (p_2,V_2,T_2)．从状态Ⅰ过渡到状态Ⅱ可以经过各种不同的变化过程，但这两个状态Ⅰ、Ⅱ则必须都是平衡态．我们根据上述三条气体实验定律（参阅中学物理教材），可以归纳出两个状态Ⅰ、Ⅱ的物态参量之间的关系为

$$\frac{p_1V_1}{T_1}=\frac{p_2V_2}{T_2} \tag{13-1}$$

这个关系还可推广到其他任何状态，即

$$\frac{p_1V_1}{T_1}=\frac{p_2V_2}{T_2}=\cdots=\frac{p_nV_n}{T_n}$$

或

$$\frac{pV}{T}=\text{常量（气体质量 } m \text{ 一定）} \tag{13-2}$$

如果我们选定其中某一个状态为**标准状态**，即气体的压强、体积和温度分别为 p_0、V_0 和 T_0，那么，上式中的常量就可以确定了．已知在标准状态下，即 $p_0=1.013\times10^5\text{Pa}$，$T_0=273.15\text{K}$ 时，1mol（摩尔）任何气体的体积是 $V_0=22.4\text{L}$，因此由式（13-2）便可求出在标准状态下，对1mol的任何理想气体都普遍适用的常数，它与气体的性质无关，故称为**摩尔气体常数**，用 R 表示，其值为

$$R=\frac{p_0V_0}{T_0}=\frac{1.013\times10^5\text{Pa}\times22.4\times10^{-3}\text{m}^3\cdot\text{mol}^{-1}}{273.15\text{K}}=8.31\text{J}\cdot\text{mol}^{-1}\cdot\text{K}^{-1}$$

这样，对于1mol的理想气体来说，式（13-2）可写为

$$\frac{pV_0}{T}=R$$

式中，V_0 是1mol气体的体积，对于质量为 $m(\text{kg})$、摩尔质量为 $M(\text{kg}\cdot\text{mol}^{-1})$ 的气体，则 $\frac{m}{M}V_0$ 就是质量为 $m(\text{kg})$ 的该种气体在同样的 p、T 下的体积 V，即 $V=\frac{mV_0}{M}$. 将 $V_0=\frac{MV}{m}$代入上式，便可给出质量为 m 的理想气体物态方程，即

$$pV=\frac{m}{M}RT \tag{13-3}$$

这就是对一定量的理想气体处于任一平衡态时，其状态参量之间的关系式．

设质量为 m、摩尔质量为 M 的某种理想气体，其分子质量为 m_0，该气体的分子总数为 N，即 $m=Nm_0$；并由于1mol气体拥有 $N_A=6.023\times10^{23}$ 个分子（即阿伏伽德罗常量），故摩尔质量为 $M=N_Am_0$，则由式（13-3），有

$$p=\frac{Nm_0}{N_Am_0}\frac{RT}{V}=\frac{N}{V}\frac{R}{N_A}T$$

式中，$N/V=n$ 是**气体在单位体积内所拥有的分子数**，称为**分子数密度**．两个常量 N_A 与 R 的比值 R/N_A 可用 k 表示，则

$$k=\frac{R}{N_A}=\frac{8.31\text{J}\cdot\text{mol}^{-1}\cdot\text{K}^{-1}}{6.023\times10^{23}\text{mol}^{-1}}=1.38\times10^{-23}\text{J}\cdot\text{K}^{-1}$$

k 称为**玻尔兹曼常数**，它也是一个普适常数．于是，由前式可得理想气体物态方程的另一种形式，即

$$p=nkT \tag{13-4}$$

思维拓展

13-1 水的沸点会随着气压的降低而降低，在海平面附近水的沸点是100℃，而为什么在高原地区水的沸点却可能只有80℃左右呢？这对人体会有影响吗？

例题 13-1 一柴油机的气缸体积为 $0.827\times10^{-3}\mathrm{m}^3$. 压缩前，缸内空气的温度为 320K，压强为 $8.4\times10^4\mathrm{Pa}$. 当活塞将空气压缩到原体积的 1/17 时，使压强增大到 $4.2\times10^6\mathrm{Pa}$，求这时空气的温度（假设空气可视为理想气体）.

解 按式（13-1），空气从一个平衡态Ⅰ（p_1,V_1,T_1）改变到另一平衡态Ⅱ（p_2,V_2,T_2），状态参量间的关系为$\frac{p_1V_1}{T_1}=\frac{p_2V_2}{T_2}$，已知 $p_1=0.827\times10^{-3}\mathrm{m}^3$，$p_2=4.2\times10^6\mathrm{Pa}$，$T_1=320\mathrm{K}$，$\frac{V_2}{V_1}=\frac{1}{17}$，则得

$$T_2=\frac{p_2V_2}{p_1V_1}T_1=\frac{4.2\times10^6\mathrm{Pa}\times320\mathrm{K}}{8.4\times10^4\mathrm{Pa}\times17}=941\mathrm{K}$$

此温度远远超过柴油的燃点（即开始发生燃烧的温度）. 因此，柴油在气缸内将立即燃烧，形成高压气体，推动活塞做功.

例题 13-2 容器中有 0.100kg 氧气，其压强为 10.0atm，温度为 320K. 因容器漏气，稍后，测得压强减到原来的 5/8，温度降到 300K. 求：（1）容器的体积；（2）在两次观测之间漏掉多少氧气？

解 （1）因为氧气的压强不太大、温度不太低，所以可视为理想气体，可按理想气体物态方程求容器的体积. 已知 $m=0.100\mathrm{kg}$，$M=0.032\mathrm{kg\cdot mol^{-1}}$（因氧气的相对分子质量为 32），$T=320\mathrm{K}$，$p=10.0\mathrm{atm}=1.013\times10^6\mathrm{N\cdot m^{-2}}$，$R=8.31\mathrm{J\cdot mol^{-1}\cdot K^{-1}}$代入物态方程，可求得体积为

$$V=\frac{m}{M}\frac{RT}{p}=\frac{0.100\mathrm{kg}}{0.032\mathrm{kg\cdot mol^{-1}}}\frac{8.31\mathrm{J\cdot mol^{-1}\cdot K^{-1}}\times320\mathrm{K}}{1.013\times10^6\mathrm{N\cdot m^{-2}}}=8.20\times10^{-3}\mathrm{m}^3$$

（2）已知漏气一段时间后，容器内空气压强减小到 $p'=5/8\times10\mathrm{atm}=5/8\times1.013\times10^6\mathrm{N\cdot m^{-2}}$，温度降到 $T'=300\mathrm{K}$，设 m'为剩余的氧气质量，则由物态方程，可算得

$$m'=\frac{Mp'V}{RT'}=\frac{0.032\mathrm{kg\cdot mol^{-1}}\times5/8\times1.013\times10^6\mathrm{N\cdot m^{-2}}\times8.20\times10^{-3}\mathrm{m}^3}{8.31\mathrm{J\cdot mol^{-1}\cdot K^{-1}}\times300\mathrm{K}}=6.70\times10^{-2}\mathrm{kg}$$

因而，漏掉的氧气质量为

$$m-m'=0.100\mathrm{kg}-0.067\mathrm{kg}=0.033\mathrm{kg}$$

*13.2.2 真实气体的物态方程

在研究实际问题中，如果气体压强不太高、温度不太低，一般可近似地采用理想气体物态方程. 但是在近代工程技术中，经常要处理高压或低温下的气体问题. 例如，气体凝结为液体或固体的过程，一般需要在低温或高压下进行；现代化大型汽轮机中，都采用高温、高压蒸汽作为工作物质. 在这些情况中，理想气体物态方程就不再适用了. 这是因为在压强较大和温度较低的情况下，气体的分子数密度 n 很大，那时分子本身的大小和分子间的引力就不能再忽略不计了.

这里，我们介绍范德瓦耳斯（Van der Waals，1837—1923）导出的实际气体物态方程，常称为**范德瓦耳斯方程**. 对质量为 m 的实际气体，该方程为

$$\left(p+\frac{m^2a}{M^2V^2}\right)\left(V-\frac{m}{M}b\right)=\frac{m}{M}RT \tag{13-5}$$

这个方程是范德瓦耳斯对理想气体物态方程中的体积和压强这两个因素进行修正而导出的．对实际气体而言，其分子本身是有一定大小的，所以气体可被压缩的空间不再是容器的体积 V，而应该减去一个和分子本身体积有关的修正量 b；其次，实际气体的分子之间相互吸引力不能忽略不计，上式中的 a 就是考虑到分子间的引力对压强的影响而引入的一个修正量．a、b 这两个修正量可由实验测定．例如，氮气的 a 和 b 的实验值分别为 $a=0.137\text{Pa}\cdot\text{m}^6\cdot\text{mol}^{-2}$，$b=4.0\times10^{-5}\text{m}^3\cdot\text{mol}^{-1}$.

应该指出，范德瓦耳斯方程纵然比理想气体物态方程更为完善，但是在工程应用中，有时还需要对它做进一步的修正．

13.3　热力学第一定律　功和热量的计算

13.3.1　系统的内能　功与热的等效性

热力学系统是由大量的分子、原子等微观粒子组成的，而微观粒子在做不停息的运动．处于运动状态中的分子、原子等相应地具有各种动能、势能以及其他形式的能量，**系统内所有分子热运动的动能和分子之间的相互作用势能之总和称为系统的内能**（也称为**热力学能、热能**）．内能是由物体的状态确定的物理量．例如，一定量的气体处在一定的状态（p，V，T）时，相应于这个状态的内能就只有一个量值．亦即，**系统的内能是状态的单值函数**．因此我们说，**内能是一个状态量**．

在图 13-4a 中，以不导热的固定密闭容器 A 中所盛的水作为研究的系统．C 是可在水中转动的叶轮，G 为测水温用的温度计．当重物 P 下落做功时，通过缠在叶轮上的绳子使叶轮转动，叶片就会对水进行搅拌，并摩擦生热，使水的温度升高，从而改变了系统的状态，也就是改变了系统的内能．可见，内能的改变是因叶轮对水进行搅拌做功，而使水温升高所致．也就是说，在这种功与热的转换过程中，依靠重物下降时对系统做功，把机械能（即重物下降所减少的重力势能）转化为另一种形式的能量——系统的内能．若给固定容器加热，如图 13-4b 所示，则系统（指容器中的水）的温度也升高，这表示分子平均动能增加，同时水的体积也会膨胀，分子势能也随着增大，从而水的内能增加了．系统所增加的内能显然是由高温物体（亦称高温热源）传递过来的．这种由于**系统与外界之间存在温差而传递的能量**，称为**热量**．

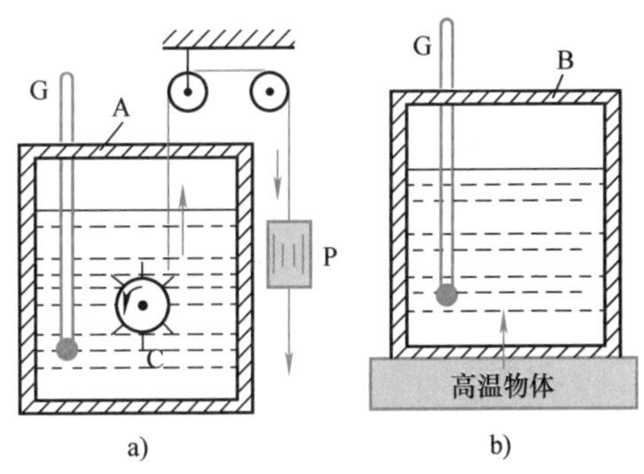

图 13-4　功与热的等效性

总之，通过做功或传递热量都可以使系统的内能发生变化，因此，就内能的改变而言，**对系统做功与向系统传递热量是等效的，它们都是系统内能改变的量度**．

既然做功和热传递是等效的，那么，功、热量和能量具有相同的单位就是很自然和很合理的．但是在物理学的发展史上，当初人们并没有认识到热量是能量的一种形式，给热量规定了一个另外的单位——cal（卡）. 由于功和热量采用了不同的单位，这就得测定 1J（焦耳）的功相当于多少 cal 的热量，或 1cal 的热量相当于多少 J 的功. 焦耳曾于 1843 年首先用实验测定热功当量，即 1cal 热量等于做功 4. 1840J；并且，做功和热量传递都是与系统状态变化的过程相联系的. 当系统的状态发生了改变，其内能也随之而改变，根据做功和传递热量的量值，我们就可以确定系统的内能量值改变了多少. 因此，**做功和传递热量都是与系统状态的变化过程相关联的，它们都是过程量**. 我们说一个物体“具有多少功”，或者说“具有多少热量”，都是毫无意义的.

思考题

13-2 为什么说系统的内能是状态量，而功和热量是过程量？

13.3.2 热力学第一定律

上面讲过，对系统做功或向系统传递热量，都能改变系统的状态，使系统的内能发生变化. 对于任何一个热力学系统而言，在状态变化过程中，往往同时进行着做功和传递热量. 设系统在初状态时，内能为 E_1，在末状态时，内能为 E_2，从初态到末态的某过程中，系统从外界吸热为 Q，对外界做功为 A，根据能量守恒定律，**系统从外界吸收的热量一部分用于增加系统的内能，其余部分对外做功**，即

$$Q = (E_2 - E_1) + A \tag{13-6}$$

这就是**热力学第一定律**的数学表达式. 可见，热力学第一定律是包括热现象在内的能量守恒定律.

式（13-6）中各物理量的符号规定如下：当系统从外界吸取热量时，Q 为正；系统向外界放出热量时，Q 为负. 如果系统对外界做功，A 为正；外界对系统做功，A 为负. 当系统内能增加时，$E_2 - E_1$ 为正；当系统内能减少时，$E_2 - E_1$ 为负. 并且要注意 Q、$E_2 - E_1$ 及 A 三者的单位必须一致，在 SI 中，它们都以 J（焦耳）为单位.

如果系统经历了一个微小的状态变化过程，则热力学第一定律可写为

$$\delta Q = \mathrm{d}E + \delta A \tag{13-7}$$

式（13-6）和式（13-7）是热力学第一定律的普遍表达式，它对气体、液体或固体等任何热力学系统来说，不论经历什么过程都是适用的.

> 由于内能是状态量，初、末态确定后，其增量就完全确定，所以其微小量可以写为全微分 $\mathrm{d}E$. 但热量和功不同，即使初、末态确定后，其增量也不能确定，而是与具体的过程有关，所以热量和功的微小量不能写为全微分，而写为 δQ 和 δA.

历史上，曾经有人试图制造一种不需要任何动力和燃料，却能不断对外做功的机器，即这种机器可使系统状态不断地变化而仍能回到初始状态（内能变化 $E_2 - E_1 = 0$），不需要外界供给任何形式的能量，却可以不断地对外做功，称为**第一类永动机**. 不用细说，这种尝试经过无数次的失败而告终. 因为这是违背热力学第一定律的. 因此，热力学第

一定律又可表述为：**第一类永动机是不能制造成功的**.

思考题

13-3　(1) 热力学第一定律是否只对气体适用？系统吸热是否直接转变为功？(2) 将0℃的水冻结为0℃的冰，在此过程中，试指出热力学第一定律［式 (13-6)］中的各项是正？是负？还是零？(水结冰时体积增大) (3) 有人设计一部机器，当燃料供给 10.5×10^7J 的热量时，要求机器对外做 30kW · h 的功，而放出 31.4×10^6J 的热量. 问这部机器能工作吗？

13.3.3　功和热量的计算

这里我们将着重说明气体在准静态过程中做功和热量传递的计算.

1. 功的计算

以图 13-5 所示的气缸内的气体作为热力学系统，并假设系统状态的变化过程是准静态的. 图中 $\boldsymbol{F}$ 为气体作用在活塞上的压力，p 为气体的压强，S 为活塞的面积，在活塞发生微小位移 $\mathrm{d}\boldsymbol{l}$ 的过程中，气体对活塞所做的元功为

$$\delta A=\boldsymbol{F}\cdot\mathrm{d}\boldsymbol{l}=pS\mathrm{d}l=p\mathrm{d}V \tag{13-8}$$

式中，$\mathrm{d}V=S\mathrm{d}l$ 为气体体积的改变量. 在气体体积自 V_1 增至 V_2 的过程中，气体对活塞所做的功为

$$A=\int_l\delta A=\int_{V_1}^{V_2}p\mathrm{d}V \tag{13-9}$$

由式 (13-8) 和式 (13-9) 可知：当气体体积膨胀时，$\mathrm{d}V>0$，则 $\delta A>0$，表示气体对外做正功；如果气体被压缩，即 $\mathrm{d}V<0$，那么 $\delta A<0$，表示气体对外界做负功，或称外界对气体做正功；若气体体积不变，即 $\mathrm{d}V=0$，那么 $A=0$，气体不做功.

我们可以用 $p-V$ 图来计算气体所做的功. 在图 13-6 中，过程线下画有斜线的窄条的面积在数值上等于系统对外界所做的元功 δA，而在气体体积从 V_1 改变为 V_2 的整个过程中，由式 (13-9) 可知，系统对外界所做的功，在数值上等于过程线下的总面积. 由此可知，系统做功的大小与过程有关，**功是一个过程量**.

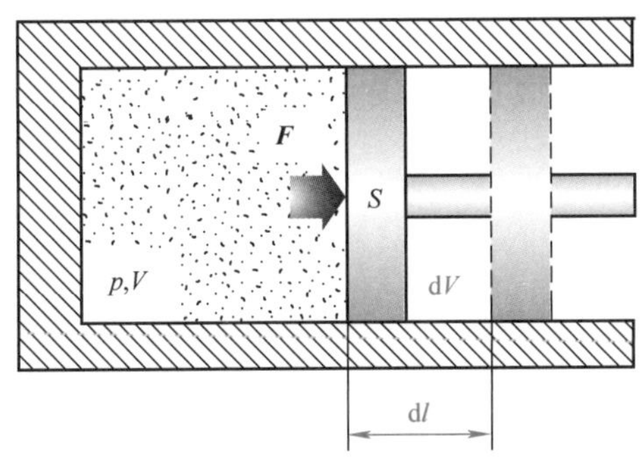

图 13-5　气体的体积功

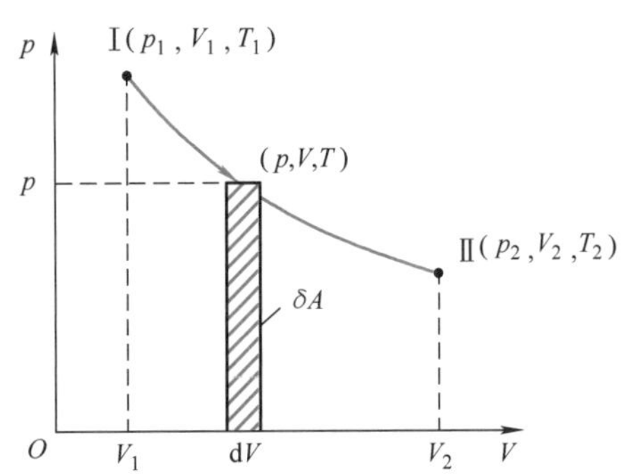

图 13-6　用 $p-V$ 图来计算气体所做的功

如果系统经历有限量的状态变化的准静态过程，则热力学第一定律也可写为

$$Q = (E_2 - E_1) + \int_{V_1}^{V_2} p\mathrm{d}V \tag{13-10}$$

由于内能的增量 $E_2 - E_1$ 与过程无关，而功则随过程的不同而异，因而从上式可知，系统吸收或放出的热量也随过程的不同而异，即**传递的热量也是过程量**.

例题 13-3　一系统由例题 13-3 图所示的状态 A 经历 ABC 过程到达状态 C，在此过程中吸收热量 380J，同时对外做功 150J. 若沿 AC 过程进行，则系统吸收的热量为 630J，求这时系统对外所做的功.

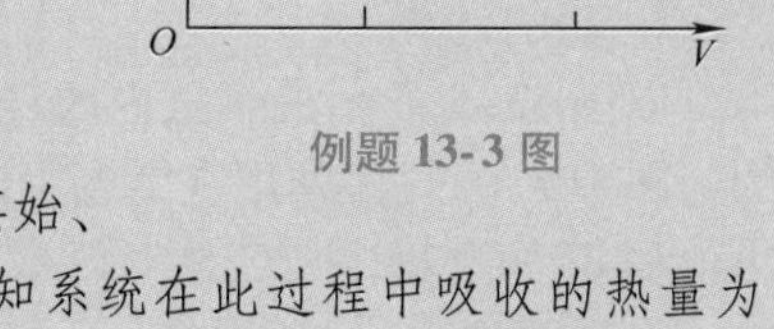

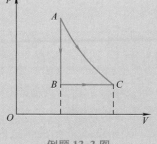

例题 13-3 图

解　已知系统在 ABC 过程中吸收热量 $Q = 380\mathrm{J}$，对外做功 $A = 150\mathrm{J}$，按热力学第一定律，系统内能的增量为

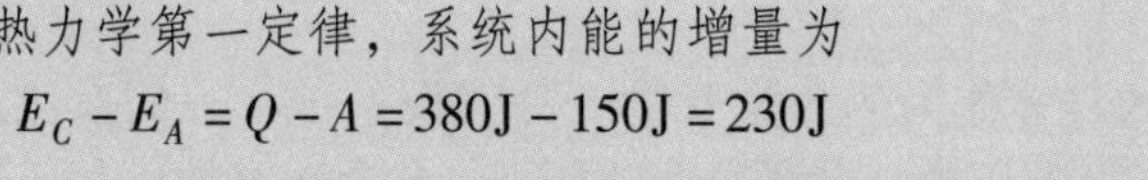

$$E_C - E_A = Q - A = 380\mathrm{J} - 150\mathrm{J} = 230\mathrm{J}$$

由于系统内能是状态的函数. 当系统沿 AC 过程进行时，其始、末状态即为 A、C，故其内能增量仍为 $E_C - E_A = 230\mathrm{J}$；已知系统在此过程中吸收的热量为 630J，故由热力学第一定律，可求得系统对外界所做的功为

$$A = Q - (E_C - E_A) = 630\mathrm{J} - 230\mathrm{J} = 400\mathrm{J}$$

可见，系统在过程 AC 中所做的功大于过程 ABC 中所做的功. 这表明做功与过程有关.

思考题

13-4　如何计算准静态过程中系统所做的功？

2. 热量的计算　摩尔热容

实验指出，若外界向系统（可以是气体、液体或固体）传递热量 Q，系统的温度由 T_1 改变到 T_2，则热量 Q 可按下式计算，即

$$Q = \frac{m}{M} C_{\mathrm{m}} (T_2 - T_1) \tag{13-11}$$

式中，m/M 为物质的量，单位为 mol；C_{m} 是 1mol 该种物质的热容，称为**摩尔热容**，它表示 **1mol 该种物质温度升高（或降低）1K 时所吸收（或放出）的热量**. C_{m} 的单位是 $\mathrm{J \cdot mol^{-1} \cdot K^{-1}}$.

由于 C_{m} 是 1mol 某种物质的热容，则 $\frac{m}{M} C_{\mathrm{m}}$ 是 $\frac{m}{M}$（mol）某种物质的**热容**. 表示 $\frac{m}{M}$ **（mol）某种物质温度升高（或降低）1K 时所吸收（或放出）的热量**. 用符号 C 来表示，即 $C = \frac{m}{M} C_{\mathrm{m}}$，$C$ 的单位是 $\mathrm{J \cdot K^{-1}}$.

前面说过，当系统从给定的始态经历不同的过程改变到某一末态时，外界与系统之间传

递的热量是不同的，因而热容的值也与具体过程有关．所以，在谈到系统的热容时，应指明系统所经历的过程．对气体来说，经常要用到两种热容，即摩尔定容热容和摩尔定压热容．

设1mol的某种气体，在体积保持不变的准静态过程中吸收热量 δQ_V，温度改变 $\mathrm{d}T$，则按摩尔热容的定义，有

$$C_{V,\mathrm{m}}=\frac{\delta Q_V}{\mathrm{d}T} \tag{13-12}$$

$C_{V,\mathrm{m}}$表示该种气体的**摩尔定容热容**．上式中的下标 V 表示所述过程中系统的体积保持不变．

设1mol的某种气体，在压强保持不变的准静态过程中吸收热量 δQ_p，温度改变 $\mathrm{d}T$，则按摩尔热容定义，有

$$C_{p,\mathrm{m}}=\frac{\delta Q_p}{\mathrm{d}T} \tag{13-13}$$

$C_{p,\mathrm{m}}$表示该种气体的**摩尔定压热容**．上式中的下标 p 表示所述过程中系统的压强保持不变．

对各种气体而言，它们的摩尔定容热容 $C_{V,\mathrm{m}}$和摩尔定压热容 $C_{p,\mathrm{m}}$可以用实验方法测定．表13-1和表13-2分别列出了一些气体的两种摩尔热容的理论值（理论值可由下一章14.5.4节所述内容给出）和实验值，供读者在解算习题时参考和查用．

表13-1　气体摩尔热容的理论值（表中，R 是摩尔气体常数）

气体	i	$C_{V,\mathrm{m}}/(\mathrm{J\cdot mol^{-1}\cdot K^{-1}})$	$C_{p,\mathrm{m}}/(\mathrm{J\cdot mol^{-1}\cdot K^{-1}})$	$\gamma=C_{p,\mathrm{m}}/C_{V,\mathrm{m}}$
单原子分子气体	3	$3R/2\approx12.5$	$5R/2\approx20.8$	$5/3=1.67$
双原子分子气体	5	$5R/2\approx20.8$	$7R/2\approx29.1$	$7/5=1.40$
三原子分子气体	6	$3R\approx24.9$	$4R\approx33.3$	$4/3=1.33$

表13-2　常温下气体摩尔热容的实验值

分子内原子数	气体的种类	$C_{p,\mathrm{m}}/(\mathrm{J\cdot mol^{-1}\cdot K^{-1}})$	$C_{V,\mathrm{m}}/(\mathrm{J\cdot mol^{-1}\cdot K^{-1}})$	$C_{p,\mathrm{m}}-C_{V,\mathrm{m}}$	$\gamma=C_{p,\mathrm{m}}/C_{V,\mathrm{m}}$
单原子	氦（He）	20.9	12.5	8.4	1.67
	氩（Ar）	21.2	12.5	8.7	1.69
双原子	氢（H_2）	28.8	20.4	8.4	1.41
	氮（N_2）	28.6	20.4	8.2	1.41
	一氧化碳（CO）	29.3	21.2	8.1	1.40
	氧（O_2）	28.9	21.0	7.9	1.40
三个以上的原子	水蒸气（H_2O）	36.2	27.8	8.4	1.30
	甲烷（CH_4）	35.6	27.2	8.4	1.30
	氯仿（$CHCl_3$）	72.0	63.7	8.3	1.13
	乙醇（C_2H_5OH）	87.4	79.2	8.2	1.11

从上列两表不难发现：

（1）对各种气体来说，两种摩尔热容的理论值之差都等于摩尔气体常数 $R=8.31\mathrm{J\cdot mol^{-1}\cdot K^{-1}}$，实验值之差也接近 R 值，可以认为

$$C_{p,\mathrm{m}}-C_{V,\mathrm{m}}=R \tag{13-14}$$

(2) 气体的摩尔定压热容 $C_{p,\mathrm{m}}$ 与摩尔定容热容 $C_{V,\mathrm{m}}$ 之比，称为**摩尔热容比**，用 γ 表示，即

$$\gamma = \frac{C_{p,\mathrm{m}}}{C_{V,\mathrm{m}}} \tag{13-15}$$

γ 是热力学中经常引用的一个参数，由于 $C_{p,\mathrm{m}} > C_{V,\mathrm{m}}$ 故 $\gamma > 1$.

(3) 对单原子分子和双原子分子的气体来说，各种气体的 $C_{p,\mathrm{m}}$、$C_{V,\mathrm{m}}$、γ 的实验值与理论值颇为接近.

(4) 至于多（3 个以上）原子分子的气体，$C_{p,\mathrm{m}}$、$C_{V,\mathrm{m}}$、γ 的实验值与理论值差别较大.

今后，如不做特别说明，$C_{p,\mathrm{m}}$、$C_{V,\mathrm{m}}$、γ 均按理论值计算。

思考题

13-5 同一种理想气体在不同的过程中摩尔热容为什么不同?

13.4 热力学第一定律的应用

本节讨论热力学第一定律对理想气体准静态过程的应用.

13.4.1 等体过程

如图 13-7 所示，设一定量气体存储在密闭的固定容器中，将容器与一系列有微小温度差的热源相继地接触，对容器内的气体缓慢地加热，气体的温度将逐渐上升，压强增大，但是气体在这一状态变化过程中，其体积始终保持不变，这就是一个准静态的**等体过程**（也称**等容过程**）.

显然，等体过程的特征是系统的体积 V 为恒量，在 $p-V$ 图上的过程线是一条平行于 Op 轴的直线段，称为**等体线**（见图 13-7）.

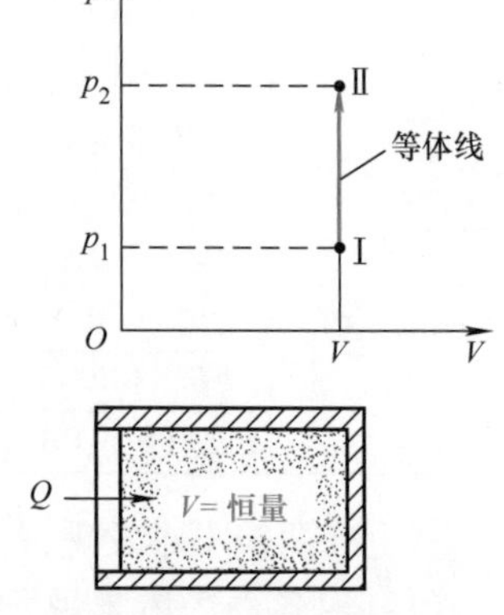

图 13-7 气体的等体过程

在等体过程中，由于 $\mathrm{d}V=0$，因而系统对外所做的功为

$$A = \int_{V_1}^{V_2} p\mathrm{d}V = 0$$

设系统为 $\frac{m}{M}$（mol）的理想气体，它的摩尔定容热容为 $C_{V,\mathrm{m}}$，气体的温度由 T_1 变化到 T_2，则外界传给气体的热量为

$$Q_V = \frac{m}{M}\int_{T_1}^{T_2} C_{V,\mathrm{m}}\mathrm{d}T = \frac{m}{M}C_{V,\mathrm{m}}(T_2 - T_1)$$

式中，下标 V 表示体积不变的意思. 根据上述结果，按热力学第一定律［式 (13-6)］，有

$$Q_V = \Delta E + 0$$

即

$$E_2 - E_1 = \frac{m}{M} C_{V,\mathrm{m}} (T_2 - T_1) \tag{13-16}$$

上式表明，**理想气体在等体过程中吸收的热量 Q_V，全部用来增加自身的内能 $E_2 - E_1$．若是等体放热过程，这时 $T_2 < T_1$**，读者不难自行给出 $E_2 - E_1 < 0$，即**气体借自身内能的降低向外界传递热量**．

从式（13-16）可知，如果理想气体在等体过程中始、末状态的物态参量 T_1 和 T_2 一旦确定，便可计算出一定质量某种气体的内能增量．我们曾经讲过，系统的内能是状态的单值函数，与具体过程无关．既然如此，**对一定量的任何一种理想气体（即 m/M、$C_{V,\mathrm{m}}$ 给定）而言，无论经过怎样的变化过程，只要已知过程始、末状态的温度 T_1 和 T_2，其内能增量 $E_2 - E_1$ 皆可用式（13-16）计算．这样，式（13-16）便成为我们今后计算内能增量的一个重要公式．**

13.4.2　等压过程

如图 13-8 所示，设气缸内储有一定量的气体，今向密闭气缸中的气体传递热量，同时使气体的压强保持不变，这一过程就是**等压过程**．等压过程在 $p-V$ 图上是一条平行于 OV 轴的直线，这就是**等压线**．

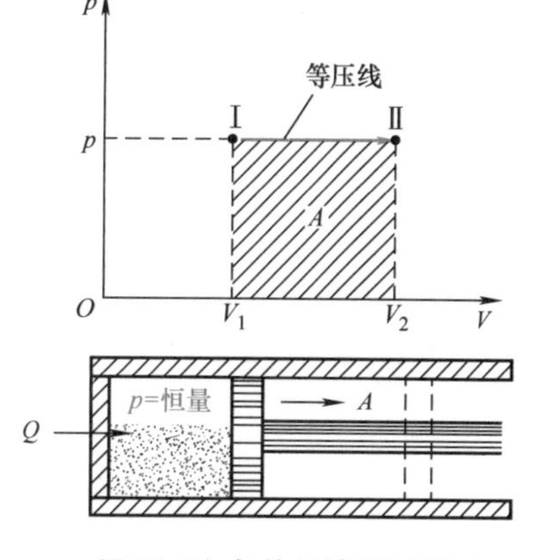

图 13-8　气体的等压过程

对 $\frac{m}{M}$（mol）的理想气体而言，当它由始态Ⅰ（p，V_1，T_1）经过等压过程变化到末态Ⅱ（p，V_2，T_2）时，气体对外界所做的功为

$$A = \int_{V_1}^{V_2} p \mathrm{d}V = p \int_{V_1}^{V_2} \mathrm{d}V = p(V_2 - V_1) \tag{13-17}$$

其值就等于等压线下区间 $[V_1, V_2]$ 内的面积．按热力学第一定律［式（13-6）］，有

$$Q_p = (E_2 - E_1) + p(V_2 - V_1) \tag{13-18}$$

式中，下标 p 表示压强不变．由于始、末状态的物态参量分别满足 $pV_1 = \frac{mRT_1}{M}$，$pV_2 = \frac{mRT_2}{M}$，将它们代入式（13-17）中，可得等压过程中计算功的另一表达式，即

$$A = \frac{m}{M} R (T_2 - T_1) \tag{13-19}$$

因在等压过程中，气体温度由 T_1 变到 T_2 时的内能增量，可借用等体过程中使气体温度由 T_1 变到 T_2 时的内能增量公式计算．即气体在等压过程中的内能改变亦为

$$E_2 - E_1 = \frac{m}{M} C_{V,\mathrm{m}} (T_2 - T_1)$$

从而由上两式可把式（13-18）写成另一种形式，即

$$Q_p = \frac{m}{M} C_{V,\mathrm{m}} (T_2 - T_1) + \frac{m}{M} R (T_2 - T_1) \tag{13-20}$$

上式表明，**气体在等压过程中所吸收的热量 Q_p，一部分用来增加气体自身的内能，另一部分用于气体对外界做功**.

上节讲过，气体在等压过程中从外界吸收的热量为

$$Q_p = \frac{m}{M} C_{p,\mathrm{m}} (T_2 - T_1) \tag{13-21}$$

将上式代入式（13-21）中，化简得

$$C_{p,\mathrm{m}} - C_{V,\mathrm{m}} = R$$

这与上节分析 $C_{p,\mathrm{m}}$、$C_{V,\mathrm{m}}$时所得的结论相一致．即理想气体的摩尔定压热容比摩尔定容热容大了一个摩尔气体常数，亦即 $C_{p,\mathrm{m}} > C_{V,\mathrm{m}}$，也就是说，在等容与等压两种过程中，气体在升高相同温度（即内能增量相同）的条件下所吸收的热量不同，这是因为在等容过程中，气体吸收的热量全部用于增加自身的内能；而在等压过程中，气体除增加相同的内能外，还要膨胀而对外做功，这就必然要比等容过程吸收更多的热量．亦即，1mol 理想气体升高温度 1K 时，在等压过程中要比等容过程中多吸收 $R = 8.31\mathrm{J \cdot mol^{-1} \cdot K^{-1}}$的热量，用来转化为对外所做的功．

例题 13-4　质量为 2.8g、温度为 300K、压强为 $1.013 \times 10^5\mathrm{Pa}$ 的氮气（N_2），等压膨胀到原来体积的两倍．求氮气所做的功、吸收的热量以及内能的改变．

解　在等压过程中，气体做功为

$$A = \int_{V_1}^{V_2} p\mathrm{d}V = p(V_2 - V_1) = \frac{m}{M} R (T_2 - T_1)$$

已知：$m = 0.028\mathrm{kg}$；$M = 0.028\mathrm{kg \cdot mol^{-1}}$；$V_2/V_1 = 2$；$T_1 = 300\mathrm{K}$；$T_2 = T_1 V_2/V_1 = 2 \times 300\mathrm{K} = 600\mathrm{K}$；$R = 8.31\mathrm{J \cdot mol^{-1} \cdot K^{-1}}$. 代入上式，得

$$A = \frac{0.028\mathrm{kg}}{0.028\mathrm{kg \cdot mol^{-1}}} \times 8.31\mathrm{J \cdot mol^{-1} \cdot K^{-1}} \times (600\mathrm{K} - 300\mathrm{K}) = 249.3\mathrm{J}$$

内能改变量为

$$\Delta E = \frac{m}{M} C_{V,\mathrm{m}} (T_2 - T_1)$$

氮气是双原子分子气体，读者可查表 13-1，得 $C_{V,\mathrm{m}} = 20.4\mathrm{J \cdot mol^{-1} \cdot K^{-1}}$代入上式，得

$$\Delta E = \frac{0.028\mathrm{kg}}{0.028\mathrm{kg \cdot mol^{-1}}} \times 20.4\mathrm{J \cdot mol^{-1} \cdot K^{-1}} \times (600\mathrm{K} - 300\mathrm{K}) = 612\mathrm{J}$$

吸收的热量为

$$Q_p = A + \Delta E = 249.3\mathrm{J} + 612\mathrm{J} = 861.3\mathrm{J}$$

注意　计算热力学问题时，各量皆宜统一换算成国际制单位．

13.4.3　等温过程

如图 13-9 所示的气缸，其底部是导热的，侧壁则是绝热的．今由一恒温热源与气缸底部接触，向密闭于缸中的气体传递热量，同时保持气体的温度不变，这一过程就是**等温过**

程．对于理想气体，当温度 T 不变时，$pV=$ 恒量，所以等温过程在 $p-V$ 图上是处于第一象限的一条双曲线，这就是**等温线**（见图 13-9）．

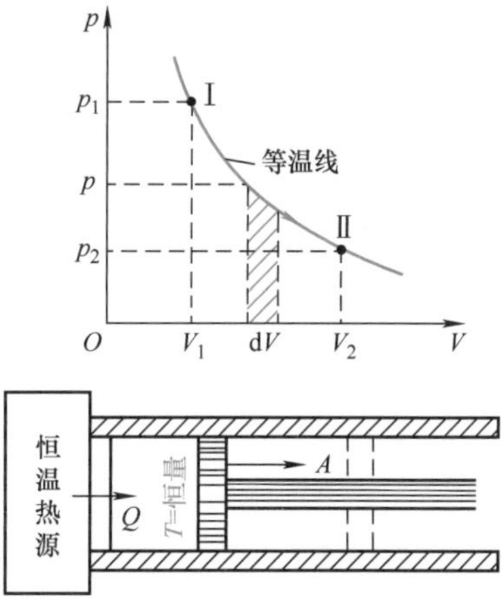

在等温过程中，当 $\frac{m}{M}$（mol）的理想气体自始态Ⅰ(p_1,V_1,T) 变化到末态Ⅱ (p_2,V_2,T) 时，气体对外界所做的功为

$$A=\int_{V_1}^{V_2}p\mathrm{d}V=\frac{m}{M}\int_{V_1}^{V_2}\frac{RT}{V}\mathrm{d}V=\frac{m}{M}RT\int_{V_1}^{V_2}\frac{\mathrm{d}V}{V}=\frac{m}{M}RT\ln\frac{V_2}{V_1}$$

在等温过程中，由于温度 $T=$ 恒量，所以 $\mathrm{d}T=0$，即其内能保持不变，$E_2-E_1=0$．按热力学第一定律［式(13-6)］，有

图 13-9　气体的等温过程

$$Q_T=A=\frac{m}{M}RT\ln\frac{V_2}{V_1}\tag{13-22}$$

也可由等温过程的过程方程 $p_1V_1=p_2V_2$，将上式改写成

$$Q_T=A=\frac{m}{M}RT\ln\frac{p_1}{p_2}\tag{13-23}$$

可见，**在等温膨胀过程中，理想气体从外界所吸收的热量全部转换为所做的功**．如果是等温压缩过程，则外界对气体做功，此功转换为热量，并由气体传递给外界．

例题 13-5　容器内储有 3.2g 氧气，温度为 300K，若使它等温膨胀到原来体积的两倍，求气体对外所做的功及吸收的热量．

解　在等温膨胀过程中气体做功为

$$A=\frac{m}{M}RT\ln\frac{V_2}{V_1}$$

把 $V_2/V_1=2$，$m=0.0032\mathrm{kg}$，$M=0.032\mathrm{kg\cdot mol^{-1}}$，$T=300\mathrm{K}$，$R=8.31\mathrm{J\cdot mol^{-1}\cdot K^{-1}}$，代入上式，得

$$A=\frac{0.0032\mathrm{kg}}{0.032\mathrm{kg\cdot mol^{-1}}}\times8.31\mathrm{J\cdot mol^{-1}\cdot K^{-1}}\times300\mathrm{K}\times\ln2=173\mathrm{J}$$

根据热力学第一定律，所吸收的热量为

$$Q_T=A=173\mathrm{J}$$

13.4.4　绝热过程

如图 13-10 所示，设气缸的器壁和活塞与外界是完全隔热的，则气缸内的气体在缓慢的状态变化过程中，与外界没有热量的交换．系统这种不与外界交换热量的状态变化过程，称为**绝热过程**．其特征是 $Q=0$.

但是，实际上完全不传热的物质是找不到的，所以不可能做成一种完全绝热的器壁，只能实现近似的绝热过程．例如，气体在常用的保温瓶内，或在一般隔热材料（如毛绒毡子等）包围起来的容器内所经历的状态变化过程，就可近似地看作绝热过程．在自然界和工

程技术中，诸如声波（纵波）在空气中传播时所引起的空气膨胀和压缩、内燃机中的气体爆炸、空气压缩机中气体的压缩、蒸汽机中水蒸气的膨胀，等等，由于这些过程进行的非常快，来不及与四周交换热量，皆可近似地认为是绝热过程.

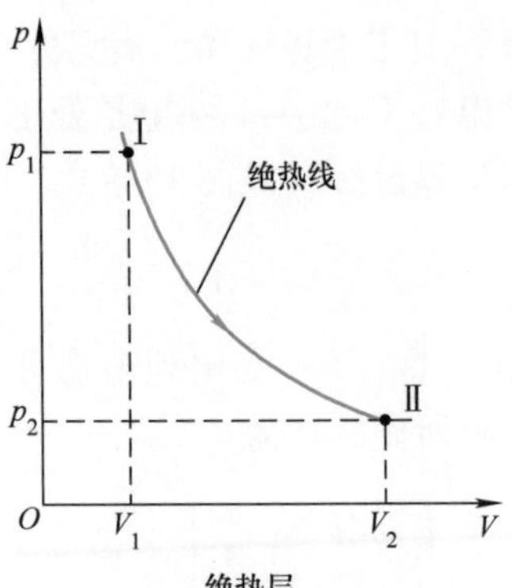

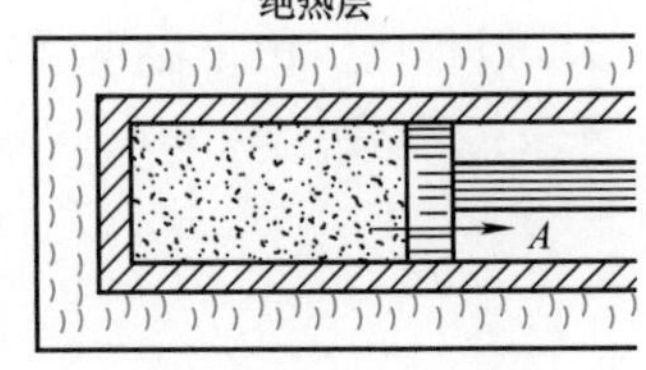

图 13-10　气体的绝热过程

在绝热过程中，$\delta Q=0$，按热力学第一定律［式 (13-7)］，有

$$\delta A=-\mathrm{d}E \tag{13-24}$$

或

$$A=-(E_2-E_1)=-\frac{m}{M}C_{V,\mathrm{m}}(T_2-T_1) \tag{13-25}$$

上式表明，**在绝热过程中，系统依靠自身内能的减少，全部用来对外界做功，这就是系统的绝热膨胀过程；或者，外界对系统做功全部转化成系统的内能，这就是系统的绝热压缩过程**. 可见，若使气体绝热膨胀而对外做功，即 $A>0$，则 $T_2<T_1$，气体温度将降低. 工程上有时也可让已被压缩的气体进行绝热膨胀来对外做功，使温度降低，以获得低温. 反之，若外界对气体绝热压缩，即 $A<0$，则 $T_2>T_1$，气体温度将升高. 例如，用打气筒给自行车快速打气时，筒内气体不断被压缩而引起温度升高，往往导致打气筒发热.

显然，当气体绝热膨胀而对外做功时，气体的体积 V 在不断增大；同时，内能的减少使温度 T 下降；且压强 p 随体积的增大而变小. 这意味着在绝热过程中，气体的三个状态参量 p、V、T 都在同步地改变. 但对于一个平衡态来说，理想气体的三个参量总是服从物态方程的，即

$$pV=\frac{m}{M}RT \quad ⓐ$$

同时在绝热过程中，又应该满足条件 $\delta Q=0$，即满足式（13-25），它的微分形式为

$$p\mathrm{d}V=-\frac{m}{M}C_{V,\mathrm{m}}\mathrm{d}T \quad ⓑ$$

由于绝热过程中 p、V、T 三者全是变量，则把式ⓐ微分后，得

$$p\mathrm{d}V+V\mathrm{d}p=\frac{m}{M}R\mathrm{d}T$$

从式ⓑ解出 $\mathrm{d}T$，代入上式，并移项，便成为

$$C_{V,\mathrm{m}}(p\mathrm{d}V+V\mathrm{d}p)=-Rp\mathrm{d}V \quad ⓒ$$

再把关系式 $R=C_{p,\mathrm{m}}-C_{V,\mathrm{m}}$ 代入式ⓒ，有

$$C_{V,\mathrm{m}}(p\mathrm{d}V+V\mathrm{d}p)=-(C_{p,\mathrm{m}}-C_{V,\mathrm{m}})p\mathrm{d}V$$

代简后，得

$$\frac{\mathrm{d}p}{p}=-\gamma\frac{\mathrm{d}V}{V}$$

积分后，可得

$$\ln p+\gamma\ln V=C_1$$

或

$$pV^{\gamma}=C_1 \tag{13-26}$$

上式就是理想气体准静态的绝热过程中状态参量 p、V 存在的关系式．式中，γ 为摩尔热容比；C_1 为恒量．应用 $pV=\frac{m}{M}RT$ 也可从上式中消去变量 V 或 p，于是可得与上式等价的两个关系式，即

$$TV^{\gamma-1}=C_2 \tag{13-27}$$

及

$$p^{\gamma-1}T^{-\gamma}=C_3 \tag{13-28}$$

式中，C_2、C_3 也是恒量．上述三式均称为**绝热过程方程**．读者可视问题的具体要求和使用的方便，选用其中的任一个方程．顺便指出，上述三式中的恒量 C_1、C_2、C_3，其值与气体的种类、质量和初始状态有关．对于一定的气体而言，C_1、C_2、C_3，的值并不相等．

按绝热过程方程式（13-26），我们可以在 $p-V$ 图上画出绝热过程的过程曲线，称为**绝热线**，如图 13-10 所示．为了与等温过程相比较，我们在图 13-11 中同时画出了绝热线（用实线表示）和等温线（用虚线表示），设两条过程线相交于坐标为（p_A，V_A）的点 A，对等温过程方程 $pV=C$ 和绝热过程方程 $pV^{\gamma}=C_1$ 分别求微分，有

$$p\mathrm{d}V+V\mathrm{d}p=0, \qquad \gamma p\mathrm{d}V+V\mathrm{d}p=0$$

相应地可求得等温线和绝热线在交点 A 的斜率，即

$$\left(\frac{\mathrm{d}p}{\mathrm{d}V}\right)_T=-\frac{p_A}{V_A},\ \left(\frac{\mathrm{d}p}{\mathrm{d}V}\right)_Q=-\gamma\frac{p_A}{V_A}$$

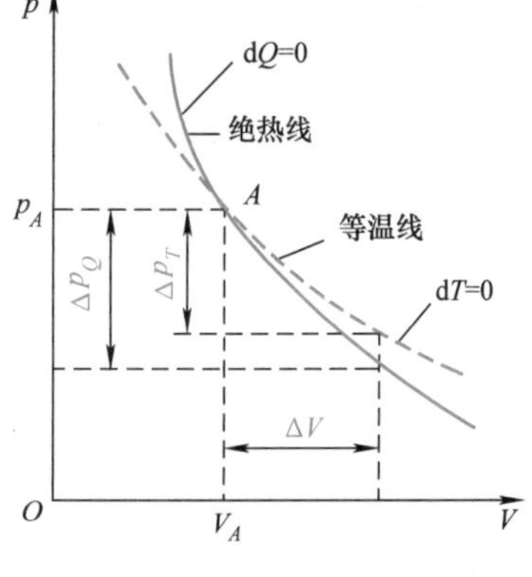

图 13-11 绝热线与等温线

下标 Q 表示绝热过程．由于 $\gamma>1$，故绝热线斜率的绝对值大于等温线斜率的绝对值，从图 13-11 可看出，绝热线比等温线要向下陡一些．这就表明，对一定的气体而言，若使气体从同一始态分别经历等温和绝热过程而压缩相同的体积 ΔV，则经历等温过程时所需增加的压强 Δp_T 将小于经历绝热过程所需增加的压强 Δp_Q．这一结论可解释如下：就上述情况而言，在等温压缩过程中，其压强的增大仅是由于体积的减小；在绝热压缩过程中，压强的增大不仅由于体积的减小，还因外界对气体做功，使气体的内能增大，温度升高．因此，$\Delta p_Q>\Delta p_T$．

在绝热过程中，还常用绝热过程方程来计算功．设系统由始态Ⅰ（p_1，V_1，T_1）绝热地变化到末态Ⅱ（p_2，V_2，T_2），则由绝热过程方程 $p_1V_1^{\gamma}=p_2V_2^{\gamma}=C_1$，可给出系统做功为

$$A=\int_{V_1}^{V_2}p\mathrm{d}V=\int_{V_1}^{V_2}\frac{C_1}{V^{\gamma}}\mathrm{d}V=\frac{C_1}{1-\gamma}(V_2^{1-\gamma}-V_1^{1-\gamma})$$

借上述绝热过程方程式（13-27），消去恒量 C_1，便可将上式写成

$$A=\frac{1}{1-\gamma}(p_1V_1-p_2V_2) \tag{13-29}$$

思考题

13-6 (1) 如思考题13-6 (1) 图所示的两条等温过程线 ($T_1 \neq T_2$)，问从体积 V_1 膨胀到 V_2 时，哪个过程的温度较高，哪个过程吸热较多？(2) 如思考题13-6 (2) 图所示，一定量气体的体积从 V_1 膨胀到 V_2，经历：(a) 等压过程 $a \to b$；(b) 等温过程 $a \to c$；(c) 绝热过程 $a \to d$. 试分别比较这三种过程中气体做功、吸热的大小和内能的增减.

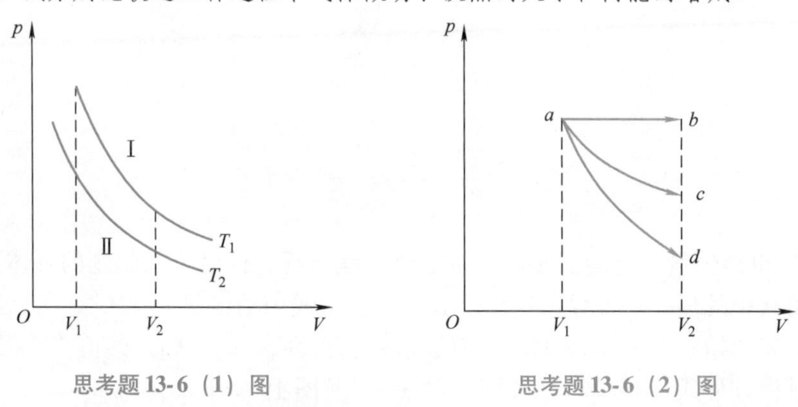

思考题13-6 (1) 图　　思考题13-6 (2) 图

例题13-6 理想气体绝热自由膨胀. 如例题13-6图所示，绝热容器被隔板分为体积相等的两部分. 左面部分充以理想气体，压强为 p_1，右面部分抽成真空. 左半部气体原处于平衡态. 现在抽去隔板，则气体将冲入右半部，最后可以在整个容器内达到一个新的平衡态. 求这时容器内气体的压强.

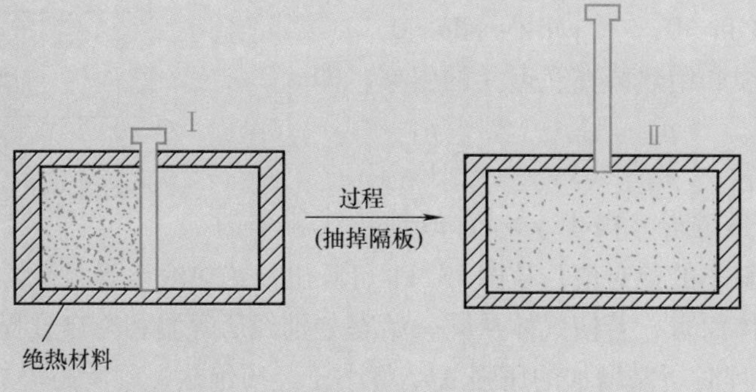

例题13-6图

解 由于气体向真空中膨胀是非常迅速的，所以自由膨胀是非准静态过程，绝热方程不适用，但它仍应服从热力学第一定律. 由于过程是绝热的，即 $Q=0$，因而有

$$E_2-E_1+A=0$$

又由于气体是向真空冲入，所以它对外界不做功，即 $A=0$. 因而进一步由上式可得

$$E_2-E_1=0$$

即气体经过自由膨胀，内能保持不变. 对于理想气体，由于内能只是温度的函数，所以经过自由膨胀，理想气体再达到平衡态时，它的温度将复原，即

$$T_2 = T_1$$

根据状态方程，对于始、末状态应分别有

$$p_1 V_1 = \frac{m}{M}RT_1,\ p_2 V_2 = \frac{m}{M}RT_2$$

因为 $T_2 = T_1$，$V_2 = 2V_1$，可得末态压强为

$$p_2 = \frac{1}{2}p_1$$

应该着重指出，上述状态参量的关系都是对气体的始态和末态而言的．虽然自由膨胀的始、末态的温度相等，但不能说自由膨胀是等温过程，因为系统在此过程中每一时刻并不处于平衡态，不可能用一个温度来描述它的状态．

例题 13-7　如例题 13-7 图所示，理想气体由状态 a（p_1，V_1，T_1）绝热地变化到状态 b（p_2，V_2，T_2），再由状态 b 等体地变化到状态 c（p_3，V_2，T_3）．若过程 $b \to c$ 吸收的热量等于过程 $a \to b$ 所做的功．试证：$T_3 = T_1$．

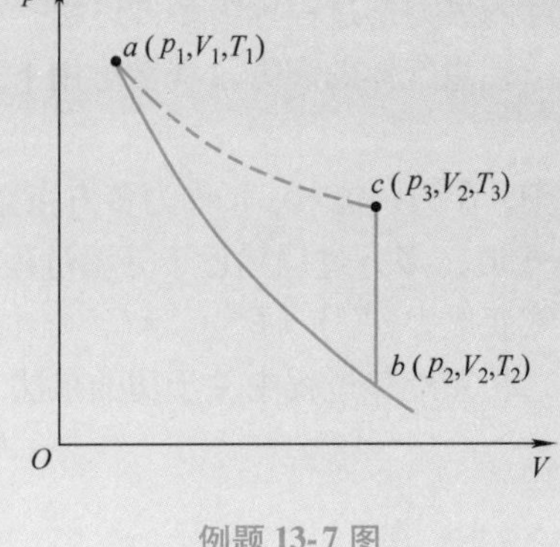

例题 13-7 图

解　在绝热过程 ab 中，$Q = 0$，系统对外所做的功等于其内能的减少，即

$$A = -(E_2 - E_1) = -\frac{m}{M}C_{V,\mathrm{m}}(T_2 - T_1)$$

在等体过程 bc 中，$A = 0$，系统吸收的热量为

$$Q = E_3 - E_2 = \frac{m}{M}C_{V,\mathrm{m}}(T_3 - T_2)$$

按题设，$Q = A$，遂有

$$\frac{m}{M}C_{V,\mathrm{m}}(T_3 - T_2) = -\frac{m}{M}C_{V,\mathrm{m}}(T_2 - T_1)$$

由上式，可得

$$T_3 = T_1$$

例题 13-8　一定量的氮气，其温度为 300K，压强为 1.013×10^5Pa，将它绝热压缩，使其体积变为原来体积的 1/5，试求压缩后的压强和温度各为多少？并将此压强和等温压缩时所得的压强比较一下．

解　由绝热过程方程 $p_1 V_1^{\gamma} = p_2 V_2^{\gamma}$，得

$$p_2 = p_1 \left(\frac{V_1}{V_2}\right)^{\gamma}$$

已知 $p_1 = 1.013 \times 10^5$Pa，$V_1/V_2 = 5$；又因氮气是双原子分子气体，查表 13-1 知，$\gamma = C_{p,\mathrm{m}}/C_{V,\mathrm{m}} = 1.4$，代入上式，得

$$p_2 = 1.013 \times 10^5\,\mathrm{Pa} \times 5^{1.4} = 9.64 \times 10^5\,\mathrm{Pa}$$

等温压缩时，由玻意耳定律 $p_1 V_1 = p_2 V_2$，得

$$p_2 = p_1 \frac{V_1}{V_2} = 1.013 \times 10^5\,\mathrm{Pa} \times 5 = 5.07 \times 10^5\,\mathrm{Pa}$$

故绝热压缩后的压强几乎是等温压缩后的压强的 2 倍．

绝热压缩后，气体温度可由 $T_1V_1^{\gamma-1}=T_2V_2^{\gamma-1}$，已知 $T_1=300\text{K}$，故

$$T_2=T_1\left(\frac{V_2}{V_1}\right)^{\gamma-1}=300\text{K}\times5^{1.4-1}=300\text{K}\times5^{0.4}=571\text{K}$$

说明

由本例可见，绝热压缩伴有显著的升温（由 300K 升高到 571K）；反之，若气体进行绝热膨胀，将发生显著的降温．可见，借助绝热膨胀过程可用来降低气体的温度，以获得低温．

*13.4.5 多方过程

实际的热力学过程（如汽油机燃气的压缩和膨胀），由于气体不可能与外界进行理想的热交换，也难以保证理想的绝热，而一般在过程进行中系统与外界总存在着部分的热交换．这种实际的热力学过程称为**多方过程**．

理想气体的多方过程常可用下式表示，即

$$pV^n=C \tag{13-30}$$

式中，C 为一恒量，n 称为**多方指数**．由上式可知，当 $n\to\gamma$ 时，多方过程趋近于绝热过程；当 $n\to1$ 时，多方过程趋近于等温过程；当 $n\to0$ 时，多方过程趋近于等压过程；当 $n\to\infty$ 时，将上式变形为 $p^{1/n}V=C'(C'=C^{1/n}=\text{恒量})$，则多方过程趋近于等体过程．

仿照绝热过程中关于功的求法，读者可以自行导出多方过程中系统对外所做的功为

$$A=\frac{1}{n-1}(p_1V_1-p_2V_2) \tag{13-31}$$

13.5 循环与热机

13.5.1 循环过程

热力学理论最初是在研究热机的工作过程中发展起来的．热机是将热能转换为机械能的机器．各种热机，例如蒸汽机、内燃机、汽轮机等，其共同特点是**工作物质**重复地进行某些过程而不断吸热做功．**工作物质**是指**将热转换为功的物质系统**．例如，在气缸中做等温膨胀的气体，就能把热源的热量转化为功．

要使热机不断地把热转换为功，必须使工作物质做功以后，能回到原来的状态，并且能一次又一次、周而复始地吸热做功，即物质系统凭借循环过程将热转化为对外做功．我们把**一系统从某一状态出发经过若干个不同的变化过程，又回到原来状态的整个过程**称为**循环过程**，简称**循环**．

由于内能是状态的单值函数，所以经历一个循环后系统的内能没有变化，即 $\Delta E=0$. 这是循环过程的一个重要特征．

准静态循环过程在 $p-V$ 图中为一条闭合曲线，我们把在 $p-V$ 图中沿顺时针方向进行的循环叫作**正循环**，如图 13-12a 所示，沿逆时针方向进行的循环叫作**逆循环**，如图 13-12b 所示．

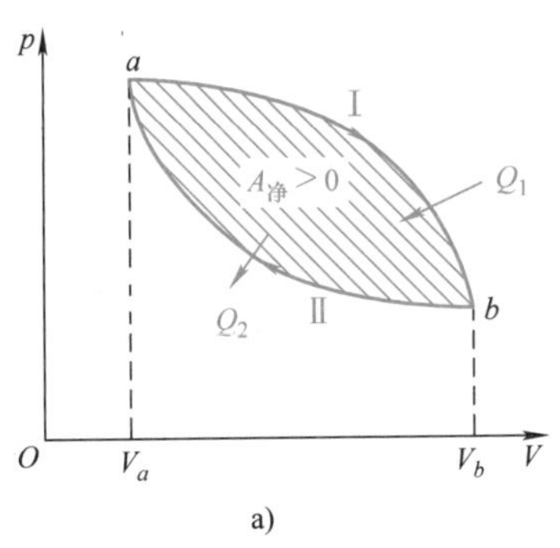

a)

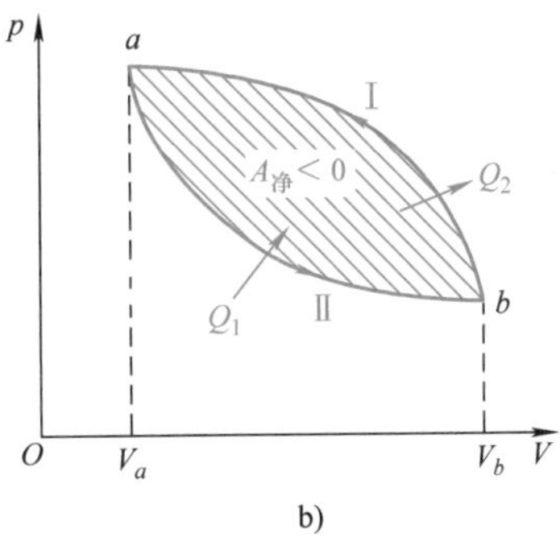

b)

图 13-12　循环过程

由于系统对外界所做的功等于 $p-V$ 图中过程曲线下的面积，因此，循环过程曲线所围的面积在数值上等于系统对外做的净功. 例如，在图 13-12a 所示的正循环中，$a\text{I}b$ 为膨胀过程，系统对外做正功，其大小等于 $a\text{I}bV_bV_a$ 所包围的面积，即 $A_1=S_{a\text{I}bV_bV_a}$；$b\text{II}a$ 为压缩过程，外界对系统做功，即系统对外做负功，其大小等于 $a\text{II}bV_bV_a$ 所包围的面积，即 $A_2=S_{a\text{II}bV_bV_a}$. 由于 $A_1>A_2$，在整个循环过程 $a\text{I}b\text{II}a$ 中，系统对外做净功 $A_净>0$. 我们把能够实现正循环的机器称为**热机**.

图 13-12b 所示的逆循环过程，与热机的正循环过程恰恰相反，在整个循环过程$a\text{II}b\text{I}a$ 中，系统对外做净功 $A_净<0$. 我们把能够实现逆循环的机器称为**制冷机**.

13.5.2　热机效率

我们以蒸汽机为例，简单介绍工作物质（蒸汽）将热转换为功的循环过程. 如图 13-13 所示，一定量的水从锅炉中吸收热量 Q_1，变成高温高压蒸汽，然后进入气缸推动活塞做功 A_1，做功后的“废气”进入冷凝器，向冷却水放热 Q_2 并成为液体，最后由水泵对冷却水做功 A_2，将它压回锅炉，完成循环过程. 在循环过程中，水由高温热源吸热 Q_1，向低温热源放热 Q_2，并对外界做出净功，即

$$A_净=A_1-A_2=Q_1-|Q_2| \tag{13-32}$$

> 按照热力学第一定律中关于热量 Q 的符号规定，系统放出的热量应为负值，即 $Q<0$，但今后在讨论循环过程的效率时，我们只考虑系统吸收或放出热量的大小，所以应取它们的绝对值. 其次外界对系统所做的功按规定也是负的，即 $A<0$，由于上述理由，在考虑其大小时，也写成绝对值 $|A|$. 请读者务必注意.

为了表述所吸收的热量 Q_1 中有多少转化为可用的功，以评价热机的工作效益，我们定义

$$\eta=\frac{A_净}{Q_1}=\frac{Q_1-|Q_2|}{Q_1}=1-\frac{|Q_2|}{Q_1} \tag{13-33}$$

为**热机效率**. 热机效率标志着循环过程吸收的热量有多少转换成有用的功. 由于任何热机从高温热源所吸收的热量 Q_1 中，只有一部分转换为对外做功 A 所需的能量，其余部分 $|Q_2|$ 主要是为了使工作物质回到原来状态，作为热机实现循环过程以便能继续工作所

> 低温热源总是存在的. 例如，汽车发动机（内燃机）工作时，将带有余热的废气通过排气管从车身后排放到空气中，空气即为低温热源.

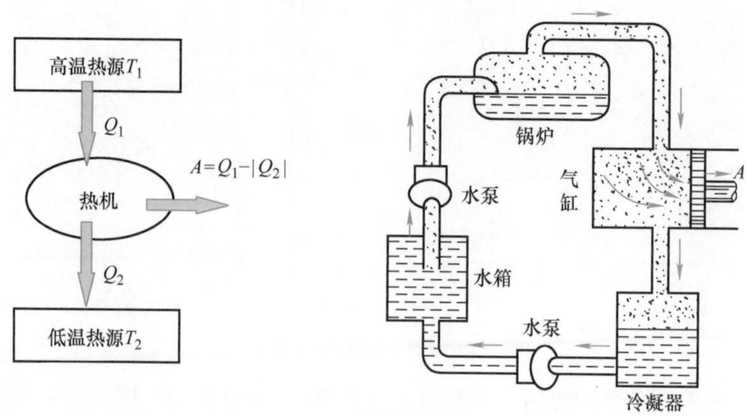

图 13-13 热机

付出的代价而传给低温热源了，所以，$|Q_2|$实际上不能等于零，亦即热机的效率 η 永远小于1.

制冷机的工作过程与热机正好相反，它是依靠外界对系统做功 A，使工作物质从低温热源（如冰箱中的冷库）处吸取热量 Q_2，然后将外界对工作物质所做的功 A 和由低温热源处所吸收的热量 Q_2 完全在高温处（例如大气）通过放热 Q_1 传给外界，即 $Q_2+|A|=|Q_1|$. 这样，在完成一个循环时，系统恢复原来状态，如图 13-14a 所示．为了描述制冷机的制冷效益，我们引入**制冷系数**的概念定义为：在一次循环中，制冷机从低温热源吸取的热量与外界所做的功之比，即

$$\varepsilon=\frac{Q_2}{|A|}=\frac{Q_2}{|Q_1|-Q_2} \tag{13-34}$$

若外界做功 A 越小，从低温热源吸取的热量 Q_2 越多，则制冷机的制冷系数 ε 越大，标志着工作效益越好.

图 13-14b 是一种制冷机（如冰箱等）的工作流程简图．这种制冷机中的工质是一种制冷剂，如用 CCl_2F_2或液氨作为制冷剂．它在常温高压下为液态，储存在储液室中．液态制冷剂经阀门（大小可以调节的节流阀），缓慢地流入冷库（低温热源）内的蛇形汽化管中，使压强降低，引起液态制冷剂立即汽化，所需的汽化热是通过吸收管外四周冷库中的热量来提供的，从而使冷库内的温度降低．继而，低压气体从汽化管排入压缩机，被压缩成高压（约 1.013×10^6Pa）气体，并使其温度升高到环境（高温热源）温度以上．然后进入冷凝器内，将热量传给较冷的环境，使高压气体被冷却到常温而液化，又回到储液室中，遂完成一个循环．在制冷机的一个循环中，压缩机压缩气体所做的功，就是把工质从冷库中所吸取的热量传递给环境所需的功.

在夏天，若以室外的空气作为高温热源，而以室内作为低温热源，则上述制冷机工作时，可使室内降温变冷．在冬天，可将室外的空气作为低温热源，以室内作为高温热源，则制冷机工作时，将从室外吸取热量 Q_2，并向室内传入热量$|Q_1|$，使室内升温变暖．这时，制冷机也被称为热泵，其工作效益可用向室内供热$|Q_1|$与外界驱动热泵所提供的功 A 之比

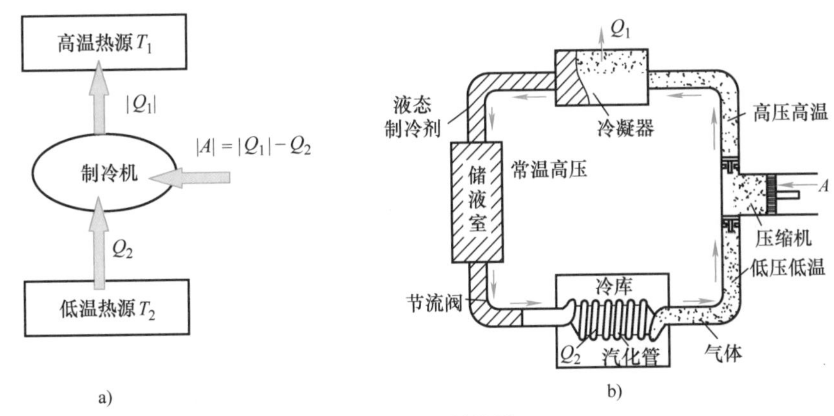

图13-14 制冷机

a）制冷机的工作循环的能流图 b）制冷机的工作流程图

$\dfrac{|Q_1|}{A}$来衡量．利用这种办法取暖较之用电热器等直接取暖效率来得高，故这是一种节能型供暖装置．

思考题

13-7 (1) 什么叫循环过程？有何特征？为什么说热机是按正循环进行工作的？而制冷机却是按逆循环进行工作的？(2) 在热机循环过程中工质吸收净热做功（即$\eta<1$），而等温过程中却吸收全部热量来做功（$\eta=1$），那么，为何不采用单独的等温过程设计热机呢？

演示实验——斯特林热机

例题13-9 有25mol的某种理想气体，按例题13-9图所示的循环过程（ca为等温过程）进行工作．$p_1=4.15\times10^5$Pa，$V_1=2.0\times10^{-2}\text{m}^3$，$V_2=3.0\times10^{-2}\text{m}^3$．求：(1) 各过程中的热量、内能改变以及所做的功；(2) 循环的效率（此气体的$C_{V,\text{m}}=\dfrac{3}{2}R$）．

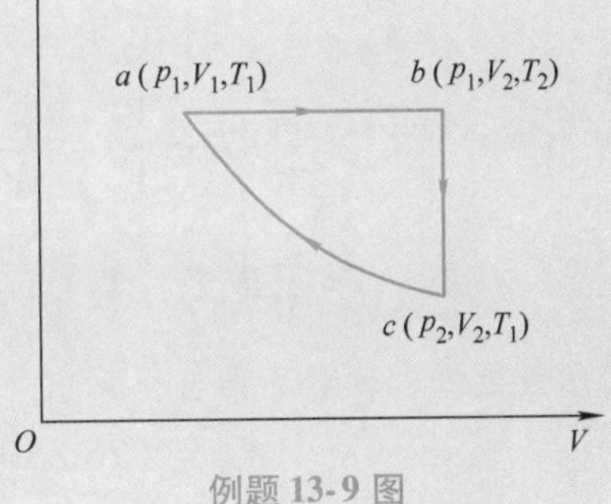

例题13-9图

解 (1) $a\to b$为等压膨胀过程，吸热用于增加内能和对外做功．根据理想气体物状态方程，有

$$T_1=\frac{p_1V_1}{R\dfrac{m}{M}}=\frac{4.15\times10^5\times2.0\times10^{-2}}{8.31\times25}\text{K}=40\text{K}$$

又由等压过程，得

$$T_2=\frac{T_1V_2}{V_1}=\frac{40\times3.0\times10^{-2}}{2.0\times10^{-2}}\text{K}=60\text{K}$$

所以

$$Q_p=\frac{m}{M}C_{p,\text{m}}\Delta T=\frac{m}{M}\left(\frac{3}{2}R+R\right)(T_2-T_1)=25\times2.5\times8.31\times(60-40)\text{J}=1.04\times10^4\text{J}$$

$$\Delta E=\frac{m}{M}C_{V,\mathrm{m}}\Delta T=\frac{m}{M}\times\frac{3}{2}R\Delta T=25\times\frac{3}{2}\times 8.31\times(60-40)\,\mathrm{J}=6.23\times10^{3}\,\mathrm{J}$$

$$A_p=p_1(V_2-V_1)=4.15\times10^{5}\times(3.0\times10^{-2}-2.0\times10^{-2})\,\mathrm{J}=4.15\times10^{3}\,\mathrm{J}$$

$b\to c$ 为等体过程，压强减小，对外放热，内能减小，且

$$A=0$$

$$Q_V=\Delta E=\frac{m}{M}C_{V,\mathrm{m}}\Delta T=\frac{m}{M}\times\frac{3}{2}R\Delta T=25\times\frac{3}{2}\times 8.31\times(40-60)\,\mathrm{J}=-6.23\times10^{3}\,\mathrm{J}$$

$c\to a$ 为等温压缩过程，有

$$\Delta E=0$$

$$Q_T=A_T=\frac{m}{M}RT_1\ln\frac{V_1}{V_2}=25\times\frac{3}{2}\times 8.31\times 40\times\ln\frac{2}{3}\,\mathrm{J}=-3.37\times10^{3}\,\mathrm{J}$$

（2）综上所述，各过程为：$a\to b$ 过程吸热 Q_p，对外界做功 A_p.

$b\to c$ 过程放热 Q_V，$A=0$.

$c\to a$ 过程放热 Q_T，外界对系统做功 $A_T=Q_T$

完成一个正循环过程时，内能没有变化，$\Delta E=0$，系统对外界所做的净功 $A_{净}=A_p-|A_T|$等于系统吸收的全部热量 $Q_{吸}$ 减去系统放出的热量 $|Q_{放}|$，即 $Q_{净}=Q_p-|Q_V+Q_T|$，则循环效率为

$$\eta=\frac{A_{净}}{Q_{吸}}=\frac{Q_{吸}-|Q_{放}|}{Q_{吸}}=\frac{1.04\times10^{4}\,\mathrm{J}-(6.23\times10^{3}+3.37\times10^{3})\,\mathrm{J}}{1.04\times10^{4}\,\mathrm{J}}=7.7\%$$

例题 13-10　0.32kg 的氧气进行如例题 13-10 图所示的 $ABCDA$ 循环，设 $V_2=2V_1$，$T_1=300\mathrm{K}$，$T_2=200\mathrm{K}$，若采用氧气的摩尔定容热容的实验值 $C_{V,\mathrm{m}}=21.1\mathrm{J\cdot mol^{-1}\cdot K^{-1}}$，求循环效率.

解　循环过程中系统所做的净功为

$$A_{净}=A_{AB}-|A_{CD}|$$
$$=\frac{m}{M}RT_1\ln\frac{V_2}{V_1}-\left|\frac{m}{M}RT_2\ln\frac{V_1}{V_2}\right|$$
$$=\frac{m}{M}R(T_1-T_2)\ln\frac{V_2}{V_1}$$

由题设数据，读者不难自行算出

$$A_{净}=5.76\times10^{3}\,\mathrm{J}$$

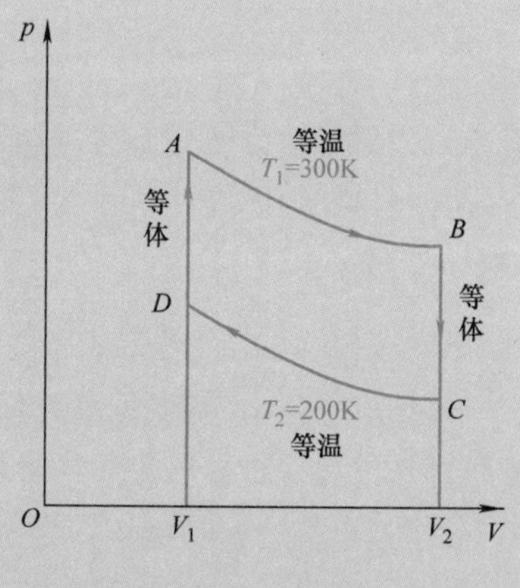

例题 13-10 图

由于吸热过程仅在等温膨胀（对应于 AB 段）和等体升压（对应于 DA 段）中发生，而等温过程中 $\Delta E=0$，则 $Q_{AB}=A_{AB}$. 等体升压过程中 $A_{DA}=0$，则 $Q_{DA}=\Delta E_{DA}$，所以循环过程中系统吸收的全部热量为

$$Q=Q_{AB}+Q_{DA}=A_{AB}+\Delta E_{DA}$$
$$=\frac{m}{M}RT_1\ln\frac{V_2}{V_1}+\frac{m}{M}C_{V,\mathrm{m}}(T_1-T_2)=\left(\frac{0.32}{0.032}\times[8.31\times300\times\ln2+21.1\times(300-200)]\right)\mathrm{J}$$
$$=3.84\times10^{4}\,\mathrm{J}$$

由此得到该循环的效率为

$$\eta=\frac{A_{净}}{Q}=15\%$$

13.5.3　卡诺循环

19 世纪初，热机的效率很低，约为 $\eta=3\%\sim5\%$，即 95% 以上的热量都未得到利用．在生产需要的推动下，许多人开始从理论上研究热机的效率．1824 年，法国青年工程师卡诺（Carnot，1796—1832）研究了一种理想热机，**工作物质只是与两个恒定热源**（一个是温度恒定的高温热源、一个是温度恒定的低温热源）**交换热量**．**整个循环过程由两个等温过程和两个绝热过程构成**，称为**卡诺循环**．这种循环确定了热转变为功的最大限度，为热力学第二定律的建立奠定了基础，在热力学中是十分重要的．如今我们以理想气体作为卡诺循环的工作物质，设其质量为 m，摩尔质量为 M.

如图 13-15 所示，气体在等温膨胀过程 KL 中，从温度为 T_1 的高温热源吸收热量 Q_1，使体积由 V_1 膨胀到 V_2，由于在等温过程中气体内能不变，则气体吸收的热量 Q_1 等于它对外界所做的功 A_1，即

$$Q_1=A_1=\frac{m}{M}RT_1\ln\frac{V_2}{V_1} \tag{ⓐ}$$

气体在状态 L 时脱离高温热源，使之进行绝热膨胀过程 LM.

当气体绝热膨胀到状态 M 时，与温度为 T_2 的低温热源接触而向它放热，并做等温压缩过程 MN，让体积由 V_3 缩小到 V_4，恰使状态 N 与原来状态 K 位于同一条绝热线 NK 上．在这个过程中，外界对气体做功 A_3 全部转变为气体向低温热源放出的热量 Q_2 即

$$|Q_2|=|A_3|=\frac{m}{M}RT_2\ln\frac{V_3}{V_4} \tag{ⓑ}$$

气体压缩到状态 N 后，与低温热源分开，经绝热压缩过程 NK，回到初始状态 K，从而完成一个卡诺循环．

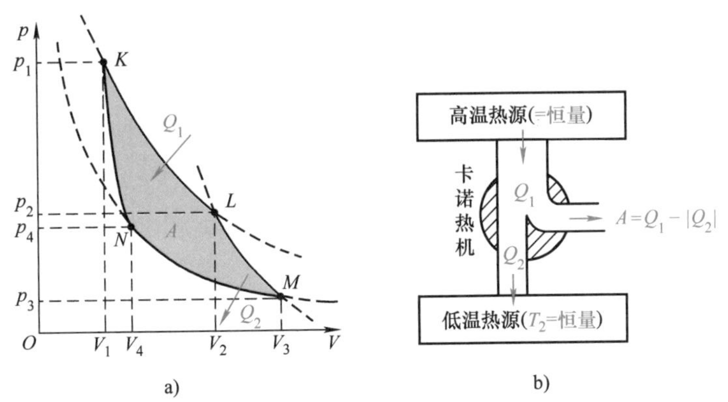

图 13-15　卡诺热机的循环

a）卡诺循环的 $p-V$ 图　b）卡诺循环的能流图

根据热机效率的定义式（13-33），由式ⓐ、式ⓑ，可得卡诺循环的效率为

$$\eta = 1 - \frac{|Q_2|}{Q_1} = 1 - \frac{T_2 \ln \frac{V_3}{V_4}}{T_1 \ln \frac{V_2}{V_1}} \qquad ⓒ$$

对两条绝热线 LM、NK，分别应用理想气体的绝热过程方程，有

$$T_1 V_2^{\gamma-1} = T_2 V_3^{\gamma-1}, \quad T_1 V_1^{\gamma-1} = T_2 V_4^{\gamma-1}$$

将这两式相比，并化简，得

$$\frac{V_2}{V_1} = \frac{V_3}{V_4}$$

将上式代入式ⓒ，化简后，卡诺循环的效率成为

$$\eta = 1 - \frac{T_2}{T_1} \tag{13-35}$$

即理想气体卡诺循环的效率只与两个热源的温度有关，而与气体的种类无关．显而易见，高温热源温度 T_1 越高、低温热源温度 T_2 越低，卡诺热机效率越高．但 $T_1 = \infty$ 和 $T_2 = 0\text{K}$ 皆不可能实现，因此，卡诺循环的效率总是小于 1.

若让卡诺循环逆时针方向进行，就成为卡诺制冷循环．作为练习，读者试自行推导出卡诺制冷循环的制冷系数为

$$\varepsilon = \frac{Q_2}{A} = \frac{Q_2}{|Q_1| - Q_2} = \frac{T_2}{T_1 - T_2} \tag{13-36}$$

上式表明，卡诺制冷循环的制冷系数也只取决于高温热源的温度 T_1 和低温热源的温度 T_2. 低温热源的温度 T_2 越低，ε 也越小．这意味着，要从温度越低的低温热源中吸收热量，就需要外界做更多的功．

卡诺循环是一种理想循环．可以证明（从略），式（13-35）所给出的卡诺热机效率，是工作于温度分别为 T_1 与 T_2 的两个恒温热源之间的任何热机的最高效率，它是理想热机所能达到的效率的极限．而实际热机由于存在着散热、摩擦、漏气等原因而造成的能量损耗，其效率远低于这个极限．因此，如何减少热机运行过程中由于种种原因所造成的能量损耗，也是今后提高热机效率的另一个途径．

思考题

13-8 卡诺循环是由哪几个过程组成的，写出其效率公式及其主要推导步骤，并分析卡诺循环效率的意义．

例题 13-11 如例题 13-11 图所示，理想气体卡诺循环过程中两条绝热线下的面积（图中阴影部分）分别为 S_1 和 S_2，试比较它们的大小．

解 面积 S_1 表示在绝热膨胀过程中，系统对外界所做的功，面积 S_2 表示在绝热压缩过

程中外界对系统所做的功．在绝热膨胀过程中，$Q=0$，系统对外界所做的功等于系统内能的减少，则有

$$A_1=-\Delta E_1=-\frac{m}{M}C_{V,\mathrm{m}}(T_2-T_1)<0$$

在绝热压缩过程中，$Q=0$，外界对系统所做的功等于系统内能的增加，则有

$$-A_2=\Delta E_2=\frac{m}{M}C_{V,\mathrm{m}}(T_2-T_1)>0$$

比较两式可知，膨胀过程对外界做功 A_1 与压缩过程外界对系统所做的功 A_2 在量值上相等，亦即

$$S_1=S_2$$

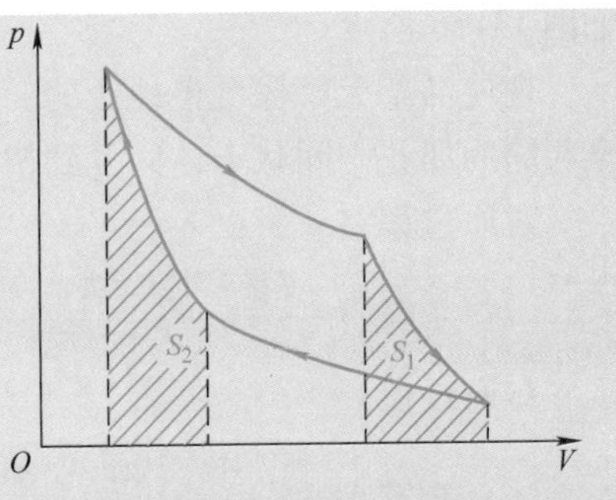

例题 13-11 图

13.6 热力学第二定律 卡诺定理

13.6.1 热力学过程的方向性

热力学第一定律解决了热力学过程中能量的转换和守恒问题．自然界中违背热力学第一定律的过程是不可能发生的，但是在不违背第一定律的条件下，许多热力学过程也并不一定能够发生．分析下述一些例子：

高温物体 $\underset{\text{热量不可能自发传给}}{\overset{\text{热量自发传给}}{\rightleftharpoons}}$ 低温物体

功 $\underset{\text{绝不可能自发地完全转变为}}{\overset{\text{能自发并完全转变为}}{\rightleftharpoons}}$ 热

气体 A 和 B $\underset{\text{绝不可能自发分离为}}{\overset{\text{能自发混合成}}{\rightleftharpoons}}$ 混合气体 AB

在同样条件下，实线箭头指示的过程都能自发发生，而虚线箭头指示的过程则不可能自发发生．这表明上述热现象的自发过程具有方向性，即不可逆性．

我们定义：若系统从某一状态Ⅰ出发，经过某一过程达到另一状态Ⅱ，如果存在另一过程，能使系统和外界都恢复原来的状态，则原来的过程称为**可逆过程**；反之，无论用什么方法都不能使系统和外界同时复原，则原来的过程叫作**不可逆过程**．

我们可以通过储有理想气体的气缸活塞系统，深刻理解可逆过程和不可逆过程．设气缸壁为绝热材料，缸底为导热材料，并放置在温度为 T 的恒温热源上，使活塞能无摩擦地、非常缓慢地膨胀或压缩．初始时系统处于平衡态Ⅰ，控制活塞无摩擦缓慢地膨胀，系统的体积有微小的增加，对外做元功，温度有微小的降低，并从恒温热源吸取微小的热量，使系统保持同一温度 T，又达到一个新的平衡态，如此继续下去，系统经历一系列中间状态直到终态Ⅱ，系统实现了准静态的等温过程，

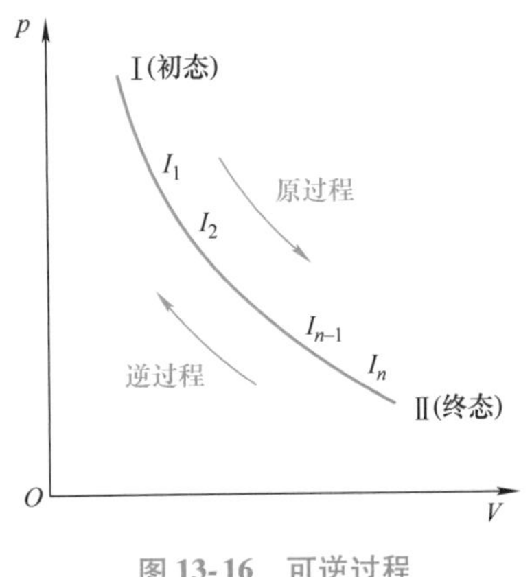

图 13-16 可逆过程

如图 13-16 所示.

现使活塞无摩擦缓慢地压缩，使系统由终态Ⅱ开始进行逆向等温过程，循着与原过程完全相同的那些中间状态，回复到初态Ⅰ.

对原过程：

$$\text{初态 I} \xrightarrow{\text{系统对外界做功 } A\text{，经历 } I_1\text{，}I_2\text{，}\cdots\text{，}I_{n-1}\text{，}I_n\text{，系统从外界热源吸收热 } Q} \text{终态 II}$$

对逆过程：

$$\text{初态 I} \xleftarrow{\text{外界对系统做功 } A\text{，经历 } I_n\text{，}I_{n-1}\text{，}\cdots\text{，}I_2\text{，}I_1\text{ 外界（热源）从系统吸热 } Q} \text{终态 II}$$

由此可知，**逆过程一一消除了原过程对外界的一切影响，亦即，对外界不留下丝毫痕迹，使系统和外界都回到原有的状态，则初态Ⅰ→终态Ⅱ的过程就是可逆过程**.

如果将活塞迅速膨胀或压缩，系统不能逆向重复原过程的每一中间状态，或者回到初态而引起的外界变化不能一一消除，则初态Ⅰ→终态Ⅱ的过程就是**不可逆过程**.

可见，可逆过程必须是准静态过程，而且还必须是无耗散效应的过程. 而严格的准静态过程是不存在的，无耗散效应的过程也是一种理想状况. 所以，可逆过程是从实际过程抽象出来的一种理想过程，研究可逆过程有助于深入研究实际过程的规律.

由可逆过程组成的循环，叫作**可逆循环**. 如上节讲过的卡诺循环（见图 13-15），在沿状态 $K\to L\to M\to N\to K$ 做正循环后，若再逆向地沿状态 $K\to N\to M\to L\to K$ 做逆循环. 这样，在正循环中，工作物质从高温热源吸取热量 Q_1 的同时，对外做功 A 和向低温热源放出热量 Q_2，即 $Q_1=|Q_2|+A$；而在逆循环中，工作物质从低温热源吸收热量 Q_2，连同外界对工作物质所做的功 $|A|$，一起向高温热源放出热量 $|Q_1|$，显然，$|Q_1|=Q_2+|A|$. 因而将正循环与逆循环合并起来看，不仅工作物质的状态没有变化，高温热源和低温热源也都没有变化，在外界没有留下痕迹，即工作物质和外界都恢复原状. 所以，**卡诺循环是一个可逆循环**. 我们把能实现可逆循环的热机叫作**可逆热机**，否则就是**不可逆热机**.

需要注意，不可逆过程并不是不能逆向进行的过程. 而只是当过程逆向进行，而使系统恢复原状时，不能完全消除原过程对外界产生的一切影响. 例如，在热传导过程中，热量只能从高温物体自发地传给低温物体，而不能自动反过来进行. 显然，借助于制冷机，使外界对系统做功，当然可将热量从低温物体传给高温物体. 不过，这就势必会对外界引起无法消除的影响.

思考题

13-9 为什么说自然界中一切自然过程都是不可逆的？为什么说理想的准静态过程是可逆过程？

13.6.2 热力学第二定律

为了表述一切自然过程的不可逆性，人们在大量实验事实的基础上，总结出热力学第二定律，阐明热力学过程的方向性. 热力学第二定律有多种表述，常见的、具有代表性的有如下的两种表述：

(1) **开尔文**（Kelvin，1824—1907）**表述：不可能从单一热源吸取热量，使之完全变为**

有用的功而不引起其他变化.

这一叙述肯定了任何热机从高温热源吸取热量对外界做功，总要放出一部分热量到温度较低的低温热源，工作物质才能回到初始状态.

从单一热源吸热、并将热全部变为有用功的热机称为**第二类永动机**，其效率为 $\eta=100\%$. 有人曾计算过，如果能制成第二类永动机，使它从海水吸热而做功，那么海水的温度只要降低0.01K，所做的功就可供全世界所有工厂多年之用. 但是我们却无法制成这种热机. 虽然这样的热机不违反热力学第一定律，但却违背热力学第二定律. 所以，热力学第二定律还可表示为：**第二类永动机是不可能制成的**. **热力学第二定律的开尔文表述揭示了功、热转换的不可逆性：热全部转换为功的过程是不可能实现的**.

（2）**克劳修斯**（Clausius，1822—1888）**叙述：不可能使热量从低温物体传向高温物体而不引起其他变化**.

值得注意，表述中的“其他变化”是指高温物体吸热和低温物体放热两者以外的任何变化. 如果允许引起其他变化，热量由低温物体传入高温物体也是可能的. 例如，制冷机可以将热量从低温热源传给高温热源，但这不是自动传递的，需有外界对系统做功，并把所做的功转变为热而送入高温热源，外界做了这部分功，自然要引起其他变化. **热力学第二定律的克劳修斯表述揭示了热传导的不可逆性**.

热力学第二定律的开尔文表述与热机的工作有关；克劳修斯表述则与热传导现象有关. 两种表述貌似不同，但是它们通过热、功转换和热传导各自表达了过程进行的方向性，所以本质上是一致的. 可以证明（从略），两者事实上是等价的. 也就是说，如果开尔文表述是正确的，则克劳修斯表述也是正确的；若违反开尔文表述，也必定违反克劳修斯表述.

热力学第一定律说明在任何过程中能量必须守恒，热力学第二定律却说明并非所有能量守恒的过程都能实现. 因此，热力学第二定律是反映自然界过程进行的方向的规律，它指出自然界中出现的过程是有方向性的，某些方向的过程可以自动实现，而另一方向的过程则不能自动实现.

章前问题解答

根据能量守恒与转换定律，不论苹果是从树上落到地面，还是从地面回到树上，都满足热力学第一定律. 但并不是满足热力学第一定律的过程都一定能实现，因为自然过程还要遵守热力学第二定律，即一切与热现象有关的实际宏观过程都是不可逆的.

思考题

13-10（1）有人想利用雪水作为冷源、用地热作为热源，或者利用热带的海洋中不同深度处温度的差异来设计一种机器，将其内能变为机械功，用来驱动发电机. 这是否违背热力学第二定律?（2）用热力学第二定律证明：①绝热线与等温线不可能相交于两点；②两条绝热线不能相交.（提示：设两条绝热线相交于一点，再用一条等温线与它们组成一个循环过程进行分析）

13.6.3　卡诺定理

从热力学第二定律可以证明（从略）热机理论中非常重要的卡诺定理：

（1）**所有工作在相同的高温热源与相同的低温热源之间的可逆热机，不论用何种工作物质，它们的效率都相等，即**

$$\eta = 1 - \frac{T_2}{T_1} \tag{13-37}$$

（2）**所有工作在相同的高温热源与相同的低温热源之间的不可逆热机，其效率都不可能大于工作在同样热源之间的可逆热机的效率，即**

$$\eta' < 1 - \frac{T_2}{T_1} \tag{13-38}$$

卡诺定理指出了提高热机效率的方向：就过程而论，应当使实际的不可逆机尽量地接近可逆机；对高温热源和低温热源的温度来说，应尽量提高高温热源的温度，并降低低温热源的温度.

思考题

13-11　有一可逆的卡诺机，当作为热机使用时，如果工作的两热源的温差越大，则对做功就越有利；当作为制冷机使用时，如果两热源的温差越大，对制冷是否也越有利?

例题 13-12　一热机每秒从高温热源（$T_1 = 600\text{K}$）吸收热量 $Q_1 = 3.34 \times 10^4\text{J}$，做功后向低温热源（$T_2 = 300\text{K}$）放出热量 $Q_2 = 2.09 \times 10^4\text{J}$. 问：(1) 它的效率是多少？它是不是可逆机? (2) 如果尽可能地提高热机效率，每秒从高温热源吸热 $Q_1 = 3.34 \times 10^4\text{J}$，则每秒最多能做多少功?

解　(1) 请注意一般循环与卡诺循环的区别，题设的热机为一般循环热机，所以

$$\eta = \frac{Q_1 - |Q_2|}{Q_1} = 1 - \frac{|Q_2|}{Q_1} = 1 - \frac{2.09 \times 10^4\text{J}}{3.34 \times 10^4\text{J}} = 37\%$$

如果是卡诺热机，即可逆机，则应有

$$\eta = 1 - \frac{T_2}{T_1} = 1 - \frac{300\text{K}}{600\text{K}} = 50\%$$

由以上计算可知，它不是可逆机.

(2) 热机的最高效率是对应于两热源之间的卡诺机的效率，所以当 $\eta = 50\%$ 时，有

$$\eta = 1 - \frac{|Q'_2|}{Q'_1} = 1 - \frac{T_2}{T_1}，即 \frac{Q'_2}{Q'_1} = \frac{T_2}{T_1}$$

式中，Q'_1 为从高温热源吸收的热量；Q'_2 为向低温热源放出的热量，所以

$$A = Q'_1 - Q'_2 = \left(1 - \frac{T_2}{T_1}\right)Q'_1 = Q'_1\eta = 3.34 \times 10^4\text{J} \times 50\%\,\text{J} = 1.67 \times 10^4\text{J}$$

13.7　熵

对热力学第二定律进行深入研究后人们发现，一切与热现象有关的实际过程都是不可逆

的，一切自然过程都存在方向性，这表明热力学系统所进行的不可逆过程的初态与终态之间存在着重大差异，这种差异决定了过程的方向，正如水流动的自然过程，其方向是从高处向低处流，这是因为水在高处的重力势能较大，而在低处的重力势能较小，这种重力势能之差决定了水自然流动的方向．由此可以预期：根据热力学第二定律，有可能找到一个新的状态量来描述热力学系统，并由此来描述某一过程始、末态之间的差异，并对过程的方向性做出判断．克劳修斯首先在热力学范围内提出了一个新的状态量——熵．

13.7.1　熵的概念

根据卡诺定理［式（13-38）］，一切可逆热机的效率都可以表示为

$$\eta = 1 - \frac{|Q_2|}{Q_1} = 1 - \frac{T_2}{T_1}$$

由此得

$$\frac{Q_1}{T_1} - \frac{|Q_2|}{T_2} = 0$$

式中，Q_1 是工作物质从高温热源 T_1 吸收的热量；Q_2 是工作物质向低温热源 T_2 放出的热量．根据热力学第一定律对热量符号的规定：吸热为正（$Q_1>0$），放热为负（$Q_2<0$），则上式变为

$$\frac{Q_1}{T_1} + \frac{Q_2}{T_2} = 0$$

上式说明，对于可逆卡诺循环来说，$\frac{Q}{T}$之和为零．将上述结果推广到任意可逆的非卡诺循环，则有

$$\sum_{i=1}^{n} \frac{\Delta Q_i}{T_i} = 0 \tag{13-39}$$

这是因为任意可逆循环，可以看成 n 个微小的卡诺循环的结合，如图 13-17 所示，当 $n \to \infty$ 时，可得

$$\oint_L \frac{\delta Q}{T} = 0 \tag{13-40}$$

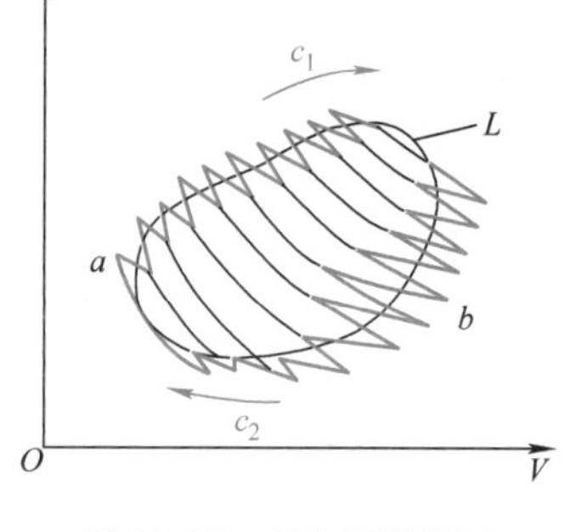

图 13-17　任意可逆循环

上式称为**克劳修斯等式**，式中$\frac{\delta Q}{T}$称为**热温比**，表示从某一热源吸收的热量与该热源的温度之比．该式表示对于任一系统，沿任意可逆循环一周，$\frac{\delta Q}{T}$的积分（即总和）为零，由图 13-17 所示的该回路线积分可得

$$\oint_L \frac{\delta Q}{T} = \int_{ac_1b} \frac{\delta Q}{T} + \int_{bc_2a} \frac{\delta Q}{T} = \int_{ac_1b} \frac{\delta Q}{T} - \int_{ac_2b} \frac{\delta Q}{T} = 0$$

即

$$\int_{ac_1b} \frac{\delta Q}{T} = \int_{ac_2b} \frac{\delta Q}{T}$$

上式说明，系统从状态 a 到状态 b 时，$\frac{\delta Q}{T}$的积分与过程无关，只由始、末两状态（即 a 态和 b 态）决定，这在物理意义上说明系统存在一个状态函数，我们把这个状态函数称为熵，记作 S，则始、末状态熵的变化可表示为

$$\int_a^b \frac{\delta Q}{T} = S_b - S_a \tag{13-41}$$

对于无限小的可逆过程，有

$$\frac{\delta Q}{T} = \mathrm{d}S \tag{13-42}$$

熵的单位为 $\mathrm{J \cdot K^{-1}}$. 式（13-41）表示，系统在可逆过程中的热温比之和等于系统熵的增量（亦称熵变）. 由式（13-41）可计算系统始、末两状态的熵变. 至于系统在某一状态时的熵值则只有相对意义，需事先选定一个参考状态，把该状态的熵规定为零. 通常，取0K时系统的熵为零，据此算出来的熵称为绝对熵. 其次，如果系统从始态 a 至终态 b 所经历的过程是不可逆的，那么，就不能用式（13-41）对这个不可逆过程进行积分. 考虑到熵是系统状态的单值函数，与具体过程无关，因此，不妨假想一个从 a 到 b 的可逆过程，利用式（13-42）计算出熵的增量，显然也就是原来所求的不可逆过程熵的增量了.

由式（13-42）定义的熵，最初是由克劳修斯引入的，所以也常称为**克劳修斯熵**.

思考题

13-12 （1）熵为什么只具有相对意义？（2）对于可逆和不可逆过程，如何分别计算其始态和末态间的熵变？

例题 13-13 如例题 13-13 图所示，(m/M) 摩尔的理想气体，自始态 $a(V_1, T_1)$ 经某一过程变为末态 $b(V_2, T_2)$，且在此过程中气体的摩尔定容热容 $C_{V,\mathrm{m}}$ 为恒量. 求熵变.

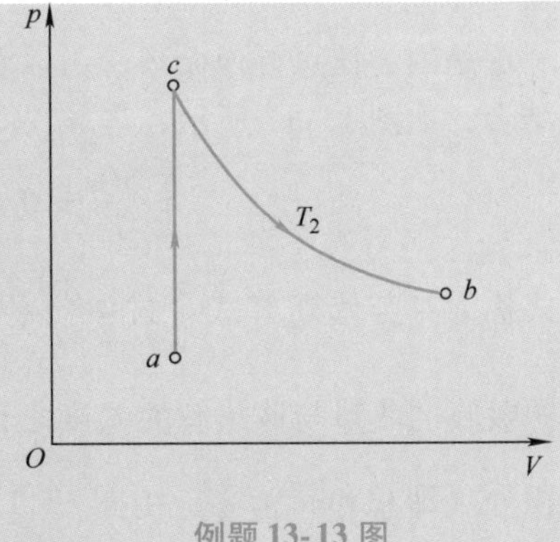

例题 13-13 图

解 题中未给出具体过程，但其始、末状态已定，为此，可设计一个可逆过程，如图所示，它由等体升温过程 ac 和等温膨胀过程 cb 组成，其熵变分别为

$$\Delta S_1 = \int_a^c \frac{\delta Q}{T} = \int_{T_1}^{T_2} \frac{m}{M}\frac{C_{V,\mathrm{m}}}{T}\mathrm{d}T = \frac{m}{M}C_{V,\mathrm{m}}\ln\frac{T_2}{T_1}$$

$$\Delta S_2 = \int_c^b \frac{\delta Q}{T} = \frac{1}{T}\int_{V_1}^{V_2}\delta Q = \frac{m}{MT_2}\int_{V_1}^{V_2}RT_2\frac{\mathrm{d}V}{V} = \frac{m}{M}R\ln\frac{V_2}{V_1}$$

则总的熵变为

$$\Delta S = \Delta S_1 + \Delta S_2 = \frac{m}{M}C_{V,\mathrm{m}}\ln\frac{T_2}{T_1} + \frac{m}{M}R\ln\frac{V_2}{V_1}$$

13.7.2 熵增加原理

以上对可逆过程给出了熵的概念，而对任意不可逆过程，根据卡诺定理，有

$$\eta' = 1 - \frac{|Q_2|}{Q_1} < 1 - \frac{T_2}{T_1}$$

于是，对于不可逆过程，克劳修斯等式（13-40）应写为

$$\oint_L \frac{\delta Q}{T} < 0 \tag{13-43}$$

式（13-43）称为**克劳修斯不等式**，则熵的变化可表示为

$$\int_a^b \frac{\delta Q}{T} < S_b - S_a \tag{13-44}$$

由此可见，系统在不可逆过程中的热温比之和（即上式左端）小于熵的增量．综合式（13-41）和式（13-44），有

$$S_b - S_a \geqslant \int_a^b \frac{\delta Q}{T} \tag{13-45}$$

或

$$\mathrm{d}S \geqslant \frac{\delta Q}{T} \tag{13-46}$$

其中等号对应于可逆过程，大于号对应于不可逆过程．显然，对于一个与外界不发生任何相互作用的系统（即与外界无质量和能量交换的孤立系统）而言，它一定不会从外界吸收热量，则上式变为

$$S_b - S_a \geqslant 0 \text{ 或 } \Delta S \geqslant 0 \tag{13-47}$$

这表明孤立系统的熵永远不会减小：**对于可逆过程，熵保持不变；对于不可逆过程，熵总是增加的**．这一结论称为**熵增加原理**，它仅对孤立系统适用．这时，我们也可以把熵增加原理称为热力学第二定律的数学表达式．

式（13-47）更普遍、更深刻地反映了自然界中过程进行的方向性．因为在自然界中实际的自然过程都是不可逆的，所以，根据熵增加原理，在**孤立系统中进行的自然过程（即不可逆过程）总是朝着熵增加的方向进行**．对于一个具体的过程（不限于热传导或热功转换），我们可以通过计算熵的变化来判断过程进行的方向和限度．

如果系统在可逆过程中涉及体积变化的功，则综合热力学第一定律和热力学第二定律，将式（13-46）取等号，并将 $\mathrm{d}S = \delta Q/T$ 或 $\delta Q = T\mathrm{d}S$ 代入热力学第一定律的微分表达式 $\delta Q = \mathrm{d}E + p\mathrm{d}V$ 中，可得

$$T\mathrm{d}S = \mathrm{d}E + p\mathrm{d}V \tag{13-48}$$

这是用熵的增量、内能的增量表示的热力学基本关系式，它可以用来定量地研究热力学系统的宏观性质．

思考题

13-13　（1）一切过程是否都是朝着熵增加的方向进行的？（2）试证可逆的绝热过程是熵保持不变的过程，即等熵过程．

例题 13-14 设体积分别为 V_1 和 V_2 的两容器Ⅰ、Ⅱ皆由隔热壁包围，并用管子相连接，如例题 13-14 图所示，容器Ⅱ是完全真空的，当开启管子上的阀门后，容器Ⅰ中将有 (m/M) (mol) 的理想气体将绝热地自由膨胀到容器Ⅱ中. 求证：这个过程是不可逆的.

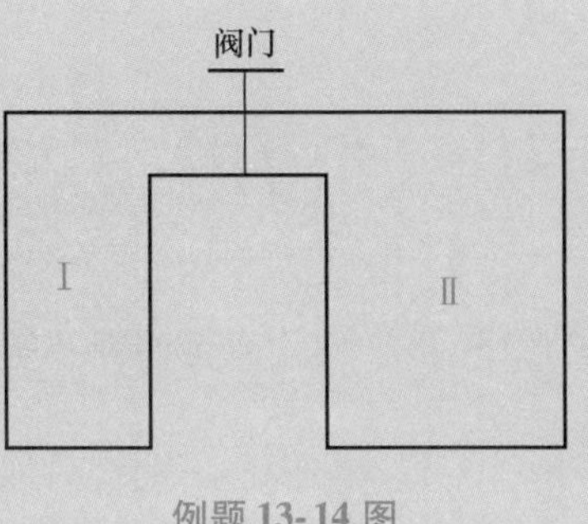

例题 13-14 图

证明 理想气体在绝热自由膨胀过程中，按题意，与外界无相互作用，$Q=0$，$A=0$，则理想气体的内能不变，其始、末状态的温度相等. 由于自由膨胀不可能是准静态的，因而不可能是可逆过程，也就不能计算熵的变化. 既然始、末状态温度相等，可以设想一个始态为 (T, V_1) 和末态为 (T, V_1+V_2) 的等温过程 l，气体沿此过程的熵变为

$$\Delta S = \int_l \frac{\delta Q}{T} = \int_l \frac{\mathrm{d}E + p\mathrm{d}V}{T} = \int_{V_1}^{V_1+V_2} \frac{p\mathrm{d}V}{T} = \frac{m}{M}R\int_{V_1}^{V_1+V_2} \frac{\mathrm{d}V}{V} = \frac{m}{M}R\ln\frac{V_1+V_2}{V_1}$$

由于 $V_1+V_2>V_1$，则 $\Delta S>0$，符合熵增加原理.

如果是相反的过程，即气体自动地由 V_1+V_2 收缩到 V_1，则经过类似计算，不难得到熵变为

$$\Delta S = \frac{m}{M}R\ln\frac{V_1}{V_1+V_2}<0$$

这显然违背熵增加原理. 因此，气体自动地收缩是不可能的.

气体在自由膨胀过程中熵增加，当熵增加到最大值时，气体在整个容器内达到平衡态，膨胀过程也就结束.

说明

任何一个过程的进行方向和限度，原则上皆可以由熵增加原理做出判断. 熵增加原理是热力学第二定律的普遍表述.

应当注意到，熵增加原理讨论的是孤立系统和绝热系统，对于这两类系统，其中发生的过程将导致熵增加. 对于处于其他条件下的系统，熵亦可以减少，例如，当系统向外放热时，它的熵就要减少.

13.7.3 熵恒增=能贬值（能“质”衰退）

由上述讨论可知，一个孤立系统，在发生了任何实际过程之后，按照热力学第一定律，其能量的总值保持不变；而按照热力学第二定律，其熵的总值恒增. 这意味着什么呢？不妨来考虑一个具体问题.

如图 13-18 所示，在高温热源 T_1 和低温热源 T_0 之间安装两个完全相同的卡诺机 C 和 D，所不同的是热机 C 直接从热源 T_1 吸取热量 Q，对外做功 A_C，而热机 D 则是让热源 T_1 上提供的热量 Q 先经历一个不可逆过程（热传导）传到另一热源 T_2 $(T_0<T_2<T_1)$，然后再传到热机 D，对外做功 A_D. 可以计算出热量 Q 从热源 T_1 传到热源 T_2 这一不可逆过程的熵增

为

$$\Delta S = Q\left(\frac{1}{T_2} - \frac{1}{T_1}\right) > 0$$

为了考察熵增带来的后果，不妨计算一下热机 C、D 吸收同样的热量 Q 所做的功：

卡诺机 C 的效率为 $\eta_C = 1 - \frac{T_0}{T_1}$，输出有用功 $A_C = \eta_C Q = \left(1 - \frac{T_0}{T_1}\right)Q$

卡诺机 D 的效率为 $\eta_D = 1 - \frac{T_0}{T_2}$，输出有用功 $A_D = \eta_D Q = \left(1 - \frac{T_0}{T_2}\right)Q$

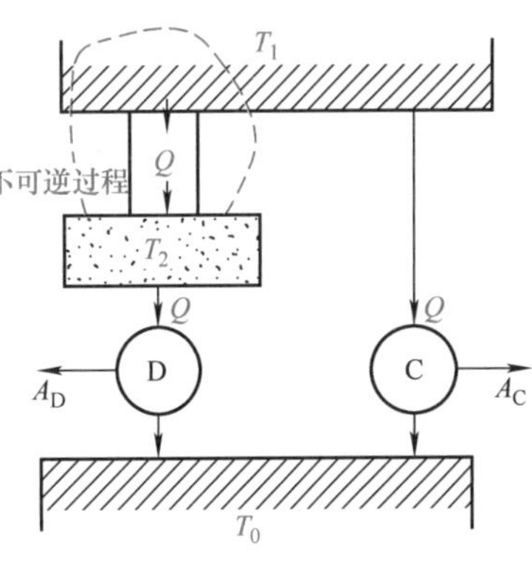

图 13-18 能量的退化

卡诺机 C 比卡诺机 D 对外多做的功为

$$A_C - A_D = T_0 \Delta S \tag{13-49}$$

由此可见，两个热机吸收同样的热量，所做的功却不同，热机 D 比热机 C 少做功的数量取决于热传导这一不可逆过程所带来的“熵增”的大小．由于熵增，使一部分热量 $T_0\Delta S$ 丧失了转变为功的可能性．

热量也只是部分用来做功．只要有内能产生，其做功本领就会有所降低．例如，在空气中的单摆，由于空气阻力，摆的振幅逐渐减小，机械能转变为内能，摆球做功的本领逐渐减小，而系统熵值逐渐增大．根据热力学第一定律，整个系统（包括摆球、周边空气）的能量守恒，但随着内能的增大，系统的做功本领下降了．燃烧一块煤，虽然它的能量并未消失，但散失到空气中的能量（内能），却无法再聚集起来做同样的功了．

因此，在熵增加的同时，一切不可逆过程总是使能量丧失做功的本领，从可利用状态转化为不可利用状态．于是我们说，能量的“品质”退化了，即能“质”衰退，这种现象称为**能贬值**（或**能量退降**）．由于在自然界中所有的实际过程都是不可逆的，随着这些不可逆过程的不断进行，将使得能量不断地转变为不能做功的形式．因此，能量虽然守恒，但是越来越多地不能被用来做功了，这是自然过程的不可逆性，也是熵增加的一个直接后果．

自然界的能量在总量上虽然不变，但随着越来越多的能量被转化为内能，自然界能量的品质会退化，可资利用的能量会越来越少．因此，能源问题是当今以及今后人类长期关注的热点问题．

思维拓展

13-2 至此，我们介绍了熵与能量这两个概念，那么二者在描述热学规律时哪个更重要呢？

章后感悟

热力学第二定律告诉我们：一切与热现象有关的自然过程都是不可逆性。对于人也是这样，无法返老还童，时光一去不复返。因此，我们更应该珍惜时间和生命，在有限的生命中去做更有价值的事情，使生命更有意义。您对此有何看法呢？

习 题 13

13-1　在体积为200L的钢瓶中存储有CO_2气体，测得其温度为15℃，压强为2.03×10^5Pa，求瓶中气体的质量．［答：0.75kg］

13-2　已知真实气体的状态方程为

$$\left(p+\frac{a}{V^2}\right)(V-b)=RT$$

式中，a、b、R均为恒量，试求由体积V_1等温膨胀到V_2所做的功．［答：$RT\ln\frac{V_2-b}{V_1-b}+\left(\frac{a}{V_2}-\frac{a}{V_1}\right)$］

13-3　水蒸气的质量为0.1kg，它的摩尔定容热容为$C_{V,\mathrm{m}}=7R/2$，当它从120℃加热到140℃时，问：经历等体过程和等压过程后，系统各吸收多少热量？（将水蒸气看成理想气体）［答：3.23×10^3J，4.16×10^3J］

13-4　一定量的空气，吸收了1.71×10^3J的热量，并在保持压强为1.0×10^5Pa的情况下膨胀，体积从$1.0\times10^{-2}\mathrm{m}^3$增加到$1.5\times10^{-2}\mathrm{m}^3$，问空气对外做了多少功？它的内能改变了多少？［答：5.0×10^2J；1.21×10^3J］

13-5　一气缸内存储有10mol的单原子分子理想气体，在压缩过程中，外界做功59J，气体温度升高1K．试计算气体内能增量和所吸收的热量，在此过程中气体的摩尔热容是多少？［答：124.7J；65.7J；$6.57\mathrm{J\cdot mol^{-1}\cdot K^{-1}}$］

13-6　1.0mol的空气从热源吸收热量2.66×10^5J，其内能增加了4.18×10^5J．问在此过程中气体做了多少功？是它对外界做功，还是外界对它做功？［答：-1.52×10^5J；外界对空气做功］

13-7　使一定质量的理想气体的状态按习题13-7图中的曲线沿箭头所示的方向发生变化，图线的BC段是以p轴和V轴为渐近线的双曲线的一支．(1) 已知气体在状态A时的温度$T_A=300$K，求气体在状态B、C和D时的温度；(2) 从A到D气体对外所做的功总共是多少？(3) 将上述过程在$V-T$图上画出，并标明过程进行的方向．［答：(1) 600K，600K，300K；(2) 2.81×10^3J］

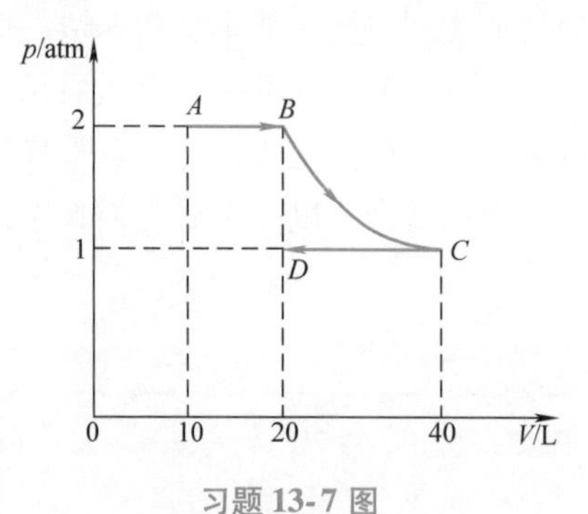

习题13-7图

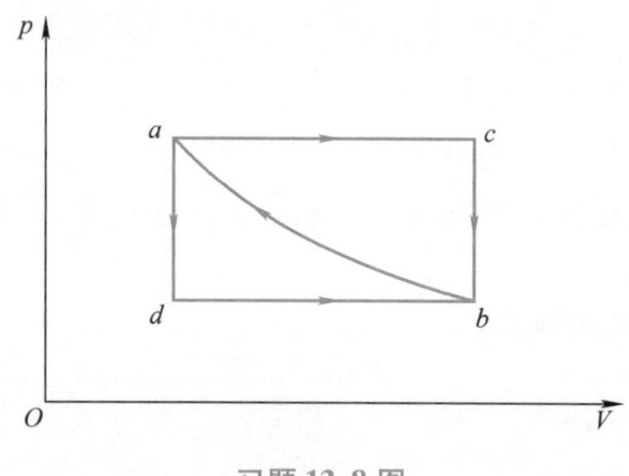

习题13-8图

13-8　当一热力学系统由如习题13-8图所示的状态a沿acb过程到达状态b时，吸收了560J的热量，对外做了356J的功．(1) 如果它沿adb过程到达状态b，对外做了220J的功，它吸收了多少热量？(2) 当它由状态b沿曲线ba返回状态a时，外界对它做了282J的功，它将吸收多少热量？是吸热、还是放热？［答：(1) 424J；(2) −486J，放热］

13-9　将419.6J的热量供给5g在标准状态下的氢（氢作为理想气体看待，其摩尔质量为0.02kg·

mol^{-1}）．（1）若体积不变，则此热量转化为什么？氢气的温度变为多少？（2）若温度不变，则此热量转化为什么？氢气体积变为多少？（3）若压强不变，则此热量转化为什么？氢气的体积又变为多少？［答：（1）281K；（2）0.06m^3；（3）0.057m^3］

13-10 64g氧气的温度由0℃升至50℃，（1）保持体积不变；（2）保持压强不变．在这两个过程中氧气各吸收了多少热量？各增加了多少内能？对外各做了多少功？［答：（1）2.08×10^3J，2.08×10^3J，0；（2）2.91×10^3J，2.08×10^3J，0.83×10^3J］

13-11 压强为1.0×10^5Pa、体积为1.0×10^{-3}m^{3}的氧气自0℃加热到100℃，问：（1）当压强不变时，需要多少热量？当体积不变时，需要多少热量？（2）在等压或等体过程中各做了多少功？［答：（1）129.8J，93.1J；（2）36.7J，0］

13-12 一定量氢气在保持压强为4.0×10^5Pa不变的情况下，温度由0.0℃升高到50.0℃时，吸收了6.0×10^4？J的热量．问：（1）氢气的物质的量是多少摩尔？（2）氢气内能变化多少？（3）氢气对外做了多少功？（4）如果氢气的体积保持不变而温度发生同样变化，那么它该吸收多少热量？［答：（1）41.3mol；（2）4.29×10^4J；（3）1.71×10^4J；（4）4.29×10^4J］

13-13 在300K的温度下，2mol理想气体的体积从4.0×10^{-3}m^{3}等温压缩到1.0×10^{-3}m^3，求在此过程中气体做的功和吸收的热量．［答：-6.91×10^3J，负号表示外界对系统做功；-6.91×10^3J，负号表示系统对外界放热］

13-14 2mol氢气在温度为300K时的体积为0.05m^3．经过（1）绝热膨胀；（2）等温膨胀；（3）等压膨胀，最后体积都变为0.25 m^3．试分别计算这三种过程中氢气对外所做的功，并说明它们所做的功为什么不同？在同一幅$p-V$图上画出这三个过程的过程曲线．［答：（1）5.91×10^3J；（2）8.02×10^3J；（3）19.9×10^3J］

13-15 温度为27℃、压强为1.01×10^5Pa的一定量氮气，经绝热压缩，使其体积变为原来的1/5，求压缩后氮气的压强和温度．［答：9.61×10^5Pa；571K］

13-16 一定量的氮气，压强为1atm，体积为10L，在温度自300K升到400K的过程中：（1）保持体积不变；（2）保持压强不变．问各需吸收多少热量？这热量为什么不相同？［答：（1）8.44×10^2J；（2）1.18×10^3J］

13-17 如习题13-17图所示，理想的柴油发动机工作的狄塞尔（Diesel）循环由两个绝热过程ab和cd、一个等压过程bc及一个等体过程da组成．已知V_1、V_2、V_3和γ，试证这种循环的效率为

$$\eta=1-\frac{1}{\gamma}\left[\left(\frac{V_2}{V_1}\right)^{\gamma}-\left(\frac{V_3}{V_1}\right)^{\gamma}\right]\left[\frac{V_2}{V_1}-\frac{V_3}{V_1}\right]^{-1}$$

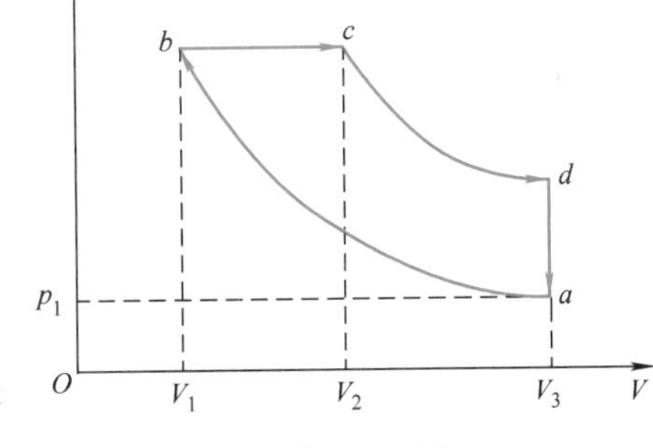

习题13-17图

13-18 一卡诺热机的低温热源温度为7℃，效率为40%，若要将其效率提高到50%，问高温热源的温度需提高多少？［答：100K］

13-19 一蒸汽机的功率为5000kW，高温热源温度为600K，低温热源温度为300K，求此热机在理论上所能达到之最高效率．若实际效率仅为理想效率的20%，问每小时应加煤多少？已知每克煤发热量为1.51×10^4J．［答：$\eta=50\%$；1.19×10^4kg·h^{-1}］

13-20 一循环过程的$T-V$图线如习题13-20图所示．该循环的工作物质为ν（mol）的理想气体，它的$C_{V,m}$和γ均已知，且为恒量．已知a点的温度为T_1，体积为V_1，b点的体积为V_2，ca为绝热过程．求：（1）c点的温度；（2）循环的效率．［答：（1）$T_1(V_1/V_2)^{\gamma-1}$；（2）$1-\dfrac{C_{V,m}[1-(V_1/V_2)^{\gamma-1}]}{R\ln(V_1/V_2)}$］

13-21 一热机工作于1000K与300K的两热源之间．若将高温热源提高到1100K或者将低温热源降到200K，求理论上热机效率各增加多少？采取哪一种方案对提高热机效率更为有利？［答：2.7%；10%］

13-22 两块金属的温度分别为100℃和0℃，其摩尔定压热容皆为 $C_{p,\mathrm{m}}=150\mathrm{J}\cdot\mathrm{mol}^{-1}\cdot\mathrm{K}^{-1}$．求它们接触而达到热平衡后熵的变化．［答：$3.65\mathrm{J}\cdot\mathrm{K}^{-1}$］

13-23 你一天向周围环境散发约 $8\times10^6\mathrm{J}$ 的热量，试估算你一天产生多少熵？忽略你进食时带进体内的熵，环境的温度按273K计算．［答：$3.4\times10^3\mathrm{J}\cdot\mathrm{K}^{-1}$］

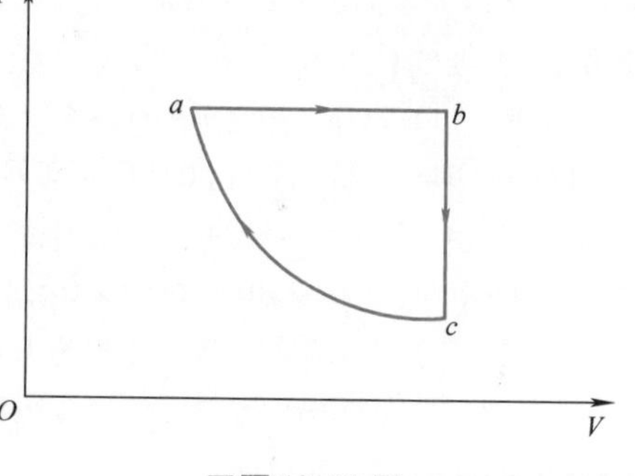

习题13-20图

13-24 将质量为1kg、温度0℃的水放到100℃的恒温热源上，最后达到平衡，求这一过程引起的水和恒温热源所组成的系统的熵变，是增加还是减少？［答：$184\mathrm{J}\cdot\mathrm{K}^{-1}$，增加］

科学家轶事

开尔文——毕生追求科学真理

英国著名的物理学家开尔文（1824—1907）在热力学、电磁学等领域都有重大贡献，并领导建立了世界上第一条大西洋海底电缆．他一生热爱科学、谦虚勤奋，共发表论文多达600余篇，取得70种发明专利．开尔文在对热力学第二定律研究的基础上，提出了一种与测温物质的属性无关的理论温标，称为热力学温标（即绝对温标）．后来为了纪念他在科学上的杰出贡献，国际计量大会把热力学温标称为开尔文（开氏）温标，热力学温度以开尔文为单位，是现在国际单位制中七个基本单位之一．

开尔文终生都在坚持不懈地致力于科学事业，他意志坚强、不怕失败、百折不挠，永远保持着乐观的战斗精神．在他还只有16岁时，就在日记中写下了第十一条诫律："科学领路到哪里，就在哪里攀登不息；前进吧，去测量大地，衡量空气，记录潮汐；去指示行星在哪一条轨道上奔跑，去纠正老黄历，叫太阳遵从你的规律．"表明了他毕生追求科学真理的信念和决心．在对待困难问题上他讲："我们都感到，对困难必须正视，不能回避；应当把它放在心里，希望能够解决它．无论如何，每个困难一定有解决的办法，虽然我们可能一生没有能找到．"这是开尔文对科学精神做出了最好的诠释．

在开尔文72岁高龄时，他对自己的科学生涯做出了总结："我在过去55年里所极力追求的科学进展，可以用'失败'这个词来标志．我现在不比50年以前当我开始担任教授时知道更多关于电和磁的力，或者关于以太、电与有重量的物体之间的关系，或者关于化学亲合的性质．在失败中必有一些悲伤；但是追求科学本身，所付出的必要努力，带来了很多愉快的争论，这就使科学家避免了苦闷，而且或许还会使他在日常工作中相当快乐．"开尔文这种持之以恒、不畏困难、为科学事业奋斗终身的精神，永远为后人敬仰，值得我们学习．

应用拓展

我国的内燃机发展之路任重道远

热力学最重要和常见的应用之一就是热机. 内燃机是热机的一种，它通过使燃料在机器内部燃烧，将化学能转化为机械能而持续输出动力. 内燃机的一般工作方式是将燃料与空气混合燃烧，产生热能，使气体受热膨胀，通过机械装置转化为机械能对外做功. 内燃机作为制造业链条上的重要一环，是乘用车、商用车、工程机械、农业机械、发电设备、铁路、船舶、石油等工业领域最为核心的组成部分.

目前，我国已成为全球第一的内燃机生产大国和消费大国，在2017年内燃机产量已突破8000万台，总功率突破26亿千瓦，产品进出口额突破240亿美元. 这标志着中国内燃机工业在改革开放的40多年来从无到有，从弱到强，从小到大，从依附到自主，走出了一条自强自立、奋发有为的发展道路.

2019年，第29届国际内燃机大会（CIMAC）在加拿大温哥华举行. 中国共派出80多名代表参会. 在这个行业内享有盛名的技术交流大会上，中外代表们就当下行业热点和技术难点进行了深入交流. 在本届大会闭幕式上，中国内燃机学会理事长、天津大学校长、中国工程院院士金东寒先生，正式就职新一届CIMAC主席，这也是CIMAC历史上首次由中国科学家担任主席一职，是我国参与国际内燃机组织的重要里程碑.

但是，在当前社会科技进步、能源缺失、环境保护等背景下，我国的内燃机的生产制造仍面临巨大挑战. 数据显示，目前我国内燃机产品综合能效与国际先进水平相差10%～20%，车用内燃机产品燃油消耗率水平相差8%至10%，内燃机产业存在产品多而质不精、品种全而缺乏品牌等问题. 因此，在我国由全面建设小康社会向基本实现社会主义现代化迈进的关键时期，内燃机产业必须增强自主创新能力，用高新技术促进与提升制造技术水平，提高传统内燃机的节能、减排功效，同时加快对自主品牌的自主研发，大力推动我国内燃机产业向中高端迈进. 这就需要广大青年学生坚定理想、奋发图强，学好专业知识，重视基础研究，培养创新能力，为我国从制造大国转变为制造强国添砖加瓦，贡献自己的一份力量.

第 14 章

统计物理简介

章前问题

生活常识告诉我们，一滴墨水滴入一盆清水后，颜色逐渐变淡直至均匀分布，物理学中将这一现象称为**扩散**. 但是我们却从没见过水盆中的墨水重新聚集成一滴？这是为什么？如何解释？

学习要点

1. 分子热运动的统计规律性；
2. 麦克斯韦速率分布律；
3. 三种统计速率；
4. 平均自由程；
5. 平均碰撞频率；
6. 理想气体压强公式；
7. 自由度；
8. 能量均分原理；
9. 理想气体的内能；
10. 热力学过程不可逆性的统计意义；
11. 热力学概率；
12. 玻尔兹曼熵.

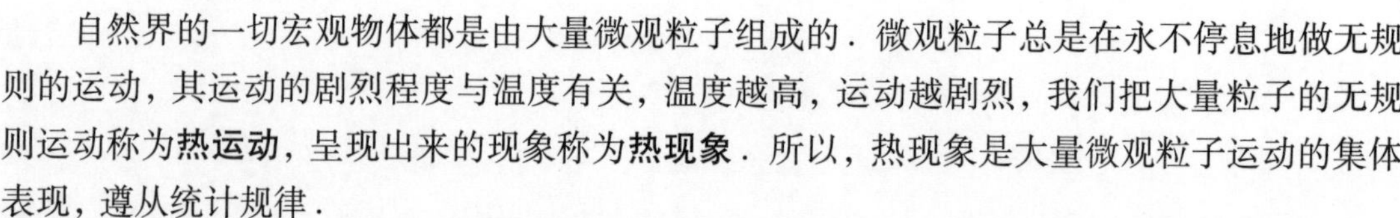

自然界的一切宏观物体都是由大量微观粒子组成的. 微观粒子总是在永不停息地做无规则的运动，其运动的剧烈程度与温度有关，温度越高，运动越剧烈，我们把大量粒子的无规则运动称为**热运动**，呈现出来的现象称为**热现象**. 所以，热现象是大量微观粒子运动的集体表现，遵从统计规律.

本章以大量的气体分子（或原子）组成的系统作为研究对象，根据物质结构的分子特征，运用统计方法，探讨它们的热运动及其统计规律. 大量的做热运动的气体分子，一方面做无规则的热运动，力图充满可能的空间，另一方面分子间的相互作用力（称分子力）又试图使它们束缚在一起，这样，**无规则热运动**和**分子力**便构成了一对矛盾. 气体中热运动占主导地位，它没有固定的体积和形状，一般情况下，它的体积和形状就是它可以到达的闭合容器的内部空间.

14.1　气体分子的热运动及其统计规律性

14.1.1　气体分子热运动

上一章说过，1mol 任何物质拥有 $N_A = 6.02 \times 10^{23}$ 个分子（即阿伏加德罗常数），表明分子是非常微小. 如果把分子看成小球，则其直径一般不到 0.1nm，较大的蛋白质分子的直径也只有几个纳米.

物质虽然含有大量分子，但分子之间仍存在空隙而保持着一定距离，即物质结构是不连续的. 例如，向自行车内胎打气时，可以将外界空气大量压缩到车胎里去，说明在通常条件下的气体，其内部的分子之间存在着很大的空隙. 并且，实验证明，在液体和固体的分子间也存在间隙.

例如，人们在抽香烟时，周围空间就会弥漫着烟味，使空气污染，这是由于尼古丁、焦油等分子的无规则运动而与周围空气均匀混合、相互渗透的结果，这种现象称为气体的**扩散**. 气体的扩散现象在一般情况下是十分显著的. 液体和固体的分子也存在扩散现象，不过其扩散的速度远比气体的扩散来得慢.

1827 年，英国植物学家布朗（R. Brown，1773—1858）用显微镜观察到悬浮在水中的植物小颗粒（例如花粉），尽管外界的干扰极轻微，但它们还是永远在做不规则的无定向的运动. 颗粒的这种运动叫作**布朗运动**. 后来，经过多次实验，肯定了这种运动并不是外界影响（如振荡、气流、温度等）所引起的，而是不规则运动的水分子对水中的小颗粒不停地冲击的结果. 由于水分子在不停地运动着，水中的小颗粒必然要受到来自四面八方的水分子的碰撞，每一时刻来自各个方向的碰撞经常不同，颗粒必然要沿冲击力较大的方向运动. 在某一时刻，沿某一方向运动；到下一时刻，对颗粒的碰撞作用可能在另一方向上较大，于是，颗粒的运动方向就要改变. 可见，颗粒运动的不规则性，间接反映了水分子运动的不规则性. 图 14-1 表示在显微镜的观察下，每隔一定时间所记录下来的一个颗粒的位置. 在不同的温度下，观察悬浮在同一液体中的同一种的布朗颗粒时，可以发现液体温度越高，颗粒的布朗运动越激烈，这也间接地充分说明了大量分子的无规则运动，其剧烈程度与温度有关. 正是由于**大量分子的无规则运动与温度有关**，所以把这种运动叫作**分子的热运动**.

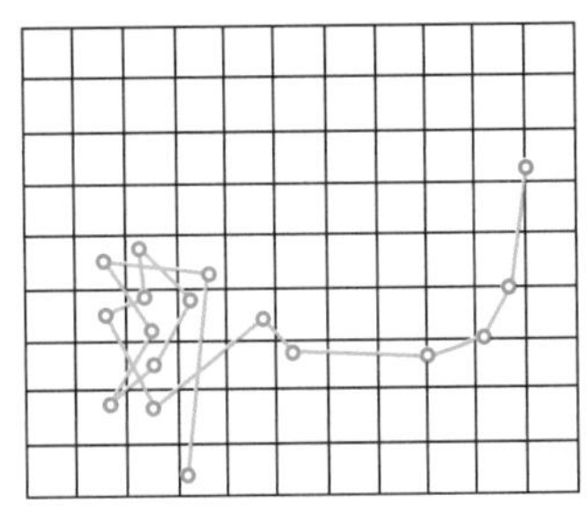

图 14-1　布朗运动中微粒的运动轨迹

可以观察到，悬浮在气体中的灰尘、烟雾等小颗粒也有类似于上述的布朗运动，这说明气体分子的运动也是不规则的.

14.1.2 大量分子热运动服从统计规律性

从上述大量分子热运动的景象中，我们看到，每个分子的运动状态和运动状态的变化历程是各不相同的，带有很大的偶然性，因而也是不规则的．可是对大量分子的聚集体（即总体）来说，运动却表现出确定的规律性，这就是所谓的**统计规律性**．下面通过实验对统计规律性做一简介．

读者不难体察，在自然界和社会生活中所发生的现象，一种是**确定性**的，例如，在标准大气压强下（1.013×10^5Pa），纯水加热到100℃ 必然会沸腾；另一种是**偶然性**的，它的发生可能具有多个结果，而究竟发生哪一个结果，事先不能确定，这就是一种**随机现象**．随机现象的每一个表现或结果，叫作**随机事件**．例如，在相同的条件和环境下投掷一枚硬币，就是一个随机现象，它的正面朝上或正面朝下则是这个现象中的两个随机事件，它们的出现完全带有偶然性．倘若把此硬币投掷上万次，每次把它出现正面朝上或正面朝下的结果记录下来，并加以统计，结果表明，正面朝上和正面朝下的出现次数大致相等，即两种情况出现的可能性几乎一样，或者说，**概率**几乎相等．这就是大量随机事件显示出来的一种所谓的**统计规律性**．

再如，在一块竖直的木板上有规律地排列着许多钉子，木板的下端被隔成许多等宽的狭槽，从顶部中央的漏斗形入口处投入一个小球，小球在下落过程中，将与若干个钉子相碰，不断地改变其运动方向，经过多次碰撞后，会落在下面的一个槽中．至于小球会落到哪个槽中是无法预测，这是一个无规则的偶然性事件，称为随机现象．随着投入的小球越来越多，最后我们看到小球在各槽中的分布如图 14-2 所示，落入中央槽的小球数目最多，离中央越远的槽中小球的数目越少．若一次性地将大量的小球投下去，也会出现图 14-2 中所示同样的分布规律．如果重复多次实验，发现每次小球按槽的分布规律基本相同．也就是说，每个小球落入哪个槽是偶然的，每次不一定相同，但一个小球的多次行为或大量小球的一次性行为则是有规律可循的，它们遵循同样的规律，这就是伽尔顿板实验．这个实验说明，个别粒子的运动是无规则的、偶然的；大量粒子的运动是确定的、必然的，遵从一定的**统计规律性**．

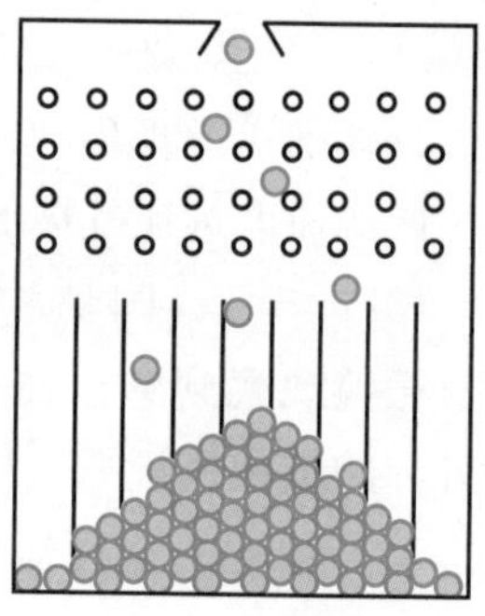

图 14-2 伽尔顿板实验

研究统计规律，需用统计方法，**根据大量随机事件的各种结果求其统计平均值**，是统计方法中的一个重要方法．

例如，在伽尔顿板的实验中，若使 5000 个小球一次性地从入口投下去，这样的实验一共做 10 次，其中落到中间槽的小球数量为 543 个有 2 次，为 540 个有 4 次，为 537 个有 1 次，为 538 有 3 次，根据这一统计结果，我们便可算出小球落到中间槽的数量为

$$\frac{543\times2+540\times4+537\times1+538\times3}{2+4+1+3}=\frac{5397}{10}=539.7(\text{个})$$

这个数值便是 10 次实验中小球落到中间槽的一种统计平均值，称为**算术平均值**．并且，可以看到，在 10 次实验中，接近于平均值的次数最多，而其他值都较少，这就是所谓的**统计分布**

规律.

在本章中，我们用上述统计方法，来描述大量气体分子在总体上所显示的统计规律性.当气体在宏观上处于一定的平衡态时，这种统计规律性表现为气体的宏观量和个别分子的微观量统计平均值之间的相互关系，从而揭示了宏观现象及其规律的微观本质.

当气体处于平衡态时，我们测得容器内气体各部分的密度是相同的.尽管这时由于分子的热运动，容器内气体各部分的分子会跑来跑去，但是，气体中各部分每单位体积内的分子数是相同的.由此可以推断，当气体处于平衡态时，分子沿各方向运动的机会是均等的.没有任何一个方向上气体分子的运动比其他方向更为显著.就大量分子统计平均来说，**沿着空间各个方向运动的分子数目应该相等，分子速度在各个方向上的分量的平均值也应该相等**.

例如，沿各个方向分子速度的平均值是相等的.设 $\overline{v}_x$、$\overline{v}_y$、$\overline{v}_z$ 分别表示 N 个分子沿 Ox、Oy 和 Oz 各轴方向的速度分量的平均值，则有

$$\overline{v}_x=\overline{v}_y=\overline{v}_z$$

其中

$$\overline{v}_x=\frac{v_{1x}+v_{2x}+\cdots+v_{Nx}}{N}$$

$$\overline{v}_y=\frac{v_{1y}+v_{2y}+\cdots+v_{Ny}}{N}$$

$$\overline{v}_z=\frac{v_{1z}+v_{2z}+\cdots+v_{Nz}}{N}$$

然而，因为各个速度分量有正、有负，所以对大量分子求统计平均，往往有可能表现为

$$\overline{v}_x=\overline{v}_y=\overline{v}_z=0 \tag{14-1}$$

这时，我们还可求分子速度二次方的平均值，即沿各个方向分子速度二次方的平均值亦相等，

$$\overline{v_x^2}=\overline{v_y^2}=\overline{v_z^2} \tag{14-2}$$

其中

$$\overline{v_x^2}=\frac{v_{1x}^2+v_{2x}^2+\cdots+v_{Nx}^2}{N}$$

$$\overline{v_y^2}=\frac{v_{1y}^2+v_{2y}^2+\cdots+v_{Ny}^2}{N}$$

$$\overline{v_z^2}=\frac{v_{1z}^2+v_{2z}^2+\cdots+v_{Nz}^2}{N}$$

必须指出，以上所述都是对热力学体系中做杂乱无章热运动的大量分子统计平均的结果；这种大量分子总体所体现出来的统计规律性，与个别分子做无规则热运动时所遵循的力学规律在性质上是完全不同的.也就是说，**统计规律性只适合于做无规则热运动的大量分子的集体**.

下面我们将从统计意义上，对分子运动中最根本的问题——分子速率和碰撞进行研究.

思考题

14-1 何谓统计规律性？它在什么情况下适用？

14.2 气体分子的速率分布

14.2.1 速率分布曲线

前面说过，气体分子总是在不停地运动．而今研究处于平衡态下气体分子的速率分布．实验指出，气体中各个分子运动的速率有大有小．以氧气分子 273K 时的情况为例，把速率大小划分为区间，对不同速率的分子进行统计，用 N 表示气体分子总数，用 ΔN 表示在某个速率区间内的分子数，于是，根据实验结果，统计出各个速率区间内的分子数占总分子数的百分比，见表 14-1. 从表中可以看到，速率小的分子数目和速率大的分子数目甚少，例如，速率在 $100\text{m}\cdot\text{s}^{-1}$ 以下的分子数只占总分子数的 1.4%，速率在 $900\text{m}\cdot\text{s}^{-1}$ 以上的分子数只占总分子数的 0.9%；而中等大小的速率的分子数目特别多，例如，速率在 $300\sim400\text{m}\cdot\text{s}^{-1}$ 区间内的分子数占总分子数的 21.4%.

表 14-1 氧气分子在 273K 时的速率分布

速率区间/($\text{m}\cdot\text{s}^{-1}$)	分子数的百分比 $\frac{\Delta N}{N}$ (%)	速率区间/($\text{m}\cdot\text{s}^{-1}$)	分子数的百分比 $\frac{\Delta N}{N}$ (%)
<100	1.4	500 ~ 600	15.1
100 ~ 200	8.1	600 ~ 700	9.2
200 ~ 300	16.5	700 ~ 800	4.8
300 ~ 400	21.4	800 ~ 900	2.0
400 ~ 500	20.6	>900	0.9

现在我们要探究分子速率的这种分布情况是否具有普遍的规律性？

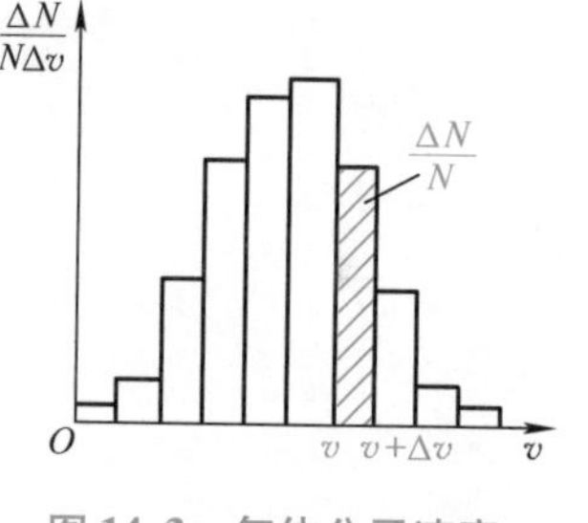

图 14-3 气体分子速率分布的直方图

表 14-1 的速率分布可以用统计学中常用的直方图（见图 14-3）来表示，以分子速率 v 为横坐标，用分子速率区间 Δv（在表 14-1 中，$\Delta v=100\text{m}\cdot\text{s}^{-1}$）等分横坐标，依次作宽度为 Δv 的矩形，使每块矩形面积在数值上等于$\frac{\Delta N}{N}$，这样，**每块矩形面积的大小表示速率在 v 至 $v+\Delta v$ 区间内的分子数占总分子数的比例**．又因为各块矩形是等宽的，所以矩形面积越大，其高度也越大．由此，根据各块矩形的高度分布情况就可以醒目地看出分子数目随分子速率的分布情况．这就是分子速率分布的统计直方图．从图中可以看出，矩形的高度在数值上等于$\frac{\Delta N}{N\Delta v}$，**它表示单位速率区间内的分子数占总分子数的比例**．

如果把速率区间 Δv 取得更小，则图 14-3 所示的统计图便可以更加精确地反映速率分布情况．若把速率区间取为微小的 $\mathrm{d}v$，用 $\mathrm{d}N$ 表示速率在 v 至 $v+\mathrm{d}v$ 区间内的分子数，如图 14-4所示，以分子速率 v 为横坐标，$\frac{\mathrm{d}N}{N\mathrm{d}v}$为纵坐标，则可以得到一条平滑的**分子速率分布曲线**．从图中可以看到$\frac{\mathrm{d}N}{N\mathrm{d}v}$是分子速率 v 的函数，常用$f(v)$ 表示，即

$$f(v)=\frac{\mathrm{d}N}{N\mathrm{d}v} \tag{14-3}$$

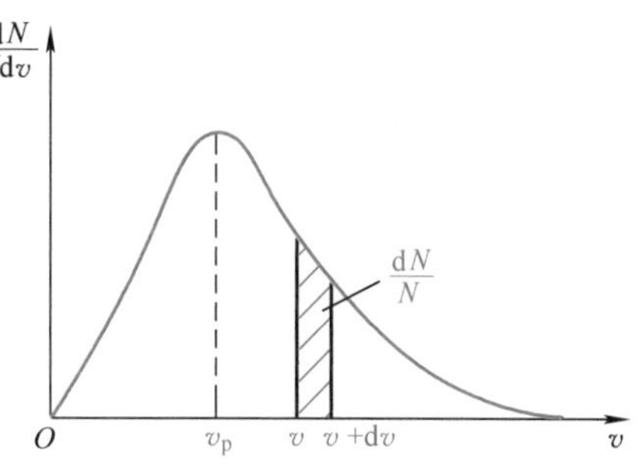

图 14-4　气体分子速率分布曲线

$f(v)$ 叫作**分子速率分布函数**．

14.2.2　麦克斯韦速率分布律

1859 年，麦克斯韦（J. C. Maxwell，1831—1879）首先从理论上导出了气体分子速率分布律，即气体分子速率分布函数为

$$f(v)=4\pi\left(\frac{m_0}{2\pi kT}\right)^{\frac{3}{2}}\mathrm{e}^{-\frac{m_0v^2}{2kT}}v^2 \tag{14-4a}$$

或写成

$$f(v)=4\pi\left(\frac{M}{2\pi RT}\right)^{\frac{3}{2}}\mathrm{e}^{-\frac{Mv^2}{2RT}}v^2 \tag{14-4b}$$

式中，m_0是气体一个分子的质量；M 是气体分子的摩尔质量；T 是气体的热力学温度；k 是玻尔兹曼常数．由上式给出的**麦克斯韦速率分布函数**，确定了气体分子数目按速率分布的统计规律，称为**麦克斯韦速率分布律**．这个定律可表述为：**在平衡态下，分子速率在v到$v+\mathrm{d}v$间隔内的相对分子数之百分比为**

$$\frac{\mathrm{d}N}{N}=f(v)\,\mathrm{d}v=4\pi\left(\frac{m_0}{2\pi kT}\right)^{\frac{3}{2}}\mathrm{e}^{-\frac{m_0v^2}{2kT}}v^2\,\mathrm{d}v \tag{14-5a}$$

或写成

$$f(v)\,\mathrm{d}v=4\pi\left(\frac{M}{2\pi RT}\right)^{\frac{3}{2}}\mathrm{e}^{-\frac{Mv^2}{2RT}}v^2\,\mathrm{d}v \tag{14-5b}$$

根据麦克斯韦速率分布函数式（14-4a）画出的曲线，称为麦克斯韦速率分布曲线．这条曲线基本上与由实验给出的速率分布曲线（见图 14-4）相符合．

若在分子速率分布曲线下取一宽度为 $\mathrm{d}v$ 的矩形面积元（图 14-4 中画有斜线的部分），其面积为$f(v)\,\mathrm{d}v=\frac{\mathrm{d}N}{N}$，它代表速率在 v 至 $v+\mathrm{d}v$ 区间内的分子数 $\mathrm{d}N$ 占总分子数 N 的百分比．据此，分布曲线下的总面积应为

$$\int_0^{\infty}f(v)\,\mathrm{d}v=\int_0^{N}\frac{\mathrm{d}N}{N}=1 \tag{14-6}$$

上式表示速率在零至无限大的整个区间内的分子数占总分子数的百分比是 100%，这是分布曲线必须满足的条件，叫作分布曲线的**归一化条件**.

理论和实验指出，无论何种气体，它的分子速率分布曲线的形状都和图 14-4 所示的相类似，曲线总是从坐标原点出发，经过一个 $f(v)$ 的极大值后，渐渐趋近于横坐标. 这表明，气体分子的速率可以具有从零至相当大的数值，但是速率很小和很大的分子所占的比例都很小，而具有中等速率的分子所占的比例特别大，这就是气体分子速率分布的统计规律. 与分布函数 $f(v)$ 极大值相对应的速率叫作**最概然速率**，用 v_p 表示，它的物理意义是：**速率在 v_p 附近的单位速率区间内的分子数占总分子数的比例最大**.

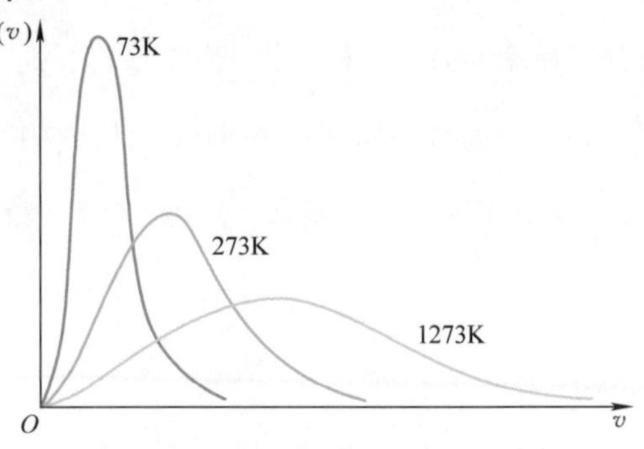

图 14-5　不同温度下的分子速率分布曲线

分子的速率分布与温度有关，图 14-5 画出了氧气在不同温度下的分布曲线. 从图中可以看到，温度升高时，曲线的最高点向速率大的方向移动. 这是因为温度升高时，气体分子的速率普遍增大. 但因曲线下的总面积总是等于 1，所以曲线变得平坦而宽广.

思考题

14-2　(1) 试述气体分子速率分布函数的意义；并分别说出下列各式的含义：① $f(v)\,\mathrm{d}v$；② $Nf(v)\,\mathrm{d}v$；③ $\int_{v_1}^{v_2} f(v)\,\mathrm{d}v$；④ $\int_{v_1}^{v_2} Nf(v)\,\mathrm{d}v$. (2) 为什么说速率分布函数 $f(v)$ 必须满足归一化条件？

14.2.3　三种统计速率

利用分子速率分布函数可以定量地推导出反映气体中大量分子热运动规律的三种速率：最概然速率、平均速率和方均根速率，这三个速率是对大量分子进行统计分析而得出的，所以是统计值. 对一个分子来说，这三个速率是毫无意义的. 下面给出这三个速率的计算公式（推导从略）.

1. 最概然速率 v_p

对气体分子速率分布函数［式 (14-4)］求极值，并由 $k=R/N_A$ 和 $M=N_A m_0$，可得

$$v_p=\sqrt{\frac{2kT}{m_0}}=\sqrt{\frac{2RT}{M}}\approx 1.41\sqrt{\frac{RT}{M}} \tag{14-7}$$

2. 平均速率 $\overline{v}$

在平衡状态下，气体分子速率有大有小，从统计意义上说，总具有一个平均值. 设速率为 v_1 的分子有 ΔN_1 个，速率为 v_2 的分子有 ΔN_2 个，……. 总分子数 N 是具有各种速率的分子数之和，即 $N=\Delta N_1+\Delta N_2+\cdots$. 平均速率定义为大量分子的速率的算术平均值，即

$$\overline{v} = \frac{v_1 \Delta N_1 + v_2 \Delta N_2 + \cdots}{N} = \frac{\sum_i v_i \Delta N_i}{N}$$

将上式右端的求和式$\sum_i v_i \Delta N_i$用积分$\int_0^\infty v\mathrm{d}N$代替，则

$$\overline{v} = \frac{\int_0^\infty v\mathrm{d}N}{N} = \frac{\int_0^\infty vNf(v)\mathrm{d}v}{N} = \int_0^\infty vf(v)\mathrm{d}v$$

将式（14-4b）代入上式，可求出平均速率，即

$$\overline{v} = \sqrt{\frac{8RT}{\pi M}} \approx 1.60\sqrt{\frac{RT}{M}} \tag{14-8}$$

3. 方均根速率$\sqrt{\overline{v^2}}$

这也是表达气体分子热运动的一种统计平均值，即将分子速率二次方，求出其平均值，然后再取此平均值的平方根，亦即

$$\sqrt{\overline{v^2}} = \sqrt{\frac{v_1^2 \Delta N_1 + v_2^2 \Delta N_2 + \cdots}{N}} = \sqrt{\frac{\sum_i v_i^2 \Delta N_i}{N}}$$

今将上式右端根号中的求和式改用积分表示，则上式成为

$$\sqrt{\overline{v^2}} = \sqrt{\frac{\int_0^\infty v^2\mathrm{d}N}{N}} = \sqrt{\frac{\int_0^\infty v^2 Nf(v)\mathrm{d}v}{N}} = \sqrt{\int_0^\infty v^2 f(v)\mathrm{d}v}$$

将式（14-4b）代入上式，可求出方均根速率为

$$\sqrt{\overline{v^2}} = \sqrt{\frac{3RT}{M}} \approx 1.73\sqrt{\frac{RT}{M}} \tag{14-9}$$

气体分子的上述三种速率v_p、$\overline{v}$和$\sqrt{\overline{v^2}}$都与$\sqrt{T}$成正比，与$\sqrt{M}$成反比．即某种气体的热力学温度越高，三者都越大；而在给定的温度下，气体的摩尔质量越大，三者都越小．在室温下，它们的数量级一般为每秒几百米．这三种速率对于不同的问题有着各自的应用．例如，在讨论速率分布时，要了解接近于哪一个速率的分子所占的百分比最高，就需用到最概然速率；在计算分子运动的平均距离时，要用到平均速率；在计算分子的平均平动动能时（参阅 14.4.1 节），则要用到方均根速率．

应该指出，因为气体中分子之间不断在碰撞，所以每个分子的速率不是固定不变的，而是经常在发生变化．但是，对于大量分子来说，总是遵循上述的速率分布规律．

思考题

14-3 （1）试述气体分子三种统计速率的含义．它们与温度和摩尔质量的关系如何？对同一种气体而言，在同一温度下，试比较这三种统计速率的大小；（2）设思考题 14-3 图所示的两条曲线是氢气和氧气在同一温度下的分子速率分布曲线，试判定哪一条是氧气分子的

速率分布曲线；(3) 两种不同种类的理想气体分别处于平衡态，分子的平均速率相等，则它们的最概然速率相等吗？方均根速率相等吗？

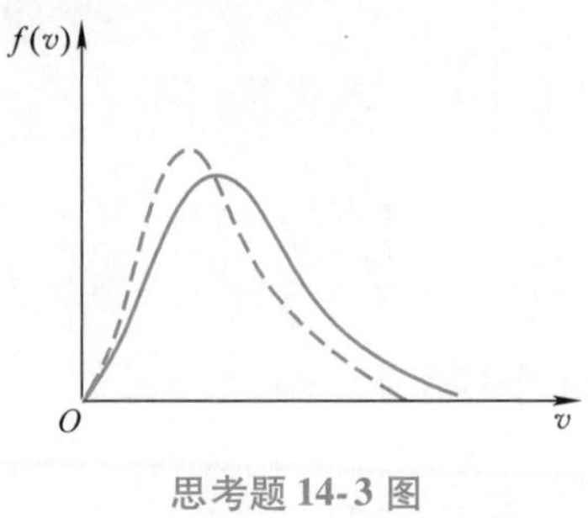

思考题 14-3 图

例题 14-1　求 $T=273\text{K}$ 时氧气的方均根速率．

解　将氧气的摩尔质量 $M=0.032\text{kg}\cdot\text{mol}^{-1}$，$R=8.31\text{J}\cdot\text{mol}^{-1}\cdot\text{K}^{-1}$，$T=273\text{K}$ 代入式（14-9），得

$$\sqrt{\overline{v^2}}\approx1.73\sqrt{\frac{RT}{M}}=1.73\times\sqrt{\frac{8.31\text{J}\cdot\text{mol}^{-1}\cdot\text{K}^{-1}\times273\text{K}}{0.032\text{kg}\cdot\text{mol}^{-1}}}=461\text{m}\cdot\text{s}^{-1}$$

说明

氧分子的这一速率，比现在一般的超声速飞机的速率大得多．

应该注意，不论对哪一种气体来说，并不是所有分子都是以它的方均根速率在运动的．实际上，气体分子各以不同的速率在运动着，有的比方均根速率大，有的比方均根速率小，而方均根速率不过是速率的某一种统计平均值．对平均速率等也应做相仿的理解．

14.3　气体分子平均碰撞频率和平均自由程

14.3.1　平均自由程

在 14.1 节说过，气体分子在做永不停息的热运动，同时，由于构成气体的分子数目很大，因此导致分子间的频繁碰撞．当一个分子与另一个分子碰撞时，可以认为，像一对小球的弹性碰撞一样，它们服从力学中的动量守恒定律和能量守恒定律，进行动量和能量的交换，结果就各自改变了速度的大小和方向，而各向其他方向飞散，直到下一次碰撞为止．设想我们去追随气体中某个分子（见图 14-6 中的黑点）的运动．那么，将会看到，这个分子忽而左，忽而右，忽而前，忽而后，有时快，有时慢．分子的动能也时大时小．它所经历的路程，是一条不规则的折线（如折线路程 $BCD\cdots N$）．在两次连续碰撞之间，分子做自由运动所经过的直线路程（如线段 BC，CD，…），称为**自由程**．自由程也有长有短．带有偶然性，但气体在一定状态下，由于大量分子无规则运动的结果，分子的自由程具有确定的统计规律性．自由程的平均

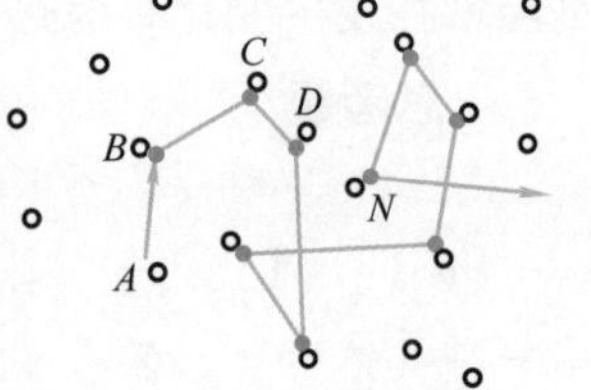

图 14-6　气体分子的碰撞

值叫作**平均自由程**，用 $\overline{\lambda}$ 表示．

14.3.2 分子平均碰撞频率

我们把**每个分子与其他分子在单位时间内的碰撞次数**，称为**碰撞频率**．碰撞频率也是时大时小的，带有偶然性．对大量分子来说，这同样服从一定的统计规律．碰撞频率的平均值叫作**平均碰撞频率**，用 $\overline{Z}$ 表示．

设 $\overline{v}$ 是气体分子的平均速率，即 1s 内平均走过的路程，它随温度的升高而增大［见式(14-8)］，而 $\overline{\lambda}$ 是相继两次碰撞之间经过的一段平均路程，则由于每经过一段平均路程，分子平均要与其他分子碰撞一次，因此，1s 内的平均碰撞次数（即平均碰撞频率）应是

$$\overline{Z}=\frac{\overline{v}}{\overline{\lambda}} \tag{14-10}$$

这就是平均自由程 $\overline{\lambda}$ 和平均碰撞频率 $\overline{Z}$ 之间的关系．

下面对分子的平均碰撞频率 $\overline{Z}$ 做一粗略计算．我们假定每个分子都是直径为 d 的圆球，并假想跟踪其中的一个分子，如图 14-7 所示的分子 A，它以平均速率 $\overline{u}$ 相对于其他分子运动，而其他分子姑且看作静止不动；且分子 A 与其他分子做完全弹性碰撞．

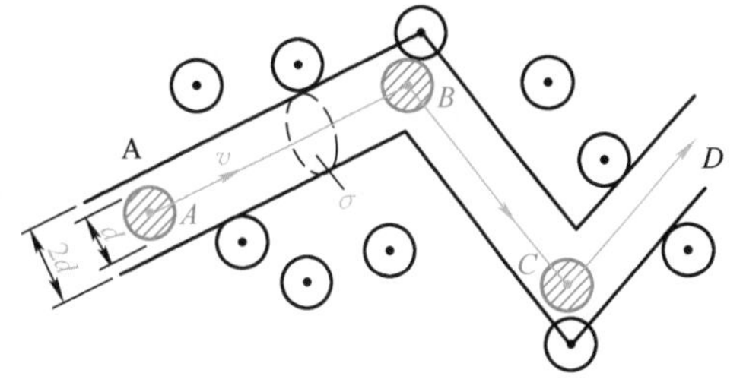

图 14-7 分子的平均碰撞频率计算用图

分子 A 与其他分子每碰撞一次，其运动方向就要改变一次，因而分子 A 的球心所走过的轨迹是一条折线，如图示的折线 $ABCD\cdots$．设想以分子 A 的球心在 Δt 时间内所经过的折线轨迹为轴（此折线的长度就是 $\overline{u}\Delta t$）、以 d 为半径作一曲折的圆柱形空间，则圆柱的横截面面积为 $\sigma=\pi d^2$，体积为 $\pi d^2\overline{u}\Delta t$. 凡是球心在此曲折的圆柱形空间内（即球心离开折线的距离小于 d）的其他分子，均将在 Δt 时间内和分子 A 相碰撞．设分子数密度为 n，则此曲折的圆柱形空间内的分子数为 $\pi d^2\overline{u}\Delta tn$，这些分子在 Δt 时间内都将与分子 A 相碰撞，则运动着的分子 A 在单位时间内与其他分子的平均碰撞次数 $\overline{Z}$，即**平均碰撞频率**为

$$\overline{Z}=\frac{\pi d^2\overline{u}\Delta tn}{\Delta t}=\pi d^2\overline{u}n$$

其中，$\sigma=\pi d^2$ 常称为分子的**碰撞截面**．

上式是在假定一个分子运动、其他分子都静止不动的情况下而得出的．如果考虑所有分子都在运动这一实际情况，则从理论上可以推导出分子平均相对速率 $\overline{u}$ 与分子平均速率 $\overline{v}$ 的关系（推导从略）

$$\overline{u}=\sqrt{2}\overline{v}$$

将 $\overline{u}$ 代入 $\overline{z}$ 的计算式，即得平均碰撞频率

$$\overline{Z}=\sqrt{2}\pi d^2\overline{v}n \tag{14-11}$$

将上式代入式（14-10），得分子的**平均自由程**为

$$\overline{\lambda}=\frac{\overline{v}}{\overline{Z}}=\frac{1}{\sqrt{2}\pi d^2 n} \tag{14-12}$$

上两式表明，分子的直径越大，分子数密度 n 越大，都将导致分子的碰撞越频繁，因而平均碰撞频率就越大，平均自由程也就越短.

根据 $p=nkT$，读者还可以从式（14-12）推出

$$\overline{\lambda}=\frac{kT}{\sqrt{2}\pi d^2 p} \tag{14-13}$$

这就是平均自由程 $\overline{\lambda}$ 与温度 T 及压强 p 之间的关系. 从上式可知，当温度 T 一定时，平均自由程 $\overline{\lambda}$ 与压强 p 成反比. 这是不难推想的，若温度保持不变，则由 $p=nkT$ 可知，压强越小，气体分子数密度 n 也就越小，即单位体积内分子越稀薄，分子碰撞的机会就减少，因而平均自由程也就越长.

值得指出，以上所引用的分子直径 d 并不能真实反映分子的实际大小. 这是由于分子并不是真正的刚性球体，分子间的碰撞也绝非我们平常所理解的那种接触碰撞，而是分子间相互接近时要受相互作用的斥力，以致改变速度方向而被弹开的这种现象，也可理解为“碰撞”. 所以，分子直径 d 只能近似地反映分子的大小，故称 d 为分子的**有效直径**.

思考题

14-4 何谓平均自由程 $\overline{\lambda}$ 和平均碰撞频率 $\overline{Z}$? 试写出它们的计算公式；并分析其意义.

例题 14-2 已知空气在标准状态下的摩尔质量为 $M=28.9\times10^{-3}\text{kg}\cdot\text{mol}^{-1}$，分子的碰撞截面的面积 $\sigma=5\times10^{-15}\text{cm}^2$，求空气分子的有效直径 d、平均自由程 $\overline{\lambda}$、平均碰撞频率 $\overline{Z}$，以及分子在相继两次碰撞之间的平均飞行时间 $\overline{\tau}$.

解 空气在标准状态下，其温度 $T=273.16\text{K}$，压强 $p=1.013\times10^5\text{Pa}$；并且空气的摩尔质量为 $M=28.9\times10^{-3}\text{kg}\cdot\text{mol}^{-1}$，$\sigma=5\times10^{-15}\text{cm}^2=5\times10^{-19}\text{m}^2$.

按碰撞截面的定义，$\sigma=\pi d^2$，可求出分子有效直径为

$$d=\sqrt{\frac{\sigma}{\pi}}=\sqrt{\frac{5\times10^{-19}\text{m}^{-2}}{3.14}}=3.99\times10^{-10}\text{m}$$

为了求 $\overline{\lambda}$ 和 $\overline{Z}$，需先求出分子的平均速率 $\overline{v}$ 和分子数密度 n，即

$$\overline{v}=\sqrt{\frac{8RT}{\pi M}}=\left(\sqrt{\frac{8\times8.31\times273}{3.14\times28.9\times10^{-3}}}\right)\text{m}\cdot\text{s}^{-1}=447\text{m}\cdot\text{s}^{-1}$$

$$n=\frac{p}{kT}=\frac{1.013\times10^{5}}{1.38\times10^{-23}\times273}\mathrm{m}^{-3}=2.69\times10^{25}\mathrm{m}^{-3}$$

于是，就可算出平均自由程 $\overline{\lambda}$ 和平均碰撞频率 $\overline{Z}$ 分别为

$$\overline{\lambda}=\frac{1}{\sqrt{2}\pi d^{2}n}=\frac{1}{\sqrt{2}\sigma n}=\frac{1}{\sqrt{2}\times5\times10^{-19}\times2.69\times10^{25}}\mathrm{m}=5.26\times10^{-8}\mathrm{m}$$

$$\overline{Z}=\frac{\overline{v}}{\overline{\lambda}}=\frac{447}{5.26\times10^{-8}}\mathrm{s}^{-1}=8.5\times10^{9}\mathrm{s}^{-1}$$

因为分子在相继两次碰撞之间飞行的平均路程是 $\overline{\lambda}$，平均飞行速率是 $\overline{v}$，故分子在相继两次碰撞之间的平均飞行时间为

$$\overline{\tau}=\frac{\overline{\lambda}}{\overline{v}}=\frac{1}{\overline{Z}}=\frac{1}{8.5\times10^{9}}\mathrm{s}=1.18\times10^{-10}\mathrm{s}$$

说明

从上述计算结果可以看到，在标准状态下，空气分子的平均自由程 $\overline{\lambda}$ 约为分子有效直径 d 的100倍．由此不难体察到，空气分子的分布是较疏稀的．

思考题

14-5　有一定量的某种理想气体，试证：(1) 在体积不变的情况下，$\overline{Z}\propto\sqrt{T}$，$\overline{\lambda}$ 不随温度 T 而改变；(2) 在压强不变的情况下，$\overline{Z}\propto1/\sqrt{T}$，且 $\overline{\lambda}\propto T$.

14.4　理想气体的压强公式和温度的统计意义

现在我们来讨论压强和温度这两个宏观量的微观本质．

14.4.1　理想气体的微观模型

在上一章中，我们曾从宏观上把严格遵守气体三条实验定律的气体定义为理想气体．换句话说，处于常温常压下的气体就可视作理想气体．现在从统计规律来建立**理想气体的微观模型**：

1）分子自身的大小与分子间的距离相比甚小，可将分子视作质点．它们的运动遵从牛顿运动定律．

2）分子与分子之间或分子与器壁之间的碰撞是完全弹性的．

3）由于分子之间的平均距离较大，因此，除了任意一个分子与其他分子或器壁碰撞的这一瞬间外，分子之间的相互作用力可以忽略不计；又因为分子速率很大，它的动能远比重力势能大，所以分子的重力也可忽略不计．

概括地说，理想气体被看作大量自由的、不规则运动着的弹性球状分子的集合. 由于分子数量很大，而且运动是不规则的，根据统计规律，分子沿各个方向运动的机会是均等的.

14.4.2 理想气体的压强公式

从理想气体微观模型出发，利用统计方法，我们就可以推导出压强公式，从而阐明压强的微观本质.

为了便于推导，假设一个边长为 l_1、l_2 及 l_3 的长方形容器，其体积为 $V=l_1l_2l_3$，其中有 N 个同类分子，每一分子的质量是 m_0. 由于在平衡状态时，气体内各处的压强完全相同，因此，我们只要计算与 Ox 轴垂直的器壁 A_1 面所受的压强（见图 14-8a）就可以了. 先研究一个分子 α，其速度为 v，速度分量为 v_x、v_y 及 v_z（见图 14-8b）. 因为碰撞是弹性的，而且只有在碰撞时，分子 α 与器壁间才有力 $\boldsymbol{F}$ 的作用，所以分子 α 与 A_1 面碰撞时，它沿 Ox 轴方向的分速度从 v_x 改变为 $-v_x$，而和 A_2 面碰撞时，再由 $-v_x$ 改变为 v_x. 在其他面上的碰撞，Ox 轴方向的分速度不受到任何影响. 这样，分子 α 每与 A_1 面碰撞一次，其动量的改变为 $\Delta p_x=(-m_0v_x)-m_0v_x=-2m_0v_x$，方向是从右到左，即沿 Ox 轴的负方向. 无论分子 α 的速度方向如何，它在与 A_1 面做连续两次碰撞期间，在 Ox 轴方向所经过的距离总是 $2l_1$，因此所需时间为 $2l_1/v_x$，而在单位时间内，要与 A_1 面碰撞 $1/(2l_1/v_x)=v_x/(2l_1)$ 次. 分子 α 与 A_1 面碰撞时，施于器壁 A_1 的冲量 $I_x=-\Delta p_x=2m_0v_x$，其方向从左向右，即沿 Ox 轴正方向. 分子 α 在单位时间施于器壁 A_1 的冲量 $F_\alpha=2m_0v_x\dfrac{v_x}{2l_1}$.

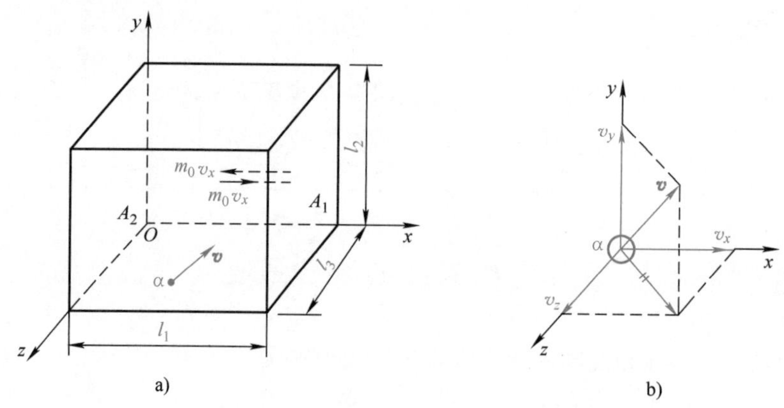

图 14-8　理想气体压强公式的推导

上面只讨论了一个分子对器壁碰撞时的作用力，这个力显然只是间歇的撞击，而不是连续的. 但是，实际上，容器中有大量的分子对 A_1 面做连续不断的碰撞，这样，在任何时间内，A_1 面受到的力可以看作是连续的. 这个力的大小应等于单位时间（即 $t=1\mathrm{s}$）内全部分子与 A_1 面碰撞所引起的动量改变的总和（即全部分子单位时间施于器壁 A_1 的冲量），即

$$F=2m_0v_{1x}\frac{v_{1x}}{2l_1}+2m_0v_{2x}\frac{v_{2x}}{2l_1}+\cdots+2m_0v_{Nx}\frac{v_{Nx}}{2l_1}$$

式中，$v_{1x},v_{2x},\cdots,v_{Nx}$ 是各个分子速度在沿 Ox 轴方向的分量. A_1 面所受到的压强则为

$$p=\frac{F}{l_2l_3}=\frac{m_0}{l_1l_2l_3}(v_{1x}^2+v_{2x}^2+\cdots+v_{Nx}^2)=\frac{Nm_0}{l_1l_2l_3}\left(\frac{v_{1x}^2+v_{2x}^2+\cdots+v_{Nx}^2}{N}\right)\quad ⓐ$$

式中，括弧内的物理量称为分子沿 Ox 轴方向速度分量的二次方的平均 $\overline{v_x^2}$，即方均速率．因为

$$\begin{aligned} v_1^2 &= v_{1x}^2 + v_{1y}^2 + v_{1z}^2 \\ v_2^2 &= v_{2x}^2 + v_{2y}^2 + v_{2z}^2 \\ &\vdots \\ v_N^2 &= v_{Nx}^2 + v_{Ny}^2 + v_{Nz}^2 \end{aligned}$$

把各式两边相加，并同除以 N，得

$$\frac{v_1^2 + v_2^2 + \cdots + v_N^2}{N} = \frac{v_{1x}^2 + v_{2x}^2 + \cdots + v_{Nx}^2}{N} + \frac{v_{1y}^2 + v_{2y}^2 + \cdots + v_{Ny}^2}{N} + \frac{v_{1z}^2 + v_{2z}^2 + \cdots + v_{Nz}^2}{N}$$

上式右边三项各表示沿坐标轴 Ox、Oy、Oz 三个方向速度分量的二次方的平均值 $\overline{v_x^2}$、$\overline{v_y^2}$、$\overline{v_z^2}$，左边一项则表示所有分子速度的二次方的平均值 $\overline{v^2}$，因此，得

$$\overline{v^2} = \overline{v_x^2} + \overline{v_y^2} + \overline{v_z^2} \qquad ⓑ$$

由于在平衡状态下容器中气体的密度到处都是均匀的，因此，对大量分子来说，我们可以假定分子沿各个方向运动的机会是均等的，没有任何一个方向上的气体分子的运动比其他方向更为显著．这一假定从统计意义上来说，就是在任一时刻沿各个方向运动的分子数目相等，分子速度在各个方向的分量的各种平均值也相等．所以，对大量分子而言，三个速度分量的二次方的平均值应该相等，即

$$\overline{v_x^2} = \overline{v_y^2} = \overline{v_z^2} \qquad ⓒ$$

故从式ⓑ、式ⓒ可解得

$$\overline{v_x^2} = \overline{v_y^2} = \overline{v_z^2} = \frac{1}{3}\overline{v^2}$$

代入式ⓐ，并设 $n = \dfrac{N}{l_1 l_2 l_3}$ 为分子数密度，则得压强为

$$p = \frac{n m_0}{3}\overline{v^2}$$

故

$$p = \frac{2}{3}n\left(\frac{1}{2}m_0\,\overline{v^2}\right) \qquad (14\text{-}14)$$

上式称为**理想气体的压强公式**，它表明，压强正比于分子数密度 n 和分子的平均平动动能 $m_0\,\overline{v^2}/2$.

虽然在推导压强公式的上述过程中，我们取容器的形状为长方体，而且认为分子的质量皆相等，它们之间的碰撞是完全弹性的［假设（2）］，在碰撞时彼此交换速度，等效于分子运动途中未与其他分子碰撞一样．但是，事实上只要满足前述有关理想气体微观模型的三个假定，则式（14-14）就是普遍正确的．

> 当分子 α 与某个分子碰撞时，被碰撞的那个分子将取代分子 α，以分子 α 的速度前进，这样，依次相继地取代过去，宛如分子 α 沿途未与其他分子发生碰撞一样.

压强公式（14-14）建立了压强 p 这个宏观量与分子平均平动动能之间的联系，它描述了大量分子的集体行为，所以压强具有统计意义．亦即，压强是由大量分子对器壁的碰撞而

产生的．由于大量分子对器壁的碰撞，使器壁受到一个经常的、连续的、均匀的压强，正如密集的雨点打到雨伞上，使我们感受到一个均匀的压力一样．

14.4.3 理想气体的温度公式

将理想气体物态方程式 $p=nkT$ 与压强公式 $p=\frac{2}{3}n\left(\frac{1}{2}m_0\overline{v^2}\right)$ 相比较，可得

$$\frac{1}{2}m_0\overline{v^2}=\frac{3}{2}kT \tag{14-15}$$

或

$$T=\frac{2}{3k}\left(\frac{1}{2}m_0\overline{v^2}\right) \tag{14-16}$$

上两式均称为**理想气体的温度公式**，它表明，理想气体的热力学温度 T 正比于气体分子的平均平动动能 $m_0\overline{v^2}/2$，与气体的其他性质无关．这就是说，温度这个宏观量能够量度气体分子的平均平动动能．因此，任何一种理想气体的分子平均平动动能在相同的温度下都是相等的．如果有一种气体的温度较高，则表示这种气体的分子平均平动动能较大．温度越高，分子平均平动动能越大，这意味着分子热运动越剧烈．亦即，**温度反映物体内大量分子做无规则热运动的剧烈程度**，这就是温度的微观本质．由于温度是大量分子热运动的一种集体效应，故与压强一样，具有统计意义．对个别或少数几个分子说它们的温度有多少，是毫无意义的．

在式（14-15）中，令 $T=0$，则 $m_0\overline{v^2}/2=0$，即$\overline{v^2}=0$，理想气体分子将停止热运动．实际上，气体在未达到 $T=0\text{K}$ 之前，早已变成液体或固体．式（14-15）也就不适用了．按照近代理论，即使在 $T=0\text{K}$ 时，物质的分子或原子内部仍保持着某种形式的运动（如振动等），因而分子仍具有相应的动能，称为**零点能**．

式（14-14）和式（14-16）分别表述了压强、温度这两个宏观物理量与微观量的统计平均值（即分子平均平动动能）之间的关系．压强和温度虽然可以用实验方法直接测量出来，但是分子的平均平动动能却是无法直接测量的．因而，我们无法用实验来验证这两个公式．然而，我们按照这两个公式，可以完满地解释或推证许多由实验总结出来的规律．

思考题

14-6 （1）乒乓球瘪了，放入热水中又能鼓起来，这是否是由于热胀冷缩所致？为什么？又如，热水瓶的瓶塞有时为什么会自动跳出来？试解释之．（2）两瓶气体，种类不同，分子平均平动动能相同，但气体的密度不相同，它们的温度相同吗？压强相同吗？

例题 14-3 一容器储存有温度为 27℃、压强为 1.33Pa 的氧气，求：（1）分子数密度；（2）1m^3 的氧气分子总的平均平动动能有多少电子伏特（eV）（$1\text{eV}=1.60\times10^{-19}\text{J}$）；（3）氧气分子的方均根速率．

解　(1) 按公式 $p=nkT$，由题设数据可求出分子数密度 n，即

$$n=\frac{p}{kT}=\frac{1.33}{1.38\times10^{-23}\times(27+273)}=3.21\times10^{20}\mathrm{m}^{-3}$$

(2) 按式 (14-15)，可求得每一个分子的平均平动动能为 $m_0\overline{v^2}/2=3kT/2$. 因而，$1\mathrm{m}^3$ 氧气中分子的总平均平动动能为

$$\overline{E_{\mathrm{k}}}=n\left(\frac{1}{2}m_0\overline{v^2}\right)=n\left(\frac{3}{2}kT\right)=\left(\frac{p}{kT}\right)\left(\frac{3}{2}kT\right)=\frac{3}{2}p$$

$$=\frac{3}{2}\times1.33\times\frac{1}{1.60\times10^{-19}}\mathrm{eV}\cdot\mathrm{m}^{-3}=1.25\times10^{19}\mathrm{eV}\cdot\mathrm{m}^{-3}$$

(3) 氧气的摩尔质量为 $M=32\times10^{-3}\mathrm{kg}\cdot\mathrm{mol}^{-1}$，则由题设数据，按式 (14-9) 可求出氧气的方均根速率为

$$\sqrt{\overline{v^2}}=\sqrt{\frac{3RT}{M}}=\sqrt{\frac{3\times8.31\times(27+273)}{0.032}}\mathrm{m}\cdot\mathrm{s}^{-1}=483\mathrm{m}\cdot\mathrm{s}^{-1}$$

例题 14-4　试证理想气体的**道尔顿分压定律：在一定温度下，混合气体的总压强等于相混合的各种气体的分压强之和**.

证明　设一容器中装有几种气体，第一种气体的分子数密度为 n_1，第二种气体的分子数密度为 n_2，…，则单位体积中的总分子数为

$$n=n_1+n_2+\cdots$$

因为在同一温度下，平均平动动能与气体性质无关，所以由式 (14-14)，可得总压强

$$p=\frac{2}{3}n\left(\frac{1}{2}m_0\overline{v^2}\right)=\frac{2}{3}(n_1+n_2+\cdots)\left(\frac{1}{2}m_0\overline{v^2}\right)=\frac{2}{3}n_1\left(\frac{1}{2}m_0\overline{v^2}\right)+\frac{2}{3}n_2\left(\frac{1}{2}m_0\overline{v^2}\right)+\cdots$$

$$=p_1+p_2+\cdots$$

式中，p_1，p_2，…为容器中依次只装着原有数量的第一种气体，第二种气体，… 时所产生的压强，称为**分压强**. 上式即为理想气体的道尔顿分压定律的表述形式，这与实验归纳得出的结果相一致.

例题 14-5　一容器中，如果气体的压强小于大气压强，以致气体较为稀薄，通常就说这个容器中的气体处于**真空**状态. 容器中气体稀薄的程度叫作**真空度**. 真空度可用气体的压强来表示. 压强越小，真空度就越高. 真空技术在电子管、显像管的制造及真空冶炼、真空镀膜等方面有广泛应用.

今有一体积为 $10\mathrm{cm}^3$ 的电子管，当温度为 300K 时，用真空泵抽成高真空，使管内压强为 $666.5\times10^{-6}\mathrm{Pa}$，问管内有多少气体分子？这些分子总的平均平动动能是多少？

解　已知气体体积 $V=10\ \mathrm{cm}^3=10^{-5}\mathrm{m}^3$，温度 $T=300\mathrm{K}$，压强 $p=666.5\times10^{-6}\mathrm{Pa}$. 玻尔兹曼常量 $k=1.38\times10^{-23}\ \mathrm{J}\cdot\mathrm{K}^{-1}$. 设管内总分子数为 N，则由 $p=nkT=(N/V)\ kT$，得

$$N=\frac{pV}{kT}=\frac{666.5\times10^{-6}\times10^{-5}}{1.38\times10^{-23}\times300}=1.61\times10^{12}(\text{个})$$

按压强公式，$p=(2n/3)(m_0\overline{v^2}/2)=[2N/(3V)](m_0\overline{v^2}/2)$，则可得分子总的平均平动动能为

$$\overline{E_{\mathrm{k}}}=N\left(\frac{1}{2}m_0\overline{v^2}\right)=N\frac{3}{2}kT=\frac{3}{2}pV$$

说明

在给水、排水工程、建筑工地和工农业生产中所使用的抽水机（即水泵），其工作机理就是"用小于大气压的压强（即真空）从低处吸水，用大于大气压的压强向高处送水".

14.5　能量按自由度均分原理　理想气体的内能

本节讨论气体在平衡态下分子能量所遵循的统计规律，即能量按自由度均分原理．据此，可用来计算理想气体的内能和热容．

在讨论分子热运动的能量时，应考虑分子各种运动形式的能量．实际上，由于气体分子本身具有一定的大小和较复杂的内部结构，因此，分子除平动外，还会有转动和分子内原子的振动．相应地，分子不仅具有平动动能，还可能存在转动动能和振动动能．为了计算分子各种运动形式的能量，先介绍物体自由度的概念．

14.5.1　自由度

为了完全确定一个物体在空间的位置，所需要的独立坐标的数目，叫作**这个物体的自由度**．

如果一个质点可以在空间自由运动，需要用 x、y、z 三个独立坐标来确定它的位置，所以，在空间自由运动的质点具有三个自由度．如果质点的运动被限制在一个平面上，则决定它的位置的三个坐标中只有两个是独立的，此时质点具有两个自由度．如果质点的运动被限制在一条直线上，那就只有一个坐标是独立的，即质点只有一个自由度．如果把飞机、轮船、火车头都看作质点，则在空中任意飞行的飞机有三个自由度，在海面上任意行驶的轮船有两个自由度，在铁轨上运行的火车头有一个自由度．

现在按照上述概念来确定气体分子的自由度．从分子的结构上来说，有单原子分子、双原子分子、三原子分子和多原子分子．

单原子分子（如氦、氖、氩等），可看作自由运动的质点，有三个自由度（见图 14-9a）．

双原子分子（如氢、氧、氮、一氧化碳等）中的两个原子是通过键连接起来的（见图 14-9b）．所以，若是把键看作是刚性的（即认为两原子间的距离不会改变），则双原子分子就可看作是两端分别连接一个质点（原子）的直线，因此，需用三个独立坐标（x, y, z）来决定其质心的所在位置．为了确定此直线在空间的方位，可用三个方向余弦（$\cos\alpha$，$\cos\beta$，$\cos\gamma$）表示，但由于三者存在着 $\cos^2\alpha+\cos^2\beta+\cos^2\gamma=1$ 的关系，因而，三个量中只有两个是独立的，于是，确定直线方位的自由度只有两个；其次，两个质点绕其连线为轴的转动是不存在的．这样，双原子分子共有五个自由度．其中，三个为平动自由度，两个为转动自由度．

三个或三个以上的原子所组成的分子（或称多原子分子），如果其中各原子之间保持刚性连接，可将其看作自由运动的刚体（见图 14-9c），则它的运动可分解为质心的平动及绕质心轴的转动．其中：①确定质心 O' 在平动过程中、在任一时刻的位置，需要三个独立坐标（x, y, z），即它有三个平动自由度；②与此同时，为了确定它绕通过质心 O' 的轴的转动状态，需要确定该轴在空间的方位，如上所述，需要两个转动自由度，除此以外，还需要确定整个刚体（分子）绕该轴转动过程中任一时刻的转角 θ，这就又有一个自由度．因而，刚体绕

通过质心 O' 的转动时，共有三个自由度．所以，多原子分子共有六个自由度：三个平动自由度和三个转动自由度．

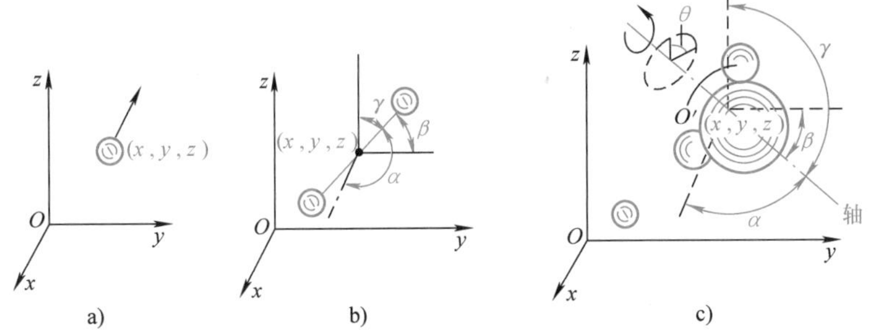

图 14-9　分子运动的自由度

a）单原子分子　b）双原子分子　c）三原子分子

实际上，双原子或多原子的气体分子并不是完全刚性连接的，在原子间相互作用下分子内部还存在着振动，因此还应具有若干个振动自由度．

14.5.2　能量均分定理

前面讲过，理想气体分子拥有的平均平动动能是

$$\frac{1}{2}m_0\overline{v^2}=\frac{3}{2}kT$$

式中，$\overline{v^2}=\overline{v_x^2}+\overline{v_y^2}+\overline{v_z^2}$，而$\overline{v_x^2}$、$\overline{v_y^2}$、$\overline{v_z^2}$分别表示沿 Ox、Oy、Oz 轴这三个方向上速度分量的二次方的平均值．前已指出，在气体的平衡态下，大量分子做无规则运动，分子沿各个方向的运动机会是相等的，有$\overline{v_x^2}=\overline{v_y^2}=\overline{v_z^2}=\frac{1}{3}\overline{v^2}$，由此可得

$$\frac{1}{2}m_0\overline{v_x^2}=\frac{1}{2}m_0\overline{v_y^2}=\frac{1}{2}m_0\overline{v_z^2}=\frac{1}{3}\left(\frac{1}{2}m_0\overline{v^2}\right)=\frac{1}{2}kT \tag{14-17}$$

上式表明，气体分子沿 Ox、Oy、Oz 轴这三个方向运动的平均平动动能相等，都等于$\frac{1}{2}kT$，即分子平动动能表达式中每一个独立的二次方项都具有．

上述结论可以推广到气体分子的转动和振动等的能量分配上．对多原子分子，除质心的平动外，还有转动．相应地，除平动动能外还有转动动能 $\varepsilon_r=\frac{1}{2}I_1\omega_x^2+\frac{1}{2}I_2\omega_y^2+\frac{1}{2}I_3\omega_z^2$，即三个转动自由度也应各自分得$\frac{1}{2}kT$ 得能量．

实际上，双原子或多原子的气体分子并不是完全刚性连接的，在原子间相互作用下分子内部还存在着振动，因此还应具有若干个振动自由度，而且每个振动自由度有振动动能和振动势能 $\varepsilon_s=\frac{1}{2}mv^2+\frac{1}{2}kx^2$，振动动能与振动势能各自都要分得一份$\frac{1}{2}kT$ 能量．

由于气体分子的无规则运动，任何一种形式的运动都不会比其他形式的运动占优势，各种运动的机会都是均等的．进一步的理论指出，**在温度为 T 的平衡状态下，系统中分子能量表达式中每一个独立的二次方项都具有相同的平均热运动能量，其大小都等于$\frac{1}{2}kT$.** 这就是

能量均分定理.

能量均分定理是分子无规则运动的统计规律，是对大量分子统计平均而言的.

若用 t 表示平动自由度，r 表示转动自由度，s 表示振动自由度，则分子能量表达式中能量独立的二次方项之和表示为 $i=t+r+2s$. 若 $s=0$，i 为自由度数. 因此，则每一个分子的总平均热运动能量

$$\bar{\varepsilon}=\frac{kT}{2}(t+r+2s)=\frac{i}{2}kT \tag{14-18}$$

对单原子分子，$i=3$，所以总的热运动能量为 $\bar{\varepsilon}=\frac{3}{2}kT$；对刚性双原子分子，$i=5$，所以总的热运动能量为 $\bar{\varepsilon}=\frac{5}{2}kT$，对非刚性双原子分子，$i=7$，所以总的热运动能量为 $\bar{\varepsilon}=\frac{7}{2}kT$；对刚性三原子分子，$i=6$，所以总的热运动能量为 $\bar{\varepsilon}=\frac{6}{2}kT$，对非刚性三原子分子总的热运动能量为 $\bar{\varepsilon}=\frac{i}{2}kT$.

14.5.3　理想气体的内能

任何宏观物体，不论是气体、液体或固体，都是大量分子、原子等微观粒子的集合. 因此，纵然不考虑物体做整体宏观运动所具有的能量，**物体内部由于分子、原子的运动，仍具有一定的能量**，这就是物体的**内能**.

物体的内能与机械能应明确区别. 静止在地球表面上的物体，相对于地球而言，其机械能（动能和重力势能）可以等于零；但物体内部粒子仍运动着和相互作用着，因此，内能永远不等于零.

对于气体来说，除了分子热运动的动能（如平动动能、转动动能和振动动能等）外，由于气体分子之间尚存在相互作用力，故在一定状态下，分子间也具有一定的相互作用势能. **气体的内能就等于其中所有分子热运动的动能和分子间相互作用势能之总和**.

对于理想气体，分子之间的相互作用忽略不计，因而不存在分子间的相互作用势能. 所以，**理想气体的内能只是分子各种运动形式的动能之和**. 由于我们不考虑分子内原子的振动能量，这样，对温度为 T 的理想气体，若每个分子自由度（包括平动和转动）的总数为 i，则一个分子的平均总能量为$\frac{i}{2}kT$. 1mol 理想气体（含有 N_A个分子，N_A是阿伏伽德罗常数）的内能为 $N_A\left(\frac{i}{2}kT\right)$. 质量为 m（kg）、摩尔质量为 M（$kg\cdot mol^{-1}$）的理想气体的内能为 $E=\frac{m}{M}N_A\frac{ikT}{2}$，其中，$N_Ak=R$，即

$$E=\frac{m}{M}\frac{i}{2}RT \tag{14-19}$$

从式（14-19）可见，理想气体的内能只是温度的单值函数，即 $E=E(T)$. 它表明，对

于一定质量的某种理想气体，从一个状态改变成另一个状态时，不论经历什么过程，也不论其压强和体积如何改变，只要温度保持恒定，则气体的内能也就不变；在不同的状态变化过程中，只要温度的改变量相等，则相应的气体内能的改变量也相等．

14.5.4　理想气体摩尔热容理论值的计算

在上一章中，我们曾定义气体的摩尔定容热容 $C_{V,\mathrm{m}}$ 为

$$C_{V,\mathrm{m}}=\frac{\delta Q_V}{\mathrm{d}T}$$

又由热力学第一定律可知，1mol 理想气体在等体过程中吸收的热量等于其内能的增量，即 $\delta Q_V=\mathrm{d}E=\frac{i}{2}R\mathrm{d}T$，代入上式，便得理想气体的摩尔定容热容公式为

$$C_{V,\mathrm{m}}=\frac{i}{2}R \tag{14-20}$$

再按式（13-14）：$C_{p,\mathrm{m}}=C_{V,\mathrm{m}}+R$，把上式代入，便得理想气体的摩尔定压热容公式为

$$C_{p,\mathrm{m}}=\frac{i+2}{2}R \tag{14-21}$$

把上两式代入摩尔热容比 $\gamma=C_{p,\mathrm{m}}/C_{V,\mathrm{m}}$ 中，得

$$\gamma=\frac{i+2}{2} \tag{14-22}$$

上述结果表明，理想气体的 $C_{p,\mathrm{m}}$、$C_{V,\mathrm{m}}$ 和 γ 仅与分子的种类（用自由度 i 表征）有关，而与气体的温度无关．由上述公式算出的 $C_{p,\mathrm{m}}$、$C_{V,\mathrm{m}}$ 和 γ 的理论值已列于上一章的表 13-1 中．对于常温下的单原子分子和双原子分子，理论值与实验值符合得很好；但在温度较高或多原子分子的情形下，理论值与实验值的偏差较大．这就暴露出经典的统计理论在处理热容问题上的局限性，其原因在于上述热容理论是建立在能量均分定理基础上的，而该原理又囿于经典的能量观念，认为能量是连续变化的．事实上，包括分子在内的微观粒子，其能量变化是不连续的，即量子化的．因此，气体的热容只有按照量子理论求解，才能获得完满的结果．

思考题

14-7　(1) 什么叫自由度？理想气体的单原子分子、双原子分子、多原子分子的自由度各为多少？(2) 什么是能量均分定理？为什么说它是一条统计规律？(3) 理想气体的内能和真实气体的内能有什么区别？试指出下列各式所表示的物理意义：① $\frac{1}{2}kT$；② $\frac{3}{2}kT$；③ $\frac{i}{2}RT$；④ $\frac{m}{M}\frac{5}{2}RT$.

14-8　一定量的理想气体在下列情况下内能有无变化？(1) 压强不变，体积膨胀；(2) 体积不变，压强增大；(3) 温度不变，体积膨胀．

14.6 热力学第二定律的统计诠释

热力学第二定律指出，一切与热现象有关的实际宏观过程都是不可逆的．我们知道，热现象是大量分子无规则运动的宏观表现，而大量分子无规则运动遵循着统计规律．据此，我们可以从微观上用统计方法来解释过程的不可逆性和熵的统计意义，从而对热力学第二定律的本质获得进一步的认识．

14.6.1 宏观态与微观态

先用一个日常生活中的事实来说明这种不可逆性．假设有 N 个小球，黑、白各半，分开放在一个盘子的两半边．如果把盘子摇几下，黑、白两种球必然要混合．再多摇几下，黑、白仍然是混合的，会不会分开来呢？有可能性，但是机会是很小的．摇几千次或上万次，不一定会碰上一次．黑、白球数目越大，分开的机会就越小．

我们以前讲过，气体可以自动地膨胀，但不能自动地收缩，这也是一个统计规律．假想周壁绝热的容器中有四个可识别的气体分子 a、b、c、d，用一活动的隔板 P 将容器分为体积相等的 A、B 两室．先假定分子都在 A 室，B 室为真空，如图 14-10 所示．今将隔板抽掉，气体分子向 B 室扩散．

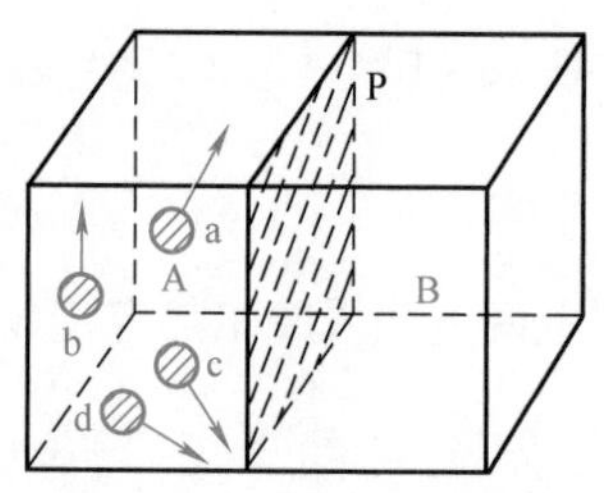

图 14-10 绝热容器中的四个气体分子

假设有一个分子从 A 室扩散到 B 室，从宏观上看，全同分子是无法区分的，A 室（或 B 室）中是哪几个分子的组合无法识别，只知道有多少个分子在 A 室或 B 室，对各分子不加区别．**把只用 A、B 两室的分子数分布来确定的状态**，就叫作**宏观态**；而把 **A、B 两室中分子各种可能的分布状态**就叫作**微观态**．如图 14-11 所示，如 4 个分子中有 3 个在 A 室、一个在 B 室（不管具体是哪个分子），我们把这种情况都叫作同一宏观态，图 14-11 中的两种情况是同一个宏观态；而 A 室、或 B 室中每变换一个分子，就是一个微观态. 所以，同一宏观态可包含多个微观态，图 14-11 所示就是同一宏观态中的两种微观态.

4 个分子在 A、B 两室中的各种可能的分布列于表 14-2 中．我们根据表 14-2 分析各种宏观态、微观态、以及概率分布情况.

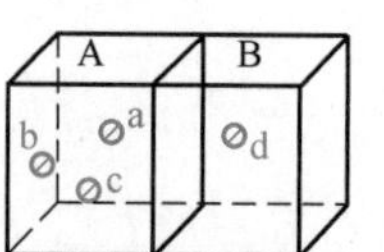

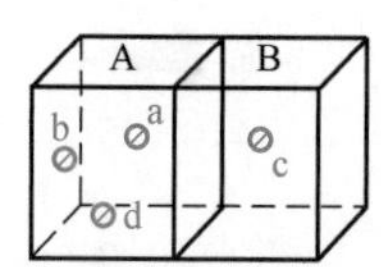

图 14-11 同一宏观态中的两个微观态

从表 14-2 不难看出，4 个分子在 A、B 两室中的可能分布共有 16 种微观态．其中 4 个分子完全集中在 A 室中或 B 室中的情况各有一种，称这种情况分子的分布**最有序**；A 室中有 3 个分子，B 室中有一个分子的分布方式有四种；反过来，A 室中有一个分子，B 室中有 3 个分子的分布方式也有四种；A、B 室中各有 2 个分子的分布方式共有六种，称这种情况分子的分布**最无序，宏观上把这种最无序的状态**（Ⅲ）称为**平衡态**，所以，**平衡态是最混乱的状态，是对应微观态数目最多的那个宏观态**．除状态Ⅲ之外的其他宏观状态都是非平衡态．

表 14-2　四个可识别的分子在容器中的分布情况

相应于分子各种可能分布的微观态数	微观态		相应于分子总体分布的宏观态数	宏观态		一个宏观态中包含的微观态数 W	宏观态出现的概率 P
	A	B		A	B		
1	a b c d		Ⅰ	4 个分子		1	$\frac{1}{16}$
2	a b c	d	Ⅱ	3 个分子	1 个分子	4	$\frac{4}{16}$
3	a b d	c					
4	a c d	b					
5	b c d	a					
6	a b	c d	Ⅲ	2 个分子	2 个分子	6	$\frac{6}{16}$
7	a c	b d					
8	a d	b c					
9	b d	a c					
10	b d	a c					
11	c d	a b					
12	a	b c d	Ⅳ	1 个分子	3 个分子	4	$\frac{4}{16}$
13	b	a c d					
14	c	a b d					
15	d	a b c					
16		a b c d	Ⅴ		4 个分子	1	$\frac{1}{16}$

4 个分子在 A、B 两室中分布所对应的宏观态一共有五种．在这 5 种宏观态中，A、B 两室中各有 2 个分子的这一宏观态，就是这个表中的宏观态Ⅲ，所对应的微观态的个数最多，有六个，这种情况下，概率也最大，为 $P=\frac{6}{16}=\frac{6}{2^4}$，而 4 个分子全部集中在 A 或 B 室的状态，概率是最小，为 $P=\frac{1}{16}=\frac{1}{2^4}$. 这里，16 是微观状态数，也可以写成 2 的 4 次方，2 代表 A、B 两个盒子，4 代表 4 个分子，所以，总的微观状态数就是 2 的 4 次方.

按照这样的规律，若有 N 个分子，则它们在 A、B 两室中分布的微观状态数共有 2^N 个．在打开隔板后全部分子集中在 A 或 B 室中的概率为 $\frac{1}{2^N}$，由于 1mol 气体分子数有 $N_A=6.02\times10^{23}$ 个，所以一般系统所包含的分子数是非常多的，全部分子集中在 A 或 B 室中的情况几乎是不可能出现的.

14.6.2　热力学过程不可逆性的统计意义

如上分析，若容器内有 1mol 的气体，则气体自由膨胀后，所有这些分子全都返回 A 室的概率是 $1/2^{N_A}=1/2^{6.02\times10^{23}}$．这个概率极为微小，意味着气体很难自动收缩回去．

假设在某一宏观状态下，A 室中有 n 个分子，根据概率理论，这一宏观态包含的微观态数目为

$$W=\frac{N!}{n!\ (N-n)!} \tag{14-23}$$

对上式求极值可得，当 $n=\frac{N}{2}$时，W 最大，就是 A、B 两室中，分子均匀分布时的宏观态所包含的微观态数目最多，这时，系统的混乱程度最大，也说明这种宏观态出现的概率最大，这种情况分子分布最无序. 由此可以得出结论：**在一个孤立系统内，所发生的过程总是由概率小的宏观状态向概率大的宏观状态进行**，或者说，**由包含微观状态数目较少的宏观状态向包含微观状态数目较多的宏观状态进行的**. 这就是气体自由膨胀过程不可逆性的微观本质，这也说明了为什么系统总是自发地从非平衡态单方向的过渡到平衡态.

在孤立系统内，对于热传递来说，由于高温物体分子的平均动能比低温物体分子的大，在它们的相互作用中，显然，能量从高温物体传到低温物体的概率也就比反向传递的概率来得大. 对热功转换来说，功转变为热的过程表示宏观物体的有规则的定向运动转变为分子的无规则运动，这种转变的概率大. 而热转变为功则表示分子的无规则运动转变为宏观物体有规则的运动，这种转变的概率很小. 所以，阐明热传递的不可逆性和热功转换的不可逆性的热力学第二定律，本质上是一种统计性的规律.

14.6.3 玻耳兹曼熵

1. 热力学概率

如上所述，**热力学第二定律反映了系统内大量分子无规则运动的不可逆性**. 分子运动的无规则性亦称**无序性**，系统的每一种宏观状态，从微观上来说，总是对应着其中大量分子运动的某种无序程度，这种无序程度可用相应的微观状态数来量度. 通常，我们**把与某一宏观状态相应的微观状态数**，称为**热力学概率**，记作 $\boldsymbol{W}$. 例如，在表 14-2 中，宏观状态 Ⅰ、Ⅴ各自仅有一个微观状态，其热力学概率最小，而宏观状态Ⅲ的微观状态有 6 个，其热力学概率最大，亦即，这种状态的无序性最大.

正如上一章所说，不可逆过程导致熵增加，熵的增加使一部分热量 $T_0\Delta S$ 丧失了转变为功的可能性，形成了能量在质上的贬值，即能“质”的衰退，说明热能是低品质的. 热力学第二定律揭示了热的这种“劣质性”. 研究表明，热的“劣质性”源于微观粒子运动的无序性.

2. 玻耳兹曼熵

基于以上所述，奥地利物理学家玻耳兹曼（Boltzmann，1844—1906），通过热力学概率 W，将熵这个状态函数与对系统的无序性的量度联系起来，从本质上揭示熵 S 的含义；并将熵的概念拓广，应用到其他自然科学和人文社会科学方面去. 1877 年，玻耳兹曼提出了一个重要的关系式，即

$$S\propto \ln W$$

1900 年，普朗克（Planck，1858—1947）引进了一个比例系数 k，则上式成为

$$S=k\ln W \tag{14-24}$$

式中，k 为玻耳兹曼常数，其单位与熵的单位相同，即 $\mathrm{J\cdot K^{-1}}$. 上式称为**玻耳兹曼熵公式**.

由此可见，从统计意义上说，熵实际上是宏观状态的可实现的微观状态数的量度. 系统

宏观态的熵越大，这一宏观状态所包含的微观状态数 W 也就越大，意味着宏观态所对应的微观状态运动越复杂，亦即分子热运动越无序；反之，W 越小，相应的熵 S 越小，对应于宏观状态的分子热运动也越有序．所以，由玻耳兹曼公式所确定的**熵 S 是系统分子热运动无序程度的量度．当孤立系统处于平衡态时，其熵 S 达到最大**．

热力学第二定律指出，孤立系统内实际发生的热运动，都是熵增加的过程，并最终达到熵值最大的平衡态．从分子热运动的角度来看，**孤立系统内发生的实际过程，都是从无序度小（W 小）向无序度大乃至无序度最大（W 最大）的宏观态变化的过程，尽可能地趋向更混乱、更无序的状态**．这是大量分子热运动的基本特征，也是热力学第二定律的实质．这也正是第 13 章中提到的热力学第二定律可以表示为 $\Delta S \geqslant 0$ 的道理．

熵是一个状态量，并具有可叠加性. 根据概率论的乘法原理，若一系统由若干个子系统组成，每个子系统的热力学概率分别为 W_1、W_2、W_3、…，则该系统的热力学概率满足

$$W = W_1 \cdot W_2 \cdot W_3 \cdots$$

代入式（14-24）中可得系统的熵值为

$$\begin{aligned} S &= k\ln(W_1 \cdot W_2 \cdot W_3 \cdots) = k\ln W_1 + k\ln W_2 + k\ln W_3 + \cdots \\ &= S_1 + S_2 + S_3 + \cdots \end{aligned} \tag{14-25}$$

式中，S_1、S_2、S_3、…分别为子系统的熵值.

熵是一个比较抽象的概念，理解时须注意下列几点：

（1）熵是一个态函数．熵的变化只取决于初、末两个状态，与具体过程无关．

（2）熵具有可加性．系统的熵等于系统内各部分的熵之和．

（3）克劳修斯熵只能用于描述平衡态，而玻尔兹曼熵则可以用于描述非平衡态．

思考题

14-9　写出玻耳兹曼熵公式．为什么说熵是系统无序程度的量度？

章前问题解答

现在，我们回到本章开篇时提到的问题．一滴墨水滴入一盆清水后，会逐渐扩散，直至均匀分布于整盆水中．这是一个自发地从有序向无序进行的过程．而其逆过程——水盆中墨水重新聚集成一滴，却是从无序到有序的过程．根据熵增原理：孤立系统内发生的实际过程，都是从无序度小（W 小）向无序度大乃至无序度最大（W 最大）的宏观态变化的过程．由玻耳兹曼公式可知，当孤立系统处于平衡态时，其熵 S 达到最大．

水盆中墨水重新聚集成一滴的过程，是从无序到有序的过程，违反熵增原理，所以，我们永远看不到水盆中墨水自动聚集成一滴的现象．

例题 14-6　有一绝热容器，用一隔板把容器分为两部分，其体积分别为 V_1 和 V_2. V_1 内有 N 个理想气体分子，V_2 为真空．若把隔板抽掉，试求气体重新平衡后熵增加多少？

解　本题在上一章例题 13-14 中已做过论证．而今我们用玻耳兹曼熵公式来分析，将给出同样结果．

按题设，N 个分子分布在 V_1 体积内时，热力学概率为 $W_1 = V_1{}^N$，相应的熵为 $S_1 = k\ln W_1$；

同理，当气体分子扩散到 V_1+V_2 时，热力学概率为 $W_2=(V_1+V_2)^N$，熵为 $S_2=k\ln W_2$，则

$$S_2-S_1=k\ln W_2-k\ln W_1=k\ln\frac{W_2}{W_1}=k\ln\left(\frac{V_1+V_2}{V_1}\right)^N=Nk\ln\left(\frac{V_1+V_2}{V_1}\right)>0$$

所以自由膨胀过程是沿着熵增加的方向进行的.

*14.7 熵与物理学的自然观

熵增会使能量弥散，能"质"衰退，使世界滑向无序和混乱；而熵减，可以使自然的、社会的各种事物向着有序方向发展. 熵不仅左右着热学中的某些规律，同时也对其它自然科学，如化学、生命科学……以及社会、经济和人文科学都产生了广泛影响. 熵已成为一种世界观，成为人类与自然和谐相处的一种新的自然观.

人类的生产活动都是在地球上进行的，也就是说，地球作为我们人类活动的环境，它的熵是不断增加的，那么地球终究有一天不再适合人类生存. 我们也可以换一个角度来看，把地球看成太空中的封闭系统，它与太阳、太空进行能量交换的过程中获取负熵.

地球作为高度有序、生机勃勃的系统，必须不断地排熵才能保持生机. 但地球上的生物活动，尤其是人类的活动会产生大量的熵，若地球的熵增超过其自然的排熵能力（地球自动排熵能力的上限 4.0×10^{14} W/K——太阳提供给地球的负熵），就会使地球失去生机.

人类消耗的能量以及熵增来自生活与生产，估计每人平均增熵率为 0.4W/K，全世界人口已达到 70 亿（即 7×10^9），折算成成年人约为 42 亿，产熵率为 1.7×10^9 W/K，人口的增加会提高这个数据. 通过估算可知，光合作用生产食物的负熵率仅为 -4.0×10^{14} W/K $\times$ 0.02%，即 -8×10^{10} W/K，可见人类食物资源的上限已经很接近了. 据估计地球能养活的极限人口为 10^{10}，如果超过这一上限，地球的自然排熵能力就会被超过，从而无法正常的进行生态循环. 从另一方面来看，人类要减少自己的排熵率，减少对地球的污染，坚持可持续化发展.

保护地球生态环境，坚持人与自然的和谐相处，而不是人类征服地球，无限索取，应当是我们的自然观的核心内容. 物理学一直是与自然观密切相关，以熵为基础的自然观正是保护地球生态环境的自然观.

人类有强大的认识能力和改造世界的能力，但人类在自然界面前毕竟是渺小的. 人类在自然界面前应当有一份谦虚的敬畏，必须在正确的自然观指导下去开发技术，才能较好地规划自己，否则将会面临灭顶之灾.

面向 21 世纪的物理学以及一切自然科学技术应以"人与自然的和谐"和"人与地球和谐"为目标，物理学应是保护人与自然和谐的力量，而不应是人类在狭隘观点指导下掠夺破坏地球的力量. 人类需要树立正确的自然观，应具有全球意识，而不能只见树木（企业）不见森林（地球）. 应当胸怀全球，树立以地球为中心的自然观，才能实现人类的持续发展.

章后感悟

热力学第二定律的统计解释：一切自然过程都是从有序向无序方向进行的，这也是熵增

原理的微观本质。地球作为一个大的热力学系统，高度有序。人类在地球上的活动对地球的熵有重要影响。我们每一个人都应该保护地球的生态环境，延缓地球系统的熵增，从而实现人与自然的和谐相处。对此您有何看法？您最近做了哪些与环境保护有关的事情呢？

习题 14

14-1　计算300K 时氧气的三种速率v_p、$\overline{v}$ 和$\overline{v^2}$.　[答：$v_p = 394\text{m}\cdot\text{s}^{-1}$；$\overline{v} = 447\text{m}\cdot\text{s}^{-1}$；$\overline{v^2} = 483\text{m}\cdot\text{s}^{-1}$（通过本题计算，我们可以估量到，气体分子的速率一般都在几百米每秒的数量级）]

14-2　某种理想气体分子在温度 T_1时的方均根速率，等于温度为 T_2时的平均速率．求 T_2/T_1.　[答：1.17]

14-3　某种理想气体在压强为 0.40×10^5Pa 时的密度为 $0.3\text{kg}\cdot\text{m}^{-3}$，求此时气体分子的平均速率、方均根速率和最概然速率.　[答：$583\text{m}\cdot\text{s}^{-1}$；$632\text{m}\cdot\text{s}^{-1}$；$516\text{m}\cdot\text{s}^{-1}$]

14-4　氢弹爆炸时达 108 ℃的高温，并拥有大量的氢核（质子）和氘核（其质量为质子的两倍）．求：(1) 质子的方均根速率；(2) 在热平衡时，质子与氘核两者的平均平动动能之比．质子的质量为 $m_p = 1.673\times10^{-27}$kg.　[答：(1) $1.573\times106\text{m}\cdot\text{s}^{-1}$；(2) 1]

14-5　容器中有 N 个假想的气体分子，其速率分布如习题 14-5 图所示，且当 $v > 2v_0$时，分子数为 0 [注意：图中的纵坐标为 $Nf(v)$]．(1) 由 N 和 v_0求 a；(2) 求速率在 $1.5v_0 \sim 2.0v_0$之间的分子数；(3) 求分子的平均速率．　[答：(1) $\frac{2N}{3v_0}$；(2) $N/3$；(3) $11v_0/9$]

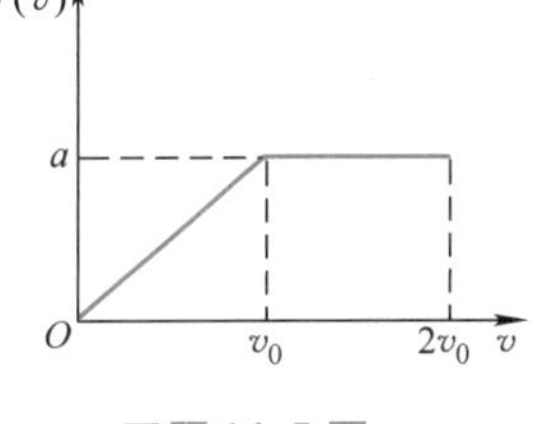

习题 14-5 图

14-6　在某一压强下，0℃ 时氧分子的平均自由程为 9.5×10^{-8}m，如果气体压强降到原来的 0.01，求此时氧分子的平均碰撞频率．设温度保持不变.　[答：$4.5\times10^7\ \text{s}^{-1}$]

14-7　在标准状态下，1cm³ 内有多少个氮分子？氮分子的平均速率为多少？平均碰撞频率和平均自由程各为多少？设氮分子的有效直径 $d = 3.76\times10^{-8}$ cm.　[答：$2.69\times10^{19}\ \text{cm}^{-3}$；$454\text{m}\cdot\text{s}^{-1}$；$7.69\times10^{-9}\ \text{s}^{-1}$；$5.9\times10^{-8}$ m]

14-8　气体分子质量为 3×10^{-23} g，设 1s 内有 10^{19}个分子以 $400\text{m}\cdot\text{s}^{-1}$的速度垂直撞击 2cm² 的器壁，求器壁所受的平均作用力和压强.　[答：1.92×10^{-5} N；0.096Pa]

14-9　在 300K 时，真空管内的压强是 133.3×10^{-6}Pa，求 1 cm³ 内的分子数．　[答：$3.22\times10^{10}\ \text{cm}^{-3}$]

14-10　在 291K 时，体积为 10L 的气体中有 10^{24} 个分子，求气体的压强.　[答：4.02×10^5Pa]

14-11　压强为 1.103×10^5Pa、质量为 2g、体积为 1.54L 的氧气，其分子的平均平动动能是多少？[答：6.77×10^{-21}J]

14-12　一容器内储存有气体，压强为 1.33Pa，温度为 7 ℃．问在 1cm³ 中有多少个气体分子？[答：3.5×10^{14}个]

14-13　求氧分子在 $T = 300$K 时的平均平动动能和方均根速率.　[答：6.21×10^{-21} J，$644\text{m}\cdot\text{s}^{-1}$]

14-14　把理想气体压缩，使其压强增加 1.013×10^4Pa，若温度保持为 27 ℃，求单位体积内所增加的分子数．[答：$2.45\times10^{18}\ \text{cm}^{-3}$]

14-15　容器中储有氧气，其压强为 $p = 1.013\times10^5$Pa，温度为 27 ℃，求：(1) 单位体积中的分子数 n；(2) 氧分子质量 m_0；(3) 氧气的密度 ρ.　[答：(1) $2.44\times10^{25}\text{m}^{-3}$；(2) 5.32×10^{-26}kg；(3) $1.30\text{kg}\cdot\text{m}^{-3}$]

14-16　室温为 300K 时，1mol 氧气的平动动能和转动动能各为多少？14g 氮气的内能为多少？将 1g 氢气从 10℃加热到 30℃，氢气的内能增加多少？　[答：$E_{平} = 3.74\times10^3$J；$E_{转} = 2.49\times10^3$J；$E = 3.11\times10^3$J；$\Delta E = 2.08\times10^2$J]

科学家轶事

王竹溪——耿耿忠心效桑梓

王竹溪（1911—1983），物理学家、教育家、中国热力学统计物理研究开拓者．主要从事理论物理特别是热力学、统计物理学、数学物理等方面的研究．他还在生物学关键问题——水分化学势、汉字检索方案的优化等方面做出了突出贡献．林家翘、杨振宁、李政道等国际知名物理学家，都曾是他的学生或得到过他的指导．

20世纪60年代，王竹溪在《物理学报》发表了两篇热学方面的论文：《物质内部有辐射的热传导问题》和《由实验数据计算氢气的维里系数问题》．这两个工作，隐含了原子能和核武器研究的背景．物质内部有辐射的热传导，使人联想到反应堆与核武器的设计．氢气的物态方程，则可联想到氢弹计算和爆炸过程的动力学计算．实际上，在1955年到1966年期间，王竹溪参与筹建并在原子能研究所（现中国原子能科学研究院的前身）二部兼职，从事核材料的辐射损伤研究，直到“文革”开始．由于保密的需要，这件事鲜为人知．就是这样，王竹溪为我国的原子能和核武器事业勤勤恳恳，默默无闻，甘当配角，无私奉献地持续工作了十多年．

在“文革”期间，“四人帮”搞“批林批孔”．一些人搞政治投机，也想在科技界搞学术批判．当时主要批判相对论中的光速不变理论．这些文章在审稿时常常通不过，作者就给出版社或审稿人扣政治帽子，告政治状．这使得一些专家教授拒绝审稿，但王竹溪先生坚持审稿，而且敢于面对面针锋相对地发表自己的看法．这在当时是需要很大勇气的．王竹溪先生的一生刚正不阿，作风正派，一直坚持实事求是的态度，从不随风倒，不随大流．他的严谨务实、在困境之中所显现的百折不挠的精神，值得后人敬仰．

应用拓展

统计物理与5G时代

当代的爱因斯坦、最富影响的理论学家和思想家——史蒂芬·霍金在2000年指出：“我认为，下个世纪将是复杂性的世纪”．近年来，随着5G技术越来越成熟并广泛应用于移动通信，人类可利用的数据量正在爆炸性的增长．这些数据中包含了极大量对自然和社会的有用信息，能合理利用会带来巨大并不断增长的财富．但产生这些数据的系统和可能被这些数据所影响的系统，往往都是复杂系统，其行为具有高度的不可预测性，使这笔财富并不容易获取．深入研究复杂系统，发展有效的数据分析手段是成功使用这笔潜在财富的关键和核心．

而统计物理是研究和理解复杂系统最主要的工具．长期以来，统计物理在处理各种不可确切预见的轨道和状态中发展了丰富的思想、方法和技术手段．这些必然将会和已经为基于5G网络的各种复杂系统和大数据的处理与应用提供强有力的工具．

为了推动我国5G产业规模快速增长，早在2013年，工信部、发改委、科技部联合成立IMT-2020（5G）推进组，在推进组的积极推动之下，2017年出台了中国5G中频频率规划方案．并于2018年年底基本完成了5G技术研发试验的3个阶段测试验证工作，为5G规模商用打下技术和产业基础．2019年6月，工信部正式向中国电信、中国移动、中国联通、中国广电发放5G商用牌照，标志着我国正式进入5G商用元年．

尽管美国及其盟友以安全为由对我国企业进行打压，但我国的华为经过不断努力取得了全球数量最多的5G核心必要标准专利，这让华为一举成为了国际5G市场的领导者．要知道，在5G网络以前，世界主要的移动网络通信的主导权都被美国的高通等科技企业所掌握，而现在到了5G网络时代，我们也终于实现了“弯道超车”，在国际5G市场上有了更多的话语权！

除了华为5G以外，我们国内的科技企业在另一重要技术领域也正在不断的崛起，这也让美国科技界措手不及！而这一技术领域就是云计算！云计算就是用简单的计算方式，把庞大的数据分解成无数个小程序，进而反馈给用户；随着5G网络时代的到来，再加上互联网科技领域的不断发展，未来云计算也将成为整个科技领域发展的重中之重；我们现在的大多数互联网科技企业都在使用着云计算技术！

第 15 章

早期量子论

章前问题

太阳能电池又称为“太阳能芯片”或“光电池”，是一种利用太阳光直接发电的光电半导体薄片. 只要满足一定的光照条件，瞬间就可输出电压并在有回路的情况下产生电流. 太阳能电池实现了光能转化为电能的供电方式，你知道光能是怎么转化为电能的吗？

学习要点

1. 热辐射及其定量描述；
2. 普朗克能量子假说；
3. 普朗克公式；
4. 爱因斯坦光量子假设；
5. 爱因斯坦光电方程；
6. 康普顿散射；
7. 光的波粒二象性；
8. 玻尔的氢原子理论；
9. 玻尔理论的意义.

经典物理学经历了上百年的发展，到 19 世纪末，已建立了非常完善的理论体系. 几乎当时的所有自然现象（力、热、声、光、电）皆能从中提取出理论依据加以解释.

然而，当对物质世界的探索深入到微观领域时，一切都不同了. 如涉及物质内部微观过程的黑体辐射、光电效应、原子光谱等实验现象时，发现用经典物理学理论都无法解释. 为了摆脱困境，1900 年普朗克提出了能量子假设，解释了黑体辐射实验现象；1905 年爱因斯坦提出光量子假设，解释了光电效应实验规律；以及 1913 年玻尔提出的氢原子理论，解释了氢原子光谱实验现象. 能量子、光量子假设、以及玻尔的氢原子理论相继冲破了经典理论的束缚，形成了早期的量子理论.

15.1　热辐射　普朗克量子假说

15.1.1　热辐射及其定量描述

物体在一定温度下以电磁波的形式向周围发射能量的现象，称为**热辐射**. 对于给定的物体而言，在单位时间内辐射能量的多少以及辐射能量按波长的分布等，都取决于物体的温度. 例如，灯丝通电后当温度低于800K时，我们只感觉到灯丝发热，而不见灯丝发光，因为绝大部分的辐射能分布在红外波长. 超过800K以后，就可看到灯丝微微发红了，继续升高温度，灯丝由暗红变红，再变黄，继而变白. 最后，当温度极高时，灯丝呈现青白色，即所谓白炽化，同时我们感到灯丝灼热逼人. 这就表明，随着温度的升高，辐射的总能量在增加，且能量也更多地向短波部分分布.

为了定量描写上述热辐射现象，引入两个物理量：

1. 辐射出射度（简称**辐出度**）

表示物体在一定温度下，单位时间内从物体表面单位面积辐射的各种波长电磁波能量的总和，用 $M=M(T)$ 表示，它仅是温度 T 的函数. 其单位为 $\mathrm{W\cdot m^{-2}}$（瓦特每平方米）.

2. 单色辐射出射度（简称**单色辐出度**）

表示物体表面在单位时间内每单位表面积上，某波长 λ 附近的单位波长区间所发射的电磁波能量，记作 $M_\lambda(T)$，单位是 $\mathrm{W\cdot m^{-3}}$（瓦特每立方米）. 它反映了物体在不同温度下辐射能按波长分布的情况.

如上所述，在一定温度时，对给定的物体而言，其辐出度与单色辐出度有如下的关系，即

$$M(T)=\int_0^\infty M_\lambda(T)\,\mathrm{d}\lambda \tag{15-1}$$

实验表明，物体的单色辐出度 $M_\lambda(T)$ 不仅取决于温度和波长，并且还与物体本身性质及表面粗糙程度有关. 因而由式（15-1）可知，对不同的物体，$M(T)$ 也是不同的.

任何物体在辐射电磁波的同时，也吸收外界照射到它表面的电磁波. 当物体辐射电磁波所消耗的能量等于同一时间内它从外界吸收的电磁波的能量时，该物体及其辐射就达到热平衡. 这时，物体的状态可用一个确定的温度 T 描述. 这时的热辐射称为**平衡热辐射**. 下面我们只讨论平衡热辐射.

15.1.2　绝对黑体辐射定律　普朗克公式

实验表明，好的辐射体也是好的吸收体. 假如一个物体能完全吸收任何波长的入射辐射

能，就称该物体为**绝对黑体**（简称**黑体**）. 黑体是一种理想化的模型. 实验时，可用不透明材料制成一空腔，腔壁上开有一小孔（见图 15-1），就可作为黑体模型. 因为当光线从小孔射入后，经过器壁多次吸收和反射后，光线从小孔射出的机会甚小，可以认为它能全部吸收射入的一切波长的辐射. 另一方面，如果把空腔加热，使其保持在一定温度下，空腔将通过小孔向外发出辐射. 正如前述，它辐射的能量仅是温度和波长的函数.

演示实验——热辐射风车

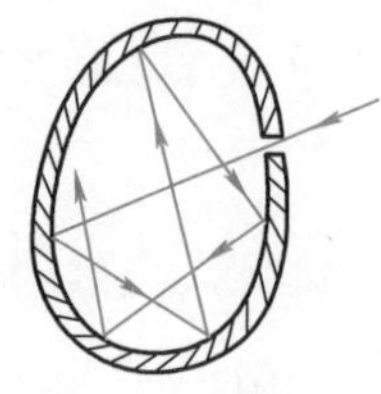

图 15-1　黑体模型

利用黑体模型，可用实验方法测定黑体相应于各波长的单色辐出度 $M_{\lambda 0}$ 随波长 λ 和温度 T 的变化关系，绘出图 15-2 所示的实验曲线. 据此可总结出两条定律：

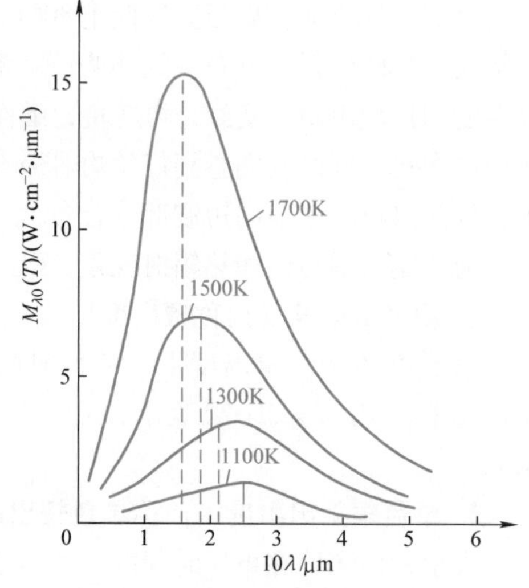

图 15-2　绝对黑体的单色辐出度按波长和温度的分布

1. 斯特藩－玻耳兹曼定律

在图 15-2 中，每条曲线反映了在一定温度下，黑体的单色辐出度随波长分布的情况，每条曲线下的面积等于黑体在一定温度下的辐出度，即

$$M_0(T) = \int_0^\infty M_{\lambda 0}(\lambda, T)\,\mathrm{d}\lambda \qquad (15\text{-}2)$$

由图 15-2 可见，温度越高，图中曲线以下的面积越大，表示黑体的辐出度 $M_0(T)$ 随温度升高而增大. 斯特藩（Stefan，1835—1893）根据实验求得黑体辐出度与热力学温度的四次方成正比，即

$$M_0(T) = \sigma T^4 \qquad (15\text{-}3)$$

式中，$\sigma = 5.67 \times 10^{-8}\ \mathrm{W \cdot m^{-2} \cdot K^{-1}}$ 称为**斯特藩常量**. 后来，玻耳兹曼（Boltzmann，1844—1906）根据热力学理论，也导出了同样的结果. 因此，式（15-3）又称为斯特藩－玻耳兹曼定律. 需要指出，此定律只适用于绝对黑体.

例题 15-1　太阳辐射到地球大气层外表面单位面积的辐射通量 I_0 称为太阳常量，实验测得其值为 $I_0 = 1.35\mathrm{kW/m^2}$. 试把太阳近似当作黑体，由太阳常数估计太阳表面温度.

解　太阳辐射能为 $4\pi R^2 M_0(T) = 4\pi r^2 I_0$，则

$$M_0(T) = \frac{r^2 I_0}{R^2}$$

由斯特藩－玻耳兹曼定律 $M_0(T)=\sigma T^4$，得

$$\sigma T^4=\frac{r^2}{R^2}I_0$$

太阳与地球之间的平均距离为 $r=1.496\times10^{11}\text{m}$，太阳半径为 $R=6.960\times10^{8}\text{m}$，所以太阳表面温度为

$$T=\sqrt[4]{\frac{r^2}{\sigma R^2}I_0}=\sqrt[4]{\frac{(1.496\times10^{11}\text{m})^2}{5.67\times10^{-8}\text{W}\cdot\text{m}^{-2}\cdot\text{K}^{-4}\times(6.960\times10^{8}\text{m})^2}\times1.35\times10^{3}\text{W}\cdot\text{m}^{-2}}=5.76\times10^{3}\text{K}$$

2. 维恩位移定律

从图 15-2 还可看出，每条曲线都有一个最大值，相应的波长可用 λ_m 表示. 显然，在一定温度下对应于 λ_m 的单色辐出度最大，所以，λ_m 又称为**峰值波长**. 从图 15-2 可以看出，随着黑体的热力学温度 T 的增高，相应于单色辐出度的峰值波长 λ_m 向短波方向移动. 实验确定两者关系为

$$T\lambda_m=b \tag{15-4}$$

式中，$b=2.898\times10^{-3}\text{m}\cdot\text{K}$，称为维恩位移常量. 式（15-4）就称为**维恩**（Wien，1864—1928）**位移定律**.

例题 15-2　当高炉的温度保持在 2500K 时，计算观察窗发出的辐射波长为 λ_m. 这个波长是否在可见光范围？如果利用以维恩位移定律为依据的可见光范围光测高温计来测量炉温，其测量范围是多少？

解　由维恩位移定律 $\lambda_m T=b$，可得

$$\lambda_m=\frac{b}{T}=\frac{2.89\times10^{-3}\text{m}\cdot\text{K}}{2500\text{K}}=1.16\times10^{-6}\text{m}$$

这个波长不在可见光范围.

对在可见光范围 400～760nm 的光测高温计：

当 $\lambda_{m1}=400\text{nm}$，$T_1=\dfrac{b}{\lambda_{m1}}=\dfrac{2.897\times10^{-3}\text{m}\cdot\text{K}}{4.0\times10^{-7}\text{m}}=7.24\times10^{3}\text{K}$

当 $\lambda_{m2}=760\text{nm}$，$T_1=\dfrac{b}{\lambda_{m2}}=\dfrac{2.897\times10^{-3}\text{m}\cdot\text{K}}{7.6\times10^{-7}\text{m}}=3.81\times10^{3}\text{K}$

可测温度范围：$3.81\times10^{3}\text{K}\sim7.24\times10^{3}\text{K}$

3. 经典物理学遇到的困难

19 世纪末，为了从理论上解释黑体辐射的实验曲线，许多科学家致力于从当时的物理学理论出发，推导出黑体辐射单色辐出度的数学表达式. 如 1896 年，维恩假定辐射谐振子的能量按频率的分布类似于麦克斯韦速度分布率，由经典统计物理学导出了半经验公式

$$M_{0\lambda}(T)=\frac{c_1}{\lambda^5}e^{-\frac{c_2}{\lambda T}} \tag{15-5}$$

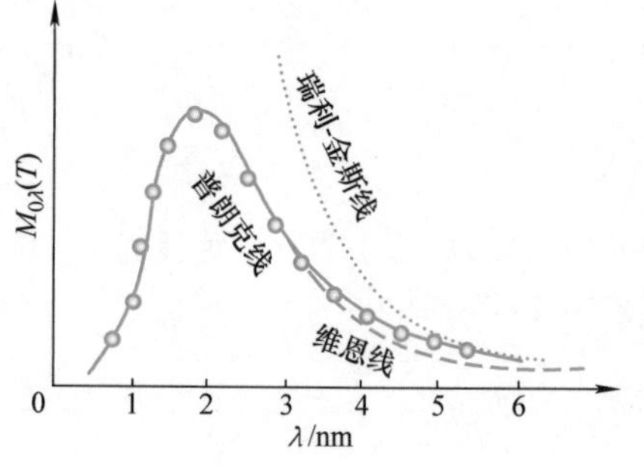

图 15-3 瑞利 – 金斯公式与普朗克公式

式中，c_1、c_2 是常量. 式（15-5）称为**维恩公式**. 此式虽然在短波波段与实验曲线符合较好，但在长波波段出现系统偏差，如图 15-3 所示.

1900 年，瑞利（B. Rayleigh，1842—1919）和金斯（Jeans，1877—1946）根据经典物理学中的能量按自由度均分原理，利用经典电磁理论和统计物理学导出了一个公式为

$$M_{0\lambda}(T)=\frac{2\pi ckT}{\lambda^4} \tag{15-6}$$

式中，k 为玻耳兹曼常量. 式（15-6）称为瑞利 – 金斯公式，此式在长波波段与实验曲线相符合，但是，在短波波段出现很大偏离，如图 15-3 所示. 而且，按式（15-6），当 $\lambda\to 0$ 时，单色辐射出射度 $M_{0\lambda}\to\infty$，从而，总辐射出射度 $M(T)\to\infty$，这显然是违反能量守恒定律的荒谬结论. 在当时被称为是“紫外灾难”. 由于瑞利 – 金斯公式是依据经典物理得到的，因此“紫外灾难”实际上就是经典物理的灾难.

4. 普朗克公式　普朗克能量子假设

1900 年 12 月 24 日，普朗克（Plank，1858—1947）在德国物理学会会议上提出一个黑体辐射公式，即

$$M_{\lambda 0}(T)=2\pi hc^2\lambda^{-5}\frac{1}{e^{\frac{hc}{\lambda kT}}-1} \tag{15-7}$$

式中，c 为光速；k 为玻耳兹曼常数；h 为普朗克常量，现代实验测得 $h=6.626\times10^{-34}\,\mathrm{J\cdot s}$（焦耳秒）. 式（15-7）称为**普朗克公式**，它与图 15-3 中的曲线符合得很好. 为了从理论上解释这一公式，普朗克抛弃了经典物理关于能量是连续的观念，提出了如下能量子假说：

1）辐射黑体由无数带电的简谐振子组成，这些简谐振子不断吸收和辐射电磁波，并与周围的电磁场交换能量.

2）这些简谐振子拥有的能量 E 不是任意的，它们只能取 ε，2ε，…，$n\varepsilon$ 等分立的值. 即 $E=n\varepsilon$，是某一最小能量 ε 的整数倍（ε 称为**能量子**，n 称为**量子数**），当简谐振子与周围电磁场交换能量时，只能从这些状态之一跃迁到另一个状态.

3）能量子 ε 与简谐振子的频率 ν 成正比，即

$$\varepsilon=h\nu \tag{15-8}$$

式中，h 就是普朗克常量.

普朗克利用这种新思想圆满地解释了热辐射现象，得出了能真正反映实验结果的公式（15-7），并能由这个公式推出斯特藩 – 玻耳兹曼定律、维恩定律、以及瑞利 – 金斯公式和维恩公式.

思考题

15-1　什么是热辐射和平衡热辐射？说出单色辐出度和辐出度的含义.

15-2　（1）有人说：“火炉有辐射但冰没有辐射.”这句话对吗？为什么？（2）有一

小窗的房间，白天我们从远处向窗内望去，屋内显得特别暗，这是什么原因?

例题15-3　已知弹簧振子的质量为 $m=1.0\text{kg}$，弹簧劲度系数 $k=20\text{N}\cdot\text{m}^{-1}$，振幅 $A=1.0\text{cm}$. 求：(1) 如果弹簧振子的能量是量子化的，则按照普朗克能量子假设，系统的量子数 n 有多大? (2) 若 n 改变1，能量的相对变化有多大?

解　(1) 简谐振子频率为

$$\nu=\frac{1}{2\pi}\sqrt{\frac{k}{m}}=\frac{1}{2\pi}\sqrt{\frac{20}{1.0}}\text{Hz}=0.71\text{Hz}$$

振子的机械能为

$$E=\frac{1}{2}kA^2=\frac{1}{2}\times[20\times(1.0\times10^{-2})^2]\text{J}=1.0\times10^{-3}\text{J}$$

则量子数 n 为

$$n=\frac{E}{h\nu}=\frac{1.0\times10^{-3}\text{J}}{6.67\times10^{-34}\text{J}\cdot\text{s}\times0.71s^{-1}}=2.1\times10^{30}$$

(2) 能量的相对变化为

$$\frac{\Delta E}{E}=\frac{h\nu}{nh\nu}=\frac{1}{n}\approx10^{-30}$$

所以，对于宏观系统来说，量子数 n 很大，能量的量子性不能显示出来. 并且能量的变化简直微不足道，因而可忽略不计. 可以认为，能量在宏观上是连续变化的.

15.2　光电效应

15.2.1　光电效应的实验规律

赫兹研究电磁波时偶然发现，当用紫外光照射到两个电极之一时，两电极之间就更容易产生火花而发生放电现象. 此后不久，其他物理学家明确地指出，这是金属表面被光照射后释放出电子（称光**电子**）的缘故，这种现象叫作**光电效应**.

图15-4是研究光电效应的实验装置原理图. 在一个玻璃管内装上阳极A和阴极金属板K，管上有一石英窗口，可让入射光照射到阴极金属板K上而使电子从阴极K逸出. 在A、K间由电压 U_{AK}（称为加速电压）所建立的电场中，由于电场力的作用，驱使电子飞向阳极A，从而在电路中形成电流，称为**光电流**. 总结实验结果，可得到光电效应规律如下：

1. 饱和光电流与入射光强度的关系

用一定频率和不同强度的单色光照射阴极K，接电流计G和电压表V，可测得光电流 I 随 U_{AK} 变化的关系曲线，即**光电效应的伏安特性曲线**，如图15-5所示. 从图中看到，加速电压 U_{AK} 为正值时，光电流 I 随 U_{AK} 增加而增大，最后达到饱和值 I_s. 电压极性反向后，

$|U_{AK}|$值增大，I值减小，最后趋于零，此时所对应的电压称为**遏止电压或截止电压**，记作U_a. 从图15-5所示的伏安特性曲线可看出，在相同的加速电压下，增加光的强度时，饱和电流I_s值随之增大，且饱和电流I_s与入射光光强成正比. 这意味着**在单位时间内，受光照射的阴极上逸出的光电子数目与入射光的光强成正比**.

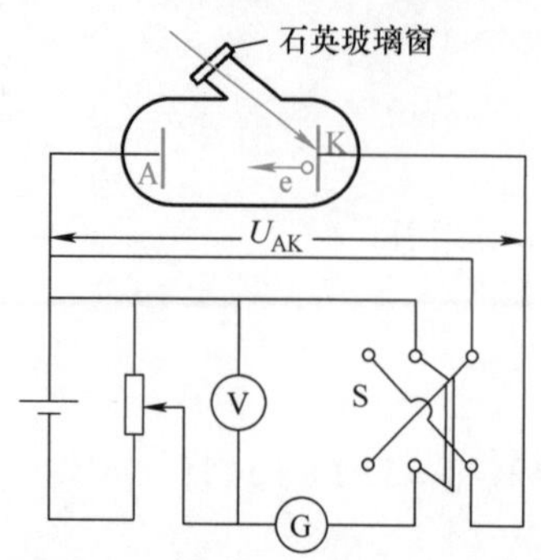

图 15-4　光电效应的实验装置原理图

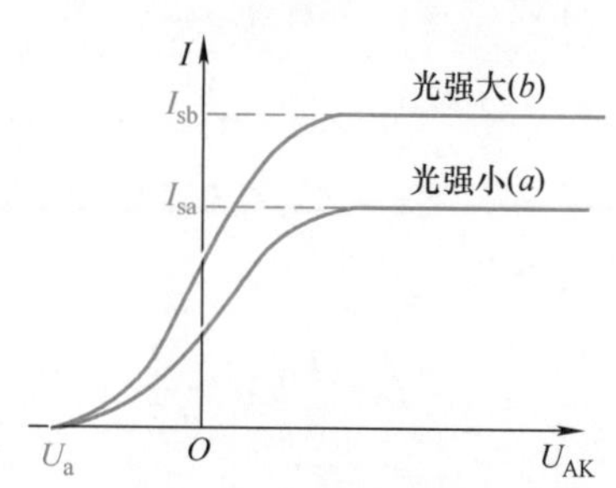

图 15-5　光电效应的伏安曲线

2. 光电子的初动能与入射光频率的关系

若加速电压为负值，从阴极逸出的光电子所受的电场力方向由阳极A指向阴极K，此时若有光电流，则向阳极A运动的电子做减速运动. 当电压达到遏止电压U_a时，光电流为零，表明电子由于减速运动，已不能达到阳极A. 这时电子由阴极逸出时所拥有的初动能全部用于克服电场力做功，有

$$\frac{1}{2}mv_0^2 = e|U_a| \tag{15-9}$$

实验指出，用不同频率的光照射阴极时，遏止电压U_a是不同的，其值和入射光频率存在线性关系，即

$$|U_a| = K\nu - U_0 \tag{15-10}$$

式中，K、U_0皆为恒量. K和阴极的金属性质无关，而U_0和阴极的金属性质有关. 将式（15-10）代入式（15-9），得

$$\frac{1}{2}mv_0^2 = eK\nu - eU_0 \tag{15-11}$$

式（15-11）指出，光电子的初动能随入射光频率ν线性地增加，而与入射光的强度无关. 另外，考虑到动能必须为正值，可见要使光所照射的金属释放电子，入射光的频率ν必须满足$\nu \geqslant U_0/K$的条件. 令$\nu_0 = U_0/K$，将ν_0称为光电效应的**红限频率**（或称**截止频率**）. 不同金属的红限频率是不同的. 如果入射光的频率小于ν_0，不论入射光光强多大，都不会产生光电效应.

3. 光电效应与时间的关系

实验表明，从光开始照射直到金属释放出电子，无论光强如何，几乎是瞬时的，所需时

间不超过 10^{-9} s.

15.2.2　经典理论解释光电效应遇到困难

1）按照经典电磁理论，光照射在金属上时，光强越大，则光电子获得的能量也应越大，所以光电子的初动能理应与光强有关. 但实验结果并非如此，光电子的初动能只与入射光的频率有关，而和入射光光强无关.

2）按照经典电磁理论，无论何种频率的光照射在金属上，只要入射光光强足够大，或者照射时间足够长，使金属中的自由电子获得足够能量，电子就应从金属中逸出，不存在实验中所发现的红限问题.

3）按照经典电磁理论，如果入射光光强很微弱，光射到金属表面后，应经过一段时间的能量积累，才有光电子从金属中逸出. 在这段时间内，电子从光波中不断获取能量，直至所积累的能量足以使它从金属表面逸出. 这也与光电效应发生几乎是瞬时的这一事实相悖.

可见，用经典电磁理论来解释光电效应实验规律，存在着无法克服的矛盾.

15.2.3　爱因斯坦的光量子假设

为了解释光电效应的实验规律，1905 年，爱因斯坦在普朗克“能量子”假设的启发下，提出了“光量子”假设. 他认为光是一粒一粒以光速 c 运动着的粒子流，这些粒子称为**光子**. 对于频率为 ν 的单色光，光子的能量为 $\varepsilon = h\nu$，其中 h 是普朗克常量.

按照光量子假设，光电效应的产生是由于金属中的自由电子吸收了光子的能量，而从金属中逸出. 当频率为 ν 的光照射到金属表面时，电子吸收一个光子，便获得能量 $h\nu$，此能量一部分消耗于电子从金属表面逸出时所需的逸出功 A，另一部分转换为电子的初动能 $mv^2/2$. 按能量守恒定律，便有

$$h\nu = A + \frac{1}{2}mv^2 \tag{15-12}$$

式（15-12）称为**爱因斯坦光电效应方程**. 它表述了光电子的初动能和入射光的频率成线性关系，而与入射光光强无关. 这正是实验规律所要求的.

从式（15-12）不难看出，如果入射光子的能量 $h\nu$ 小于电子的逸出功，则电子就不能从金属中逸出. 只有当 $h\nu \geqslant A$ 时，即 $\nu \geqslant A/h$ 时，才能产生光电效应；所以产生光电效应具有一定的截止频率 ν_0（**红限**），且 $\nu_0 = A/h$；当入射光的频率为 ν_0 时，电子吸收光子的能量全部消耗于电子的逸出功.

根据光量子假设，入射光光强增加时，单位时间内射到金属表面的光子数增加，相应地吸收光子的电子数也更多，因此，单位时间内从金属中逸出的光电子数和入射光光强成正比. 这也是符合实验规律的.

同样，由光子理论可以说明，当光照射金属时，一个光子的能量立即被一个电子所吸收，不需要积累能量的时间. 这就自然地说明了光电效应瞬时发生的问题.

如此看来，爱因斯坦的光子假设是正确的.

光的波动性可用光波的波长 λ 和频率 ν 描述，光的粒子性可用光子的质量、能量和动量描述. 按照光量子理论，光子的能量为

$$E = \varepsilon = h\nu \tag{15-13}$$

由于光子速度为光速，故应根据相对论的质能关系 $E = mc^2$，可给出光子的质量为 $m = E/c^2$，由式（15-13），即得光子的质量

$$m = \frac{h\nu}{c^2} \tag{15-14}$$

光子不是经典力学中描述的质点，它是静止质量 $m_0 = 0$ 的一种特殊粒子. 故不存在与光子相对静止的参考系. 光子的动量为 $p = mc$，由式（15-14）及 $\lambda = \frac{c}{\nu}$ 有

$$p = \frac{h}{\lambda} \tag{15-15}$$

式（15-13）和式（15-15）是描述光的性质的基本关系式，在这两式的左侧，能量 E 和动量 p 描述了光的粒子性；右侧的频率 ν 和波长 λ 描述了光的波动性. 于是，便把光的粒子性和波动性这两种属性在数量上通过普朗克常量联系在一起了. 这就是**光的波粒二象性**.

章前问题解答

光电直接转换方式就是本节所介绍的光电效应，将太阳辐射的光子直接和金属中的电子作用，从而能直接转换成电能，这种装置就是太阳能电池. 实际上这里重要的器件就是光电二极管. 光电二极管把太阳的光能变成电能，产生电流. 当电池串联或并联起来就可以作为一种有用的供电设备. 并且与其他的电池相比，太阳能电池对于环境的污染非常小.

思考题

15-3 光电效应有哪些重要规律？这些规律与光的经典电磁理论有什么矛盾？

15-4 设用一束红光照射某金属时不能产生光电效应，如果用透镜把光聚焦到金属上，并经历相当长的时间，能否产生光电效应？

例题 15-4 若波长 $\lambda = 200\text{nm}$ 的单色光照射在钨上，求逸出电子的初动能和钨对此单色光的遏止电压.

解 按爱因斯坦方程，由光电效应的红限 $\nu_0 = A/h$，即 $A = h\nu_0$，则逸出电子的初动能为

$$\frac{1}{2}mv^2 = h\nu - A = h(\nu - \nu_0) = 6.63\times10^{-34}\,\text{J}\cdot\text{s}\times\left(\frac{3\times10^8}{200\times10^{-9}} - 10.95\times10^{14}\right)\text{s}^{-1} = 2.69\times10^{-19}\,\text{J}$$

因 $1\text{eV} = 1.602\times10^{-19}\text{J}$，上式还可化为

$$\frac{1}{2}mv^2 = \frac{2.69\times10^{-19}}{1.602\times10^{-19}}\text{eV} = 1.68\text{eV}$$

由式（15-9），$e|U_a|=mv^2/2$，则得遏止电压为

$$|U_a|=(mv^2/2)\left(\frac{1}{e}\right)=1.68\text{eV}\times\left(\frac{1}{e}\right)=1.68\text{V}$$

15.2.4 光电效应的应用

光电效应在近代科学和技术中获得广泛应用．如光电管、光电倍增管等．光电管可使光信号转换成电信号，是光电传感器的核心器件之一．光电管的典型结构是将球形玻璃壳抽成真空，在内半球面上涂一层光电材料作为阴极，球心放置小球形或小环形金属作为阳极．光电管的灵敏度很高，可用于记录和测量光信号（如曝光表等），也广泛用于自动控制，如光控继电器、自动计数器、自动报警、自动跟踪等．图15-6为光控继电器示意图，它的工作原理是：当光照在光电管上时，光电管电路中产生电流，经过放大器放大，使电磁铁M磁化，而把衔铁N吸住；光断，则M放开N．这样，若使衔铁和控制机构连接，就可以进行自动控制了．

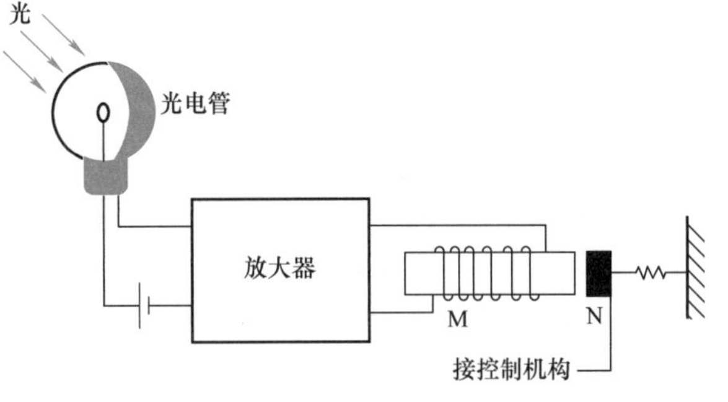

图15-6 光控继电器

为了增大光电流，通常在光电管的阴极K和阳极A之间加装若干个倍增电极K_1、K_2、K_3、…，制成光电倍增管（见图15-7）．阴极K电位最低，倍增极K_1、K_2、K_3、…的电位依次升高，阳极A电位最高．射在阴极上的光激发出光电子，由于倍增极K_1电位存在高于阴极电位，因此这些光电子被进行加速，并轰击倍增极K_1，倍增极K_1受到一定能量的电子轰击后，能放出更多的电子（称为二次电子）．由于每个倍增极设计成能充分接受前一极的二次电子的几何形状和在各个倍增极K_{i+1}和倍增极K_i之间都存在正电压，每一次轰击都会产生更多的二次电子，最后被阳极收集．光照到阴极K时，通过倍增电极的不断放大，光电流可以增大数百万倍，这种光电管可以测量非常微弱的光．它能在低能级光度学和光谱学方面测量波长200~1200nm的极微弱辐射功率．闪烁计数器的出现，扩大了光电倍增管的应用范围．激光检测仪器的发展与采用光电倍增管作为有效接收器密切有关．电视、电影的发射和图像传送也离不开光电倍增管．光电倍增管广泛地应用在冶金、电子、机械、化工、地质、医疗、核工业、天文和宇宙空间研究等领域．

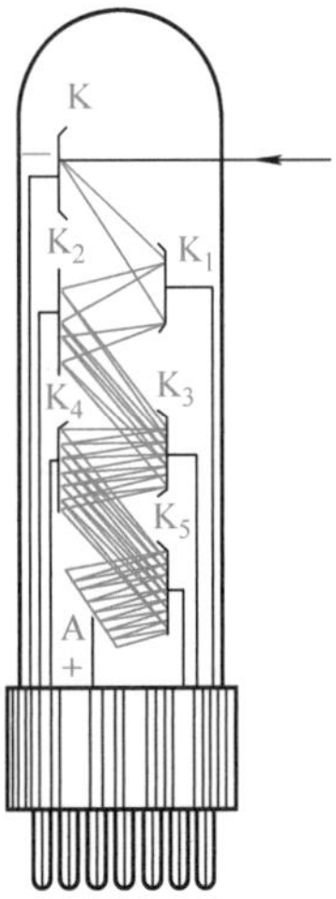

图15-7 光电倍增管

15.3 康普顿效应 电磁辐射的波粒二象性

15.3.1 康普顿效应

1923 年，康普顿（Compton，1892—1962）用单色的 X 射线通过物质的散射实验，进一步证实了光子的存在．图 15-8 是康普顿实验的示意图．由 X 射线管 R 发出的波长为 λ 的 X 射线，通过光阑 D 后，变成一狭窄的射线束，再入射到一块作为散射物质的石墨 C 上，然后，射线通过石墨向各方向发生散射．散射的方向可用图 15-8 所示的散射角 φ 表示．散射光的波长可借摄谱仪 S 测定．实验发现，在各方向的散射中，除了出现原来波长 λ_0 的散射光外，还出现了 $\lambda>\lambda_0$ 的散射光，即出现向长波方向移动的新射线，如图 15-9 所示．新射线的波长与原入射线的波长之差 $\Delta\lambda=\lambda-\lambda_0$ 随散射角 φ 的增大而增大，原波长谱线的强度随 φ 的增加而减小，波长为 λ 的谱线的强度随 φ 的增加而增加；而且在同一散射角下，波长的改变量与散射物质无关．上述现象称为**康普顿效应**．

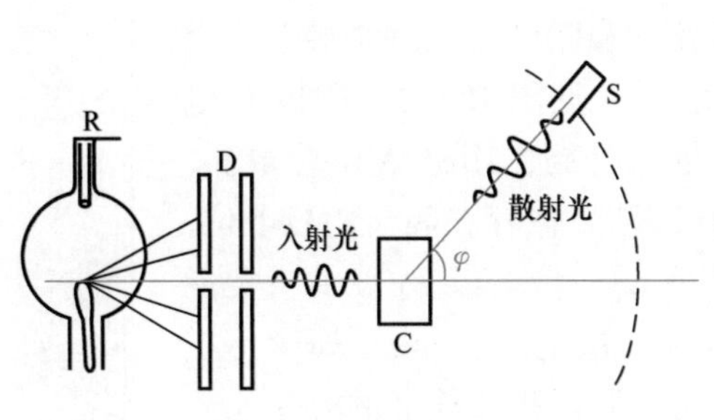

图 15-8 康普顿实验

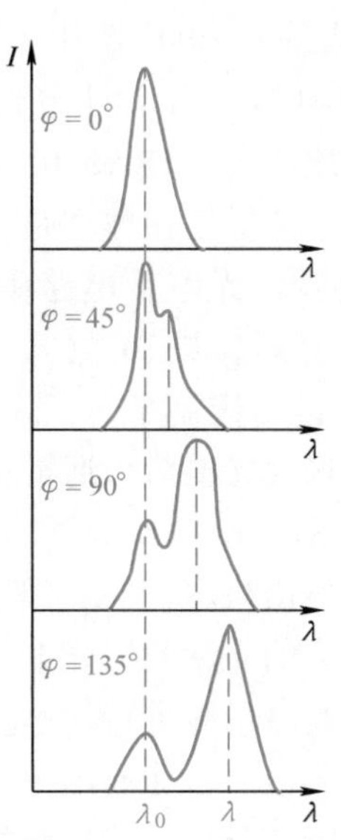

图 15-9 康普顿散射中，散射波长与散射角的关系

尽管康普顿已经获得了明确的实验数据，但限于其实验结果只涉及一种散射物质（石墨），难以令人信服．1923—1926 年，我国物理学家吴有训参与了康普顿 X 射线衍射实验，为了证明这一效应的普遍性，吴有训做了不同物质的 X 射线衍射实验，发现都存在康普顿效应的现象，并且证实，在同一散射角 φ 下，波长差 $\Delta\lambda$ 相同，即 $\Delta\lambda$ 与散射物质无关．另外，原波长 λ_0 谱线的强度随散射物质原子序数的增加而增加，波长为 λ 的谱线强度随原子序数的增加而减小．为康普顿效应的确认做出了重大贡献．

康普顿效应也无法用经典理论解释．按照经典电磁理论，波长为 λ 的入射光射到物质上，将迫使物质中的带电粒子做受迫振动，这些做受迫振动的带电粒子将发射出与入射光波长相同的电磁波，其波长应等于入射光的波长，不应发生波长的移动. 可见，康普顿效应与经典电磁理论相悖.

康普顿认为，只有按照光子论才能解释 X 射线散射中出现的波长移动现象. 如图 15-10 所示，当 X 射线入射到散射物质上时，可以近似地认为，入射光子将与物质中的自由电子发生弹性碰撞. 碰撞前，自由电子可近似看作是静止的. 频率为 ν_0 的光子沿 Ox 轴方向入射，碰撞后光子沿 φ 角的方向散射出去，电子则获得速度 v，沿 θ 角的方向运动. 可想而知，由于光子的速率为 $c=3\times10^8\mathrm{m\cdot s^{-1}}$，故电子获得的速度也不小，可与光速相比. 按狭义相对论的质量与能量的关系，电子在碰撞前、后的相应能量分别为 m_0c^2 和 mc^2. 其中，m_0 和 m 分别为电子在碰撞前、后的静止质量和运动质量.

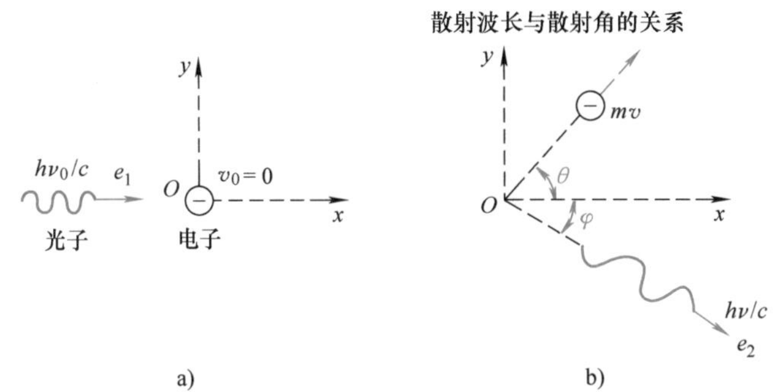

图 15-10　光子与自由电子的碰撞

a）碰撞前　b）碰撞后

在碰撞过程中，根据能量守恒定律，有

$$m_0c^2+h\nu_0=h\nu+mc^2$$

设沿光子的入射和散射方向的单位矢量分别为 $\boldsymbol{e}_1$ 和 $\boldsymbol{e}_2$，则光子的入射动量为$(h\nu_0/c)\boldsymbol{e}_1$，散射的动量为$(h\nu/c)\boldsymbol{e}_2$，根据动量守恒定律，沿 Ox 轴、Oy 轴方向的分量式分别为

$$\frac{h\nu_0}{c}=\frac{h\nu}{c}\cos\varphi+mv\cos\theta$$

$$0=-\frac{h\nu}{c}\sin\varphi+mv\sin\theta$$

按狭义相对论的质量与速度的关系，碰撞后的电子质量为 $m=m_0\,(1-v^2/c^2)^{-\frac{1}{2}}$，把它代入并联解以上各式，消去 v 和 θ，可得波长改变量 $\Delta\lambda$ 的公式为

$$\Delta\lambda=\lambda-\lambda_0=\frac{2h}{m_0c}\sin^2\frac{\varphi}{2}=2\lambda_c\sin^2\frac{\varphi}{2} \tag{15-16}$$

令 $\lambda_c=\dfrac{h}{m_0c}=2.426\times10^{-3}\mathrm{nm}$，称作电子的康普顿波长. 上式说明波长的改变量 $\Delta\lambda=\lambda-\lambda_0$ 与散射物质以及入射光波长无关，仅由散射角 φ 决定，当散射角增大时，$\Delta\lambda$ 也随之增大. 这一结论与实验结果完全符合.

此外，在散射物质中，除了自由电子和被原子核束缚很弱的外层电子外，还有被原子核束缚得很紧的内层电子. 当 X 射线与内层电子发生弹性碰撞时，光子将与整个原子交换能量和动量. 因此, 式 (15-16) 中电子的静止质量 m_0 要代之以原子的静止质量 M_0. 由于 $M_0 >> m_0$, 根据碰撞理论, 光子碰撞后不会显著地失去能量, 所以 $\Delta\lambda = \frac{2h}{M_0 c}\sin^2\frac{\varphi}{2} \approx 0$, 这时散射光的波长几乎不变. 因此, 散射光中除了有波长移动的新射线外, 还有波长不变的射线.

康普顿的散射理论与实验完全符合, 曾在量子论的发展中起到过举足轻重的作用. 它不仅再一次验证了光子假设的正确性, 而且还证明了光子在与微观粒子的相互作用过程中也是严格遵守动量守恒定律和能量守恒定律的.

例题 15-5 波长 $\lambda = 0.1\text{nm}$ 的 X 射线与散射物中的自由电子相碰撞. 若从与入射线方向成 120° 角的方向去观察它们的散射谱线, 求散射谱线的波长和反冲电子的动能.

解 按康普顿散射公式 (15-16), 在与入射线成 120° 角方向上观测到散射谱线的波长为

$$\lambda = \lambda_0 + \frac{2h}{m_0 c}\sin^2\frac{\theta}{2} = \left(1\times10^{-10} + \frac{2\times6.63\times10^{-34}}{9.1\times10^{-31}\times3\times10^{8}}\sin^2 60°\right)\text{m} = 1.036\times10^{-10}\text{m} = 0.1036\text{nm}$$

根据能量守恒, 反冲电子获得的动能就是入射光子与散射光子能量的差值, 即

$$E_k = mc^2 - m_0c^2 = h\nu_0 - h\nu = hc\left(\frac{1}{\lambda_0} - \frac{1}{\lambda}\right)$$

$$= \left[6.63\times10^{-34}\times3\times10^{8}\times\left(\frac{1}{1\times10^{-10}} - \frac{1}{1.036\times10^{-10}}\right)\right]\text{J} = 6.91\times10^{-17}\text{J}$$

15.3.2 电磁辐射的波粒二象性

迄今为止, 我们已经认识到, 光和所有电磁辐射在传播过程中所表现出来的干涉、衍射和偏振等现象相同, 说明它们具有波动性; 而在光电效应和康普顿效应等现象中, 当光或其他电磁辐射 (如 X 射线等) 和物体相互作用时, 表现为具有质量、动量和能量的微粒性. 因而它们具有波和粒子的两重性质. 这就是**电磁辐射的波粒二象性**.

实际上, 光子和电磁波两者并非互不相关, 而是以某种方式相互联系着的. 对此, 我们不做详述, 仅从统计角度做一诠释, 即**光的波动性应理解为大量光子的统计平均行为**; 并且**每个光子也具有波动性质**, 但这不是经典意义下的波, 而是一种具有统计规律性的波, 即**一个光子在某处出现的概率与该处的光强成正比**. 但出现时必是整个的光子, 而绝非一个光子的一部分. 光的干涉现象是这种 "概率波" 相干的结果: 明条纹或暗条纹处相应是光子出现的概率最大或最小的地方. 以后我们将看到, 像电子这类微观粒子也具有波粒二象性.

思考题

15-5 假如采用可见光 (如绿光, 其波长 $\lambda = 500\text{nm}$), 能不能观察到康普顿效应? 为什么?

15.4　氢原子光谱　玻尔的氢原子理论

15.4.1　氢原子光谱的规律性

在研究原子结构及其规律时，通常采用的实验方法有两种：一种是利用高能粒子对原子进行轰击；另一种则是观察原子在外界激发下辐射的光谱规律.

1. 原子的核型结构

1897 年，英国物理学家汤姆孙（Thomson，1856—1940）发现并确认电子是原子的组成部分之后，物理学面临的一个新课题就是探索原子内部的奥秘.

1911 年，英国物理学家卢瑟福（Rutherford，1871—1937）通过 α 粒子的散射实验探索了原子的内部结构. 在实验中，当高速运动的 α 粒子轰击金属箔时，发生了散射现象. 在分析实验结果的基础上，卢瑟福提出了**原子核式结构模型，即原子是由一个带正电的原子核和若干绕核运动的电子所组成，原子核的质量占原子质量的 99.9% 以上，而其半径仅是原子半径的万分之一**. 这个有核模型类似于太阳系中行星绕太阳运转，因此也称为**原子的行星模型**.

2. 氢原子光谱的规律性

使炽热的气态元素发光，用摄谱仪观察其生成的光谱，可以根据光谱的特征来分析其化学元素. 观察光谱时，通常在黑暗背景下，出现一些颜色不同的线状亮条纹，通常称为**光谱线**，一系列不连续的线状谱线组成的光谱称为**线光谱**.

氢原子是结构最简单的原子，因此其光谱情况也最简单. 用氢气放电管可以得到氢原子光谱. 通过对氢原子光谱的分析，可以进一步研究原子核外电子的运动规律. 1885 年，巴尔末（J. J. Balmer）发现，氢原子在可见光波段的光谱线波长可归纳为一个简单的公式

$$\frac{1}{\lambda}=R\left(\frac{1}{2^2}-\frac{1}{n^2}\right)\qquad (n=3,4,5,\cdots)\tag{15-17}$$

式中，R 称为里德伯常量（Rydberg constant），$R=1.096776\times10^7\,\mathrm{m}^{-1}$. 满足式（15-17）的光谱，称为**巴尔末线系**.

后来，莱曼、帕邢、布拉开、普丰德等人通过进一步观察发现，氢原子在紫外、红外波段的光谱分别满足以下各关系式，分别称为**莱曼**线系（Lyman series）

$$\frac{1}{\lambda}=R\left(\frac{1}{1^2}-\frac{1}{n^2}\right)\qquad (n=2,3,4,\cdots)\tag{15-17a}$$

帕邢线系（Paschen series）

$$\frac{1}{\lambda}=R\left(\frac{1}{3^2}-\frac{1}{n^2}\right)\qquad (n=4,5,6,\cdots)\tag{15-17b}$$

布拉开线系（Brackett series）

$$\frac{1}{\lambda}=R\left(\frac{1}{4^2}-\frac{1}{n^2}\right)\qquad (n=5,6,7,\cdots)\tag{15-17c}$$

和**普丰德**线系（Pfund series）

$$\frac{1}{\lambda}=R\left(\frac{1}{5^2}-\frac{1}{n^2}\right)\qquad (n=6,7,8,\cdots)\tag{15-17d}$$

分析上述各光谱线之间的内在联系，可得出如下的统一的公式，称为**广义巴耳末公式**：

$$\tilde{\nu}=\frac{1}{\lambda}=R_{\mathrm{H}}\left(\frac{1}{m^2}-\frac{1}{n^2}\right)\qquad \begin{pmatrix} m=1,2,3,\cdots \\ n=m+1,m+2,m+3,\cdots \end{pmatrix}\tag{15-18}$$

式中，$\tilde{\nu}$ 是**波长的倒数**，叫作**波数**；R_{H} 称为**里德伯常量**，它是由瑞典人里德伯（Rydberg，1854—1919）根据大量实验数据总结出来的，其实验值为 $R_{\mathrm{H}}=1.0967758\times107\mathrm{m}^{-1}$. m 可取整数值，当 $m=1$ 时，光谱处于远紫外线区，称为莱曼谱系；$m=2$ 时，光谱处于可见光区，称为巴耳末谱系；$m=3$ 时，称为帕邢谱系；$m=4$ 时，称为布拉开谱系；$m=5$ 时，称为普丰德谱系，这后三个谱系均在红外线区. 对应每一个谱系，n 可取整数值 $m+1$，$m+2$，$m+3$，…，分别表示该谱系中的不同谱线. 图 15-11 是一组氢原子的巴耳末系谱线图.

从式（15-18）得到的可见光以及紫外光、红外光的各组谱线的数值和实验结果十分符合，说明式（15-18）反映了氢原子结构的内部规律. 从而为原子结构理论的建立提供了依据.

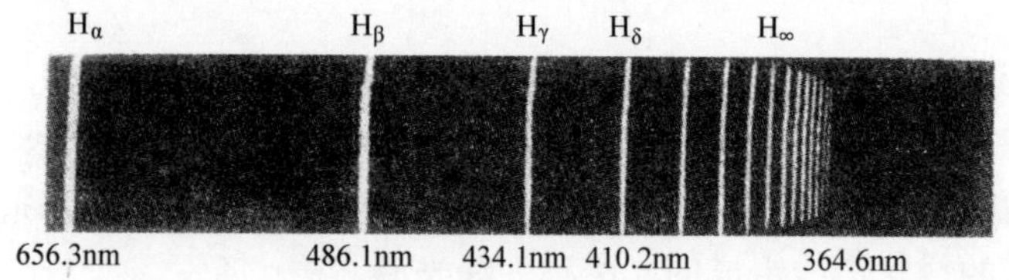

图 15-11　氢原子光谱的巴耳末系谱线图

3. 用经典理论解释原子结构所遇到的困难

氢原子光谱的分立谱线结构与经典物理理论相矛盾. 按照经典电动力学，绕核运动的电子做加速运动，因而电子将不断向外辐射电磁波，这样，它的能量会不断减少，从而电子运动的半径越来越小，电子逐渐靠近原子核，最后落入原子核中. 如此说来，原子应是一个不稳定的结构，这和实验结果不相符合. 事实上，原子结构是相当稳定的. 再者，电子辐射电磁波的频率应等于电子绕核旋转的频率，而且由于电子在旋转时能量逐渐减少，其轨道势必越来越小，相应的频率便越来越高，即电子绕核旋转的频率在连续地变化，电子辐射的电磁波的频率也在连续地变化，因而所呈现的原子光谱应是连续光谱. 显然这与实际观测到的线状光谱也是完全不符的. 综上所述，用经典理论来解释原子内电子的运动情形和原子光谱，遇到了不可克服的困难.

15.4.2　玻尔的氢原子理论

为了解决上述困难，1913 年，玻尔（Bohr，1885—1962）以原子有核模型为基础，结合上述原子光谱的规律，发展了普朗克的量子概念，提出了原子结构量子论的两个基本假设.

1. 定态假设

电子只能在一定轨道上绕核做圆周运动，只有在电子的角动量 L_φ 的值等于 $h/(2\pi)$ 的整

数倍的轨道上，运动才是稳定的，即

$$L_{\varphi}=n\frac{h}{2\pi} \tag{15-19}$$

式中，$L_{\varphi}=mvr$ 称为**轨道角动量**，其中 m、v、r 分别是电子的质量、运动速度和轨道半径；h 是普朗克常量；n 叫作量子数，可取正整数 1，2，3，…. 式（15-19）称为**玻尔的角动量量子化条件**.

电子在上述特定轨道上运动时，不向外辐射电磁波，这时电子处于稳定状态（称为定态），对应这些不连续的定态，氢原子具有一系列不连续的能量 E_1，E_2，…，E_n. 这种不连续的能量的量值称为**能级**.

2. 跃迁假设

当原子发射或吸收辐射时，原子的能量从定态 E_n 跃迁到定态 E_m，它发射或吸收的单色光的频率由下式决定：

$$h\nu=|E_n-E_m| \tag{15-20}$$

式（15-20）称为玻尔的频率条件. 当 $E_n>E_m$ 时，原子发出辐射，当 $E_n<E_m$ 时，原子吸收辐射.

玻尔根据以上两个基本假设，推出了氢原子的能级公式，成功地解释了氢原子光谱的规律性.

设氢原子中，质量为 m 的电子在半径为 r_n 的圆形轨道上以速率 v 绕核运动，电子的电荷为 e，它受到的库仑力便是向心力. 按牛顿第二定律，有

$$m\frac{v^2}{r_n}=\frac{1}{4\pi\varepsilon_0}\frac{e^2}{r_n^2} \tag{15-21}$$

将式（15-21）和式（15-19）联立，可解得氢原子中第 n 个稳定轨道的半径为

$$r_n=\frac{\varepsilon_0 h^2}{\pi me^2}n^2 \qquad (n=1,2,3,\cdots) \tag{15-22}$$

当 $n=1$ 时，$r_1=\varepsilon_0 h^2/(\pi me^2)$ 为最靠近原子核的轨道的半径. 由于 ε_0、h、m、e 皆为已知的常量，由计算可得 $r_1=0.529\times10^{-10}\text{m}$，$r_1$ 称为**玻尔半径**. 因此，式（15-22）也可写作

$$r_n=n^2 r_1 \qquad (n=1,2,3,\cdots) \tag{15-23}$$

由式（15-23）可得氢原子中电子绕核运动的轨道半径可能值为 r_1，$4r_1$，$9r_1$，…. 所以原子中电子的轨道半径只能取某些不连续的值. 这就是所谓**轨道半径的量子化**；或者说**电子的轨道是量子化的**.

再说氢原子的能量. 电子在第 n 个轨道上运动时，原子的总能量 E_n 应等于电子的动能 $mv_n^2/2$ 与电子在原子核电场中的电势能 $-e^2/(4\pi\varepsilon_0 r_n)$ 之代数和，即

$$E_n=\frac{1}{2}mv_n^2-\frac{e^2}{4\pi\varepsilon_0 r_n}$$

由式（15-21）得 $mv_n^2/2=e^2/(8\pi\varepsilon_0 r_n)$，代入上式，再将式（15-22）的 r_n 代入，得

$$E_n = -\frac{me^4}{8\varepsilon_0^2 h^2}\frac{1}{n^2} \qquad (n=1,2,3,\cdots) \tag{15-24}$$

当 $n=1$ 时，$E_1 = -me^4/(8\varepsilon_0^2 h^2)$，将已知的物理常量 m、e、ε_0、h 代入，可算出 $E_1 = -13.6\text{eV}$. E_1是电子处于第一轨道（$n=1$）时，氢原子所拥有的能量，称为氢原子的**基态能量**. 氢原子处于基态时，能量最小，最为稳定. 我们也可将式（15-24）写作

$$E_n = \frac{E_1}{n^2} \qquad (n=1,2,3,\cdots) \tag{15-25}$$

量子数 $n>1$ 的各个状态的能量 $E_2 = E_1/4$，$E_3 = E_1/9$，$E_4 = E_1/16$，…，分别称为**受激态（或激发态）**. 由此可见，由于原子内的电子只能在一些稳定的量子轨道上运动，因此原子所具有的能量 E_n 也是不连续的，即只能具有 E_1，E_2，E_3，…特定的数值，或者说，**原子的能量也是量子化的**.

既然原子能量数值的高低像一级一级的阶梯一样，形成分立的序列，如式（15-21）那样，通常我们就把这种**不相连续的能量数值叫作原子的能级**.

由式（15-22）和式（15-24）可知，当 $n\to\infty$ 时，$r_n\to\infty$，$E_n=0$，电子离核无限远，能量最大（即等于零），此时氢原子处于**电离状态**. 电子从基态跃迁到电离状态需要的能量为 13.6eV，亦即氢原子的**电离**能为 13.6eV.

综上所述，由于氢原子中电子轨道是量子化的，则其能量也是量子化的. 氢原子所允许拥有的能量值可以用**能级图**来表示，如图 15-12 所示. 能级图上的每一根水平线代表 E_n 的一个数值，即为一个能级，所以式（15-24）也称为**氢原子的能级公式**.

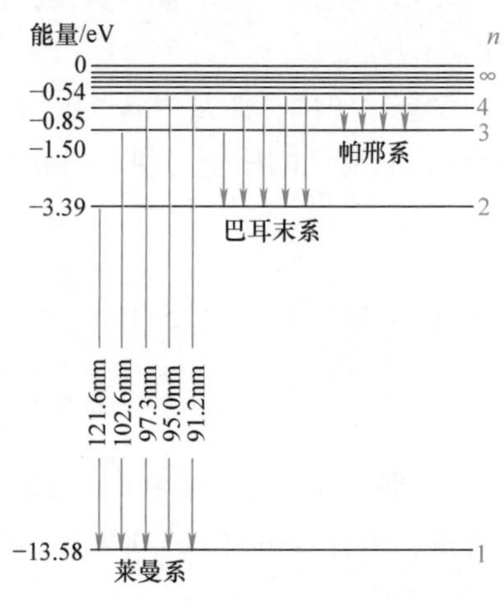

图 15-12 氢原子的能级图

根据玻尔假设，当电子从较高能级 E_n 跃迁到某较低能级 E_m 时，辐射出频率为 ν 的光子，光子的能量为

$$h\nu = E_n - E_m$$

将能级公式和 $\nu = c/\lambda$ 代入上式，可得

$$\tilde{\nu} = \frac{1}{\lambda} = \frac{E_n - E_m}{hc} = \frac{me^4}{8\varepsilon_0^2 h^3 c}\left(\frac{1}{m^2} - \frac{1}{n^2}\right) \tag{15-26}$$

式中，c 是真空中的光速，$c \approx 3\times10^8\text{m}\cdot\text{s}^{-1}$. 将式（15-26）和式（15-18）比较，可知它就是广义巴耳末公式，其中里德伯常量 $R_H = \frac{me^4}{8\varepsilon_0^2 h^3 c} = 1.09737\times10^7\text{m}^{-1}$，这个结果和实验符合得很好.

令式（15-26）中 $m=1$，2，3，4，…，可以分别得到莱曼、巴耳末、帕邢、布拉开、普丰德等谱系.

15.4.3 弗兰克－赫兹实验

1914 年，弗兰克和赫兹从实验上证明了原子中存在分立能级，从而对玻尔的量子论给

出了直接的证明.

弗兰克 - 赫兹的实验装置如图 15-13 所示. 玻璃管 C 中充满低压汞蒸气，电子从加热的灯丝 F 发射出来，在加速电压 U_0 的作用下被加速，并向栅极 G 运动，在栅极 G 和极板 P 之间，有一很小的反向电压 U，电子穿过 G 到达 P，于是在电路中观察到板极电流 I_P.

板极电流随加速电压的变化曲线如图 15-14 所示，由图可见，板极电流并非总是随加速电压的增加而持续增大，而是出现一系列交替的峰谷值. 板极电流出现第一个峰值时对应加速电压为 4.9V，第二个板极电流峰值对应的加速电压为 9.8V，第三个板极电流峰值对应的加速电压为 14.7V. 对此实验结果可做如下解释：设汞原子的基态能量为 E_1，第一激发态能量为 E_2. 当动能为 E_k 的电子和汞原子相碰时，若 $E_k < E_2 - E_1$，电子不能使汞原子激发，电子的动能没有损失，电子与汞原子之间的碰撞为弹性碰撞，板极电流将随加速电压的增加而增加. 当 $E_k \geqslant E_2 - E_1$ 时，汞原子可以从电子得到 $E_2 - E_1$ 的能量，从基态跃迁到第一激发态，这时，电子与原子间的碰撞是非弹性碰撞. 由于电子将其动能的全部或大部分传递给了汞原子，电子的动能急剧减少，板极电流急剧下降. 则图中出现了第一个波谷. 随着加速电压的增加，电子的动能逐渐增加，板极电流也逐渐增加，但是，当电子的能量大于等于 $E_2 - E_1$ 的两倍时，电子可以连续与两个汞原子发生非弹性碰撞，使两个汞原子从基态跃迁到第一激发态，这时，电子的能量又急剧下降，对应曲线上的第二个波谷，其他的峰谷值以此类推. 由于相邻的板极电流峰值所对应的电压都是 4.9V，所以，可以认为汞原子第一激发态与基态的能级差为 4.9eV，当受激发的汞原子从第一激发态跃迁到基态时，按照玻尔理论，所发射的光波波长

$$\lambda = \frac{hc}{E_2 - E_1} = \left(\frac{3 \times 10^8 \times 6.63 \times 10^{-34}}{4.9 \times 1.6 \times 10^{-19}}\right)\text{m} = 254\text{nm}$$

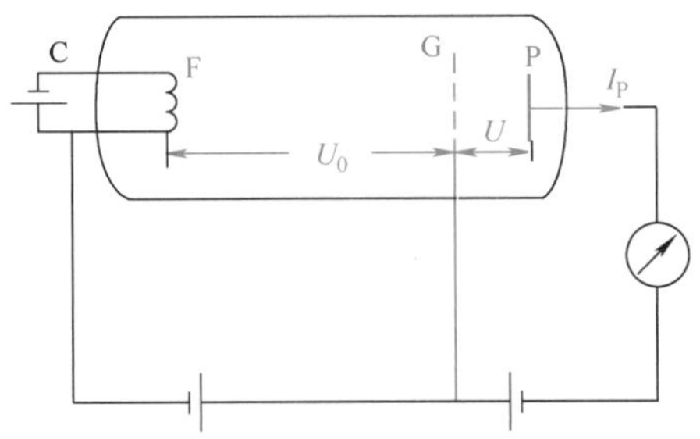

图 15-13　弗兰克 - 赫兹的实验装置图

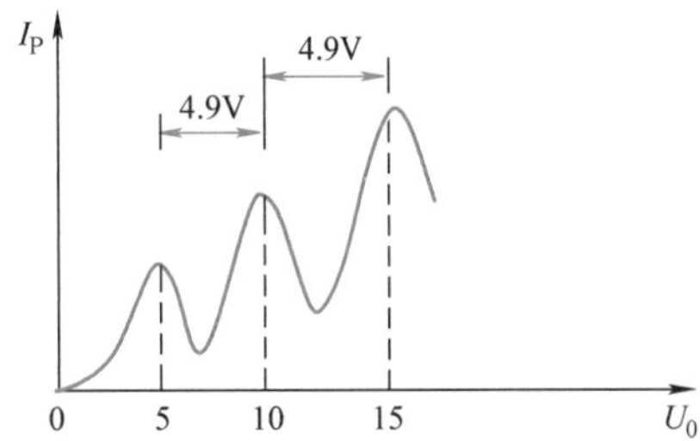

图 15-14　板极电流随加速电压的变化曲线

实验中确实观测到了与上述波长相符的谱线. 弗兰克 - 赫兹实验证明了原子能级的存在，证明了原子能级是分立的、不连续的、量子化的. 从而验证了玻尔氢原子理论的正确性.

玻尔的氢原子理论成功地解释了氢原子光谱的规律性，因而，在一定程度上，它反映了原子内部的运动规律，对量子力学的建立起到了巨大的推动作用. 而且，玻尔所提出的“定态”“能级”“量子跃迁”等概念，至今仍然是正确的，具有深远的影响. 然而，由于

这个理论只不过是经典理论和量子理论的混合物，因此带有很大的局限性和缺陷．不能解释多原子光谱，不能说明原子是如何结合成分子的，等等，我们把玻尔的量子理论称为**早期量子论**（或旧量子论）．1926 年，海森伯、薛定谔、玻恩等人在旧量子论和德布罗意物质波的基础上建立了量子力学理论，才全面和正确地揭示了微观世界原子运动的规律．

思考题

15-6 （1）玻尔对原子的机制提出了哪几点假设？他是在什么前提下提出的？根据这些假设可以得到哪些结果？解决了什么问题？（2）试述能级的意义．能级图中最高和最低的两条水平横线各表示电子处于什么状态？

例题 15-6 求氢原子的电离能，即把电子从 $n=1$ 的轨道移到离原子核无限远处（$n=\infty$）时氢原子变成氢离子所需的功．

分析 由氢原子的能级公式

$$E_n=-\frac{me^4}{8\varepsilon_0^2n^2h^2}$$

可以看出，E_n随 n 而增大，并随 $n\to\infty$ 时趋于零．但电子在 $E_\infty=0$ 时就不再受到原子核吸引力的束缚，即被游离出去，脱离原子，而使原子成为带正电的离子．因此，如用电子束轰击原子，使原子获得能量，而从基态能级 E_1 跃迁到能级 $E_\infty=0$，就会使原子电离．给原子提供的这一部分能量 $\Delta E=E_\infty-E_1=0-E_1=-E_1$ 就是原子的**电离能**．

解 对氢原子来说，电子在轨道 $n=1$ 时，氢原子的能量为 E_1，电子离原子核无限远时，$E_\infty=0$，则得氢原子电离能为

$$\Delta E=E_\infty-E_1=-E_1=\frac{me^4}{8\varepsilon_0^2h^2}$$

将各量的数值代入，得

$$\Delta E=\frac{9.11\times10^{-31}\text{kg}\times(1.60\times10^{-19}\text{C})^4}{8\times(8.85\times10^{-12}\text{C}^2\cdot\text{N}^{-1}\cdot\text{m}^{-2})^2\times(6.63\times10^{-34}\text{J}\cdot\text{s})^2}=2.17\times10^{-18}\text{J}=13.6\text{eV}$$

上述氢原子电离能数值和实验值 13.58eV 很接近（见图 15-12）．

说明

若提供给原子系统的能量大于它的电离能 ΔE，则游离出去的电子还可以有动能，此后，由于游离的电子已不再受原子的束缚，因而它的能量不再服从量子条件，即不取分立值，而是连续变化的．

例题 15-7 在气体放电管中，用携带着能量 12.2eV 的电子去轰击氢原子，试确定此时的氢可能辐射的谱线的波长．

解 氢原子所能吸收的最大能量就等于对它轰击的电子所携带的能量 12.2eV．氢原子吸收这一能量后，将由基态能级 $E_1\approx-13.6\text{eV}$ 激发到更高的能级 E_n，如例题 15-7 图所示．而

$$E_n=E_1+12.2\text{eV}=-13.6\text{eV}+12.2\text{eV}=-1.4\text{eV}$$

于是由式（15-25）有

$$E_n = \frac{E_1}{n^2}$$

因 $E_1 = -13.6\text{eV}$，故由上式有

$$-1.4\text{eV} = \frac{-13.6\text{eV}}{n^2}$$

即与激发态 E_n 相对应的 n 值为

$$n = 3.12$$

因 n 只能是正整数，所以能够达到的激发态对应于 $n=3$. 这样，当电子从这个激发态跃迁回到基态时，将可能发出三种不同波长的谱线，它们分别相应于如例题 15-7 图所示的三种跃迁：$n=3$ 到 $n=2$，$n=2$ 到 $n=1$ 和 $n=3$ 到 $n=1$，由式（15-26）其波长分别为

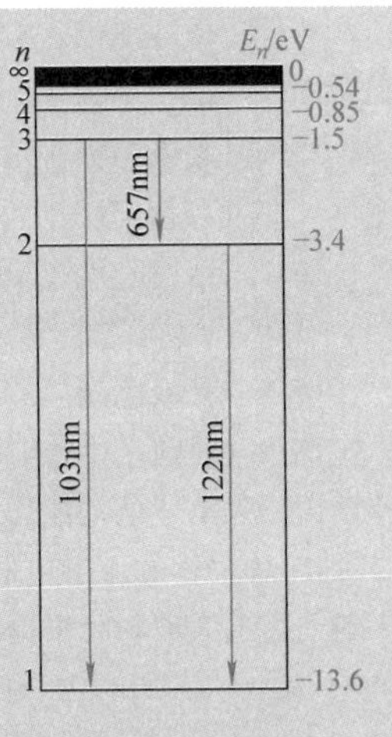

例题 15-7 图

$$\frac{1}{\lambda} = \frac{E_n - E_m}{hc} = R\left(\frac{1}{m^2} - \frac{1}{n^2}\right)$$

$$\lambda_{3\to1} = \frac{hc}{E_3 - E_1} = \frac{6.63\times10^{-34}\times3\times10^8}{\left[\left(-\frac{13.6}{3^2}\right) - (-13.6)\right]\times1.6\times10^{-19}}\text{m} = 103\text{nm}$$

$$\lambda_{3\to2} = \frac{hc}{E_3 - E_2} = \frac{6.63\times10^{-34}\times3\times10^8}{\left[\left(-\frac{13.6}{3^2}\right) - \left(-\frac{13.6}{2^2}\right)\right]\times1.6\times10^{-19}}\text{m} = 657\text{nm}$$

$$\lambda_{2\to1} = \frac{hc}{E_2 - E_1} = \frac{6.63\times10^{-34}\times3\times10^8}{\left[\left(-\frac{13.6}{2^2}\right) - (-13.6)\right]\times1.6\times10^{-19}}\text{m} = 122\text{nm}$$

章后感悟

普朗克的能量子假设拉开了量子世界的序幕. 爱因斯坦在此启发下，提出了光量子假设，揭示了光的波粒二象性. 可以说，在量子力学建立之前的一段时间里，众多开创性成果的纷纷出现离不开物理学家们勇于创新的精神. 您觉得当今社会是否需要科学创新精神？为什么？您以后要如何做呢？

习题 15

15-1　设有一物体（可视作绝对黑体），其温度自 450K 增加为 900K，问其辐出度增加为原来的多少倍？　[答：16 倍]

15-2　从冶炼炉小孔内发出的辐射，对应于单色辐出度峰值的波长为 $\lambda_m = 11.6\times10^{-5}\text{cm}$，求炉内温度.　[答：2498K]

15-3　太阳在持续地进行热辐射，对应于单色辐出度峰值的波长为 $\lambda_m = 4.70\times10^{-7}\text{m}$，假定把太阳当作绝对黑体，试估算太阳表面的温度.　[答：$6.17\times10^3\text{K}$]

15-4　若把太阳看作半径为 $7.0\times10^8\text{m}$ 的球形黑体，太阳射到地球表面上每平方米的辐射能量为 $\varepsilon = 1.4\times10^3\text{W}$，地球与太阳的距离为 $r = 1.5\times10^{11}\text{m}$. 试估算太阳的温度.　[答：5803K]

15-5 在灯泡中，用电流加热钨丝，它的温度可达2000K，把钨丝看成绝对黑体，问辐射出对应于单色辐出度峰值的波长 λ_m 是多少？ [答：1.45×10^{-6}m]

15-6 北极星辐射光谱中出现对应于单色辐出度峰值的波长为 $\lambda_m=0.35\times10^{-3}$mm，求北极星表面的温度（把北极星看作绝对黑体）. [答：8.28×10^{3}K]

15-7 用波长为200nm的紫外光照射到金属铝的表面上，已知铝的电子逸出功为4.2eV，试求：(1) 光电子的初动能为多少？(2) 铝的红限波长为多少？ [答：(1) 2.0eV；(2) 296nm]

15-8 求绿色光（$\lambda=555$nm）光子的能量. [答：3.58×10^{-9}J]

15-9 使锂产生光电效应的光的最大波长为 $\lambda_{max}=520$nm. 若用波长为 $\lambda=\lambda_{max}/2$ 的光照射在锂上，锂所放出的光电子的动能为多少电子伏？ [答：2.39eV]

15-10 钨的逸出功是4.52eV，钡的逸出功是2.50eV. 分别计算恰使钨放射光电子和钡放射光电子的入射光之最大波长；根据计算结果说明哪一种金属可以作为使用于可见光范围内的光电管阴极的材料.
[答：$\lambda_{m_W}=2.75\times10^{-7}$m，$\lambda_{m_{Ba}}=4.97\times10^{-7}$m，钡可作为可见光范围内的阴极材料]

15-11 用波长分别为546.1nm和312.6nm的光照射在铯表面上而发生光电效应时，相应的遏止电压分别为0.374V和2.070V. 试求电子的电荷. [答：1.64×10^{-19}C]

15-12 波长为 $\lambda_0=0.02$nm的X射线与自由电子碰撞，若从与入射线成90°角的方向观察散射线，求：(1) 散射的X射线的波长；(2) 反冲电子的动能和动量.（假定被碰撞的电子可视作静止的）. [答：(1) 0.0224nm；(2) 6.7×10^{3}eV，4.44×10^{-23}kg·m·s^{-1}，$\theta=41.8°$]

15-13 根据玻尔理论，求氢原子在基态时各量的数值：(1) 量子数；(2) 轨道半径；(3) 角动量；(4) 线动量；(5) 角速度；(6) 线速度；(7) 势能；(8) 动能；(9) 总能量. [答：(1) 1；(2) 0.531×10^{-10}m；(3) 1.055×10^{-34}J·s；(4) 1.987×10^{-24}kg·m·s^{-1}；(5) 4.107×10^{16}rad·s^{-1}；(6) 2.181×10^{6}m·s^{-1}；(7) −27.2eV；(8) 13.6eV；(9) −13.6eV]

15-14 求氢原子中电子从 $n=4$ 的轨道跃迁到 $n=2$ 的轨道时，氢原子发射的光子的波长. [答：486nm]

15-15 氢原子在什么温度下，其平均平动动能等于使氢原子从基态跃迁到激发态 $n=2$ 所需的能量？[答：7.91×10^{4}K]

15-16 已知氢原子莱曼系的最大波长为121.6nm，求里德伯常量. [答：1.09649×10^{7}m^{-1}]

15-17 自由电子与氢原子碰撞时，若能使氢原子激发而辐射，问自由电子的动能最小为多少电子伏？[答：10.2eV]

15-18 对氢原子来说，试证：当量子数 $n>>1$ 时，从 n 跃迁到 $n-1$ 态所发射的光子的频率 ν 等于 n 态时电子的旋转频率 $\nu'=me^4/(4\varepsilon_0^2h^3n^3)$.

科学家轶事

吴有训——科学工作，在精细与有恒

吴有训（1897—1977），物理学家、教育家，是中国近代物理学研究的开拓者和奠基人之一. 1940年，地质系学生胡伦积请他题写赠言，吴有训欣然写下："科学工作，在精细与有恒."40多年后，胡伦积回忆起当时的情景仍感慨万千："这两句话在我学习地质科学中，是非常有指导意义的，这是老科学家自己学习实践的总结，也是老科学家对后辈科学工作者的诚恳希望."从吴有训教授的治学与科研来看，这也是他一生身体力行的准则.

吴有训师从著名物理学家康普顿教授. 在读博士学位期间，接受了验证康普顿效应的课题，夜以继日埋头于实验室里，进行艰苦的实验和严格的计算、分析、整理，终于获得了

15 种元素散射 X 线的光谱图．他的实验不管是在精细度还是在可靠性方面都无可挑剔，形成了对康普顿效应广泛适用性的强有力证明，引起科学界的关注．康普顿效应很快得到了学界的认可和接受，1927 年康普顿教授获得了诺贝尔物理学奖．吴有训的工作也得到了物理学界的重视，他的名字随之而闻名中外．

在科研工作中，吴有训坚持践行“精细与有恒”．他强调搞科学工作来不得半点马虎，一定要精益求精，并且要持之以恒、坚持到底．为了验证康普顿效应，他进行了上百次实验，整理了上百万字实验笔记．在公布实验结果后，哈佛大学一位教授提出异议，声称实验无法重复．吴有训对自己的实验充满信心，他核对了所有实验数据，确定无误后，亲自前往哈佛大学，当场演示了实验过程．他的动作熟练而果断，实验结果准确无误，博得了在场同行热烈的掌声，精细的实验完全消除了别人的疑虑．

吴有训教授经常教导学生，科学研究的道路并非平坦，要取得成就，必须做到持之以恒．钱三强因为听了吴有训关于康普顿效应的演讲，决定一定要来清华跟随吴先生学习．1932 年他如愿考入清华大学物理系，吴有训鼓励他：“你的愿望很好，只要脚踏实地努力，并持之以恒，一定能成功！”钱三强没有辜负老师的期望，为我国原子能事业的发展做出了重要贡献．而当年曾获得吴先生亲笔赠言的胡伦积，同样牢记老师的教诲，远赴东北，历任长春地质学院及东北大学教授，一干就是 40 多年，为我国地质事业的发展培养了大批人才．

应用拓展

光子芯片

光子芯片是用集成技术将光子导入到芯片内部，成为纳米级的芯片．主要通过使用芯片上的光波导、光束耦合器、电光调制器、光电探测器和激光器等仪器来操控光信号，应用于光通信领域（如光纤通信）、化学、生物或光谱传感器、计量、经典和量子信息处理等，是移动设备上的核心设备．

从国家战略安全和战略需求的角度看，光子芯片可以解决很多在数据处理时间长、无法实时处理、功耗高等应用领域的关键问题．例如，在远距离、高速运动目标的测距、测速和高分辨成像激光雷达上，在生物医药、纳米器件等的内部结构实现高分辨无损检测的新型计算显微关联成像装备上，在光计算、大数据处理等领域，光子芯片均可以发挥其高速并行、低功耗、微型化的优势．因此，谁能率先在光子芯片技术上实现突破，谁就能抢占光通信产业链的“制高点”．

在国家政策以及资金的大力扶植之下，我国已有数家企业在研发光子芯片的相关项目，像光束的收发模块、光处理模块已取到了突破性进展．2018 年，中国信科集团联合国家信息光电子创新中心实现我国首款 100Gb/s 硅光芯片的正式投产，标志着国内硅光芯片产业化的突破．2020 年，海信、亨通等部分国内企业也相继展示了自主研制的 400Gb/s 硅光模块样机．我国在硅光芯片研发和产业化方面已取得了一定的成绩．

第 16 章

量子力学简介

章前问题

既然微观粒子具有波动性（称为物质波），它的波函数是什么样子的？经典物理中一个简谐波的波函数描述了波传播过程中具有空间和时间周期性，对于波线上每一个质元，能够通过波函数求解任意时刻偏离平衡位置的位移，以及运动的速度等物理量. 物质波是否也会有类似的物理意义呢？

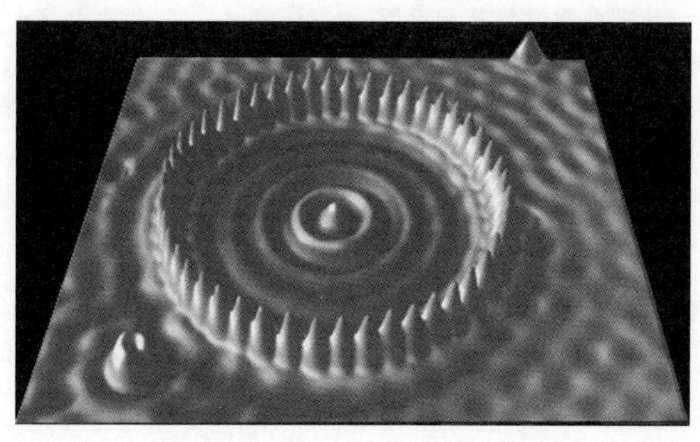

学习要点

1. 德布罗意假说；
2. 德布罗意关系；
3. 实物粒子的波粒二象性；
4. 海森伯的不确定关系；
5. 波函数及其统计解释；
6. 波函数的标准化条件；
7. 波函数的态叠加原理；
8. 薛定谔方程；
9. 定态薛定谔方程；
10. 一维无限深势阱；
11. 方势垒、隧道效应；
12. 一维线性谐振子.

早期量子论虽然取得一定的成就，但由于它还带有半经典的性质，难以完满地解释微观过程. 1924 年德布罗意提出物质波概念，1926 年薛定谔建立了物质波满足的微分方程，1927 年海森伯给出实物粒子的不确定关系，同年，波恩给出了物质波波函数的统计诠释，至此，量子力学建立.

16.1　德布罗意假设　海森伯的不确定关系

16.1.1　德布罗意假设　实物粒子的波粒二象性

演示实验——电子衍射

面对描述微观粒子运动规律所遇到的困难和挑战，1924 年法国青年物理学家德布罗意（de Broglie，1892—1987）提出了一个耐人寻味的话题，他认为："整个世纪以来，在光学中，如果说波的研究方法过于忽视粒子，那么在实物粒子的理论上，是不是发生了相反的错误，把粒子的图像想得太多，而过分忽略了波的图像呢?"于是，他就提出了一个大胆的假设：不仅**电磁辐射具有波粒二象性，一切实物粒子也都具有波粒二象性**.

德布罗意认为：**一个动量为 p、能量为 E 的自由粒子，对应于一频率为 ν 和波长为 λ 的平面单色波，它们之间的联系如同光子与光波的关系一样**，即

$$E = h\nu \tag{16-1}$$

$$p = \frac{h}{\lambda} \tag{16-2}$$

按照上述假设，若粒子的动量值为 $p = mv$（粒子的质量为 m，速度为 v），则对应于这个粒子的平面单色波的波长为

> 自由粒子是指不受任何外力作用的微观粒子，它是做匀速直线运动的.

$$\lambda = \frac{h}{p} = \frac{h}{mv} \tag{16-3}$$

上式称为**德布罗意公式**，这种波称为**德布罗意波**或**物质波**. 若粒子的速度 $v \ll c$，则上式中的粒子质量 m 即为静止质量 m_0，即 $m = m_0$；否则，应按相对论的质速关系 $m = m_0/(1 - v^2/c^2)^{\frac{1}{2}}$. 德布罗意波不久就被实验所证实.

1927 年，戴维孙（Davisson，1881—1958）和革末（Germer，1896—1971）做电子束在晶体表面上的散射实验，观测到了类似于 X 射线衍射的电子衍射现象. 首先证明了电子具有波动性. 其实验装置如图 16-1 所示，整个装置封闭在真空中，电子从热灯丝 K 上射出，通过电压为 U_{KD}的电场加速，然后通过阑缝 D 成为窄细的平行电子束，投射到单晶体 A 上，并在晶体表面上反射进入集电器 B，电子流的强度 I 可用与 B 相连的电流计 G 来测量. 实验时，图示的两角 θ 保持相等而且不变. 当改变加速电压 U_{KD}时，量度相应的电子流 I，即可得出 U_{KD}与 I 的关系. 由于电子束和晶体碰撞后，可能沿各个不同方向散射. 所以在上述实验的条件下所测定的，是入射电子束中能够按照反射定律所给出的方向运动的电子数目和加速电压 U_{KD}之间的关系. 实验结果指出，单调地增大加速电

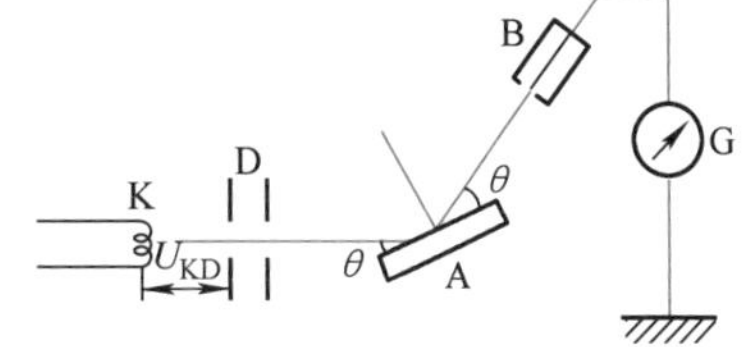

图 16-1　电子在晶体上衍射示意图

压 U_{KD}时，电流 I 并不单调增加，而显现一系列的极大值，这与 X 射线在晶体上的布拉格衍射十分相似. 如果认为电子具有波动性，其波长为 λ，则它应满足布拉格方程

$$2d\sin\theta = k\lambda \quad (k=1,2,3,\cdots) \tag{16-4}$$

他们在实验中用 54V 的加速电压，在 $\theta=50°$处测得电子射线强度有一极大值. 已知镍晶体的晶格常量 $d=0.1075\text{nm}$，取 $k=1$，代入上式，得

$$\lambda = 2\times 0.1075\text{nm}\times\sin50° = 0.165\text{nm}$$

又由电子动能 $mv^2/2=eU_{KD}$，有 $v=\sqrt{2eU_{KD}/m}$，又已知 $U_{KD}=54\text{V}$，一并代入德布罗意公式(16-3)，可算得

$$\lambda = h/\sqrt{2emU_{KD}} = 1.23/\sqrt{U_{KD}}\text{nm} = 1.23/\sqrt{54}\text{nm} = 0.167\text{nm}$$

这就表明，戴维孙－革末的实验测量值与德布罗意公式的理论计算值相符合，从而证实了德布罗意公式的正确性.

同年，汤姆孙（G. P. Thomson）所做的电子衍射实验如图 16-2a 所示. 电子从热灯丝 K 射出，经加速电压 U_{KD}加速后，通过阑缝 D 形成很细的电子束，电子束穿过一薄晶片（金属箔）M 后，照射到照相底片 P 上，在底片上就显示出有规律的条纹，如图 16-2b 所示. 这和 X 射线通过金属箔片时所发生的衍射条纹极为相似. 因此可说明电子和 X 射线一样，在通过金属箔片时有衍射现象，即显示出电子具有波动性；并且按照德布罗意公式算出的电子的波长，也与这个实验获得的数据和结果相符合. 这就充分证实了德布罗意假设的正确性. 而且，实验证明各种粒子（如原子、分子和中子等微观粒子）也都具有同样的波动性；并确认德布罗意公式是表征所有实物粒子波动性和粒子性关系的基本公式.

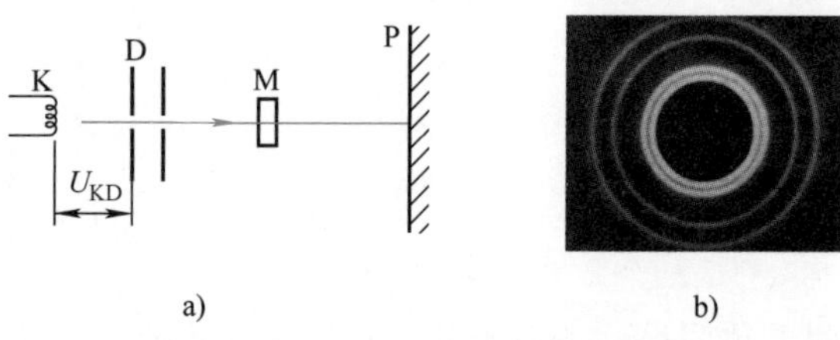

图 16-2 电子通过金箔的衍射实验

思维拓展

16-1 电子显微镜是利用电子的波动性来探测样品的结构和性质. 若一个电子在加速后，获得的德布罗意波长为 0.2nm，能否用一个波长为 0.2nm 的 X 射线代替电子进行测量呢？

思考题

16-1 （1）试述微观粒子的波粒二象性. 为何我们在平时未能觉察到物质的波动性？（2）求动能为 1.00×10^5 eV 的电子的物质波波长.

例题 16-1　设有一质量 $m=10^{-6}\text{g}$ 的微粒，以速度 $v=1\text{cm}\cdot\text{s}^{-1}$ 运动，求此微粒的德布罗意波波长.

解　按德布罗意公式（16-3），所求波长为

$$\lambda=\frac{h}{p}=\frac{h}{mv}=\frac{6.63\times10^{-34}\text{J}\cdot\text{s}}{10^{-9}\text{kg}\times10^{-2}\text{m}\cdot\text{s}^{-1}}=6.63\times10^{-23}\text{m}$$

说明

对于如此短的波长，目前尚无能够观察出其波动性的精密仪器. 我们知道，在宏观领域内，粒子的质量比 10^{-6} g 大得多，速度也多有比 $1\text{cm}\cdot\text{s}^{-1}$ 更高的. 因此，从上式可以推想，它们的物质波波长将更短. 所以我们通常未能觉察到宏观粒子的波动性，而只能体察到它的粒子性.

例题 16-2　已知电子的质量 $m=9.11\times10^{-31}\text{kg}$，当它以速度 $v=10^{6}\text{m}\cdot\text{s}^{-1}$ 运动时，求电子波的波长.

解　所求的电子波波长为

$$\lambda=\frac{h}{mv}=\frac{6.63\times10^{-34}\text{J}\cdot\text{s}}{9.11\times10^{-31}\text{kg}\times10^{6}\text{m}\cdot\text{s}^{-1}}=7.28\times10^{-10}\text{m}=0.728\text{nm}$$

说明

上述波长和 X 射线波长的数量级相同. 所以，我们在电子衍射实验中用薄金箔当作光栅（薄金箔内原子有规则排列着，原子的间距比上述波长更小，好像光栅的狭缝），就可以观察到物质波的衍射现象. 说明在微观领域内，粒子突显其波动性.

16.1.2　海森伯的不确定关系

在经典力学中，可以同时用确定的位置坐标和确定的动量来描述宏观物体的运动. 对于微观粒子，因为它具有波动性，我们是否能同时用确定的位置坐标和确定的动量来描述它的运动呢?

下面以电子的单缝衍射为例来进行研究. 设有一束电子沿 Oy 轴射向 AB 屏上的狭缝，狭缝宽度为 a，入射电子的动量为 p，则在照相底片 ED 上可观察到单缝衍射图样，如图 16-3 所示.

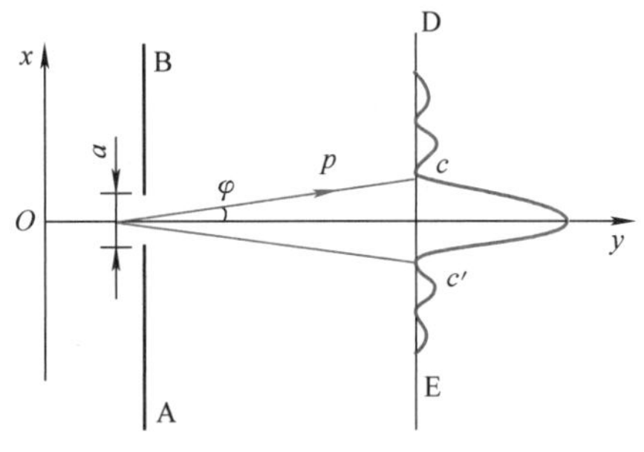

图 16-3　电子的单缝衍射

当一个电子通过狭缝的瞬时，我们很难确切地回答其位置坐标 x 为多少. 然而，该电子确实是通过了狭缝，因此，我们可以准确地确定电子的位置坐标在 $\Delta x=a$ 的范围内. Δx 称之为电子在 Ox 轴方向位置的不确定量，即电子通过狭缝的瞬时，它在

Ox 轴上的位置可以准确到狭缝的宽度.

现在再来研究电子经狭缝时在 Ox 轴方向的动量是否确定? 由衍射图样分析可知, 电子经狭缝时可能向各个方向运动, 现做保守的估计, 假设电子经狭缝后射向底片 cc'之间 (c、c'是衍射条纹第一级极小的位置). 射向 c (或 c') 点的电子在 Ox 轴方向的动量为 $p\sin\varphi$. 因此, 电子在 Ox 轴方向动量的可能值应介于 0 与 $p\sin\varphi$ 之间, 即电子经狭缝时在 Ox 轴方向的动量也是不确定的, 其不确定量为

$$\Delta p_x = p\sin\varphi \tag{16-5}$$

对于衍射条纹的第一级极小, 有

$$a\sin\varphi = \lambda$$

或

$$\sin\varphi = \frac{\lambda}{a} = \frac{\lambda}{\Delta x}$$

代入式 (16-5), 得

$$\Delta p_x = p\,\frac{\lambda}{\Delta x}$$

由德布罗意公式 $\lambda = h/p$, 上式可写成

$$\Delta p_x = \frac{h}{\Delta x}$$

即

$$\Delta x \Delta p_x = h \tag{16-6}$$

在以上分析中, 只考虑了电子经狭缝后的一级极小, 即 cc'之间的位置, 实际上电子也可能射向底片 cc'区域之外, 则 $\sin\varphi$ 比 λ/a 还要大, 所以 $\Delta p_x \geqslant h/\Delta x$, 即

$$\Delta x \Delta p_x \geqslant h \tag{16-7}$$

这个关系式称为**海森伯不确定关系**, 是德国物理学家海森伯 (Heisenberg, 1901—1976) 于 1927 年提出来的. 它表明, **微观粒子的位置坐标和动量是不可能同时准确测定的**. 亦即, 如果微观粒子位置的不确定量 Δx 越小 (即电子衍射时, 缝越窄), 则其动量的不确定量 Δp_x就越大 (即电子衍射条纹就扩展得越宽). 总之, 微观粒子无法摆脱不确定关系的限制, 这种限制与所用仪器的精度和实验者的能力是无关的. 它是微观世界的一条自然定律, 也是微观粒子波动性这一根本属性所导致的必然结果. 由于这个限制, 我们不能再用 "位置坐标" 和动量来描述微观粒子的运动状态, 因而 "轨道" 这一概念在微观领域中也失去了意义. 因为轨道的概念是建立在位置坐标和动量同时具有确定值的基础上的.

式 (16-7) 只是借助特例粗略导出的, 严格的量子力学理论给出的表达式为

$$\Delta x \Delta p_x \geqslant \frac{h}{4\pi} \tag{16-8}$$

在物理学中还常引入另一个常用的量

$$\hbar = \frac{h}{2\pi}$$

$\hbar$ 读作 "h - bar", 于是, 式 (16-8) 可写作

$$\Delta x \Delta p_x \geqslant \frac{\hbar}{2} \tag{16-9}$$

上式常被简写作

$$\Delta x\Delta p_x \geqslant \hbar \tag{16-10}$$

式（16-7）、式（16-9）和式（16-10）并无本质上区别，因为它们本来就是同一数量级上的估算，以后我们常采用式（16-10）.

当粒子的运动不是一维而是三维的时候，式（16-10）在 x、y、z 三个方向都成立，即

$$\begin{aligned}\Delta x\Delta p_x \geqslant \hbar \\ \Delta y\Delta p_y \geqslant \hbar \\ \Delta z\Delta p_z \geqslant \hbar\end{aligned} \tag{16-11}$$

此外，不确定关系还存在于能量和时间之间，并且可以表示为

$$\Delta E\Delta t \geqslant \frac{\hbar}{2} \tag{16-12}$$

式（16-12）表明，若一个粒子在能量状态 E 附近只能停留 Δt 的时间，称为粒子的**平均寿命**，则在此时间内，粒子的能量状态并非完全确定，而是存在某个能量范围 ΔE，这个能量范围称为粒子的**能级宽度**. 可见，只有当粒子的停留时间为无限长时，其能量状态才能完全确定，亦即，只有当 $\Delta t \to \infty$ 时，才有 $\Delta E = 0$.

思考题

16-2　什么叫不确定关系？在什么情况下，微观粒子可以近似地认为做轨道运动？

例题16-3　质量为1g的粒子，测量位置的不确定量为1μm时，其速率的不确定量为多少？

解　由式（16-10）有

$$\Delta v_x \geqslant \frac{\hbar}{m\Delta x} = \frac{h}{2\pi m\Delta x} = \frac{6.63\times10^{-34}}{2\times3.14\times1.0\times10^{-3}\times1\times10^{-6}}\text{m}\cdot\text{s}^{-1} = 1.06\times10^{-25}\text{m}\cdot\text{s}^{-1}$$

即速度的不确定量约为 $1.06\times10^{-25}\ \text{m}\cdot\text{s}^{-1}$，这个不确定量对于宏观运动的物体来说是微不足道的，所以认为宏观物体的位置和动量可以同时确定.

例题16-4　原子的线度为 10^{-10}m，求限制在原子中运动的电子的速度不确定量.

解　因为原子的线度为 10^{-10}m 数量级，而电子限制在原子中运动，所以原子的大小范围也就是电子位置的不确定量的数量级，即 $\Delta x = 10^{-10}$m. 由不确定关系式，电子速度的不确定量为

$$\Delta v_x \geqslant \frac{\hbar}{m\Delta x} = \frac{h}{2\pi m\Delta x} = \frac{6.63\times10^{-34}}{2\times3.14\times9\times10^{-31}\times10^{-10}}\text{m}\cdot\text{s}^{-1} = 1.16\times10^{6}\text{m}\cdot\text{s}^{-1}$$

由此可知，原子中电子速度的不确定量的数量级为 $10^6\text{m}\cdot\text{s}^{-1}$，但按经典理论计算，原子中的电子沿轨道运动速率的数量级约为 $10^6\ \text{m}\cdot\text{s}^{-1}$，与 Δv_x 数量级相同. 由此可见，在这种情形下，由于电子的波动性十分显著，所以关于电子以一定速率沿一定轨道运动的概念必须放弃.

16.2　波函数及其统计诠释

16.2.1　自由粒子的波函数

宏观物体的运动状态可用位置坐标和动量来描述；而微观粒子具有波粒二象性，所以它和宏观物体的行为存在质的差别. 那么如何描述微观粒子的运动状态呢？

首先，讨论最简单的情况. 一个不受外力作用的自由粒子做匀速直线运动. 其能量 E 和动量 p 都保持恒定. 由德布罗意公式可知，与该自由粒子相关联的物质波的频率 $\nu = E/h$ 和波长 $\lambda = h/p$ 也都保持不变. 而从波动观点看，频率和波长都恒定不变的波是单色平面波.

我们知道，平面波的波动方程为

$$y(x,t) = A\cos 2\pi(\nu t - x/\lambda) \tag{16-13}$$

式中，A 为振幅；ν 为波的频率；λ 为波长. 如果是机械波，y 表示位移；如果是电磁波，y 表示电场强度 $\boldsymbol{E}$ 或磁场强度 $\boldsymbol{H}$. 同时，我们也知道，波的强度与振幅的二次方成正比. 式(16-13) 也可以用复指数形式来表示，即

$$y(x,t) = A\mathrm{e}^{-\mathrm{i}2\pi(\nu t - x/\lambda)} \tag{16-14}$$

对机械波或电磁波来说，由于虚数是没有意义的，因而可取上式的实数部分，这就是式(16-13).

设给定动量 p 和能量 E 的自由粒子沿 Ox 轴运动，基于实物粒子的波粒二象性，由德布罗意公式可知，其波长和频率分别为 $\lambda = h/p$，$\nu = E/h$，则其波动表达式可改写为

$$\Psi(x,t) = \psi_0\mathrm{e}^{-\mathrm{i}\frac{2\pi}{h}(Et-px)} = \psi_0\mathrm{e}^{-\frac{\mathrm{i}}{\hbar}(Et-px)} \tag{16-15}$$

这就是沿 Ox 轴方向运动的自由粒子的**德布罗意波函数**，简称**波函数**，它描述了能量为 E、动量为 p 的具有波粒二象性的实物粒子的运动状态，ψ_0 是波函数的振幅.

由于量子力学中的波函数是复数，它本身的物理意义有待于进一步的解释.

16.2.2　波函数的统计诠释

1926 年，玻恩（M. Born，1882—1970）提出，**物质波并不像经典波那样代表实在物理量的波动，而是描述粒子在空间概率分布随时间变化的概率**. 即物质波是概率波，反映了粒子在空间的概率分布. 物质波与经典波完全不同：在经典波中，机械波的波函数表示质点位移变化的规律，电磁波的波函数表示电场 $\boldsymbol{E}$ 或磁场 $\boldsymbol{H}$ 变化的规律；而物质波不代表任何实在的物理量的波动，它的波函数的强度对应于粒子在空间的概率分布，也就是说 t 时刻粒子在空间 $\boldsymbol{r}$ 处附近体积元 $\mathrm{d}V$ 中出现的概率 $\mathrm{d}P$ 与该处波函数的模的二次方成正比，即

$$\mathrm{d}P = |\Psi(\boldsymbol{r},t)|^2\mathrm{d}V = \Psi(\boldsymbol{r},t)\Psi^*(\boldsymbol{r},t)\mathrm{d}V \tag{16-16}$$

式中，$\Psi^*(\boldsymbol{r},t)$是波函数 $\Psi(\boldsymbol{r},t)$的共轭函数. **$\Psi(\boldsymbol{r},t)\Psi^*(\boldsymbol{r},t)$代表在 t 时刻在空间 $\boldsymbol{r}$ 处附近单位体积内出现粒子的概率**，也称为**粒子在该处出现的概率密度**，这就是波函数的统计诠释.

电子的波动性是反映微观客体运动规律的一种统计规律性，物质波又称为**概率波**．玻恩的概率波理论可以用电子的双缝干涉实验来加以说明．用电子枪（由一加热的钨丝和一加速电极构成）向开有双缝的屏发射电子，后面有接收电子的照相底片．实验结果如图16-4所示，从图16-4a到图16-4e显示电子流从弱到强的实验结果．如果入射电子流很弱，电子几乎一个一个地通过双缝，这时底片上呈现出一个一个地斑点，体现出电子的粒子性．刚开始时，这些电子形成的斑点看似毫无规律的散布着，如图16-4a和16-4b所示．随着电子数目的增多，在底片上逐渐显示出双缝干涉图样，体现出电子的波动性，图16-4e的现象最显著．从图16-4a到图16-4e，各图所涉及的电子数一次约为7，100，3000，20000和70000．就单个电子来说，它出现在底片上什么位置完全是概率事件，无法预先确定，如图16-4a所示；然而大量电子干涉的结果（相当于同样条件下单个电子的多次重复），则表现出一定的规律，形成确定的干涉图样，如图16-4e所示．在干涉图样中，电子波（物质波）强度大的地方，底片感光强，表明落到该处的电子较密集；强度小的地方，则表明落到该处的电子较稀疏．从统计意义上说，电子波（物质波）强的地方，表明电子落于该处的机会多，或者说概率大，因此意味着落于该处的电子数目应越多．故电子干涉图样表示的电子在空间某点出现的概率大小与该处波函数的强度（波函数的模的二次方$|\Psi(\boldsymbol{r},t)|^2$）成正比．波函数$\Psi(\boldsymbol{r},t)$正是为了描述粒子的这种行为引入的．电子表现出来的波动性是反映微观客体运动规律的一种统计规律性，故而把物质波称为**概率波**，把波函数称为**概率幅**．

> ① 按复数理论，式（16-12）的波函数Ψ的共轭函数$\Psi^* = \psi_0 e^{i\frac{2\pi}{h}(Et-px)} = \psi_0 e^{-i\frac{2\pi}{h}px} e^{i\frac{2\pi}{h}Et} = \psi^* e^{i\frac{2\pi}{h}Et}$，其中$\psi^* = \psi^*(x) = \psi_0 e^{-i\frac{2\pi}{h}px}$，即$\psi^*$为$\psi = \psi_0 e^{i\frac{2\pi}{h}px}$的共轭函数．于是
>
> $$\Psi\Psi^* = (\psi e^{-i\frac{2\pi}{h}Et})(\psi^* e^{i\frac{2\pi}{h}Et}) = \psi\psi^*$$
>
> ② 若设$\Psi = a + ib$，$\Psi^* = a - ib$，则$\Psi\Psi^* = a^2 + b^2 = (\sqrt{a^2+b^2})^2$，其中$|\Psi| = \sqrt{a^2+b^2}$称为复数的模量．由此式可知，复数与其共轭复数的乘积$\Psi\Psi^*$一定是一个实数．
>
> ③ 物质波的强度应是实数，否则没有实际意义．这里，$\Psi\Psi^*$是实数，正是描述物质波的波函数所要求的．

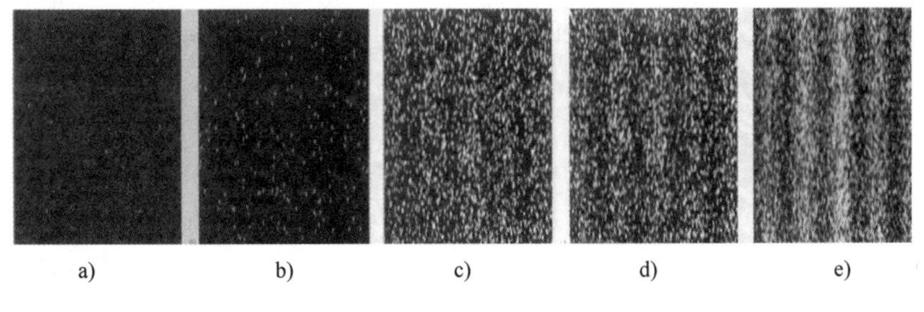

图16-4　电子双缝干涉实验结果

图16-2和图16-4给出了物质的**波动**性令人信服的证据．除电子外，中子、质子、甚至原子衍射实验都得到了实验证实，实物粒子和光一样具有波动和微粒双重属性，这种现象叫作波粒二象性．波粒二象性是微观粒子的普遍属性．

思考题

16-3 一个电子和一个质子可能具有相同的（a）动能，（b）动量，（c）速率. 对每一种情况哪个粒子的德布罗意波长较短？

16.2.3 波函数的归一化条件

根据波函数的统计诠释，在给定时刻，粒子在空间某处出现的概率只能有一个，这就要求波函数必须是时间和空间的**单值**函数. 同时，在空间任何有限的体积元内发现粒子的概率都不可能无限大，这就意味着波函数必须是**有限**的. 此外，粒子在某处出现的概率不能突变，故要求波函数处处**连续**. 对于某个粒子，它要么出现在空间的这个区域，要么出现在另一个区域，而在全空间找到它的概率是100%，即

$$\iiint_V |\boldsymbol{\Psi}(\boldsymbol{r},t)|^2 \mathrm{d}V = 1 \tag{16-17}$$

上式称为波函数的**归一化条件**，式中 V 代表整个空间. 满足上式的波函数称为**归一化波函数**.

综上所述：波函数必须满足**单值**、**连续**、**有限**的标准条件，这称为波函数的标准条件，同时还要满足概率的**归一化的**条件.

需要指出的是，如果某一波函数尚未 $\boldsymbol{\Psi}(\boldsymbol{r},t)$ 尚未归一化，即

$$\iiint_V |\boldsymbol{\Psi}(\boldsymbol{r},t)|^2 \mathrm{d}V = A > 0$$

则有

$$\iiint_V \frac{1}{\sqrt{A}} |\boldsymbol{\Psi}(\boldsymbol{r},t)|^2 \mathrm{d}V = 1$$

式中，$\dfrac{1}{\sqrt{A}}$ 称为**归一化因子**.

对于概率分布而言，重要的是相对概率分布. 如果 C 是常数（可以是复数），则 $\boldsymbol{\Psi}$（$\boldsymbol{r}$，t）和 $C\boldsymbol{\Psi}(\boldsymbol{r},t)$ 所描写的是同一概率波，它们描述的相对概率分布完全相同. 这是因为在空间任意两点 r_1 和 r_2 处，总有

$$\frac{|C\boldsymbol{\Psi}(\boldsymbol{r}_1,t)|^2}{|C\boldsymbol{\Psi}(\boldsymbol{r}_2,t)|^2} = \frac{|\boldsymbol{\Psi}(\boldsymbol{r}_1,t)|^2}{|\boldsymbol{\Psi}(\boldsymbol{r}_2,t)|^2}$$

所以，波函数存在常数因子的不确定性. 在这点上，概率波和经典波有着本质的差别. 经典波的波幅若增大一倍，则波的能量将增大为原来的四倍，因而代表完全不同的波动状态. 因此，经典波根本无法归一化，而概率波可以进行归一化.

还应该注意，即使有归一化条件的限制，波函数仍然有一个模为1的因子不确定性，或者说有一个相位的不确定性. 如果 $\boldsymbol{\Psi}(\boldsymbol{r},t)$ 是归一化的波函数，则对于任意实常数 β，$\mathrm{e}^{\mathrm{i}\beta}\boldsymbol{\Psi}(\boldsymbol{r},t)$ 也是归一化的波函数，即 $\boldsymbol{\Psi}(\boldsymbol{r},t)$ 和 $\mathrm{e}^{\mathrm{i}\beta}\boldsymbol{\Psi}(\boldsymbol{r},t)$ 描述的是同一个概率波.

16.2.4　波函数的态叠加原理

粒子的波动性由波函数来描述，而波函数又代表了粒子的状态. 量子力学的又一个基本原理就是**态叠加原理**，可以表述为：如果 $\Psi_1(\boldsymbol{r},t)$，$\Psi_2(\boldsymbol{r},t)$，…都是体系可能的状态，它们的线性叠加

$$\Psi(\boldsymbol{r},t) = c_1\Psi_1(\boldsymbol{r},t) + c_2\Psi_2(\boldsymbol{r},t) + \cdots = \sum_i c_i\Psi_i(\boldsymbol{r},t) \tag{16-18}$$

也是这个体系的一个可能的状态，式中，c_1，c_2，…均为复常数.

例如，当电子穿过双缝时，设通过一个缝的电子的状态由 $\Psi_1(\boldsymbol{r},t)$ 描述，通过另一个缝的电子状态用 $\Psi_2(\boldsymbol{r},t)$ 描述，那么穿过双缝电子的状态由叠加后的波函数描述，即

$$\Psi(\boldsymbol{r},t) = c_1\Psi_1(\boldsymbol{r},t) + c_2\Psi_2(\boldsymbol{r},t)$$

于是，在照相底片上，电子在某点出现的概率为

$$\begin{aligned}|\Psi|^2 &= |c_1\Psi_1 + c_2\Psi_2|^2 = (c_1\Psi_1 + c_2\Psi_2)^*(c_1\Psi_1 + c_2\Psi_2)\\ &= c_1c_1^*\Psi_1^*\Psi_1 + c_2c_2^*\Psi_2^*\Psi_2 + c_1c_2^*\Psi_2^*\Psi_1 + c_2c_1^*\Psi_1^*\Psi_2\end{aligned}$$

式中，后两项称为**干涉项**. 显然，叠加态的坐标取值的概率密度除了与上述两个状态的坐标取值概率密度有关外，还与两个状态的相干项有关. 可见，状态叠加是概率幅的叠加，而非概率密度的叠加.

章前问题解答

经典物理中的波函数与描述微观粒子的波函数完全不同，微观粒子的波函数是一个复数，其本身没有物理意义，但是其模的二次方却可以表示空间粒子在某一时刻、某一个位置出现的概率密度.

思考题

16-4　据理讨论波函数所应满足的标准化条件和叠加原理.

16.3　薛定谔方程

在经典力学中，质点运动状态可用位置坐标和速度来描述，我们可以根据初始条件利用牛顿运动方程求出质点在任一时刻的位置坐标和速度. 与之相仿，在量子力学中，薛定谔（Schrödinger，1887—1961）于1926年建立了有势场中微观粒子的波函数所满足的微分方程，称为**薛定谔方程**，它可以正确处理低速（与光速相比）情形下各种微观粒子的运动问题. 薛定谔方程作为量子力学的基本方程，如同经典力学中的牛顿运动方程一样，也不能由其他基本原理推导出来，它的正确性只能凭借它对一些问题的解答以及与实验结果是否相符合来检验. 迄今为止，尚未发现与该基本假设相违背的. 下面将从最简单的自由粒子情况出发引入薛定谔方程，而不是方程的推导.

16.3.1 自由粒子的薛定谔方程

通常，粒子的波函数与空间的三个维度都有关．但是，为了简单起见，我们将从一维运动开始对波函数进行研究．设有一质量为 m、动量为 p、能量为 E 的自由粒子沿 Ox 轴运动，由式（16-15）可得波函数为

$$\Psi(x,t)=\psi_0 \mathrm{e}^{-\frac{\mathrm{i}}{\hbar}(Et-px)}$$

将波函数对时间取一阶导数，整理得

$$\mathrm{i}\hbar\frac{\partial\Psi}{\partial t}=E\Psi \tag{16-19}$$

将波函数对坐标取二阶导数，整理得

$$-\frac{\hbar^2}{2m}\frac{\partial^2\Psi}{\partial x^2}=\frac{p^2}{2m}\Psi \tag{16-20}$$

自由粒子的能量等于其动能 E_{k}，当自由粒子的速度比光速小得很多（即低速）时，它的动量与能量之间的关系为 $E=\frac{p^2}{2m}$，将其与式（16-19）和式（16-20）联立得

$$\mathrm{i}\hbar\frac{\partial\Psi(x,t)}{\partial t}=-\frac{\hbar^2}{2m}\frac{\partial^2\Psi(x,t)}{\partial x^2} \tag{16-21}$$

这就是质量为 m 的一维空间自由粒子所满足的波动方程，称为**一维运动自由粒子的薛定谔方程**.

16.3.2 势场中粒子的薛定谔方程

如果粒子不是自由的，而是在有势场中运动，则波函数所满足的方程可用类似的方法建立起来．若粒子在有势场中的势能函数为 $U(x,t)$ 的外场中，则粒子的总能量为

$$E=\frac{p^2}{2m}+U(x,t)$$

把粒子总能量的表达式代入式（16-19），并利用式（16-20），将能量、动量消去可得势场中的一维薛定谔方程

$$\mathrm{i}\hbar\frac{\partial\Psi(x,t)}{\partial t}=-\frac{\hbar^2}{2m}\frac{\partial^2\Psi(x,t)}{\partial x^2}+U(x,t)\Psi(x,t) \tag{16-22}$$

如果粒子在三维势场中，则可把一维薛定谔方程式（16-22）推广到更为普遍的三维形式，即

$$\mathrm{i}\hbar\frac{\partial\Psi(\boldsymbol{r},t)}{\partial t}=\left[-\frac{\hbar^2}{2m}\nabla^2+U(\boldsymbol{r},t)\right]\Psi(\boldsymbol{r},t) \tag{16-23}$$

这就是非相对论情况下，势场 $U(\boldsymbol{r},t)$ 中**粒子的薛定谔方程**，也称为**含时薛定谔方程**(time - dependent Schrödinger equation)．式中 $\nabla=\frac{\partial}{\partial x}\boldsymbol{i}+\frac{\partial}{\partial y}\boldsymbol{j}+\frac{\partial}{\partial z}\boldsymbol{k}$ 称为梯度算符，而把 $\nabla^2=\nabla\cdot\nabla=\frac{\partial^2}{\partial x^2}\boldsymbol{i}+\frac{\partial^2}{\partial y^2}\boldsymbol{j}+\frac{\partial^2}{\partial z^2}\boldsymbol{k}$ 称为拉普拉斯算符.

16.3.3　一维定态薛定谔方程

如果粒子的势能函数仅是一维空间坐标的函数，与时间无关，即可以写成 $U(x)$ 的形式，这种情况下，势场中的一维薛定谔方程可以通过分离变量法求其解. 把波函数分离成坐标函数与时间函数的乘积形式，即

$$\Psi(x,t)=\psi(x)f(t)$$

代入势场中的一维薛定谔方程式（16-22）中，分离变量后得

$$\frac{\mathrm{i}\hbar}{f(t)}\frac{\mathrm{d}f(t)}{\mathrm{d}t}=\frac{1}{\psi(x)}\left[-\frac{\hbar^2}{2m}\frac{\mathrm{d}^2}{\mathrm{d}x^2}+U(x)\right]\psi(x) \tag{16-24}$$

上式左边是时间变量的函数，右边是空间变量的函数，而时间和空间坐标彼此相互独立. 若要等式成立，就必须使两边都等于一个与上述两变量均无关的常量. 令这一常量为 E，于是式（16-24）的左边等于

$$\mathrm{i}\hbar\frac{\mathrm{d}f(t)}{\mathrm{d}t}=Ef(t) \tag{16-25}$$

解得

$$f(t)=C\mathrm{e}^{-\frac{\mathrm{i}}{\hbar}Et}$$

式中，C 为积分常数，可以归并到 $\psi(x)$ 中，由归一化条件一起确. 因此波函数可表示为

$$\Psi(x,t)=\psi(x)\mathrm{e}^{-\frac{\mathrm{i}}{\hbar}Et} \tag{16-26}$$

从量纲上分析，常量 E 具有能量量纲，是一个能量值. 同时与自由粒子波函数相比较，可知上式中的常量 E 就是粒子的总能量. 由以上分析可知，具有式（16-26）形式的波函数所描述的量子态，其势场与时间无关，粒子的总能量 E 为一与时间无关的恒量. 这种能量不随时间变化的状态称为**定态**，相应的波函数称为**定态波函数**.

令式（16-24）的右边等于 E，得

$$\left[-\frac{\hbar^2}{2m}\frac{\mathrm{d}^2}{\mathrm{d}x^2}+U(x)\right]\psi(x)=E\psi(x) \tag{16-27}$$

该方程只是坐标的函数，与时间无关，称为一维**定态薛定谔方程**. 知道了 $\psi(x)$，就可得到式（16-26）的波函数形式. 由定态波函数形式可知，其对应粒子的概率密度 $|\Psi(x,t)|^2=|\psi(x)|^2$ 也只是坐标的函数，因此，处于定态的粒子在空间的概率分布是不随时间变化的，其总能量 E 也不随时间变化，这是定态的主要特征.

如果粒子在三维空间中运动，则式（16-27）可推广为

$$\left[-\frac{\hbar^2}{2m}\nabla^2+U(\boldsymbol{r})\right]\psi(\boldsymbol{r})=E\psi(\boldsymbol{r}) \tag{16-28}$$

上式就是一般情况下的**定态薛定谔方程**.

思考题

16-5 (1) 列出普遍形式的薛定谔方程. (2) 何谓定态? 列出定态薛定谔方程.

16.4 定态薛定谔方程的应用

薛定谔方程是量子力学的基本方程. 量子力学对微观粒子运动问题的处理最终将归结为求解各种条件下薛定谔方程的解. 求解薛定谔方程一般较复杂且涉及较多的数学知识. 本节只应用薛定谔方程分析三个简单实例, 用以体验用薛定谔方程处理问题的最基本方法.

在实际应用中, 要得出粒子在各种不显含时间的势场中的运动状态, 需根据具体的边界条件及波函数的性质, 求解定态薛定谔方程 (16-27). 然而, 在很多情况下, 并非对所有 E 值所得出的解 $\psi(\boldsymbol{r})$ 都能满足物理上的要求, 而只有当能量 E 取某些值时, 方程 (16-27) 才有既满足边界条件又符合波函数标准化条件的解.

16.4.1 一维无限深方形势阱

当金属中的电子在构成金属框架的晶体点阵之间运动时, 要受到点阵上正离子的作用力, 这种作用力可用两者相互作用的势能 U 表征. 电子在这个有势力场中运动时, 通常并不能自发地挣脱出金属表面, 这说明在金属内的电子运动到表面上时, 其总能量 E 远小于表面处的势能, 因而受到阻挡. 为此, 我们对金属中的电子运动有时可做这样的简化处理, 即认为: 若无外界影响 (如外电场、光照等), 电子好似被无限高的势能"壁"禁锢在金属内, 并在一维有势力场作用下运动着. 这个形象化的模型被称为**一维无限深的方形势阱**, 如图 16-5所示.

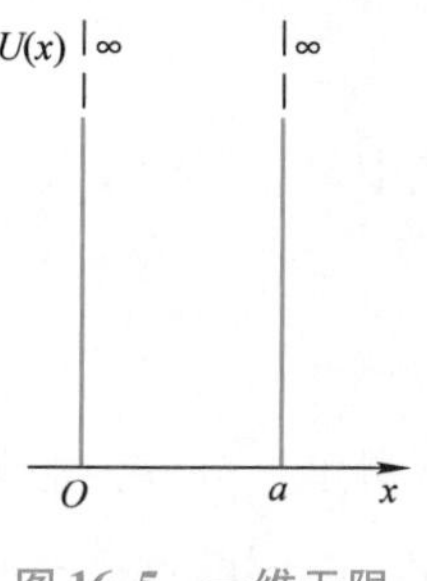

图 16-5 一维无限深方形势阱

现在我们来研究微观粒子 (如电子等) 在一维方势阱中的运动. 设粒子的质量为 m、总能量为 E, 其势能为

$$U(x)=\begin{cases}0 & (0<x<a)\\ \infty & (x\leqslant 0 \text{ 或 } x\geqslant a)\end{cases}$$

由于势能是相对的, 故可适当选取某处为势能零点. 于是, 我们就选取粒子在势场 $0<x<a$ 范围内 (例如, 电子在金属内) 的势能为零. 由于势能不随时间 t 而变化, 故粒子在势阱中的运动属于定态问题; 又因为在势阱中的 $U(x)=0$, 于是按式 (16-27), 可写出粒子在势阱中 $(0<x<a)$ 运动的定态薛定谔方程为

$$\frac{\mathrm{d}^2\psi}{\mathrm{d}x^2}+\frac{2mE}{\hbar^2}\psi=0$$

令

$$\frac{2mE}{\hbar^2}=k^2 \qquad ⓐ$$

则上式变为

$$\frac{\mathrm{d}^2\psi}{\mathrm{d}x^2}+k^2\psi=0 \tag{b}$$

求这个二阶常系数微分方程的通解，得

$$\psi(x) = A\sin kx + B\cos kx \tag{c}$$

式中，A、B 为积分常数，可由边界条件确定．考虑到在 $x=0$ 和 $x=a$ 处 $U(x)=\infty$，即势阱的两“壁”为无限深，故粒子只能在阱内运动，不可能越出“阱壁”．这表明粒子不可能在 $x=0$ 和 $x=a$ 处出现，与粒子相联系的物质波在该两处也不存在．故得边界条件为

$$\psi(0)=0,\psi(a)=0 \tag{d}$$

将 $\psi(0)=0$ 代入式ⓒ，有 $\psi(0)=A\sin 0+B\cos 0=0$，故得 $B=0$，则式ⓒ为

$$\psi(x)=A\sin kx \tag{e}$$

再利用边界条件 $\psi(a)=0$，将它代入式ⓔ，有

$$\psi(a)=A\sin ka=0$$

由此得 $ka=n\pi$，即 $k=n\pi/a(n=1,2,3,\cdots)$，故 k 值不是任意的，而是某些特定的值，从而由式ⓐ所得出的粒子能量 E 也只能取对应于各个 n 值的一些特定的分立值，据此，将 E 改用 E_n 表示，由式ⓐ即有

$$E_n=\frac{\hbar^2\pi^2n^2}{2ma^2}(n=1,2,3,\cdots) \tag{16-29a}$$

式中，正整数 n 称为**能量的量子数**．可见，当粒子束缚在方势阱中运动时，其能量是量子化的，只能取相应于 $n=1$，2，3，…的一系列不连续的分立值 E_1，E_2，E_3，…，每一个能量值对应一个**能级**．

$n=1$ 称为**基态**，相应的能级 E_1 称为**基态能级**，$n=2$，3，…的状态均称为**激发态**，相应的能级 $E_2=4E_1$，$E_3=9E_1$，…称为**激发态能级**．

$n=1$ 时的基态能为 $E_1=\frac{\hbar^2\pi^2}{2ma^2}$，则式（16-29）还可表示为

$$E_n=n^2E_1 \tag{16-29b}$$

可见，随着量子数 n 的增大，相邻能级间隔越来越大．能级图如图 16-6a 所示．

与经典粒子不同，由式（16-29a）知，量子粒子的最小能量（基态能量）不为零，说明微观粒子在势阱内不会静止，永远处于运动之中．这是微观粒子的共同特征，也是不确定关系的必然结果．

由式（16-29a）还可以得到势阱中粒子的动量为

$$p_n=\pm\sqrt{2mE_n}=\pm\frac{\hbar\pi}{a}n \quad (n=1，2，3，\cdots)$$

相应地，粒子的德布罗意波长为

$$\lambda_n=\frac{h}{p_n}=\frac{2a}{n} \quad (n=1,2,3,\cdots) \tag{16-30}$$

此波长也是量子化的，它只能是势阱长度两倍的整数分之一．这使我们回想起两端固定的弦中产生驻波的情况．无限深方势阱中粒子的每一个能级对应德布罗意波的一个特定波长

的驻波，如图 16-6b 所示.

对应于每一能级的波函数，可将上述 $k=n\pi/a(n=1,2,3,\cdots)$ 代入式ⓔ，并将 ψ 改用 ψ_n 表示，得

$$\psi_n(x)=A\sin\frac{n\pi x}{a}(0<x<a) \tag{ⓕ}$$

式中的积分常数 A 可以用前述的波函数归一化条件确定. 即在一维空间中，有

$$\int_{-\infty}^{\infty}|\psi_n(x)|^2\mathrm{d}x=\int_0^a A^2\sin^2\left(\frac{n\pi x}{a}\right)\mathrm{d}x=A^2\frac{a}{2}=1$$

得

$$A=\sqrt{2/a}$$

代入式ⓕ，得能量为 E_n 的粒子的**归一化波函数**为

$$\psi_n(x)=\sqrt{\frac{2}{a}}\sin\frac{n\pi x}{a}\quad(0<x<a) \tag{16-31}$$

这就是薛定谔方程最终的解，即无限深势阱中每一个确定能级所对应的波函数. 由此，我们可以进一步给出方势阱中能级为 E_n 的粒子在各个 x 位置处的概率密度，即

$$|\psi_n|^2=\frac{2}{a}\sin^2\frac{n\pi x}{a}\quad(0<x<a)$$

图 16-6b、c 分别绘出了 $n=1$，2，3 三个量子态的波函数 ψ 和概率密度 $|\psi|^2$ 的分布图.

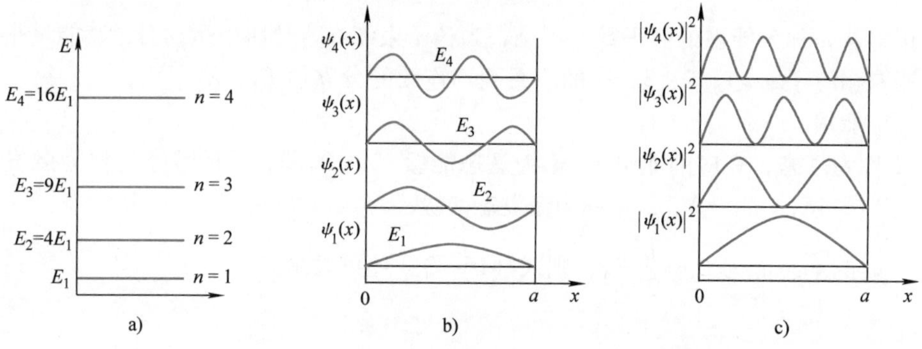

图 16-6 无限深方势阱中粒子的能级、波函数和概率分布

思考题

16-6 如何求出无限深方势阱中的定态微观粒子的能级？并给出粒子的完整的波函数为

$$\psi=\sqrt{\frac{2}{a}}\sin\frac{n\pi x}{a}\mathrm{e}^{-\mathrm{i}\frac{E}{\hbar}t}$$

及其实数部分为驻波解

$$\psi_{实}=\sqrt{\frac{2}{a}}\sin\frac{n\pi x}{a}\cos\frac{2\pi E}{h}t$$

试由此说明：与阱中自由粒子相联系的平面物质波向右传播，在阱壁反射后向左传播，二者叠加的结果形成了驻波.

例题 16-5　粒子在宽度为 a 的一维无限深势阱中运动. 试求：(1) 粒子出现在 0 至 $a/4$ 区域内的概率. (2) $n=?$ 在 $a/4$ 处的概率密度最大?

解　(1) 根据式 (16-31)，粒子在一维无限深势阱中运动的波函数

$$\psi_n(x)=\sqrt{\frac{2}{a}}\sin\frac{n\pi x}{a}$$

则粒子的概率密度　$|\psi_n(x)|^2=\dfrac{2}{a}\sin^2\dfrac{n\pi x}{a}$

粒子出现在 0 至 $a/3$ 区域内的概率

$$P=\int_0^{\frac{a}{4}}|\psi_1|^2\mathrm{d}x=\int_0^{\frac{a}{4}}\frac{2}{a}\sin^2\frac{n\pi x}{a}\mathrm{d}x=\frac{1}{a}\int_0^{\frac{a}{4}}\left(1-\cos\frac{2n\pi x}{a}\right)\mathrm{d}x$$

$$=\frac{1}{3}-\frac{1}{2\pi n}\sin\frac{2\pi nx}{a}\bigg|_0^{\frac{a}{4}}=\frac{1}{4}-\frac{1}{2\pi n}\sin\frac{n\pi}{2}$$

(2) 粒子在 $x=a/4$ 处的概率密度　$\left|\psi_n\left(\dfrac{a}{4}\right)\right|^2=\dfrac{2}{a}\sin^2\dfrac{n\pi}{4}$

由于正弦函数的极值：$\sin\dfrac{n\pi}{4}=\pm1$，所以，当 $n=2, 6, 10, \cdots$ 时，粒子在 $x=a/4$ 处的概率密度最大，其值为$\dfrac{2}{a}$.

16.4.2　势垒贯穿

微观粒子的势垒贯穿问题是研究原子核的 α 衰变、金属电子冷发射等现象的理论基础. 图 16-7a 所示为铀自动放射出的 α 粒子（即带正电的氦原子核）与铀原子核之间相互作用的势能曲线，当 α 粒子分别处于半径为 R 的铀原子核内（$x<R$）和核外（$x>r$）的区域Ⅰ、Ⅲ时，其势能小于在铀原子核半径 R 附近的区域Ⅱ中的势能；区域Ⅱ的势能曲线形如一个具有较高势能的"壁垒"，称之为**势垒**. 当 α 粒子在铀核内时，可以来回振荡，类似于图 16-8的Ⅰ区. 经典物理无法解释 α 粒子为什么能被放射出来. 下面将看到，α 粒子能被放射出来，乃是一种**隧道效应**.

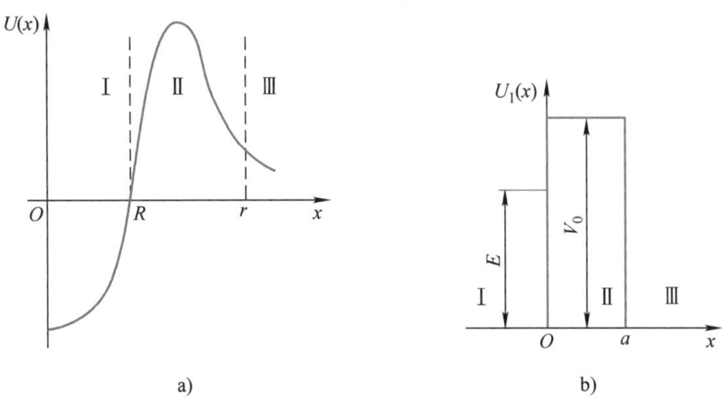

图 16-7　α 粒子的势能曲线与一维方形势垒

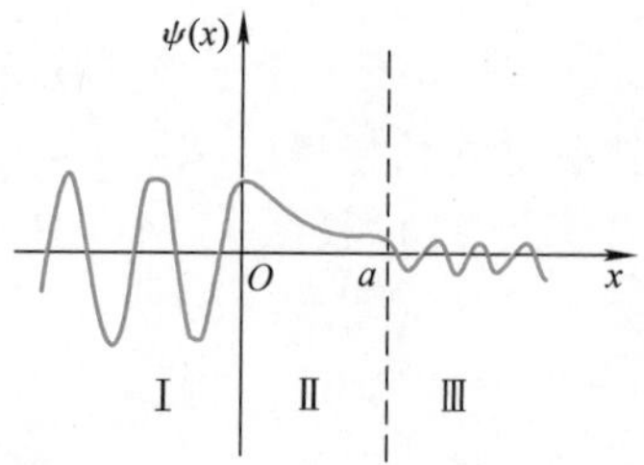

图 16-8 一维方形势垒的波函数

我们把具有类似于上述势能曲线的一些实际问题进行简化，便可给出一个简单的计算模型，称为一维方形势垒，如图 16-7b所示．它表示在宽度为 $0\leqslant x\leqslant a$ 的区域内，存在一个势能为 V_0 的势场，或者说，具有一个高度为 V_0 的势垒，即

$$U(x)=\begin{cases}0 & (x<0) \quad \text{区域Ⅰ}\\ V_0 & (0\leqslant x\leqslant a) \quad \text{区域Ⅱ}\\ 0 & (x>a) \quad \text{区域Ⅲ}\end{cases}$$

分别代入一维定态的薛定谔方程式（16-27）中，有

$$\begin{cases}\dfrac{d^2\psi}{dx^2}+\dfrac{2mE}{\hbar^2}\psi=0, & \text{区域Ⅰ和区域Ⅲ}\\ \dfrac{d^2\psi}{dx^2}+\dfrac{2mE}{\hbar^2}(E-V_0)\psi=0, & \text{区域Ⅱ}\end{cases}$$

由此求出各区域中满足标准条件的波函数（计算从略）．结果表明，在区域Ⅱ、Ⅲ中，波函数皆不等于零（见图 16-8）．这就是说，原来在区域Ⅰ中的粒子有一部分将穿透势垒而到达区域Ⅲ．对于上述情况，我们可以引用粒子的**贯穿系数（或透射系数）D** 来描述，它定义为：**在区域Ⅲ（$x>a$）和区域Ⅰ（$x<0$）中，单位时间内通过垂直于 Ox 轴的单位面积的粒子数之比**．量子力学的计算表明，当粒子的能量 $E<V_0$ 时，贯穿系数为

$$D=e^{-\frac{2a}{\hbar}\sqrt{2m(V_0-E)}} \tag{16-32}$$

上式指出，贯穿系数 D 随着势垒的加高（V_0 增大）、加宽（a 扩大）而迅速减小，以至趋近于零，这时，量子力学的效应近乎消失，其结果趋同于经典力学．可是，若势垒不高、且较窄，则贯穿系数就较大．

按照经典力学观点，上述隧道效应是不可理解的．然而，这是微观粒子的行为——波动性所决定的．因此，隧道效应是量子力学特有的现象，它已被许多实验事实所证明．利用隧道效应原理可以制成半导体和超导体中的隧道器件（如隧道二极管等）以及扫描隧道显微镜．这种显微镜的灵敏度极高，能够在原子尺度上进行无损探测，它把人类视野带进了单个分子和原子的研究范围，提升了人们在原子和分子水平上操纵物质的能力，从而推进了当前纳米技术的研究，在材料科学和生物科学等的研究工作中特别有用．我国在 1987 年已研制成分辨率达到原子级的扫描隧道显微镜，并付诸使用，标志着我国在显微技术方面已取得了突破性的进展．

思考题

16-7 图 16-8 中透射波的波长是大于、小于还是等于入射波的波长？

16-8 一个质子和一个氘核，各具有 3MeV 的动能，射向一高度 V_0 为 10MeV 的势垒．哪个隧穿透过此势垒的机会更大？（氘核的质量是质子质量的两倍）

例题 16-6　如图 16-7b 所示，设势垒高为 $V_0=6.8\text{eV}$，入射的电子具有总能量 $E=5.1\text{eV}$，若势垒宽度为 $a=750\text{pm}$，计算：(1) 电子透过势垒在其另一侧出现的概率约多大？(2) 具有相同的总能量 5.1eV 的质子透过势垒在其另一侧出现（可被检测到）的概率约多大？

解　(1) 已知电子的质量 $m=9.1\times10^{-31}\text{kg}$，$\hbar=1.1\times10^{-34}\text{J}\cdot\text{s}$，势垒宽度 $a=750\text{pm}$，$V_0-E=6.8\text{eV}-5.1\text{eV}=1.7\text{eV}=2.72\times10^{-19}\text{J}$，根据式（16-32）$D=\mathrm{e}^{-\frac{2a}{\hbar}\sqrt{2m(V_0-E)}}$，

电子的透射系数为 $D\approx\mathrm{e}^{-10.0}=45\times10^{-6}$. 这说明，每有一百万电子撞上此势垒，约有 45 个隧穿透过.

(2) 此处关键点是透射系数 D（亦即透过概率）和粒子的质量有关. 由于 m 是透射系数 D 公式中 e 的一个指数因子，透过概率对粒子的质量是非常敏感的. 质子的质量（$m=1.67\times10^{-27}\text{kg}$）要比电子的质量（$m=9.1\times10^{-31}\text{kg}$）大得多，用质子的质量代替 (1) 中电子的质量并做同样计算，可得 $D\approx\mathrm{e}^{-186}$. 由此可看出，质子透过势垒的概率虽然不是零，但和零也相差无几. 对于具有同样总能量 5.1eV，而质量更大的粒子，透过概率是按指数规律降低的.

16.4.3　一维简谐振子

在微观领域中，分子内的原子在其平衡位置附近的微振动、固体中的晶格离子的微振动等这些周期性运动，都可用一维简谐振子作为计算模型来处理.

按经典力学，一个质量为 m 的粒子沿 Ox 轴仅受弹性力 $F=-kx$ 作用，处于弹性势能为

$$U(x)=\frac{1}{2}kx^2=\frac{1}{2}m\omega^2x^2 \tag{a}$$

的势场中运动. 式中 k 为劲度系数. 势能曲线是一条抛物线（见图 16-9）. 简谐振子的频率为

$$\nu=\frac{1}{2\pi}\sqrt{\frac{k}{m}} \tag{b}$$

在量子力学中，我们将 $U(x)=kx^2/2$ 代入一维定态薛定谔方程式（16-27）中，有

$$\frac{\mathrm{d}^2\psi}{\mathrm{d}x^2}+\frac{2m}{\hbar^2}\left(E-\frac{1}{2}kx^2\right)\psi=0 \tag{c}$$

从这个常微分方程求出满足标准条件和归一化条件的所有波函数 ψ_n 的解（求解过程从略），相应的简谐振子能量只能取一系列分立的值，即

$$E_n=\left(n+\frac{1}{2}\right)h\nu\quad(n=0,1,2,\cdots) \tag{16-33}$$

亦即，**简谐振子的能量是量子化的**（见图 16-9），其分立的能级是等间隔的，相邻能级间距皆为 $h\nu$. 1900 年，普朗克在解释黑体辐射规律时，曾假定简谐振子能量只能取 $h\nu$ 的整数倍，与这里的计算基本相符，但普朗克的假设是人为地强加的，而这里是自然地给出的，不同的是，这里按式（16-33）算出的相应于 $n=0$ 的基态能级$E_n=\dfrac{1}{2}h\nu\neq0$，是由量子力学所决定的简谐振子的最小能量，称为**零点能**. 它的存在已被实验所证实. 例如，即使在热力学温度 $T=0$ 附近，晶体中的原子仍拥有一份零点能.

经典物理认为，当系统处于热力学温度 $T=0$ 时，一切运动将停止，系统的总能量为零. 而量子力学却给出零点能 $E_0\neq0$ 的结果，这从基于粒子波动性的不确定关系来看，是必然的. 例如，随着温度的下降，晶体中原子振动趋弱，以其振动范围 Δx 作为不确定量，即有 $\Delta x\to0$，势能 $E_p\to0$，则按不确定关系，动量不确定量 Δp 将增大，相应地，动能 E_k 也就增大，故总能量 E 并不趋于零，其值即为零点能 E_0.

零点能是微观粒子波粒子二象性表现. 说明能量为零，“静止的”波是没有物理意义的.

图 16-9 展示出了线性谐振子最低的 5 个能级和势函数 $U(x)$. 对每一个能级 n，代表总能量 E_n 的水平线和 $U(x)$的交点的$|x|$值给出了相应简谐振子的振幅 A_n.

从式ⓒ解出对应于各个能级的波函数 ψ_n（从略），可计算相应的粒子概率分布 $|\psi_n(x)|^2$，如图 16-10 所示. 按照量子力学，谐振子的位置概率密度分布具有穿透到经典禁区（$E<U$）之外的特点，这正是隧道效应的具体体现. 此外，线性谐振子的概率密度分布是振荡的，可同时在几个位置上取极大值. 且 n 越大，其概率分布的振荡越剧烈.

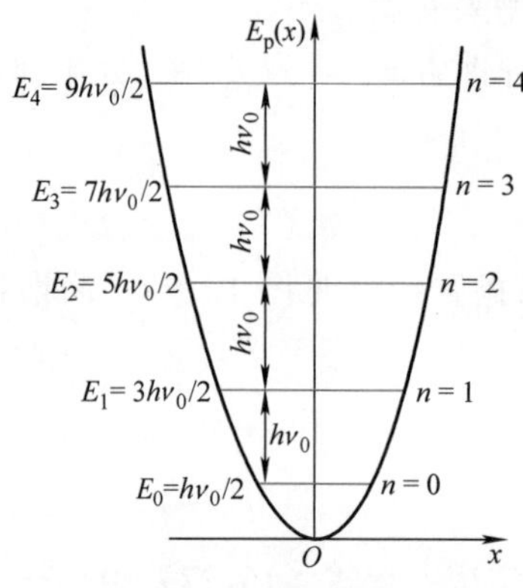

图 16-9　简谐振子的势能曲线和能级分布

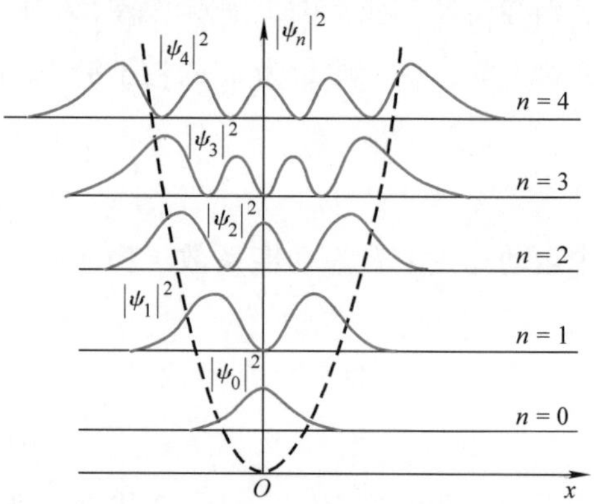

图 16-10　简谐振子的概率分布

按照经典力学，在平衡位置（$x=0$）振子的速度最大，停留时间最短，因而平衡位置出现的概率最小. 而在最大位移处（$x=\pm A$），振子的速度为零，停留时间最长，因而该位置振子出现的概率最大. 然而，由量子力学理论，在量子数 n 较小时，振子位置的概率密度分概率密度 $|\psi_n(x)|^2$ 分布与经典结论有着明显的区别. 但在量子数 n 很大时，量子力学给出的概率密度 $|\psi_n(x)|^2$ 局部平均与经典概率分布趋于一致. 图 16-11 给出了 $n=11$ 的激

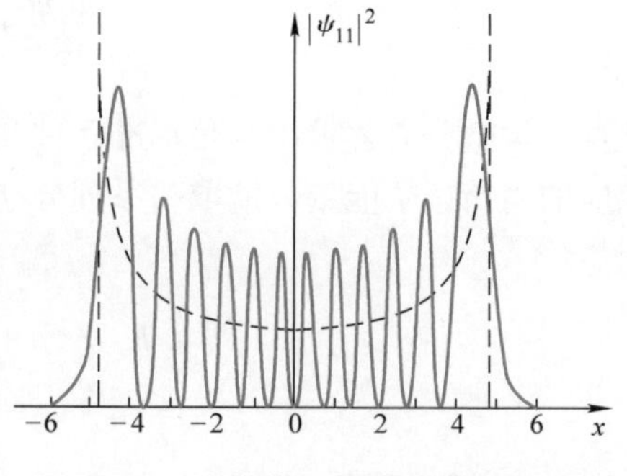

图 16-11　线性谐振子的位置概率密度

发态的概率密度$|\psi_{11}(x)|^2$分布曲线及经典概率密度分布曲线的比较. 由此可见，n值越大，量子力学概率分布（图中振荡曲线）与牛力学概率分布（图中虚线）符合得越好.

思维拓展

16-2 初始处于基态的一个量子力学系统在吸收一个光子后处于第一激发态. 随后系统吸收了第二个光子，处于第二激发态. 下列哪个系统第二个光子的波长比第一个长？(1) 谐振子；(2) 一维无限深势阱中的粒子.

思考题

16-9 (1) 以上所讲的一维方势阱和一维简谐振子，描述了处于束缚态的微观粒子的行为，这与经典力学对质点运动的描述有什么根本性的区别？(2) 何谓零点能？

例题 16-7 质量为 3.82×10^{-26}kg 的钠原子在晶体内振动. 原子偏离其平衡位置 0.014nm 时，势能增加 0.0075eV. 把原子看作谐振子. (1) 根据经典力学求出谐振子振动的频率. (2) 根据量子力学求出相邻能级之间的间距（以 eV 表示）. (3) 从一个能级向相邻较低能级跃迁时所发射光子的波长是多少？它位于电磁波谱的哪个区域？

分析 我们将从是能表达式 $U=\frac{1}{2}kx^2$ 中求出劲度系数 k，然后求频率 $\nu=\frac{1}{2\pi}\sqrt{\frac{k}{m}}$，并把它代入式 (16-33) 中求出相邻能级之间的间隔. 最后将按照跃迁条件计算发射光子的波长.

解 已知当 $x=0.014\times10^{-9}$m 时，$U=0.0075\text{eV}=1.2\times10^{-21}$J，因而可以通过 $U=\frac{1}{2}kx^2$ 解出劲度系数为

$$k=\frac{2U}{x^2}=\frac{2\times1.2\times10^{-21}\text{J}}{(0.014\times10^{-9}\text{m})^2}=12.2\text{N}\cdot\text{m}^{-1}$$

(1) 由经典力学，谐振子的频率为

$$\nu=\frac{1}{2\pi}\sqrt{\frac{k}{m}}=\frac{1}{2\times3.14}\sqrt{\frac{12.2\text{N}\cdot\text{m}^{-1}}{3.82\times10^{-26}\text{kg}}}=2.85\times10^{12}\text{s}^{-1}$$

(2) 相邻能级之间的间距

$$h\nu=(6.63\times10^{-34}\text{J}\cdot\text{s})\times(2.85\times10^{12}\text{s}^{-1})=1.88\times10^{-21}\text{J}\left(\frac{1\text{eV}}{1.6\times10^{-19}\text{J}}\right)=0.0118\text{eV}$$

(3) 所发射光子的能量 E 等于振子在跃迁时损失的能量 1.88×10^{-21}J，则

$$\lambda=\frac{hc}{E}=\frac{(6.63\times10^{-34}\text{J}\cdot\text{s})\times(3\times10^{8}\text{m}\cdot\text{s}^{-1})}{1.88\times10^{-21}\text{J}}=1.05\times10^{-4}\text{m}=105\mu\text{m}$$

这个光子的波长处于光谱的红外区域.

这个例子告诉我们，原子间作用的劲度系数为十几个牛顿每米，大小与家里的弹簧或弹簧玩具里面的弹簧大致相同. 还告诉我们，可以通过测量分子向较低振动态跃迁时发出的辐射来研究分子振动.

章后感悟

本章介绍了量子理论的建立．玻恩、海森伯、薛定谔等物理学家们独具匠心的思维，令人印象深刻．您不妨思考一下，在您熟知的专业领域内，有哪些科学问题还没有解决呢？发挥您的聪明才智，是否能够提出解决这些问题的些许思路或设想呢？

习 题 16

16-1 （1）质量为10g的物体以速度$5\mathrm{m\cdot s^{-1}}$做自由运动，求该物体的德布罗意波长．（2）经过$U_{KD}=100\mathrm{V}$电压加速的电子，其德布罗意波长为多大？ ［答：（1）$1.33\times10^{-32}\mathrm{m}$；（2）0.12nm］

16-2 静止质量为m的电子被电势差为U的电场加速，如果考虑相对论效应，求其德布罗意波长． ［答：$\lambda=\dfrac{h}{\sqrt{2meU+(e^2U^2/c^2)}}$］

16-3 一初速为$v_0=6\times10^5\ \mathrm{m\cdot s^{-1}}$的电子进入电场强度为$E=400\mathrm{N\cdot C^{-1}}$的均匀电场，逆电场方向加速行进．求电子在电场中经历位移$s=20\mathrm{cm}$时的德布罗意波长（不计电子质量随速度的改变）． ［答：0.14nm］

16-4 令$\lambda_c=h/(m_e c)$（称为电子的康普顿波长，其中m_e为电子的静止质量，c为真空中的光速，h为普朗克常量）．当电子动能等于其静止能量2倍时，求它的德布罗意波长λ与康普顿波长λ_c的比值． ［答：0.354nm］

16-5 设一光子沿Ox轴运动，其波长为450nm，若测定波长的准确度为10^{-6}，求此光子位置的不确定量． ［答：$\Delta x\geqslant0.45\mathrm{m}$］

16-6 同时测量能量为1keV做一维运动的电子的位置与动量时，若位置的不确定值在0.1nm（$1\mathrm{mn}=10^{-9}\mathrm{m}$）内，则动量的不确定值的百分比$\Delta p/p$至少为何值？（电子质量$m_e=9.11\times10^{-31}\mathrm{kg}$，$1\mathrm{eV}=1.60\times10^{-19}\mathrm{J}$，普朗克常量$h=6.63\times10^{-34}\ \mathrm{J\cdot s}$,） ［答：3.1%］

16-7 波长为$0.400\mu\mathrm{m}$的平面光波朝x轴正向传播，若波长的相对不确定量$\dfrac{\Delta\lambda}{\lambda}=10^{-6}$，求光子坐标的最小不确定量． ［答：0.4m］

16-8 电视机显像管中电子的加速电压$U_{DK}=10^4\mathrm{V}$，求电子从枪口半径$r=0.1\mathrm{cm}$的电子枪射出后的横向速度的不确定量 ［答：$0.35\mathrm{m\cdot s^{-1}}$］

16-9 求证：自由粒子的不确定关系为$\Delta x\cdot\Delta\lambda\geqslant\lambda^2$，其中$\lambda$为自由粒子的德布罗意波长．

16-10 一粒子沿Ox轴方向运动，相应的波函数为$\psi(x)=C/(1+\mathrm{i}x)$．求：（1）常数$C$；（2）概率密度函数；（3）何处出现粒子的概率最大？ ［答：（1）$1/\sqrt{\pi}$；（2）$[\pi(1+x^2)]^{-1}$；（3）在$x=0$处粒子出现的概率最大．］

16-11 粒子在一维无限深方势阱中运动（势阱宽度为a），其波函数为$\psi(x)=\sqrt{\dfrac{2}{a}}\sin\dfrac{3\pi x}{a}(0<x<a)$，求发现粒子的概率为最大的位置 ［答：$x_1=\dfrac{a}{6}$，$x_2=\dfrac{a}{2}$，$x_3=\dfrac{5a}{6}$］

16-12 一微观粒子处于一维无限深势阱中的基态，势阱宽度为$0\leqslant x\leqslant a$．求在$a/4\leqslant x\leqslant3a/4$区域内发现粒子的概率． ［答：81.8%］

16-13 一微观粒子出现在区间$0\leqslant x\leqslant a$内任一点的概率都相等，而在该区间以外的概率处处为零．求此粒子在区域内的概率密度． ［答：$1/a$］

16-14 一微观粒子沿Ox轴方向运动，其波函数为$\psi=A/(1+\mathrm{i}x)$．（1）求归一化后的波函数；（2）求粒子坐标的概率分布函数；（3）粒子的最大概率？［答：（1）$\psi(x)=\frac{1}{\sqrt{\pi}}\frac{1-\mathrm{i}x}{1+x^2}$；（2）$P(x)=\frac{1}{\pi(1+x^2)}$；（3）$P_{\max}=\frac{1}{\pi}$］

16-15　一粒子被限制在相距为 l 的两个不可穿透的壁之间. 描写粒子状态的波函数为 $\psi=cx(l-x)$，其中 c 为待定常量. 求（1）在 $0\sim\frac{1}{3}l$ 区间发现该粒子的概率.（2）发现粒子的概率为最大的位置.［答：（1）$\frac{17}{81}$；（2）$\frac{1}{2}l$］

16-16　一质量为 m 的微观粒子在宽度为 a 的刚体盒子中沿宽度方向做一维运动，求此粒子的动量和能量.［答：$p=nh/(2a)$；$E_k=n^2h^2/(8ma^2)$，$n=1,2,3,\cdots$］

16-17　质量为 m 的粒子处在宽度为 a 的一维无限深方势阱中，试利用不确定关系 $\Delta x\cdot\Delta p_x\geqslant\frac{\hbar}{2}$，估算该粒子可能具有的最小能量 E.［答：$E_{\min}=\frac{\hbar^2}{8ma^2}$］

16-18　试求在宽度为 a 的无限深势阱中运动的电子，当由第三激发态跃迁到基态时所发出的光波波长.［答：$\lambda=\frac{cma^2}{h}$］

科学家轶事

玻尔——科学的道路从来都不平坦

尼尔斯·玻尔（Niels Bohr，1885—1962），丹麦物理学家，原子物理学的奠基人，1922年获得诺贝尔物理学奖. 他在研究原子运动时，提出了一套新观点，建立了原子的量子论. 首次打开了人类认识原子结构的大门，为近代物理研究开辟了道路. 他对原子科学的贡献使他无疑地成了20世纪上半叶与爱因斯坦并驾齐驱的、最伟大的物理学家之一.

玻尔是一位卓越的科学研究的领导者和组织者，他于1921年创建的哥本哈根理论物理研究所不仅是科学研究的场所，也是教育的中心. 他说，“科学的道路从来都不是平坦的，只有不断引进崭新的思想才能实现科学的进步”. 玻尔以他的崇高声望在自己周围吸引了一批优秀的年轻人. 正是在这些人日以继夜的努力下，新的概念一个个出现：矩阵力学、泡利不相容原理、不确定关系、互补原理、量子力学的哥本哈根解释……近代物理学大厦的基础——量子力学，就是以玻尔为领袖的一代接触物理学家集体才华的结晶.

应用拓展

量子通信及我国量子通信技术新进展

在经典的通信中，我们可以通过不同的办法截获通信的信息，然后伪造相同的信息发给接收者. 尽管目前已经有很多经典加密的手段，但是这些加密的方法，从物理原理上不能够确保完全安全，随着科学技术的发展，例如，计算机处理能力的提高，使得许多经典通信的安全性无法得到保证，尤其是在军事领域，通信的安全性变得尤为重要. 而量子通信是利用量子力学的原理实现无条件安全的通信新方式，其中利用到了量子态叠加、测量坍缩、不确定性、以及量子态不可克隆等量子力学知识. 从物理原理上确保通信无法被窃听，具有绝对安全的通信. 量子通信可以利用不同的量子态作为物理载体进行通信，我们用光子的偏振为例简单介绍量子通信的基本原理.

1984 年，Brassard 和 Bennett 等科学家提出了第一个实用型量子密钥分配方案，被称为 BB84 方案. 该方案利用单个量子态作为信息载体，例如，单个量子态可以是具有不同偏振的光子组成. BB84 方案中，其量子态可以是两个极化互相正交量子态（水平偏振和竖直偏振为相互正交的量子态，-45°和+45°偏振也是相互正交的量子态，但是-45°和水平偏振并不是正交的量子态）. 如 Alice 和 Bob 两人进行通信，利用光的偏振态编码信息 0 和 1，不同的偏振态代表不同的量子比特. 上面提到通信方 Alice 有四种偏振片，水平和竖直方向（组成一组正交基）、-45°和+45°方向（组成一组正交基），利用这些光学器件能够把光子的量子态制备在两组不同的正交基. 相应的 Bob 有两种测量基，第一种测量基可以分辨水平或竖直方向的光量子态（也就是能够正确的测量量子态），判断出正确的信息；同理，第二种测量基能测量出-45°或+45°的光量子态. 因此接受者和发送者如果使用相同的正交基矢，接受者 Bob 才能获得发送者 Alice 的正确的信息. 如果有掌握了高科技的窃听者想窃取通信方的信息，由于量子不可克隆，确保窃听者不能完全的复制量子比特副本，而不破坏原来的量子态，这种窃取行为无论多么隐蔽，都会被通信方所发现.

现阶段我国在量子保密通信技术领域的研究处于世界领先的地位，已经取得了许多标志性成果. 例如，2005 年，潘建伟院士团队在世界上首次在 13 公里的自由空间中实现了量子通信实验，证明了光子穿透大气层后，仍然能够有效地保持其量子态特性，证明了利用卫星进行星地量子通信的可行性. 在 2016 年 8 月 16 日，我国成功将世界首颗量子科学实验卫星“墨子号”发射升空. 2020 年 6 月，“墨子号”量子科学实验卫星在国际上首次实现千公里级基于纠缠的量子密钥分发. 该成果于北京时间 6 月 15 日在线发表于国际学术期刊《自然》杂志. 该实验成果将以往地面无中继量子保密通信的空间距离提高了一个数量级，并且确保了卫星在被他方控制的极端情况下依然能够实现安全的量子通信，取得了量子保密通信现实应用的重要突破. 在未来，我们国家可能组成一个由几十颗量子卫星组成的网络，结合地面量子通信干线，形成天地一体且绝对安全的量子通信网络.

第 17 章

氢 原 子

章前问题

电子在原子中如何运动？是像玻尔的氢原子理论描述的那样，在圆形轨道上运动吗？电子的波动性如何体现？

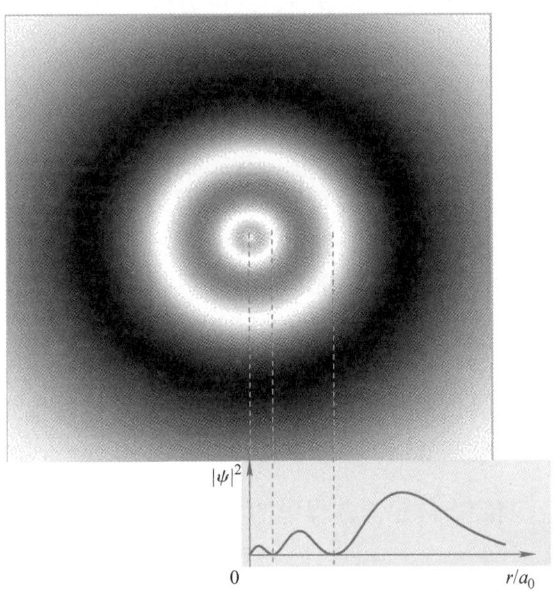

学习要点

1. 算符；
2. 本征值方程；
3. 氢原子的定态薛定谔方程；
4. 氢原子能量、角动量；
5. 氢原子波函数；
6. 氢原子中电子的概率分布；
7. 电子自旋；
8. 四个量子数；
9. 原子中的电子壳层模型.

结合第 16 章量子力学的初步知识，从球坐标系下氢原子的定态薛定谔方程出发，求解氢原子所满足的定态波函数，并从理论上推导出能量量子化条件角动量的量子化、主量子数，角量子数和磁量子数，进而分析它们与电子概率分布的对应关系，结合电子自旋的概念，给出氢原子模型的全量子力学解释.

本章中，还介绍量子力学中的算符与本征值方程的概念，学习如何理解氢原子的定态薛定谔方程，如何描述氢原子中的电子概率分布，以及如何理解原子中的电子壳层模型.

17.1 算符与本征值方程

17.1.1 算符

算符就是作用在一个函数上得到另外一个函数的运算符号. 如

$$\hat{O}f = g \tag{17-1}$$

式中，$\hat{O}$ 即为算符. 可为 $\hat{O}=\frac{\mathrm{d}}{\mathrm{d}x}$、$\hat{O}=\nabla^2$、$\hat{O}=\sqrt{\quad}$、$\hat{O}=r$、$\hat{O}=U(r)$、…等等. 上式表示算符 $\hat{O}$ 作用在函数 f 上得到函数 g. 再如，$\frac{\mathrm{d}}{\mathrm{d}x}\psi$ 代表对波函数 ψ 取导数、$U(r)\psi$ 代表对波函数 ψ 乘以 $U(r)$，等等.

量子力学中常用的算符有动量算符 $\hat{p}$、角动量算符 $\hat{L}$、哈密顿算符（或称能量算符）$\hat{H}$，等等.

在第 16 章介绍的定态薛定谔方程式 $\left[-\frac{\hbar^2}{2m}\nabla^2+U(\boldsymbol{r})\right]\psi(\boldsymbol{r})=E\psi(\boldsymbol{r})$ 中，$\nabla^2=\frac{\partial^2}{\partial x^2}+\frac{\partial^2}{\partial y^2}+\frac{\partial^2}{\partial z^2}$为拉普拉斯算符，式中方括号项记为

$$\hat{H}=\left[-\frac{\hbar^2}{2m}\nabla^2+U(\boldsymbol{r})\right] \tag{17-2}$$

$\hat{H}$ 称为体系的**能量算符**或**哈密顿算符**.

17.1.2　本征值方程

若式（17-1）中，$g=\lambda f$，则有

$$\hat{O}f=\lambda f$$

此式称为算符 $\hat{O}$ 的**本征值方程**（或称**本征方程**），式中，λ 称为 $\hat{O}$ 的**本征值**；f 称为与 λ 相应的**本征函数**.

将定态薛定谔方程中的$\left[-\frac{\hbar^2}{2m}\nabla^2+U(\boldsymbol{r})\right]$用能量算符 $\hat{H}$ 表示，于是定态薛定谔方程可写为

$$\hat{H}\psi(\boldsymbol{r})=E\psi(\boldsymbol{r}) \tag{17-3}$$

上式亦称为**能量的本征值方程**（或**哈密顿算符的本征值方程**）. 式中，E 称为体系的**能量本征值**（或称**算符** $\hat{H}$ **的本征值**），相应的波函数 $\psi(\boldsymbol{r})$ 称为 $\hat{H}$ 相应于本征值 E 的**本征函数**，即**能量本征函数**.

所以，当体系处于能量算符 $\hat{H}$ 的本征函数所描写的状态 $\Psi(\boldsymbol{r},t)=\psi(\boldsymbol{r})\mathrm{e}^{-\frac{\mathrm{i}}{\hbar}Et}$（称为**能量本征态**）时，粒子的能量具有确定值. 这个值就是对应于本征态 $\Psi(\boldsymbol{r},t)$ 的本征值 E，或称是属于 $\Psi(\boldsymbol{r},t)$ 的 $\hat{H}$ 的本征值.

由于定态波函数有很多个，以 E_n 表示体系能量算符 $\hat{H}$ 的第 n 个本征值，相对应的本征态（波函数）记为 $\Psi_n(\boldsymbol{r},t)$，则第 n 个定态波函数为

$$\Psi_n(\boldsymbol{r},t)=\psi_n(\boldsymbol{r})\mathrm{e}^{-\frac{\mathrm{i}}{\hbar}Et} \tag{17-4}$$

式中，$n=1$，2，3，…. 即：在定态问题中，当体系处于能量算符的本征函数所描写的状态

（即本征态）时具有确定的能量，该能量就是能量算符的本征值.

结论：求解定态薛定谔方程就是求体系哈密顿算符 $\hat{H}$ 的本征值方程（17-3）满足物理条件的解的问题.

不仅能量，量子力学中的所有力学量，如坐标、动量、角动量、自旋等都可用算符表示. 一般情况，若与力学量 A 相对应的算符是 $\hat{A}$，则该力学量的本征方程就是

$$\hat{A}\psi_A = A\psi_A \tag{17-5}$$

式中，A 称为力学量 $\hat{A}$ 的本征值；ψ_A 则称为与本征值 A 相应的本征函数. 量子力学认为，在任何状态下测量力学量 $\hat{A}$，所得到的结果一定是算符 $\hat{A}$ 的某一个本征值，这已为大量的实验事实所验证.

那么，如何得到力学量的算符呢？对自由粒子波函数［第 16 章中式（16-15）］求坐标的一阶导数，得到

$$\frac{\partial \Psi}{\partial x} = \frac{\mathrm{i}}{\hbar} p_x \Psi$$

即

$$-\mathrm{i}\hbar \frac{\partial}{\partial x}\Psi = p_x \Psi$$

与式（17-5）对比，可得，动量 p_x 的算符是 $-\mathrm{i}\hbar \frac{\partial}{\partial x}$，用 $\hat{p}_x$ 表示，记为 $\hat{p}_x = -\mathrm{i}\hbar \frac{\partial}{\partial x}$，同理可给出算符 p_y、p_z，于是有

$$\begin{cases} \hat{p}_x = -\mathrm{i}\hbar \dfrac{\partial}{\partial x} \\ \hat{p}_y = -\mathrm{i}\hbar \dfrac{\partial}{\partial y} \\ \hat{p}_z = -\mathrm{i}\hbar \dfrac{\partial}{\partial z} \end{cases} \tag{17-6}$$

或统一的记为

$$\hat{\boldsymbol{p}} = -\mathrm{i}\hbar \nabla \tag{17-7}$$

对于坐标，量子力学规定，其算符就是其本身，即

$$\hat{\boldsymbol{r}} = \boldsymbol{r}$$

量子力学进一步规定，对于经典物理中的力学量 $\boldsymbol{F}(\boldsymbol{r},\boldsymbol{p})$，要用算符

$$\hat{\boldsymbol{F}} = \hat{\boldsymbol{F}}(\hat{\boldsymbol{r}},\hat{\boldsymbol{p}})$$

表示，如经典力学中的角动量

$$\boldsymbol{L} = \boldsymbol{r} \times \boldsymbol{p}$$

在量子力学中则为

$$\hat{\boldsymbol{L}}=\hat{\boldsymbol{r}}\times\hat{\boldsymbol{p}}$$

写成分量形式就是

$$\begin{cases}\hat{L}_x=y\,\hat{p}_z-z\,\hat{p}_y=-\mathrm{i}\hbar\left(y\dfrac{\partial}{\partial z}-z\dfrac{\partial}{\partial y}\right)\\ \hat{L}_y=z\,\hat{p}_x-x\,\hat{p}_z=-\mathrm{i}\hbar\left(z\dfrac{\partial}{\partial x}-x\dfrac{\partial}{\partial z}\right)\\ \hat{L}_z=x\,\hat{p}_y-y\,\hat{p}_x=-\mathrm{i}\hbar\left(x\dfrac{\partial}{\partial y}-y\dfrac{\partial}{\partial x}\right)\end{cases}\tag{17-8a}$$

角动量平方算符

$$\hat{L}^2=\hat{L}_x^2+\hat{L}_y^2+\hat{L}_z^2\tag{17-8b}$$

用图 17-1 中的球极坐标（r，θ，φ）代替直角坐标（x，y，z）. 于是，有 $\theta=\arccos(z/r)$，$\varphi=\arctan(y/x)$，$x=r\sin\theta\cos\varphi$，$y=r\sin\theta\sin\varphi$，$z=r\cos\theta$，并且 θ 的范围：$0\sim\pi$，φ 的范围：$0\sim2\pi$，r 的范围：$0\sim\infty$. 由此可得球极坐标中角动量算符的表达式：

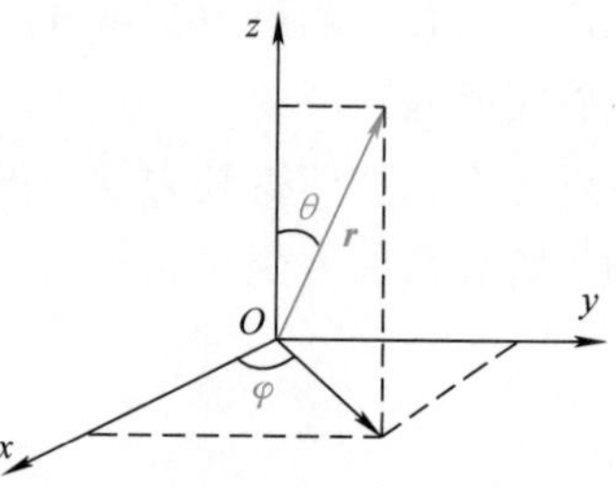

图 17-1 球极坐标

$$\hat{L}_z=-\mathrm{i}\hbar\frac{\partial}{\partial\varphi}\tag{17-9}$$

$$\begin{aligned}\hat{L}^2&=-\hbar^2\left[\frac{1}{\sin\theta}\frac{\partial}{\partial\theta}\left(\sin\theta\frac{\partial}{\partial\theta}\right)+\frac{1}{\sin^2\theta}\frac{\partial^2}{\partial\varphi^2}\right]\\&=-\frac{\hbar^2}{\sin\theta}\frac{\partial}{\partial\theta}\left(\sin\theta\frac{\partial}{\partial\theta}\right)+\frac{\hat{L}_z^2}{\sin^2\theta}\end{aligned}\tag{17-10}$$

可以看出，量子力学中的力学量与经典物理中的力学量有着本质的不同，经典物理中，对于坐标和动量，有

$$x\cdot p_x=p_x\cdot x$$

而由式（17-6）可以看出，在量子力学中

$$\begin{aligned}(\hat{x}\hat{p}_x-\hat{p}_x\hat{x})\psi&=x\left(-\mathrm{i}\hbar\frac{\partial}{\partial x}\right)\psi-\left(-\mathrm{i}\hbar\frac{\partial}{\partial x}\right)(x\psi)\\&=-\mathrm{i}\hbar x\frac{\partial}{\partial x}\psi+\mathrm{i}\hbar\psi+\mathrm{i}\hbar x\frac{\partial}{\partial x}\psi\\&=\mathrm{i}\hbar\psi\end{aligned}$$

于是

$$\hat{x}\hat{p}_x-\hat{p}_x\hat{x}=\mathrm{i}\hbar\tag{17-11}$$

就是说，量子力学中，坐标和动量在同一方向上的分量之积是不满足交换律的，或者说坐标

和动量是**不对易**的. 不对易揭示了坐标和动量的不确定关系的本质.

对于力学量 $\hat{A}$ 和 $\hat{B}$，在量子力学中通常写为

$$[\hat{A},\hat{B}]=\hat{A}\hat{B}-\hat{B}\hat{A} \tag{17-12}$$

称为力学量 $\hat{A}$ 和 $\hat{B}$ 的**对易关系**. 可以证明（证明略），若 $[\hat{A},\hat{B}]=0$，称 $\hat{A}$ 和 $\hat{B}$ 是对易的，则 $\hat{A}$ 和 $\hat{B}$ 可以同时有确定值；若 $[\hat{A},\hat{B}]\neq 0$，称 $\hat{A}$ 和 $\hat{B}$ 是不对易的，则 $\hat{A}$ 和 $\hat{B}$ 不能同时有确定值. 这就是一般意义上的不确定关系. 显然，任何力学量与自身是对易的，即 $[\hat{A},\hat{A}]=0$. 另外，不同分量（如坐标、动量）之间是对易的，比如 $[\hat{x},\hat{y}]=0$，$[\hat{p}_x,\hat{p}_y]=0$. 坐标与动量不同方向的分量之间也是对易的，如 $[\hat{x},\hat{p}_y]=0$.

思考题

17-1 （1）什么是算符？分别写出一维的坐标算符和动量算符的具体表达式.（2）什么是力学量的对易关系？如果不对易，则意味着两个力学量有什么关系？

17.2 氢原子的定态薛定谔方程

17.2.1 氢原子的定态薛定谔方程求解简介

在氢原子中，电子处在原子核的有心力场内做三维运动，这个力场就是原子核激发的库仑力场，其势能函数为

$$U(r)=-\frac{e^2}{4\pi\varepsilon_0 r} \tag{17-13}$$

式中，$r=\sqrt{x^2+y^2+z^2}$ 是电子与原子核的距离，取原子核所在处为坐标原点，将（17-13）代入定态薛定谔方程式中，得电子在原子核周围空间运动的三维定态薛定谔方程 $\left[-\frac{\hbar^2}{2m}\nabla^2+U(\boldsymbol{r})\right]\psi(\boldsymbol{r})=E\psi(\boldsymbol{r})$，整理得到

$$\nabla^2\psi+\frac{2m}{\hbar^2}\left(E+\frac{e^2}{4\pi\varepsilon_0 r}\right)\psi=0 \tag{17-14}$$

由于 $U(r)$ 是 r 的函数，具有球对称性，为便于研究，需通过坐标变换，将上式变换成用空间球坐标表示的方程，如图 17-1 所示. 用球极坐标（r，θ，φ）代替直角坐标（x，y，z）. 由此可得球坐标中的拉普拉斯算符表达式（推导从略）

$$\nabla^2=\frac{1}{r^2}\left[\frac{\partial}{\partial r}\left(r^2\frac{\partial}{\partial r}\right)+\frac{1}{\sin\theta}\frac{\partial}{\partial\theta}\left(\sin\theta\frac{\partial}{\partial\theta}\right)+\frac{1}{(\sin\theta)^2}\frac{\partial^2}{\partial\varphi^2}\right]$$

代入式（17-14）中，可得球坐标中的薛定谔方程形式

$$\frac{1}{r^2}\frac{\partial}{\partial r}\left(r^2\frac{\partial\psi}{\partial r}\right)+\frac{1}{r^2\sin\theta}\frac{\partial}{\partial\theta}\left(\sin\theta\frac{\partial\psi}{\partial\theta}\right)+\frac{1}{r^2\sin^2\theta}\frac{\partial^2\psi}{\partial\varphi^2}+\frac{2m}{\hbar^2}\left(E+\frac{e^2}{4\pi\varepsilon_0 r}\right)\psi=0 \tag{17-15}$$

式中，$\psi=\psi(r,\theta,\varphi)$，采用分离变量法求解. 可将氢原子中电子的波函数表示成径向和角向

两个函数的乘积形式，即

$$\psi(r,\theta,\varphi)=R(r)Y(\theta,\varphi) \tag{17-16}$$

代入式（17-15），整理后得

$$\frac{1}{R}\frac{\partial}{\partial r}\left(r^2\frac{\partial R}{\partial r}\right)+\frac{2mr^2}{\hbar^2}\left(\frac{e^2}{4\pi\varepsilon_0 r}+E\right)=-\frac{1}{Y}\left[\frac{1}{\sin\theta}\frac{\partial}{\partial\theta}\left(\sin\theta\frac{\partial Y}{\partial\theta}\right)+\frac{1}{\sin^2\theta}\frac{\partial^2 Y}{\partial\varphi^2}\right]$$

上式等式左边只是位置 r 的函数，而等式右边只是角量 θ 和 φ 的函数，两式相等意味着它们应等于同一个常量，令其为 λ，则由上式等号的左、右两边，可得到两个方程

$$\frac{1}{r^2}\frac{\mathrm{d}}{\mathrm{d}r}\left(r^2\frac{\mathrm{d}R}{\mathrm{d}r}\right)+\left[\frac{2m}{\hbar^2}\left(E+\frac{e^2}{4\pi\varepsilon_0 r}\right)-\frac{\lambda}{r^2}\right]R=0 \tag{17-17}$$

$$-\left[\frac{1}{\sin\theta}\frac{\partial}{\partial\theta}\left(\sin\theta\frac{\partial}{\partial\theta}\right)+\frac{1}{\sin^2\theta}\frac{\partial^2}{\partial\varphi^2}\right]Y(\theta,\varphi)=\lambda Y(\theta,\varphi) \tag{17-18}$$

式中，常量 λ 需要通过波函数的标准化条件来确定.

同理，再采用分离变量法，设 $Y(\theta,\varphi)=\Theta(\theta)\Phi(\varphi)$ 并代入式（17-18），整理得到

$$\frac{1}{\sin\theta}\frac{\mathrm{d}}{\mathrm{d}\theta}\left(\sin\theta\frac{\mathrm{d}\Theta}{\mathrm{d}\theta}\right)+\left[\lambda-\frac{m_l^2}{\sin^2\theta}\right]\Theta=0 \tag{17-19}$$

$$\frac{\mathrm{d}^2\Phi}{\mathrm{d}\varphi^2}+m_l^2\Phi=0 \tag{17-20}$$

式中，λ 和 m_l是引入的常量，需要通过波函数的标准化条件来确定.

经过这样的数学变换后，把原来一个复杂的偏微分方程简化为较简单的常微分方程，从而可以分别解出 $R(r)$，$\Theta(\theta)$，$\Phi(\varphi)$ 的具体形式. 由于求解过程繁难，并涉及一些特殊函数，所以省略求解过程. 下面只根据波函数的标准条件：单值、有限、连续，以及归一化和边界条件来确定波函数（只给出求解方程的思路和一些重要结果）.

17.2.2 量子化条件

首先求解最简单的方程式（17-20）. 这是一个二阶常系数微分方程，其通解为

$$\Phi(\varphi)=C\mathrm{e}^{\mathrm{i}m_l\varphi}$$

对上式归一化，得到归一化波函数

$$\Phi(\varphi)=\frac{1}{\sqrt{2\pi}}\mathrm{e}^{\mathrm{i}m_l\varphi}$$

利用自然边界条件 $\Phi(\varphi)=\Phi(\varphi+2\pi)$，得到 $m_l=0$，±1，±2，±3，…. 即 m_l 是量子化的. 说明，在物理上只有满足 $m_l=0$，±1，±2，±3，…的波函数才有意义，于是上式可写为

$$\Phi_{m_l}(\varphi)=\frac{1}{\sqrt{2\pi}}\mathrm{e}^{\mathrm{i}m_l\varphi} \tag{17-21}$$

进一步求解式（17-19）得到

$$\lambda=l(l+1)$$

其中 l 只能是零或正整数：$l=0$，1，2，3，…，这时式（17-19）的解 $\Theta_{lm_l}(\theta)$ 才有物理意义，这种情况下，要求 $|m_l|$不能大于 l，即

$$m_l=0,\pm1,\pm2,\pm3,\cdots,\pm l \tag{17-22}$$

式（17-19）的解 $\Theta_{lm_l}(\theta)=P_l^{|m_l|}(\cos\theta)$ 为缔合勒让德多项式，由此可得式（17-18）归一化的解：

$$Y_{lm_l}(\theta,\varphi)=\Theta_{lm_l}(\theta)\Phi_{m_l}(\varphi)=N_{lm_l}P_l^{|m_l|}(\cos\theta)\mathrm{e}^{\mathrm{i}m_l\varphi} \tag{17-23}$$

式中，N_{lm_l} 为归一化系数，$N_{lm_l}=(-1)^{m_l}\sqrt{\dfrac{(2l+1)(l-|m_l|)!}{4\pi(l+|m_l|)!}}$；$Y_{lm_l}(\theta,\varphi)$ 为球谐函数.

将 $\lambda=l(l+1)$ 代入式（17-17）中，在 $E<0$（束缚态）的情况下，得到满足波函数标准化条件的解，要求

$$l=0,1,2,3,\cdots,n-1 \tag{17-24}$$

其中，n 只能取整数，即

$$n=1,2,3,\cdots \tag{17-25}$$

于是，得到式（17-17）满足波函数标准化条件、归一化的解为

$$R_{nl}(r)=N_{nl}\mathrm{e}^{-\frac{r}{na_0}}\left(\frac{2r}{na_0}\right)^l L_{n+1}^{2l+1}(\rho) \tag{17-26}$$

式中，N_{nl} 为归一化系数；$L_{n+1}^{2l+1}(\rho)$ 为缔合勒盖尔多项式；$\rho=\dfrac{2r}{na_0}$；a_0 为玻尔半径. 由此得到氢原子归一化波函数

$$\psi_{nlm_l}(r,\theta,\varphi)=R_{nl}(r)Y_{lm_l}(\theta,\varphi) \tag{17-27}$$

此波函数满足量子化条件：

$$\begin{cases} n=1,2,3,\cdots \\ l=0,1,2,3,\cdots,n-1 \\ m_l=0,\pm1,\pm2,\pm3,\cdots,\pm l \end{cases} \tag{17-28}$$

换句话说，一组量子数 n，l，m_l 能确定一个波函数. 其中，n 称为**主量子数**，l 称为**角量子数**，m_l 称为**磁量子数**. 各量子数的物理意义将在 17.2.3 中介绍.

17.2.3 氢原子的能量角动量

1. 能量量子化

求解式（17-17）满足波函数标准化条件的解时，得到能量 E 的表达式

$$E_n=-\frac{m_e e^4}{(4\pi\varepsilon_0)^2 2\hbar^2}\frac{1}{n^2} \quad (n=1,2,3,\cdots) \tag{17-29a}$$

n 取分立值，所以能量也取分立值，即氢原子的能量是不连续的，这与 15.4.2 节玻尔的氢原子理论给出的结论一致. 当 $n=1$ 时，将已知的物理常量 m_e、e、ε_0、$\hbar$ 代入式（17-29），可算出 $E_1=-13.6\mathrm{eV}$，称为氢原子的**基态能量**. 氢原子处于基态时，能量最小，最为稳定. 于是，式（17-29a）可写作

$$E_n=\frac{E_1}{n^2} \tag{17-29b}$$

可见，根据量子数 n，便可给出氢原子的能级.

将氢原子的定态波函数（17-27）代入式（17-13），并整理，得到

$$\left\{-\frac{\hbar^2}{2m}\frac{1}{r^2}\left[\frac{\partial}{\partial r}\left(r^2\frac{\partial}{\partial r}\right)+\frac{1}{\sin\theta}\frac{\partial}{\partial\theta}\left(\sin\theta\frac{\partial}{\partial\theta}\right)+\frac{1}{\sin^2\theta}\frac{\partial^2}{\partial\varphi^2}\right]-\frac{e^2}{4\pi\varepsilon_0 r}\right\}\psi_{nlm_l}(r,\theta,\varphi)=E_n\psi_{nlm_l}(r,\theta,\varphi) \tag{17-30}$$

式中，大括号为哈密顿算符. 它在球坐标系中的表达式为

$$\hat{H}=-\frac{\hbar^2}{2m}\frac{1}{r^2}\left[\frac{\partial}{\partial r}\left(r^2\frac{\partial}{\partial r}\right)+\frac{1}{\sin\theta}\frac{\partial}{\partial\theta}\left(\sin\theta\frac{\partial}{\partial\theta}\right)+\frac{1}{\sin^2\theta}\frac{\partial^2}{\partial\varphi^2}\right]-\frac{e^2}{4\pi\varepsilon_0 r}$$

因此，式（17-30）为能量算符的本征值方程，相应的 E_n 为能量的本征值. 由式（17-29a）知，氢原子的能量是量子化的，其量子数 n 称为**主量子数**.

2. 轨道角动量量子化

将式（17-18）两边同乘 $\hbar^2$，并将 $\lambda=l(l+1)$ 代入，将 $Y(\theta,\varphi)$ 写为 $Y_{lm_l}(\theta,\varphi)$，得到

$$-\hbar^2\left[\frac{1}{\sin\theta}\frac{\partial}{\partial\theta}\left(\sin\theta\frac{\partial}{\partial\theta}\right)+\frac{1}{\sin^2\theta}\frac{\partial^2}{\partial\varphi^2}\right]Y_{lm_l}(\theta,\varphi)=l(l+1)\hbar^2Y_{lm_l}(\theta,\varphi) \tag{17-31}$$

由式（17-10）知角动量平方算符 $\hat{L}^2=-\hbar^2\left[\frac{1}{\sin\theta}\frac{\partial}{\partial\theta}\left(\sin\theta\frac{\partial}{\partial\theta}\right)+\frac{1}{\sin^2\theta}\frac{\partial^2}{\partial\varphi^2}\right]$，所以式（17-31）是角动量平方算符的本征值方程，相应的 $l(l+1)\hbar^2$ 为角动量平方的本征值，则角动量大小

$$L=\sqrt{l(l+1)}\hbar \qquad (l=0,1,2,3,\cdots,n-1) \tag{17-32}$$

由此可知，氢原子中电子绕核运动的轨道角动量也是量子化的，其量子数 l 称为**角量子数**（或**副量子数**）.

当 E 给定（即 n 一定）时，l 的取值范围也就确定了. 式（17-32）与玻尔量子理论所给出的角动量量子化条件式（16-19）不同. 玻尔理论中假设 $L=n\hbar$，n 为正整数，角动量的最小值为 $L=\hbar$；而量子力学给出的角动量的大小并不是 $\hbar$ 的整数倍，其最小值为 $L=0$. 大量实验结果表明，量子力学给出的式（17-32）是正确的.

由于氢原子中的电子在有心力场中运动，其角动量是守恒的. 因此，对于电子绕核运动的每一个确定的状态，相应的角动量大小具有一个恒定的值. 式（17-32）表明，对不同的 n 值，若取 $l=0$，则 $L=0$，这是电子轨道角动量的最小值；对同一个 n 值，取不同的 l 值，则电子角动量就有不同的值. 这就表明，氢原子内电子的状态必须同时用 n 和 l 这两个量子数来表征.

在经典力学中，角动量是矢量，质点在一定的运动状态下，有确定的大小和唯一的方向. 可是，电子绕核运动的轨道角动量 L，其方向并不确定在一个方向上. 不过它在空间给定方向（一般是指外磁场 $\boldsymbol{B}$ 的方向，通常选为 z 轴方向）上的分量 L_z 也满足量子化条件.

3. 角动量空间取向量子化

将角动量的 z 分量算符 $\hat{L}_z=-i\hbar\frac{\partial}{\partial\varphi}$ 作用于球谐函数 $Y_{lm_l}(\theta,\varphi)$，得

$$-i\hbar\frac{\partial}{\partial\varphi}Y_{lm_l}(\theta,\varphi)=m_l\hbar Y_{lm_l}(\theta,\varphi) \tag{17-33}$$

可见，式（17-33）是角动量 z 分量的本征值方程. 因而球谐函数 $Y_{lm_l}(\theta,\varphi)$ 也是角动量 z 分

量 $\hat{L}_z$ 的本征函数，本征值 $m_l\hbar$ 为角动量在外磁场方向的投影.

$$L_z = m_l\hbar \qquad (m_l = 0, \pm1, \pm2, \cdots, \pm l) \tag{17-34}$$

式（17-34）说明，电子角动量 L 在空间给定方向的分量 L_z 是量子化的，这就是电子轨道角动量的**空间量子化**条件．式中，m_l 称为**磁量子数**．m_l的上、下限取决于角量子数 l．当 l 给定时，$m_l = 0$，±1，±2，…，$\pm l$，共有（$2l+1$）个 m_l值．亦即，电子角动量 L 在空间给定方向的分量 L_z 可以有（$2l+1$）个不同的值，或者说，角动量 L 在空间内可以有（$2l+1$）个取向．例如，$l=2$，$L=\sqrt{6}\hbar$，它有五个取向，相应分量 L_z 值为 $2\hbar$，$\hbar$，0，$-\hbar$，$-2\hbar$，如图 17-2 所示.

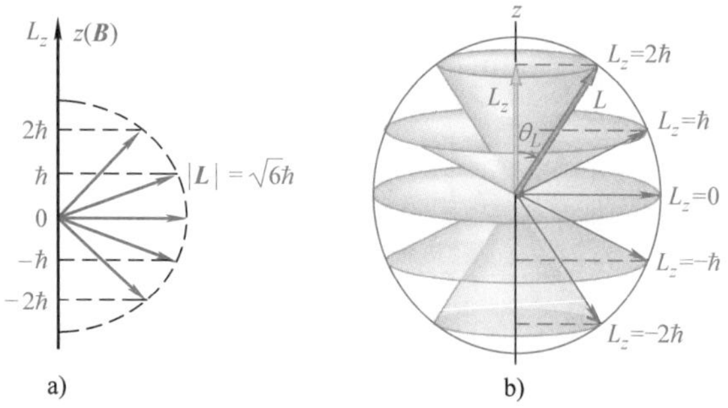

图 17-2　角动量分量 L_z 的取向（取 $l=2$）

L_z 分量永远不会像 L 一样大（除非它们都为零）．例如，当 $l=2$ 时，m_l的最大可能值是2，则由式（17-32）和式（17-34），得 $L=\sqrt{2(2+1)}\,\hbar=\sqrt{6}\,\hbar=2.45\hbar$，$L_z=2\hbar$，（见图 17-2a）．矢量 $\boldsymbol{L}$ 与 z 轴之间的夹角 θ_L 的最小值为

$$\theta_L = \arccos\frac{L_z}{L} = \arccos\frac{2\hbar}{2.45\hbar} = 35.3°$$

$|L_z|$总是小于 L，也是不确定关系所要求的．假如可以知道轨道角动量矢量的确切方向，就可以令那个方向为 z 轴，L_z 就会等于 L．这对应于只在 xy 平面上运动的粒子，在这种情况下，动量 $\boldsymbol{p}$ 的 z 分量就为零，就没有不确定性，即 $\Delta p_z=0$，则由不确定关系 $\Delta z\Delta p_z \geqslant \hbar$ 要求的 z 坐标的不确定性 Δz 为无穷大．这对于一个局域化的状态是不可能的，因而可得出这样的结论：不可能知道 $\boldsymbol{L}$ 的确定方向．因此，$\boldsymbol{L}$ 在给定方向上的分量永远不等于 $\boldsymbol{L}$ 值，即 $|L_z| \neq L$．另外，如果不可能知道 $\boldsymbol{L}$ 的确定方向，就不能精确确定 L_x和 L_y的大小．因此，图 17-2b 中示出了 $\boldsymbol{L}$ 的可能取向的圆锥图.

4. 简并度

由以上讨论可知，一组量子数 n、l、m_l确定了氢原子中电子的一个状态，相应地有一个表述该状态的波函数 ψ_{nlm_l}．由于式（17-30）$\hat{H}\psi_{nlm_l}(r,\theta,\varphi)=E_n\psi_{nlm_l}(r,\theta,\varphi)$是 $\hat{H}$，$\hat{L}^2$，$\hat{L}_z$ 的共同本征值方程，而态函数 $\psi_{nlm_l}(r,\theta,\varphi)$是 E_n，L^2，L_z 的共同本征函数，在这样的状态上氢原子的能量有确定值 E_n，即能量的本征值，其值

$$E_n = -\frac{m_e e^4}{(4\pi\varepsilon_0)^2 2\hbar^2}\frac{1}{n^2}$$

这个能量值，只与 n 有关，与 l 和 m_l无关．即对应一个能量本征值，有多个态函数 $\psi_{nlm_l}(r,\theta,\varphi)$，这种同一能级有不同状态的情形称为**能级的简并**；同一能级各种不同的状态称为**简并态**；而对应于主量子数为 n 的简并能级，所有可能的量子态数目则称为**简并度**．当 n 和 l 都确定时，简并度为 $2l+1$，仅当 n 确定时，简并度为

$$f_n = \sum_{l=0}^{n-1}(2l+1) = n^2 \tag{17-35}$$

所以，氢原子能级的简并度是n^2（在17.4节中将会发现，由于电子自旋的原因，氢原子能级的简并度是$2n^2$）．它描述了电子处于同一能级E_n时，有n^2个不同的量子状态.

思考题

17-2 用球坐标表示的氢原子电子的三维薛定谔方程是什么？对应波函数的三个独立变量是什么？

17-3 试述量子力学对氢原子所得的三个量子条件．什么叫能级的简并？

例题17-1 $n=3$时，氢原子有多少个不同的状态？它们的能量为多少？

分析 氢原子的状态是由定态波函数$\psi_{nlm_l}(r,\theta,\varphi)$的个数决定的，而一组量子数$n$，$l$，$m_l$能确定一个波函数．因此，利用式（17-28）可确定氢原子的状态．氢原子的能量只由主量子数n来决定，利用式（17-29b）可求得氢原子的能量.

解 当$n=3$时，l可取0、1、2三个值．当$l=0$时，m_l只能为0（1个状态）；当$l=1$时，m_l可以是 −1、0、1（3个状态）；当$l=2$时，m_l可以是−2、−1、0、1、2（5个状态）．因而$n=3$时，(n，l，m_l)状态总数为$1+3+5=9$．（在17.4节中将会发现，由于电子自旋的原因，$n=3$状态的总数实际上是这个数的两倍，即18.）

氢原子状态的能量只取决于n，9个状态全都具有相同的能量．由式（17-29b），得

$$E_n=\frac{E_1}{n^2}=\frac{-13.6\text{eV}}{3^2}=-1.51\text{eV}$$

结论：对于一个给定n值，(n，l，m_l)状态总数为n^2（简并度）．在$n=3$这种情况下，有$3^2=9$个状态．记住氢原子基态$n=1$，$E_1=-13.60\text{eV}$．$n=3$的激发态有较高的能量（绝对值较小的负值）.

例题17-2 考虑氢原子$n=4$的状态．(1) 轨道角动量L的最大值是多少？(2) L_z的最大值是多少？(3) $\boldsymbol{L}$与z轴之间夹角的最小值为多少？

分析 本题需要将n与l联系起来，还需要将l的值与轨道角动量矢量的大小与方向联系起来．在(1)问中，用式（17-32）确定L的最大值；在(2)问中，用式（17-34）确定L_z的最大值．L_z取最大值时（这时$\boldsymbol{L}$最接近平行于z轴），$\boldsymbol{L}$与z轴之间夹角的最小值.

解 (1) 当$n=4$时，轨道角动量量子数l的最大值为$(n-1)=(4-1)=3$．由式（17-32），得

$$L_{\max}=\sqrt{l(l+1)}\hbar=\sqrt{3(3+1)}\hbar=\sqrt{12}\hbar=3.464\hbar$$

(2) 对于$l=3$，m_l的最大值为3．由式（17-34），得

$$(L_z)_{\max}=m_l\hbar=3\hbar$$

(3) $\boldsymbol{L}$ 与 z 轴之间的最小夹角对应于 L_z 和 m_l 的最大值（图 17-2b 给出了 $l=2$ 时的情况）. $l=3$ 和 $m_l=3$，有

$$\theta_{\min}=\arccos\frac{(L_z)_{\max}}{L}=\arccos\frac{3\hbar}{3.464\hbar}=30.0^\circ$$

17.3 氢原子中电子的概率分布

薛定谔方程不是将电子描绘成绕精确圆形轨道运动的粒子，而是给出了电子在原子核周围的概率分布. 由于$|\psi|^2$ 表示电子在核外的概率密度，在小体积元 dV 内找到电子的概率为 $|\psi|^2\mathrm{d}V$. 在球坐标中取一体积元 $\mathrm{d}V=r^2\sin\theta\mathrm{d}r\mathrm{d}\theta\mathrm{d}\varphi$，电子在体积元 d$V$ 中出现的概率为

$$|\psi_{nlm_l}(r,\theta,\varphi)|^2\mathrm{d}V=|R_{nl}(r)|^2r^2\mathrm{d}r\ |Y_{lm_l}(\theta,\varphi)|^2\sin\theta\mathrm{d}\theta\mathrm{d}\varphi \tag{17-36}$$

氢原子的概率分布是三维的，我们分别从径向和角向两个方面讨论，给出概率分布图像.

17.3.1 径向概率分布

在球坐标中，取体积元为薄球壳：内半径为 r，外半径为 $r+\mathrm{d}r$，如图 17-3 所示，研究薄球壳内的概率分布. 用 $P(r)$表示径向概率分布函数，即距离原子核不同距离处单位径向长度上找到电子的概率.

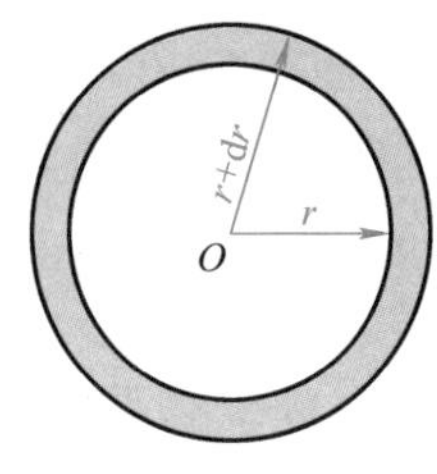

图 17-3 薄球壳

将式（17-36）对 θ 和 φ 作全角空间积分，由于球谐函数已经归一化，就得到在（r，$r+\mathrm{d}r$）的球壳内发现电子的概率为

$$P(r)\mathrm{d}r=|R_{nl}(r)|^2r^2\mathrm{d}r \tag{17-37}$$

式中，$R_{nl}(r)$是与 E_n 相应的径向波函数. 根据式（17-26）给出 $n\leqslant3$ 的归一化径向波函数的具体表达式

$$\begin{cases}R_{10}(r)=\left(\dfrac{1}{a_0}\right)^{\frac{3}{2}}2\mathrm{e}^{-\frac{r}{a_0}}\\ R_{20}(r)=\left(\dfrac{1}{2a_0}\right)^{\frac{3}{2}}\left(2-\dfrac{r}{a_0}\right)\mathrm{e}^{-\frac{r}{2a_0}}\\ R_{21}(r)=\left(\dfrac{1}{2a_0}\right)^{\frac{3}{2}}\dfrac{r}{\sqrt{3}a_0}\mathrm{e}^{-\frac{r}{2a_0}}\\ R_{30}(r)=\left(\dfrac{1}{3a_0}\right)^{\frac{3}{2}}\left(2-\dfrac{4r}{3a_0}+\dfrac{4r^2}{27a_0^2}\right)\mathrm{e}^{-\frac{r}{3a_0}}\\ R_{31}(r)=\left(\dfrac{1}{3a_0}\right)^{\frac{3}{2}}\left(\dfrac{4\sqrt{2}}{9}-\dfrac{2\sqrt{2}r}{27a_0}\right)\dfrac{r}{a_0}\mathrm{e}^{-\frac{r}{3a_0}}\\ R_{32}(r)=\left(\dfrac{1}{3a_0}\right)^{\frac{3}{2}}\dfrac{4}{27\sqrt{10}a_0}\left(\dfrac{r}{a_0}\right)^2\mathrm{e}^{-\frac{r}{3a_0}}\end{cases} \tag{17-38}$$

式中，a_0 为玻尔半径（即玻尔模型中电子与原子核之间的最小距离）.

图 17-4 给出了 $n \leqslant 3$ 时，径向概率分布函数 $P(r)$ 随 r/a_0 变化的曲线. 当原子处于 ψ_{nlm_l} 描写的状态时，电子只在某些 r 值的位置出现的概率比较大，即电子分布只是在一些以原子核为中心的壳层上出现的概率比较大，这一定程度解释了玻尔的氢原子理论. 例如，计算表明，处于基态（$n=1$）的氢原子中，电子虽可出现在核外整个空间内任一位置上，但当电子在 $r_1=a_0=0.0529\text{nm}$ 处，其概率为最大，或者说，氢原子中电子在半径为 r_1 的球壳上出现的机会最多，而这正是玻尔量子理论中对应于 $n=1$ 的容许轨道. 也就是说，从量子力学观点来看，玻尔轨道并不是电子的运动轨道，而只是表示电子出现概率最大的地方.

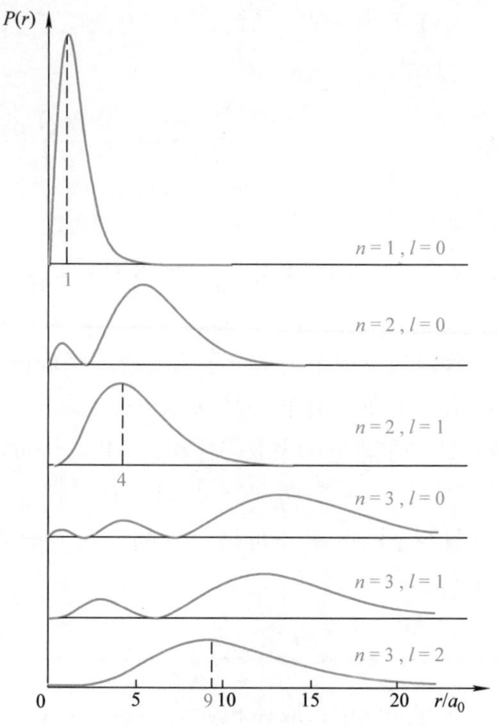

图 17-4　核外电子的径向概率

对于每一个径向概率分布函数 $P(r)$，极大值的个数为（$n-l$）. 对于 $l=n-1$（如 $n=1$、$l=0$，$n=2$、$l=1$，和 $n=3$、$l=2$，等等），曲线只有一个极大值，位于 n^2a_0 处. 对于这些状态，电子呈现类似经典圆轨道的球状分布，即电子最有可能在玻尔模型预测的距原子核 $r_n=n^2a_0$ 处找到，如图 17-4 中虚线所示. 这种情况下，可借用经典的轨道概念.

图 17-4 表明了波函数的概率特性，并提供了氢原子的直观模型. 电子在核外不是按一定的轨道运动，量子力学不能断言电子一定出现在核外某确切位置，而只能给出电子在核外各处出现的概率. 电子在核外空间的概率分布可想象成一个没有边界的云状分布，称为“**电子云**”.“云”代表概率分布，如图 17-5 所示，云越黑的地方，表示电子出现的概率越大. 但要注意，不要误以为电子像云雾那样弥漫在核外空间. 图 17-5 给出了（$n=1$，$l=0$）和（$n=2$，$l=0$）两个状态的球对称电子云的截面图，电子云以原子核（图 17-5 中心白点处）为中心. 注意角动量为零（$l=0$）的态电子云是球对称的，即 $|\psi_{nlm_l}(r,\theta,\varphi)|^2$ 只与径向坐标 r 有关，而 $l\neq0$的量子态则不是.

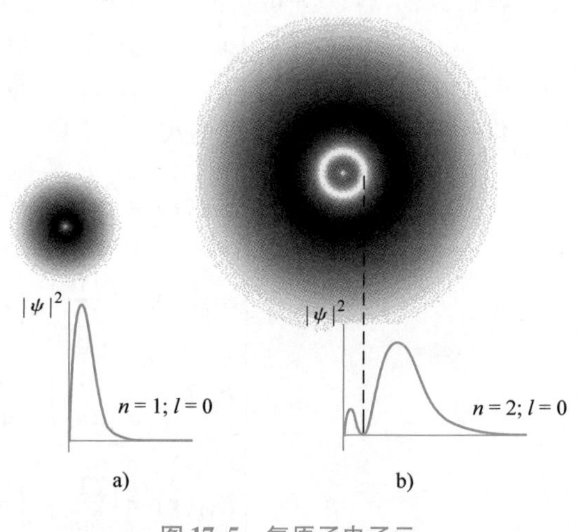

图 17-5　氢原子电子云

例题 17-3　若氢原子处于 ψ_{100} 描写的状态，求（1）电子的径向概率密度 $P_{10}(r)$ 取最大值的位置.（2）在距离原子核小于 a_0 的空间内找到电子的概率为多少？

分析　ψ_{100}所描写的状态为 $n=1$，$l=0$，$m_l=0$ 的状态．在（1）问中，给出径向概率密度 $P_{10}(r)$的具体表达式，根据数学中求极值的方法求解．在（2）问中，对 $P_{10}(r)$从原点（原子核）到距离 a_0 处的球形体积内积分．

解　ψ_{100}所描写的状态为 $n=1$，$l=0$，$m_l=0$ 的状态．径向概率密度

$$P_{10}(r)=|R_{10}(r)|^2r^2=\frac{4}{a_0^3}r^2\mathrm{e}^{-\frac{2r}{a_0}} \quad ⓐ$$

（1）将式ⓐ对变量 r 求导并令其等于零，即

$$\frac{\mathrm{d}}{\mathrm{d}r}P_{10}(r)=\frac{\mathrm{d}}{\mathrm{d}r}\left(\frac{4}{a_0^3}r^2\mathrm{e}^{-\frac{2r}{a_0}}\right)=0$$

得

$$\frac{8r}{a_0^3}\mathrm{e}^{-\frac{2r}{a_0}}\left(1-\frac{r}{a_0}\right)=0$$

于是得到 r 的三个解：$r\to0$，$r=a_0$，$r\to\infty$

当 $r=a_0$ 时，概率分布函数 $P_{10}(r)$取最大值．处于基态的氢原子，电子最大可能出现在半径等于玻尔半径的地方．$r\to0$ 和 $r\to\infty$ 时，概率分布函数 $P_{10}(r)$取最小值，如图 17-5a 所示．

（2）将式ⓐ对 r 在 0 到 a_0 范围内积分

$$\int_0^{a_0}P_{10}(r)\,\mathrm{d}r=\int_0^{a_0}\frac{4}{a_0^3}r^2\mathrm{e}^{-\frac{2r}{a_0}}\mathrm{d}r=\frac{4}{a_0^3}\left(-\frac{a_0r^2}{2}-\frac{a_0^2r}{2}-\frac{a_0^3}{4}\right)\mathrm{e}^{-\frac{2r}{a_0}}\Bigg|_0^{a_0}$$

$$=\frac{4}{a_0^3}\left[\left(-\frac{5a_0^3}{4}\right)\mathrm{e}^{-2}-\left(-\frac{a_0^3}{4}\right)\right]=1-5\mathrm{e}^{-2}=0.323$$

由此可知，基态时，在距原子核小于 a_0 的区域内找到电子的概率约为 1/3，而在其余空间内找到电子的概率约为 2/3．图 17-3 中，大致能看出在 $n=1$，$l=0$ 的曲线下方，在 a_0 之外的区域（即 $r/a_0>1$ 区域）的面积约为 2/3．

17.3.2　角向概率分布

将式（17-36）对 r 积分，由于径向波函数也是归一化的，就得到电子在（θ，φ）方向上的立体角 $\mathrm{d}\Omega=\sin\theta\mathrm{d}\theta\mathrm{d}\varphi$ 内出现的概率为 $|Y_{lm_l}(\theta,\varphi)|^2\mathrm{d}\Omega$．电子在单位立体角中出现的概率 $|Y_{lm_l}(\theta,\varphi)|^2$ 叫作电子的角向概率密度．电子的概率分布与 φ 无关，即在同一 r，θ 下，不同 φ 处电子概率相同，即概率密度绕 z 轴旋转对称分布．而电子的概率分布随 θ 变化．下面给出 $l\leqslant2$ 的球谐函数具体形式

$$\begin{cases} Y_{0,0} = \dfrac{1}{\sqrt{4\pi}} \\ Y_{1,0} = \sqrt{\dfrac{3}{4\pi}}\cos\theta \\ Y_{1,\pm1} = \mp\sqrt{\dfrac{3}{8\pi}}\sin\theta e^{\pm i\varphi} \\ Y_{2,0} = \sqrt{\dfrac{5}{16\pi}}(3\cos^2\theta - 1) \\ Y_{2,\pm1} = \mp\sqrt{\dfrac{15}{8\pi}}\sin\theta\cos\theta e^{\pm i\varphi} \\ Y_{2,\pm2} = \sqrt{\dfrac{15}{32\pi}}\sin^2\theta e^{\pm i2\varphi} \end{cases} \tag{17-39}$$

图 17-6 给出了 $l\leqslant2$ 的电子的角向概率密度 $|Y_{lm_l}(\theta,\varphi)|^2$ 随 θ 角分布关系．图 17-6a 为平面图，图 17-6b 为三维图，是图 17-6a 中的各态平面图绕 z 轴旋转一周而得．由图可见，电子的角向概率密度分布只与 θ 角有关，与 φ 无关．对每一个 l，$m_l=+l$ 和 $m_l=-l$ 的概率密度分布是一样的．除基态 $n=1$ 和 $l=0$ 的状态是球对称的外，其余状态只关于 z 轴对称，并不是球对称的．这就是说，基态和 $l=0$ 的状态的概率分布只与 r 有关，而其他状态的概率既是 r 的函数，也是角坐标 θ 的函数．

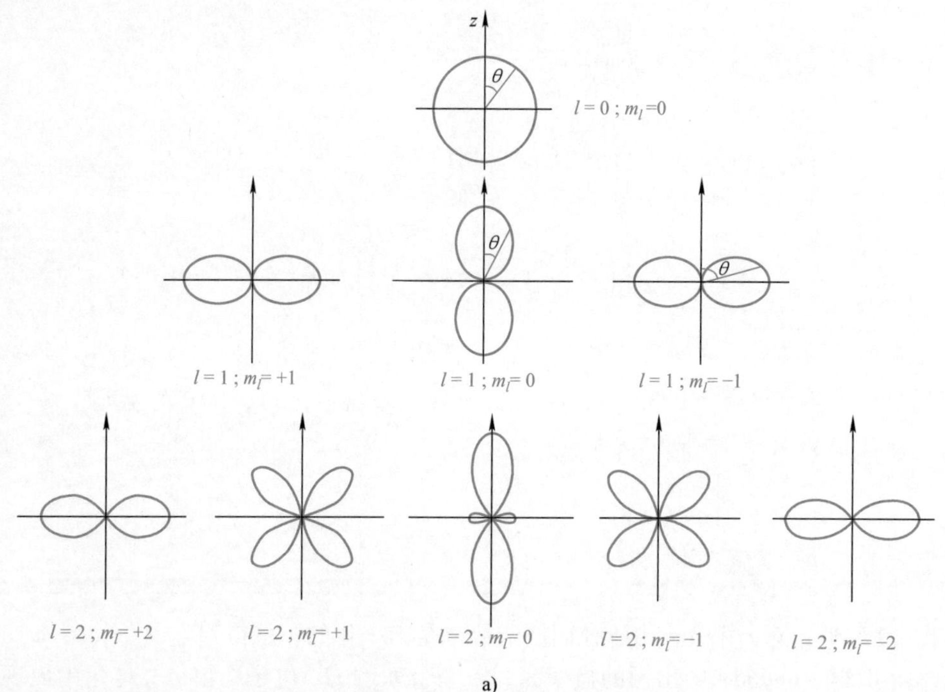

图 17-6　核外电子的角向概率分布 $|Y_{lm_l}(\theta,\varphi)|^2$

a）平面图

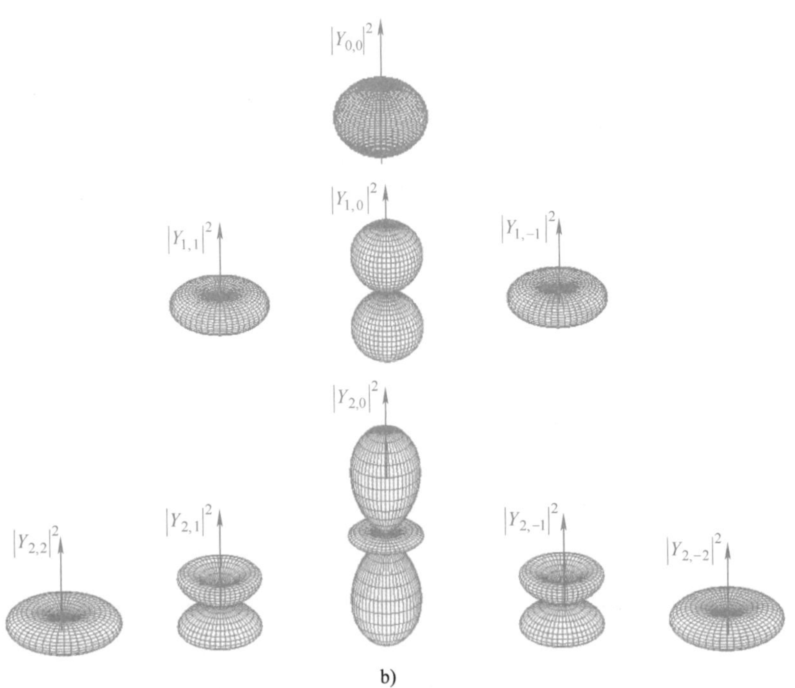

图 17-6　核外电子的角向概率分布 $|Y_{lm_l}(\theta,\varphi)|^2$（续）

b）三维图

章前问题解答

本节讨论的氢原子中电子的概率分布告诉我们，电子在原子中不遵循经典圆周运动方式，没有确定的轨道. 只能用电子在原子核外各处出现的概率来描述电子在原子中的运动. 电子在核外空间的概率分布如同云状，称为“**电子云**”. 如图 17-5 所示，电子出现概率大的地方，电子云浓密（图中深色）；电子出现概率小的地方，电子云稀疏. 在概率分布曲线（见图 17-4）中，只有一个极大值的状态，电子呈现类似经典圆轨道的球状分布，即玻尔模型预测的轨道 $r_n = n^2 a_0$. 这种情况下，可借用经典的轨道概念. 由于电子具有波动性，所以，用波函数 $\psi_{nlm_l}(r,\theta,\varphi)$ 描述电子在原子中的运动状态.

思考题

17-4　试述基态氢原子中电子的概率分布，何谓电子云?

17.4　电子自旋

根据氢原子的薛定谔方程，我们给出了标志电子量子状态的三个量子数 n、l、m_l. 但是许多实验事实表明，为了完整地反映原子中电子的量子状态，还要引入反映电子自旋的量子数，才能解释原子光谱的某些特征.

17.4.1　施特恩－盖拉赫实验

1921 年，德国物理学家施特恩（Stern，1888—1969）和盖拉赫（Gerlach，1889—1979）为观察角动量的空间取向量子化进行实验，实验装置如图 17-7a 所示，它被置于温度较低的高真空容器中，以保证发射的原子处于基态，且不受外界影响，原子射线源 K 发射出的银原子束通过狭缝 B 后变成很细的一束，然后使之通过由电磁铁所形成的非均匀强磁场，最后射到照相底片 P 上. 实验结果表明，无外磁场时，底片上只有一条痕迹；当外磁场不为零时，底片上出现了两条分裂的痕迹，如图 17-7b所示.

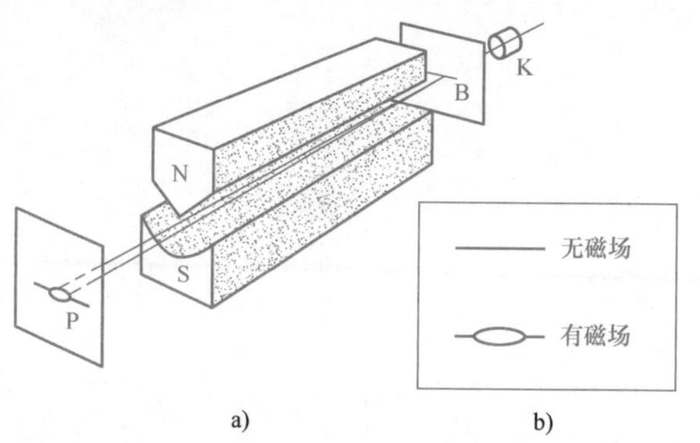

图 17-7　施特恩－盖拉赫实验

这一实验是根据下述原理而设计的. 原子由于核外电子绕核旋转而具有磁矩，当具有磁矩的原子通过非均匀磁场时将受到磁场的作用而发生不同程度的偏转. 而磁矩在空间的取向取决于核外电子轨道角动量的空间取向. 如果核外电子轨道角动量的空间取向是量子化的，则原子磁矩的空间取向也是量子化的，即在外磁场作用下，磁矩的偏转应呈量子化形式，则在底片上能看到分立的痕迹，否则只能得到一片连续分布的痕迹.

实验结果表明，底片上确实有分立的痕迹，似乎说明角动量空间取向的确是量子化的. 但是，施特恩－盖拉赫实验用的银原子在正常情况下处于基态，只有一个价电子，相应的角量子数 $l=0$，因而磁量子数 m_l 只能取 0，即价电子绕核旋转的轨道角动量和相应的磁矩均应为 0，因而，不应该发生分裂现象，而实验结果显示出分裂，且分裂为两条. 另外，在同样的实验中改用氢原子及类氢原子（Li，Na，…）　时，也都出现了同样的现象. 这就提出了一个新的问题，如何来解释上述实验现象呢？

17.4.2　电子自旋

1925 年，乌伦贝克（Uhlenbeck，1900—1974）和哥德斯密特（Coudsmit，1902—1979）根据太阳系中地球的运动，提出的电子自旋假说圆满地解释了上述现象. 太阳系中，地球不但绕太阳运动具有轨道角动量，而且由于绕自身轴的旋转而具有自旋角动量. 类似地，原子中的电子不但具有轨道角动量，而且具有自旋角动量. 但是，正像不能用轨道概念来描述电子在原子核周围运动一样，也不能把经典的小球的自旋图像硬套在电子的自旋上. 电子的自旋和电子的电量及质量一样，是一种“内禀的”，即本身固有的属性. 由于这种属性具有角动量的一切特征，所以称为**自旋角动量**，也简称**自旋**.

电子自旋假说认为：电子自旋角动量 $\boldsymbol{S}$ 的大小是量子化的，即

$$S=\sqrt{s(s+1)}\hbar \tag{17-40}$$

s 称为**自旋量子数**，它只有一个值，$s=1/2$；因此，由上式可算得 $S=(\sqrt{3}/2)\hbar$. 而且实验证

明，自旋角动量 S 也有空间量子化现象. 因而乌伦贝克等人提出的电子自旋的另一个假设是：

每个电子都具有自旋角动量 S，它在空间任意方向（通常是指外磁场方向）上的分量只可能取两个数值：

$$S_z = m_s \hbar \qquad \left(m_s = \pm\frac{1}{2}\right) \tag{17-41}$$

m_s 称为**自旋磁量子数**，与磁量子数 m_l 相仿，它是描述电子自旋角动量在空间取向的量子数. 实验证明，由于它的值只能是 +1/2 和−1/2，因此，不管其他三个量子数 n、l、m_l 的值如何，它在外磁场中的取向也只能是与磁场方向同向平行或反向平行，如图 17-8 所示.

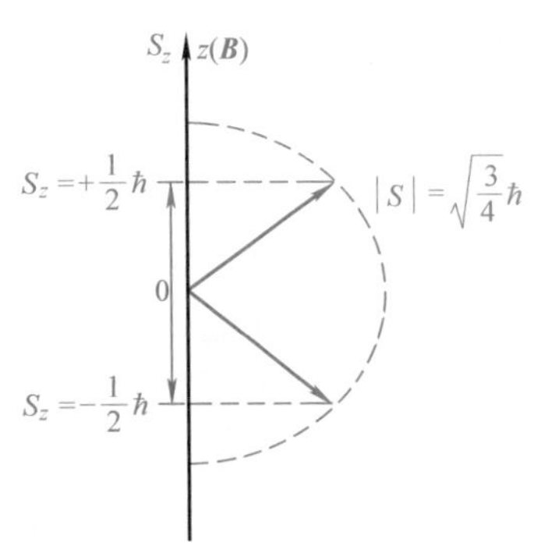

图 17-8　电子自旋角动量在磁场方向上的分量

进一步研究表明，自旋是量子力学中特有的力学量. 不仅电子具有自旋，其他微观粒子也都具有自旋. 如质子、中子等粒子的自旋和电子一样，自旋量子数 $s=1/2$；π 介子、K 介子等粒子的自旋量子数为 0；γ 光子的自旋量子数为 1.

17.4.3　四个量子数

考虑到电子的自旋，**表示氢原中电子状态时，可以完整地用四个量子数 n、l、m_l 和 m_s 来描述**.

主量子数 $n=1, 2, 3, \cdots$，主要决定电子能量，$E_n = \frac{E_1}{n^2}$.

角量子数 $l=0,1,2,\cdots,(n-1)$，主要决定电子云形状，角动量大小 $L=\sqrt{l(l+1)}\hbar$.

磁量子数 $m_l=0, \pm1, \pm2, \cdots, \pm l$，决定电子云空间取向，角动量在外场方向的投影 $L_z = m_l\hbar$.

自旋磁量子数 $m_s = \pm\frac{1}{2}$，决定电子自旋角动量空间取向，自旋角动量在外场方向的投影 $S_z = m_s\hbar$.

思考题

17-5　(1) 根据量子力学理论以及电子自旋的空间量子化，试列举描述处于强磁场内的多电子原子中电子运动状态的四个量子条件和四个量子数. (2) 如何表述原子的能级？它与哪些量子数有关？

17.5　多电子原子　原子中的电子壳层模型

17.5.1　多电子原子

如上所述，要完整地描述一个电子的量子状态，需用 n、l、m_l 和 m_s 这四个量子数来表征.

现在我们进一步讨论原子的状态. 对氢原子来说，它只有一个电子，如果在原子内不考虑原子核的运动，则电子的状态就表示原子的状态. 至于其他原子，都有两个或两个以上的电子. 在这种多电子的原子中，每个电子不仅受到原子核的作用，还受到其他电子的作用. 因此，一般而言，一个电子的状态就不能代表多电子原子的状态.

但是，如果对多电子原子中的电子间相互作用采取合理的简化和近似，把其中每个电子看作氢原子中的单电子那样，在由原子核和其余电子所形成的球对称有势场中运动，那么，量子力学理论表明，原子中每个电子的量子状态仍然可用一组量子数 n、l、m_l 并加上自旋量子数 m_s 来表征，相应地仍然可用四个物理量来描述原子中电子的运动状态，即：①能量 E；②电子的角动量大小 L；③电子角动量在外磁场方向上的分量 L_z；④电子自旋角动量 S 在外磁场方向上的分量 S_z，它们都是量子化的. 现在我们把表征原子中电子定态运动的四个量子条件和四个量子数总括如下：

（1）原子中电子的能量 E 决定于主量子数 n 和角量子数 l：

$$E=E(n,\ l),\ \begin{cases}n=1,\ 2,\ 3,\ \cdots\\ l=0,\ 1,\ 2,\ 3,\ \cdots,\ (n-1)\end{cases}$$

给定 n，对于不同的 l，能量略有不同. 对某些原子，例如氢原子，E 只与 n 有关.

（2）电子的角动量大小 L 取决于角量子数 l：

$$L=\sqrt{l(l+1)}\hbar,[l=0,1,2,\cdots,(n-1)]$$

（3）电子的角动量在空间某方向的分量 L_z 取决于磁量子数 m_l：

$$L_z=m_l\hbar,[m_l=-l,-(l-1),\cdots,(l-1),l]$$

（4）电子自旋角动量 S 取决于自旋量子数 s，

$$S=\sqrt{s(s+1)}\hbar,\left(s=\frac{1}{2}\right)$$

它在空间某方向（磁场方向）的分量 S_z 取决于自旋磁量子数 m_s：

$$S_z=m_s\hbar,\left(m_s=\pm\frac{1}{2}\right)$$

在上述四个量子化条件中，主量子数 n 确定后，角量子数 l 和磁量子数 m_l 的数值范围也就随之确定. 因此，n、l 和 m_l 这三个量子数是互有联系的，再加上自旋磁量子数 m_s，则借原子中所有电子的 n、l、m_l 和 m_s 这四个量子数，就能全面地决定原子的状态. 相应地，原子的能量则是其中各个电子的能量之总和. 根据上面所述，每个电子的能量不仅取决于主量子数 n，而且还取决于角量子数 l，因此，原子的能级应取决于其中每个电子的量子数 n、l 的集合. 我们把原子中电子的量子数 n、l 的集合，称为原子的**电子组态**. 给出了原子的电子组态，也就表示了原子的相应能级.

当原子处于基态时，是不辐射能量的. 仅当原子从一个状态跃迁到另一个状态时，才发生辐射的吸收或发射.

17.5.2　原子中的电子壳层模型

门捷列夫在总结元素的化学和物理性质的基础上，于1869 年创制了元素周期表. 他指出，**如果把元素按原子量排列起来，则元素的物理性质和化学性质都将出现周期性的变化**. 后来发现，周期表中的元素不是按原子量，而是按原子序数 Z 排列的.

从原子结构来看，原子序数 Z 就是原子的核电荷数，也就是原子中电子的数目. 经过玻尔、泡利等人的研究后发现，元素按原子序数 Z 排列所呈现的周期性，来源于原子中电子组态的周期性；如果借用轨道的说法，就是电子按特定轨道排列和分布时呈现出某种周期性重复的结果. 为此，就需考察在这些特定轨道上所能容纳的电子数目. 于是提出了原子的**电子壳层模型，即按照电子的主量子数 n 和角量子数 l 把电子的量子状态划分成壳层**. 由于电子的能量主要取决于主量子数 n，我们就把原子中具有相同主量子数 n 的电子划属于同一壳层. 应于 $n=1$，2，3，4，5，…的壳层，依次称为 K 壳层，L 壳层，M 壳层，N 壳层，O 壳层，…；对于给定主量子数 n 的电子，它的角量子数 l 有 n 个可能的值 0，1，2，…，$(n-1)$，相应地，每一壳层又可划分成 n 个**支壳层**. 对应于 $l=0$，1，2，…的支壳层，依次用符号 s，p，d，f，g，… 标记.

为了知道各壳层中最多能够容纳多少个电子，根据原子光谱规律的研究成果，奥地利物理学家泡利（Pauli，1900—1958）在 1925 年提出了一个所谓**泡利不相容原理**，可叙述为：**原子中不可能有两个或两个以上的电子处于同一状态**. 由于原子中电子的状态是用四个量子数 n、l、m_l、m_s 来描述的，所以不可能有两个或两个以上的电子具有完全相同的四个量子数. 这就限制了每一壳层与支壳层中可能容纳的电子数.

按照泡利不相容原理可以算出各壳层中可容纳的最多电子数. 当 n 给定时，l 的可能值为0，1，…，$(n-1)$，共 n 个；对其中任意一个给定的 l，m_l的可能值为 0，±1，±2，…，$\pm l$，共 $2l+1$ 个；当 n、l、m_l都给定时，m_s 有 $+1/2$ 和 $-1/2$ 两个可能值. 所以，在主量子数为 n 的壳层中，可能容纳的最多电子数为

$$N_n = \sum_{l=0}^{n-1} 2(2l+1) = 2[1+3+5+\cdots+(2n+1)] = \frac{2+2[2(n-1)+1]}{2}n = 2n^2 \tag{17-42}$$

> 1s、2p 等表示主量子数 n 和角量子数 l，位于上角的数字表示在这个 n 值壳层的 l 支壳层上填充的电子数目.

由于一组量子数（n，l，m_l，m_s）决定电子的一个状态，而根据泡利不相容原理，一个状态只能被一个电子所占有，所以在主量子数为 n 的壳层中，可以有 $N_n=2n^2$个不同的量子状态，其中每一个状态的能量（即能级 E_n）都是相同的. 即考虑电子自旋后，能级 E_n 所对应的简并度为 $2n^2$.

由式（17-42）可得，$n=1$ 的 K 壳层最多容纳 2 个电子，由于这两个电子属于 K 壳层（$n=1$）的 s 支壳层（$l=0$ ），通常就标记为 $1s^2$；$n=2$ 的 L 壳层最多容纳 8 个电子，其中，有 2 个电子对应于 $l=0$，属于 L 壳层（$n=2$）的 s 支壳层（$l=0$），记作 $2s^2$，尚有 6 个电子对应于 $l=1$，属于 L 壳层（$n=2$）的 p 支壳层，记作 $2p^6$，等等. 在表 17-1 中，我们列出了多电子原子的各壳层所能容纳的电子数.

习惯上，我们常用上述电子分布的壳层符号来表示原子的电子组态. 例如，处于基态的氧原子，其电子组态可表示为$1s^2 2s^2 2p^4$，它是 n、l 这两个量子数1s、1s、2s、2s、2p、2p、

2p、2p 的集合；相应的壳层结构是：K 壳层的 s 支壳层中有 2 个电子，L 壳层的 s 支壳层中有 2 个电子，L 壳层的 p 支壳层中有 4 个电子.

表 17-1 原子的壳层和支壳层所能容纳的最多电子数

n	壳层 \ 支壳层 \ l	0 s	1 p	2 d	3 f	4 g	5 h	6 i	N_n
1	K	$1s^2$							2
2	L	$2s^2$	$2p^6$						8
3	M	$3s^2$	$3p^6$	$3d^{10}$					18
4	N	$4s^2$	$4p^6$	$4d^{10}$	$4f^{14}$				32
5	O	$5s^2$	$5p^6$	$5d^{10}$	$5f^{14}$	$5g^{18}$			50
6	P	$6s^2$	$6p^6$	$6d^{10}$	$6f^{14}$	$6g^{18}$	$6h^{22}$		72
7	Q	$7s^2$	$7p^6$	$7d^{10}$	$7f^{14}$	$7g^{18}$	$7h^{22}$	$7i^{26}$	98

泡利不相容原理只确定了每个壳层所能容纳电子的最多数目，但电子究竟填充哪个壳层，还要符合**能量最小原理：原子中每一个电子都有一个趋势，占据能量最低的能级**. 这跟宏观现象中“水向低处流”的道理相仿. 也就是说，电子总是先占据能量最小的状态，当原子中的电子的能量最小时，整个原子的能量也最低，原子处于最稳定的状态.

在原子序数 Z 不太大的情况下，电子之间的相互作用可以忽略，能级只由主量子数 n 决定. 因而原子中的电子总是按照泡利不相容原理和能量最小原理，由最低能级（$n=1$）的 K 壳层开始填起，一个壳层填满后，再填下一个壳层. 例如，氢原子只有一个电子，填充在 1s 状态. 氦原子有两个电子，由于 1s 状态容许有自旋相反的两个电子，所以同时填充在 1s 状态，这样 K 壳层正好填满，完成了第一个闭合壳层，成为一个稳定结构，于是就完成了元素周期表中的第一个周期. 以后每一新的周期是从电子填充一新的壳层开始的. 因而周期地填充新壳层，就导致原子性质的周期性. 元素的物理和化学性质主要决定于其原子最外层未填满壳层的电子（即价电子）的数目和排列. 上述观点已为原子光谱和 X 光谱的分析研究所证实. 所以，我们可以按照上述原子中电子的壳层模型及其有关排布理论来解释元素周期表所显示的规律. 注意：对多电子原子，能量或能级还与角（副）量子数有关，因此判别能级高低不能只看主量子数 n，我国科学家徐光宪总结出这样的规律，对原子的外层电子而言，能级高低以（$n+0.7l$）值来确定，该值越大，能级越高. 比如，电子先填充 4s 能级，再填 3d 能级.

思考题

17-6 （1）试述原子中电子的壳层是怎样划分的.（2）试述泡利不相容原理和最小能量原理.

章后感悟

本章提及的泡利不相容原理是著名物理学家泡利提出的. 据记载，泡利在不满 20 岁的年纪就批判性地指出了著名专家的引力理论中的错误之处. 那么，您认为当代大学生是否应该对专家理论言听计从，是否应该学习泡利大胆地求真求实的精神呢？您对曾经所学习过的理论有哪些不同的看法呢？请提出来.

习题 17

17-1　证明$\left[\frac{1}{x},\ \hat{p}_x\right] = -\mathrm{i}\hbar\frac{1}{x^2}$.　$\left[答:利用\hat{p}_x = -\mathrm{i}\hbar\frac{\partial}{\partial x}\right]$

17-2　氢原子的波函数可以写成$\psi_{nlm_l}(r,\theta,\varphi) = R_{nl}(r)Y_{lm_l}(\theta,\varphi)$，请给出电子出现在$r \sim r + \mathrm{d}r$球壳内的概率，以及电子出现在（$\theta$，$\varphi$）方向立体角$\mathrm{d}\Omega$内的概率.　［答：$P(r)\mathrm{d}r = |R_{nl}(r)|^2 r^2\mathrm{d}r; P(\theta)\mathrm{d}\Omega = |Y_{lm}(\theta,\varphi)|^2\mathrm{d}\Omega$］

17-3　如果用13.0eV的电子轰击处于基态的氢原子，则：（1）氢原子能够被激发到的最高能级是多少？（2）氢原子由上面的最高能级跃迁向低能级跃迁发出的光子可能波长为多少？（3）如果使处于基态的氢原子电离，至少要多大能量的电子轰击氢原子？　［答：（1）$n=4$的激发态；（2）97.5nm、103nm、121nm、486nm、656nm、1880nm；（3）13.6eV］

17-4　若氢原子处于基态，基态的归一化径向波函数为$R_{10}(r) = 2\left(\frac{1}{a_0}\right)^{\frac{3}{2}}\exp\left(-\frac{r}{a_0}\right)$，求：（1）电子的径向概率密度；（2）证明此波函数对应的径向概率密度在$r = a_0$处取最大值.　［答：$P(r) = r^2R_{1,0}^2(r) = \frac{4}{a_0^3}r^2\exp(-2r/a_0)$］

17-5　若氢原子归一化径向波函数$R_{20}(r) = \left(\frac{1}{2a_0}\right)^{\frac{3}{2}}\left(2-\frac{r}{a_0}\right)\mathrm{e}^{-\frac{r}{2a_0}}$，则其对应的径向概率密度$P(r)$是多少？　$\left[答:\left(\frac{1}{2a_0}\right)^3 r^2\left(2-\frac{r}{a_0}\right)^2\mathrm{e}^{-\frac{r}{a_0}}\right]$

17-6　如果氢原子处于角动量$L=\sqrt{6}\hbar$，$L_Z=0$描写的状态，则在哪个方向上发现电子的概率最大？［答：根据角向概率分布规律，$\theta=0°$和$\theta=180°$方向发现电子的概率最大］当量子数n，l，一定时，不同的量子态数目为多少？　［答：$2(2l+1)$］

17-7　量子力学中，可以用4个量子数描述原子中电子的量子态，这4个量子数各称和取值范围各是什么？　［答：略］

17-8　在原子中，与主量子数$n=3$相应的状态数有几个？　［答：18］

17-9　有两种原子，在基态时其电子壳层是这样填充的：（1）$n=1$壳层，$n=2$壳层和3s支壳层都填满，3p支壳层填满一半；（2）$n=1$壳层，$n=2$壳层，$n=3$壳层及4s、4p、4d支壳层都填满. 试问这是哪两种原子？　［答：（1）Z=15，P（磷原子）；（2）Z=46，Pd（钯原子）］

17-10　设有某原子核外的3d态电子，其可能的量子态有几个？分别用量子数表示出这些量子态. ［答：10个；（3，2，0，±1/2），（3，2，±1，±1/2），（3，2，±2，±1/2）］

17-11　写出磷的电子排布，并求每个电子的轨道角动量.　［答：$1s^22s^22p^63s^23p^3$；1s、2s和3s的6个电子轨道角动量为0，2p和3p电子的9个电子的轨道角动量为$\sqrt{2}\hbar$］

17-12　设氢原子处于2p态，求氢原子的角动量大小及角动量的空间取向.　［答：$L=\sqrt{2}\hbar$；$L_z=-\hbar$，0，$\hbar$：$\theta=\frac{3\pi}{4}$，$\frac{\pi}{2}$，$\frac{\pi}{4}$］

科学家轶事

陆朝阳——勇于担当，甘于坚守

我们国家的青年科学家陆朝阳教授是一个80后的物理天才，从小对物理学便有着浓厚的兴趣．在1998年一个偶然的机会，听了潘建伟院士的科学讲座之后，更加坚定了他对量子物理的兴趣．2000年，他考入中国科技大学，成为了潘建伟的学生．还是硕士新生时，陆朝阳就做了一项高难度的科研工作——把光学平台升级成制备六光子纠缠的光路．要想完成这项科研任务，不仅实验上需要造出高亮度和纯度的纠缠光源，理论上还要发展新的判据，证明实验上所制备的六光子态是一种纯纠缠．

经过不懈的努力，于2007年底，年轻的陆朝阳便以第一作者完成了两个重要的科研成果；六光子纠缠和量子分解算法．这些研究成果入选了中国十大科技进展和中国高校十大科技进展．这个过程让陆朝阳知道什么是科研——从未知开始摸索，发现问题并能够攻克它，并使得他确信今后的工作不要做短平快的研究，要做需要非常努力跳起来才够得着的科研，并坚持做到极致．在出国深造后，陆朝阳选择回到母校中科大工作．他首次实现了单光子多自由度和高维度的量子隐形传态，制备了国际上综合性能最优的单光子源．回到祖国不到10年时间，他就做出了一系列高影响力的科研成果，在世界科研的舞台上获得了认可，得到了国际上一系列重量级奖项．2019年他获得了国际纯粹与应用物理学联合会光学领域青年科学家奖．

陆朝阳也是最子计算机“九章”研制团队的重要成员之一．九章的问世，实际上是他和团队成员用光学方法实现量子计算多年来的积累结果．在谈到量子计算这项突破性科研成果时，陆朝阳却平静地说自己没什么值得说的故事，并指出构建“九章”量子计算原型机这项工作，其实是最辛苦的是工作在科研第一线的研究生们．陆朝阳说，“这个时代需要仰望星空的年轻人，我们应当勇于担当，甘于坚守．”相信在陆朝阳等年轻的、具有朝气的科学家的带领下，我们国家量子物理的研究能够取得突飞猛进的发展，为人类实用化量子技术做出重要的贡献．

应用拓展

量子计算机及我国量子计算新进展

目前，电子计算机已经达到了很高的运算速度，对于某些问题来说，如天气预报、自然灾害预测等，现有的计算能力还远远不够，需要进一步提高计算机性能．此外，随着大数据、人工智能等方面的需要，人们对于计算机的性能要求也越来越高．

几十年来，电子计算机的发展一直遵循摩尔定律，但随着器件尺寸的不断缩小，摩尔定律最终会达到极限，硅晶体代表的计算机将会迎来性能瓶颈．那么，发展高性能计算机的出路在哪里呢？量子计算机就是其中一个选择．

量子计算机是一类遵循量子力学规律进行高速数学和逻辑运算、存储及处理量子信息的物理装置，其特点主要有运行速度较快、处置信息能力较强、应用范围较广等．与一般计算机比较起来，信息处理量越多，对于量子计算机实施运算越有利，也就更能确保运算具备精准性. 如进行亿万位整数的因式分解计算，若用现有的超级计算机计算，需耗费1000亿年以上的时间. 而若使用量子计算机计算，耗时仅几个小时. 一台足够强大的量子计算机甚至能超越全球经典计算机的算力总和，足见量子计算机的优越性.

量子计算机在1982年最初形成. 1994年，各国政府和大型企业都将生产量子计算机提上日程，都投入了大量的资金研发. 目前量子计算机发展最为迅速的美国已经在陆军武器上实现了量子计算机操控. 2015年全球第1家量子计算机公司DDAVE，宣布他们已经突破了1000量子位的障碍，已经发明了一种新的处理器来加速量子计算机的运算速度. 2017年全球计算机巨头IBM也推出了商用量子计算机. 英特尔、谷歌、微软等计算机巨头纷纷加入量子计算机这一新的商业风口的较量当中.

中国在量子计算机研发方面处于世界领先地位. 2017年，中国科学院专攻量子物理学的潘建伟团队率先完成了10个超导量子比特的操作，成功打破了世界上最大位数超导量子比特的纠缠，实现了全程测量和记录. 在2020年12月，中国科学技术大学的潘建伟团队成功构建76光子的量子原型机“九章”，在求解高斯玻色取样问题只需要200秒，而如果采用当今世界上最快的传统计算的话，则需要6亿年，这一突破成使中国成为了全球第二个拥有量子计算能力的国家.

量子计算机巨大的计算能力，也让全球国家和相关技术公司都对其的研究与应用趋之若鹜. 2021年2月8日，我国的合肥本源量子科技有限公司又研发出了我国第一套具有自主知识产权的量子计算机操作系统——本源司南，实现了量子资源系统化管理、量子计算任务并行化执行、量子芯片自动化校准等全新功能，助力量子计算机高效稳定运行，标志着国产量子软件研发能力已达国际先进水平.

附　录

附录 A　一些物理常量

1. 引力常量　$G=6.67259\times10^{-11}\text{N}\cdot\text{m}^2\cdot\text{kg}^{-2}$
2. 重力加速度　$g=9.80665\text{m}\cdot\text{s}^{-2}$
3. 1mol 中的分子数目（阿伏伽德罗常数）$N_A=6.0221367\times10^{23}\text{mol}^{-1}$
4. 摩尔气体常数　$R=8.3145\text{J}\cdot\text{mol}^{-1}\cdot\text{K}^{-1}$
5. 玻尔兹曼常数　$k=1.380658\times10^{-23}\text{J}\cdot\text{K}^{-1}$
6. 空气的平均摩尔质量　$M=28.9\times10^{-3}\text{kg}\cdot\text{mol}^{-1}$
7. 冰的熔点为 273.16K（解题时用 273K）
8. 电子静质量　$m_e=9.1093897\times10^{-31}\text{kg}$（解题时取 $9.1\times10^{-31}\text{kg}$）
9. 质子静质量　$m_p=1.672623\times10^{-27}\text{kg}$
10. 中子静质量　$m_n=1.6749286\times10^{-27}\text{kg}$
11. 元电荷　$e=1.60217733\times10^{-19}\text{C}$
12. 普朗克常量　$h=6.6260755\times10^{-34}\text{J}\cdot\text{s}$
13. 里德伯常量　$R_H=1.0973731534\times10^{-7}\text{m}^{-1}$
14. 氢原子质量　$m_H=1.6734\times10^{-27}\text{kg}$
15. 地球的平均半径　$6.371\times10^{6}\text{m}$
16. 地球的质量　$5.97742\times10^{24}\text{kg}$
17. 太阳的直径　$1.392\times10^{9}\text{m}$
18. 太阳的质量　$1.9891\times10^{30}\text{kg}$
19. 由太阳至地球的平均距离　$1.4959787\times10^{11}\text{m}$
20. 月球半径与地球半径的比　3∶11
21. 月球质量　$7.3483\times10^{22}\text{kg}$
22. 地球到月球距离与地球半径的比　60∶1

附录 B　数学公式

B1　级数展开式

1. $\sqrt{1+x^2}=1+\frac{x}{2}-\frac{x^2}{8}+\frac{x^3}{16}-\cdots$，$(-1<x<1)$

2. $e^x = 1 + x + \frac{x^2}{2!} + \frac{x^3}{3!} + \cdots + \frac{x^m}{m!} + \cdots$，$(-\infty < x < +\infty)$

3. $\sin x = x - \frac{x^3}{3!} + \frac{x^5}{5!} - \frac{x^7}{7!} + \cdots$，$(-\infty < x < +\infty)$

4. $\cos x = 1 - \frac{x^2}{2!} + \frac{x^4}{4!} - \frac{x^6}{6!} + \cdots$，$(-\infty < x < +\infty)$

5. $(x+y)^n = x^n + \frac{n}{1!}x^{n-1}y + \frac{n(n-1)}{2!}x^{n-2}y^2 + \cdots$

B2　二次方程式 $ax^2 + bx + c = 0$ $(a \neq 0)$ 的根

$$x = \frac{-b \pm \sqrt{b^2 - 4ac}}{2a}$$

B3　勾股定理 $x^2 + y^2 = r^2$

（r 为直角三角形之斜边长，x、y 为两直角边长）

B4　三角恒等式

1. $\sin^2\theta + \cos^2\theta = 1$，　$\sec^2\theta = 1 + \tan^2\theta$，　$\csc^2\theta = 1 + \cot^2\theta$
2. $\sin(\alpha \pm \beta) = \sin\alpha\cos\beta \pm \cos\alpha\sin\beta$
3. $\cos(\alpha \pm \beta) = \cos\alpha\cos\beta \mp \sin\alpha\sin\beta$
4. $\tan(\alpha \pm \beta) = \frac{\tan\alpha \pm \tan\beta}{1 \mp \tan\alpha\tan\beta}$
5. $\sin 2\theta = 2\sin\theta\cos\theta$
6. $\cos 2\theta = \cos^2\theta - \sin^2\theta = 1 - 2\sin^2\theta = 2\cos^2\theta - 1$

B5　对数

如果 $a = 10^m$，则 m 为数 a 的常用对数（十进对数）

$$\lg a = m$$

而 10 为常用对数的底，对数的一般性质如下：

1. $\lg(a \cdot b) = \lg a + \lg b$
2. $\lg \frac{a}{b} = \lg a - \lg b$
3. $\lg a^n = n\lg a$
4. $\lg \sqrt[m]{a^n} = \frac{n}{m}\lg a$

如果 $a = e^m$，则 m 为数 a 的自然对数，即

$$\ln a = m$$

$e = 2.7182818\cdots$为自然对数的底

常用对数与自然对数间的换算公式　$\lg a = 0.434294\ln a$

B6　导数公式

1. $\frac{d}{dx}x^n = nx^{n-1}$
2. $\frac{d}{dx}\sin x = \cos x$

3. $\frac{d}{dx}\cos x = -\sin x$
4. $\frac{d}{dx}e^x = e^x$
5. $\frac{d}{dx}\ln x = \frac{1}{x}$　$(x \neq 0)$
6. $\frac{d}{dx}\tan x = \sec^2 x$
7. $\frac{d}{dx}\cot x = -\csc^2 x$
8. $\frac{d}{dx}a^x = a^x \ln a$

B7　积分公式

1. $\int x^n dx = \frac{x^{n+1}}{n+1}$　$(n \neq -1)$
2. $\int \frac{dx}{x} = \ln x$
3. $\int e^x dx = e^x$
4. $\int a^x dx = \frac{a^x}{\ln a}$
5. $\int \sin x dx = -\cos x$
6. $\int \cos x dx = \sin x$

注：在引用上述积分公式时，应加上一个积分常数.

参考文献

[1] 程守洙，江之水．普通物理学［M］.6 版．北京：高等教育出版社，2006.

[2] 杨仲耆．大学物理学：力学［M］. 北京：人民教育出版社，1979.

[3] 林润生，彭知难．大学物理学［M］. 兰州：甘肃教育出版社，1990.

[4] 古玥，李衡芝．物理学［M］. 北京：化学工业出版社，1985.

[5] 江宪庆，邓新模，陶相国．大学物理学［M］. 上海：上海科学技术文献出版社，1989.

[6] 张三慧．大学物理学［M］.2 版．北京：清华大学出版社，1985.

[7] 刘克哲，张承琚．物理学［M］.3 版．北京：高等教育出版社，2005.

[8] 梁绍荣，池无量，杨敬明．普通物理学［M］. 北京：北京师范大学出版社，1999.

[9] 张宇，赵远．大学物理［M］.2 版．北京：机械工业出版社，2007.

[10] 毛骏健，顾牡．大学物理学［M］. 北京：高等教育出版社，2006.

[11] 唐端方．物理［M］. 上海：上海科学普及出版社，2001.

[12] 林焕文．物理阅读与实验制作［M］. 上海：上海科学普及出版社，1998.

[13] 上海市物理学会，上海市中专物理协作组．物理阅读与辅导［M］. 上海：上海科学普及出版社，1996.

[14] 克罗默，科学和工业中的物理学［M］. 陆思，译．北京：科学出版社，1986.

[15] 陈俊勇，党亚民．全球导航卫星系统的新进展［J］. 测绘科学，2005，30（2）：9－10.

[16] 李兴海．基于 GPS 技术的船舶定位导航和航迹预测研究［J］. 舰船科学技术，2018，40（6A）：178－180.

[17] 李阳，董涛．“北斗”卫星导航系统的概述与应用［J］. 国防科技：2018，39（3）：74－80.

[18] 曹冲．全球导航卫星系统发展与中国北斗系统建设［J］. 科学，2018，70（3）：21－24.

[19] 王帅．高分子材料工程中低温等离子技术的应用［J］. 科技风，2019（1）：47.